U0331707

煤矿井下视觉定位与导航系统：理论、方法及应用

杨文娟　张旭辉　著

机 械 工 业 出 版 社

本书以巷道掘进施工中的精确定位、定向导航和成形截割为主线，围绕“防爆单目相机+点-线激光标靶+空间定位模型”相关技术，系统介绍了煤矿井下特殊环境下视觉定位与导航方面的基础理论、方法和应用。本书主要内容包括矿用防爆相机成像建模与标定技术、井下特殊环境下退化图像的清晰化重构技术、基于单目视觉的煤矿井下掘进机精确定位与导航系统、基于平行激光束的悬臂式掘进机全局动态定位技术、基于三激光束的掘进机机身位姿测量技术、基于多点红外 LED 的悬臂式掘进机局部动态定位技术、掘进机位姿视觉测量系统性能测试与工程应用、基于双目视觉的悬臂式掘进机位姿测量方法、基于非合作标靶的井下视觉动态定位技术。本书采用二维码集成了相关视频和彩图，以便读者阅读和理解。

本书可作为机械、自动化、计算机、矿业等相关行业专业技术人员的参考书，还可作为高等院校机械类、自动化类、计算机类、矿业类等专业高年级本科生和研究生相关课程的教学参考书。

图书在版编目（CIP）数据

煤矿井下视觉定位与导航系统：理论、方法及应用 / 杨文娟，张旭辉著. -- 北京：机械工业出版社，2025. 3. -- ISBN 978-7-111-77795-3

Ⅰ. TD65

中国国家版本馆 CIP 数据核字第 20256KY752 号

机械工业出版社（北京市百万庄大街 22 号　邮政编码 100037）

策划编辑：马军平　　责任编辑：马军平　张大勇

责任校对：樊钟英　李小宝　　封面设计：张　静

责任印制：张　博

北京建宏印刷有限公司印刷

2025 年 4 月第 1 版第 1 次印刷

169mm×239mm · 15.25 印张 · 2 插页 · 310 千字

标准书号：ISBN 978-7-111-77795-3

定价：128.00 元

电话服务　　网络服务

客服电话：010-88361066　　机　工　官　网：www.cmpbook.com

010-88379833　　机　工　官　博：weibo.com/cmp1952

010-68326294　　金　书　网：www.golden-book.com

封底无防伪标均为盗版　　机工教育服务网：www.cmpedu.com

前言

少人或无人自动控制系统及其配套技术研发是国内外研究的热点。煤矿井下采煤、掘进工作面设备群及重要场合的巡检机器人等移动设备，均需精确的位姿测量信息。近年来，基于机器视觉的煤矿井下精确定位与自主导航技术正逐步展现出其独特的魅力和广阔的应用前景。

煤矿井下视觉定位与导航研究是一项极具挑战性的研究课题。2016 年课题组针对悬臂式掘进机位姿测量难题，大胆提出“单目视觉+激光标靶”解决方案，经过课题组共同努力，研发出基于激光标靶的煤矿井下动态目标单目视觉测量定位与导航系统，近年来现场应用表明，该系统具有非接触、测量精度高、成本低、无累计误差等突出优势。

针对煤矿井下特殊环境特点，课题组后继研究中以悬臂式掘进机——煤矿掘进工作面应用最广、巷道成形控制最复杂的掘进机为对象，不断优化系统测量方案，形成了稳定的煤矿井下视觉位姿测量技术体系，主要包括：以“激光指向仪构建激光点-线标靶”解决井下高粉尘水雾、低照度和复杂背景等难题；以“多点、多线合作标靶”有效解决测量路径易遮挡问题，同时提高测量精度；以“机载稳像和消抖算法”等主动及被动抗振措施降低机身振动，提高系统测量精度和可靠性；以“多点标靶+单目视觉”测量多个设备相对位姿，结合数字孪生系统实现掘进工作面设备避障决策，为设备群协同控制提供有力的技术支撑。

本书紧密联系国内外移动设备定位与导航技术的最新研究，以视觉在煤矿井下狭长巷道实现移动设备精确定位、定向导航和成形截割为主线，向读者展示了基于视觉测量技术的井下掘进装备的定位与导航相关理论，及其建模、仿真分析和应用测试全过程。系统介绍了作者多年从事煤矿井下视觉定位与导航技术研究相关成果，涉及井下防爆相机成像建模与畸变校正、井下特殊环境退化图像重构、单目视觉空间模型与定位算法、几种不同合作标靶定位方法，以及双目视觉定位、非合作标靶定位等方面的相关理论和方法。

在煤机井下视觉定位与导航基础理论及关键技术研究过程中，马宏伟、毛清华、杜昱阳、雷孟宇等老师，张超、万继成、康乐、杨红强、杨俊豪、石硕、吴雨佳、谢楠、沈奇峰、任志腾等研究生参与了相关研究和资料整理工作，在此表示感谢。同时，研究过程中得到了西安科技大学机械工程学院、陕西省矿山机电设备智能检测与控制重点实验室、西安煤矿机械有限公司、中煤（天津）地下工程智能研究院有限公司、陕西敏思特智能科技有限公司、山东天河股份有限公司、陕西朗登矿业科技开发有限公司等单位的支持和协作，书中涉及的井下测试也得到多家煤矿相关技术人员的全力协助，在此对这些单位及个人表示感谢。

本书的编写和出版得到了国家自然科学基金项目（编号：52104166）、陕西省重点研发计划项目（编号：2021JLM-03、2023-YBGY-063、2024CY2-GJHX-35）和陕西省高层次人才特殊支持计划项目资助，在此表示感谢。

由于作者水平有限，书中难免存在不妥之处，敬请读者批评指正。

作　者

目　录

第 1 章

概　述

现代化矿山智能化转型的关键在于设备层状态与环境智能感知、决策层智能决策与控制。煤矿井下移动设备的位姿测量，采煤、掘进工作面设备群和重要场合的巡检机器人较为精确的位姿测量，及其与作业要求（如掘进方向、巡检路径等）和环境参数（瓦斯超限预警、掘进超欠挖等）的紧密配合，是实现“知己知彼”、少人甚至无人安全作业控制的基础。近年来，基于机器视觉的煤矿井下精确定位与自主导航技术正逐步展现出其独特的魅力和广阔的应用前景。

1.1　煤矿智能化建设亟待突破井下定位与导航技术

未来较长一段时间，煤炭依然是我国的主体能源。我国高度重视煤矿智能化建设，国家政策驱动和各方努力下，煤矿采掘工作面智能化建设发展迅速。第十三个五年规划纲要中将“加快推进煤炭无人开采技术研发和应用”明确列入能源发展重大工程中[1,2]。为提高矿井智能化技术水平，2019 年国家煤矿安监局发布《煤矿机器人重点研发目录》，倡导向重点研发掘进、采煤、运输、安控和救援 5 类、38 种煤矿机器人。2020 年国家发展改革委等八部委联合印发《关于加快煤矿智能化发展的指导意见》。国家发改委和国家能源局联合发布的《能源技术革命创新行动计划（2016—2030 年）》明确指出“2020 年煤炭安全绿色、高效智能开采技术水平大幅提升，基本实现智能开采，2030 年重点煤矿区基本实现工作面无人化，全国采煤机械化程度达到 95%”。

少人或无人自动截割控制系统及配套技术研发是国内外研究的热点。智能采掘装备是实现煤矿智能化建设的重要内容，是贯彻我国“机械化换人、自动化减人、智能化管控”科技强安专项行动的具体举措，也是实现安全、绿色、高效开采的唯一途径。经过引进消化、技术创新和自主研发等阶段攻关，我国综采工作面智能化技术发展迅猛。截至 2024 年 4 月，全国累计建成国家级示范煤矿近 60 处、省级（央企级）示范煤矿 200 余处，建成智能化采煤工作面 1922 个、智能化掘进工作面2154个，逐步形成了不同区域、不同建设条件的智能化建设模式。

近10年，以陕西黄陵为代表的“智能控制+远程干预”智能化开采模式在全国多个矿区建成运行，以工作面惯性导航系统和高精度磁致伸缩行程传感器应用为代表的工作面自动找直技术，以地质建模构建数字煤层为代表的“透明工作面”智能开采技术，代表不同阶段的综采技术发展，是实现智能化无人开采的有效技术路径，积累了大量智能化方面的技术和经验。综采工作面智能化发展迅速，但是综掘工作面生产设备和工艺落后，难以满足高产高效矿井生产需求，导致“采掘失衡”矛盾严重。

由于巷道掘进施工的工艺特点和掘进装备不同，巷道掘进装备的定位、定向实现难度比综采工作面更大，表现在：成形截割精度要求高（安全规程要求小于100mm），机身和截割头位姿测量精度直接影响巷道成形断面截割误差；定向精度导致的巷道开拓误差对后继施工影响较大等。因此，煤矿巷道掘进系统的精确定位、定向导航是保证煤矿巷道成形的关键技术，已经成为提升采掘效率，解决“采掘失衡”难题的行业共识。

相较于综采工作面，目前绝大多数巷道掘进采用的悬臂式掘进机施工尚采用人工操作，劳动强度大、生产效率低。悬臂式掘进机位姿自主测量技术是综掘工作面无人化技术的核心，具有重大研究意义。传统施工时，煤矿巷道的中心轴线设计主要靠精确调整的激光指向仪保证，掘进机司机通过目视断面上的激光光斑控制掘进机截割头，并在断面上截割运行，掘进工程质量很大程度上取决于司机的经验和熟练程度。受限于当前的生产工艺和掘进质量要求，加之掘进工作面存在的高粉尘、复杂地质条件等因素，掘进装备位姿和工况状态的感知难度极大，其中煤矿井下巷道掘进装备动态定位技术已经严重制约了智能掘进装备发展。图1.1为煤矿井下悬臂式掘进机工况环境。

图1.1　煤矿井下悬臂式掘进机工况环境

彩图

针对掘进机的精确位姿测量问题，国内外众多高校、研究机构开展了卓有成效的研究。在目前的掘进机自动位姿测量方法中，全站仪导向技术对环境要求较高，惯性导航技术的定位时间累积误差大，罗盘类传感器的精度易受外界电磁干扰，视觉测量要克服井下恶劣工作环境及相机拍摄姿态等方面的影响。

因此，研究煤矿井下采掘装备位姿视觉测量技术，解决低照度、高粉尘、水雾、相机抖动，以及相机标定和误差补偿等问题，对于快速、稳定、实时地获取煤矿井下动态目标，特别是掘进工作面设备精确位置和姿态信息，解决煤矿井下自动化掘进的瓶颈问题，实现煤矿井下掘进工作面的高采、高效、少人或无人化开采具有重要意义，在全国煤矿智能化发展大潮中，具有广阔的应用前景。

煤矿井下生产环境——采掘运虚拟仿真

1.2　井下视觉定位与导航面临的挑战

煤矿井下视觉精确定位与自主导航技术也面临着诸多技术难点。一方面，煤矿井下环境复杂多变，光线昏暗、粉尘弥漫、空间狭小等因素都给视觉测量工作带来了极大的挑战；另一方面，煤矿设备的运动状态、负载变化及井下其他设备的干扰，也会影响定位与导航的精度和稳定性。因此，如何克服这些技术难点，提高煤矿井下视觉精确定位与自主导航技术的可靠性和实用性，是当前研究的重点之一。

可靠性、鲁棒性、智能化及其技术推广性是煤矿智能机电系统必须关注的首要问题。深入探讨煤矿井下视觉精确定位与自主导航技术时，考虑煤矿特殊环境影响，以下几个问题直接关系到定位与导航系统的实用性和有效性。

（1）定位精度的提升问题　煤矿井下的复杂环境，如光线不足、粉尘弥漫等，都会对视觉传感器的性能产生显著影响，进而降低定位精度。井下恶劣环境下，不断优化视觉测量系统，针对粉尘、水雾、杂光和复杂背景等影响的特点，提高图像预处理质量，才能保证视觉定位和导航算法的稳定性和准确性。同时，结合多传感器融合技术，如激光雷达、惯性导航等，已经成为行业进一步提升定位精度和鲁棒性的共识。

（2）系统的可靠性和稳定性问题　煤矿井下作业环境恶劣，对设备的稳定性提出了极高的要求。为了确保视觉精确定位与自主导航系统的长期稳定运行，需要从硬件和软件两个方面入手。在硬件方面，要选择高品质、高可靠性的元器件和设备；在软件方面，要加强系统的容错和冗余设计，确保在部分设备或模块出现故障时，系统仍能正常工作。

（3）导航策略的智能化问题　煤矿井下的作业环境是动态变化的，设备的运动状态、负载变化及井下其他设备的干扰都会对导航策略产生影响。为了实现自主导航，需要开发更加智能的导航算法，能够实时感知环境变化，并据此动态调整导航策略。通过引入机器学习技术，对大量井下作业数据进行学习和分析，进一步提升导航系统的智能化水平，使其更加适应复杂多变的井下环境。

（4）技术的普适性和可推广性问题　在技术研发过程中，要充分考虑不同煤矿的实际情况和需求差异，设计出更加灵活、可定制的解决方案，让该技术不仅在单个煤矿中发挥作用，也要在不同地质条件、不同设备配套的情况下，适应不同煤矿场景的移动设备定位与导航要求。同时，航空、航天、航海领域的定位与导航技术发展较早，具有很多先进的技术和系统，加强与这些领域的合作与交流，是推动煤矿井下定位与导航技术交叉融合和创新发展的重要途径。

1.2.1 智能掘进对定位精度要求高

目前掘进装备智能化水平受制于井下设备位姿测量等技术水平，巷道掘进的定向掘进精度和定形截割质量亟待提高。悬臂式掘进机是我国煤矿井下生产中应用最广泛的巷道断面掘进设备，其总体结构和工作环境如图 1.2 所示。悬臂式掘进机的截割部和行走部是其主要结构，分别承担定形截割和定向移动的功能。在悬臂式掘进机工作时，依靠行走机构驱动悬臂式掘进机前后移动到达合适位置，操控截割机构按照规划的截割轨迹破碎煤壁断面，然后利用铲板和刮板机构将破碎的煤块运至带式输送机，实现截割、运载和推进等功能。

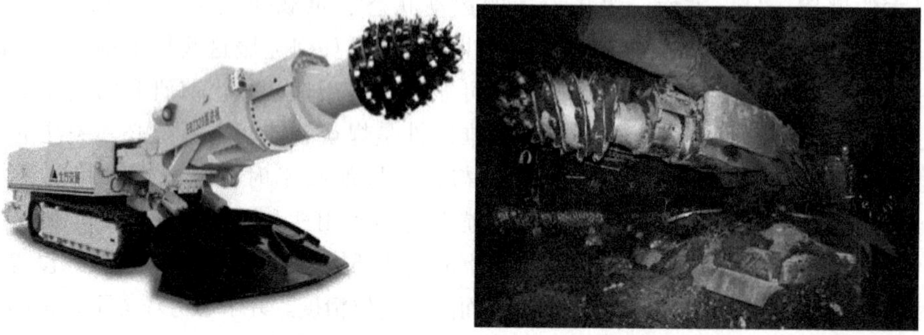

图 1.2 悬臂式掘进机结构及其煤矿井下工作环境

通过截割头的旋转和悬臂的上、下、左、右摆动，依次破落煤（岩），根据对截割头的运动轨迹控制，可成形出梯形、拱形、矩形等断面的巷道。典型的巷道断面形状如图 1.3 所示。特别是当巷道宽度大时，悬臂式掘进机施工需要通过两边交替掘进形成巷道断面，机身振动过程中的精确位姿实时测量成为实现自动掘进过程的首要技术。

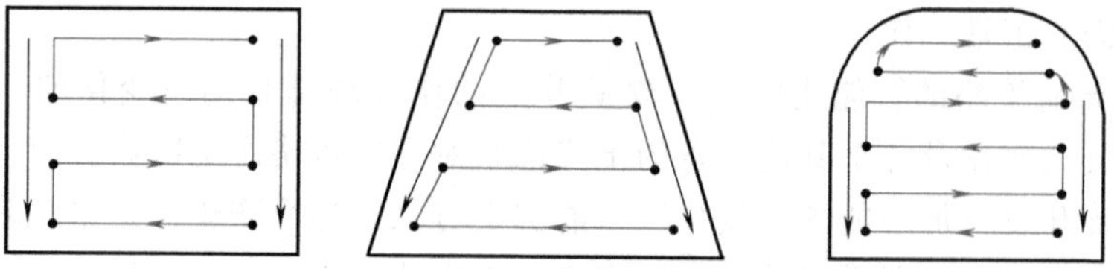

图 1.3 典型的煤矿巷道断面形状及截割轨迹

悬臂式掘进机的定位、定向和定形截割要实现自动化、智能化的难度大。与掘进工作面的其他掘进设备相比，悬臂式掘进机运动灵活，适用性良好，但是因其属于非全断面施工设备，工艺复杂，导致位姿变化大，检测难度高。国内一些研究单位在掘进工作面自动化领域进行了许多有益的探索，但掘进机全位姿测量技术尚未取得突破，导致全自动掘进研究进展缓慢。虽然用于地铁、隧道施工的盾式全断面掘进装备的自动定位系统已经得到广泛运用，但是由于煤矿巷道施工的特殊性，特别是悬臂式掘进机与其在结构形式及工作方式上差别很大，定位、定向的难题依然存在，已经严重阻碍了巷道成形截割的质量和智能化发展。

图 1.4 为基于视觉定位技术的煤矿智能掘进整体功能架构，其中掘进装备的智能控制、设备群的位姿测量与协同控制、智能掘进设备群的远程控制，都受制于掘进设备位姿测量的准确性和可靠性。

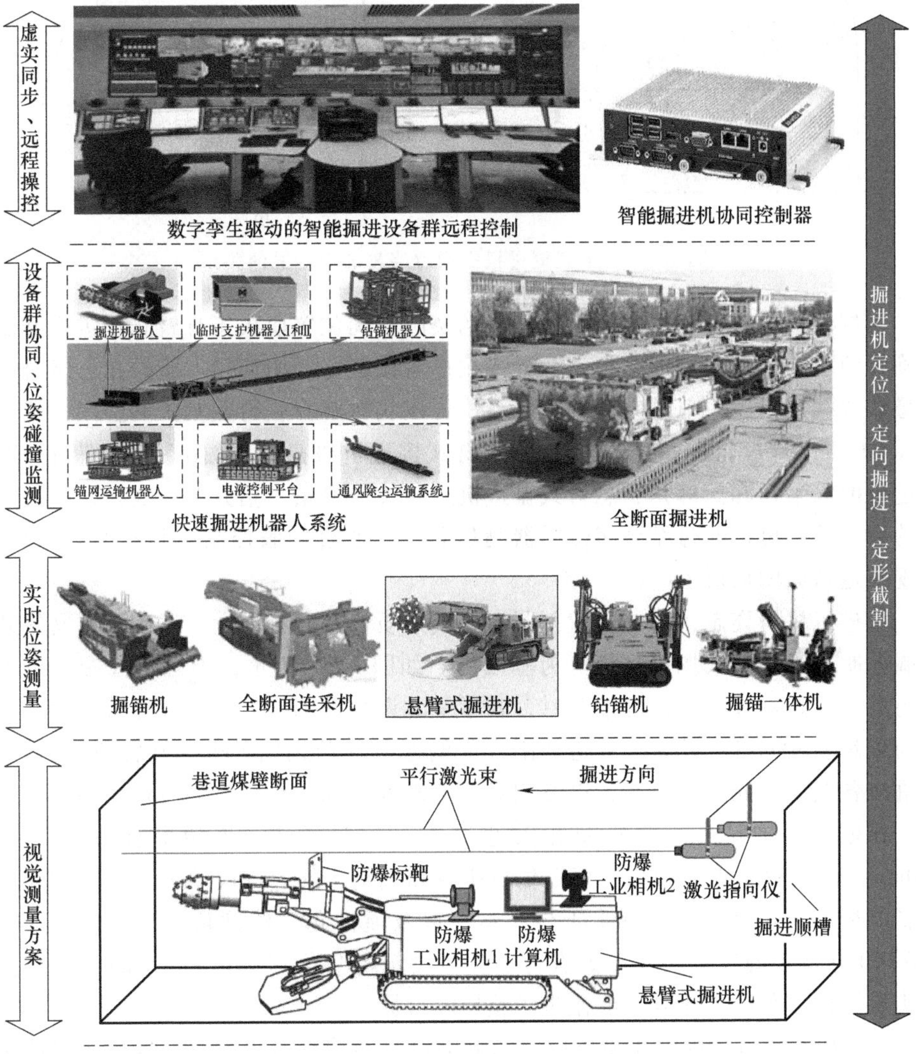

图 1.4 煤矿智能掘进机位姿精确测量的功能架构

为保证掘进巷道的成形质量，整个掘进巷道的走向应与位置基准一致。因此，需要实时、精确地反馈巷道掘进截割头的空间位置，通过精准控制截割头的行进轨迹，保证巷道成形质量满足施工设计要求。截割头的空间位置取决于悬臂式掘进机的旋转关节变量、抬升关节变量及各关节空间约束关系，如图 1.5 所示。其中，图 1.5a 为当掘进机机身位姿确定时，截割头空间定位与截割臂的旋转关节变量及抬升关节变量的约束关系示意图，图 1.5b 为当悬臂式掘进机的姿态角偏离巷道基准轴向时，实际截割断面和理想截割断面的偏差示意图。

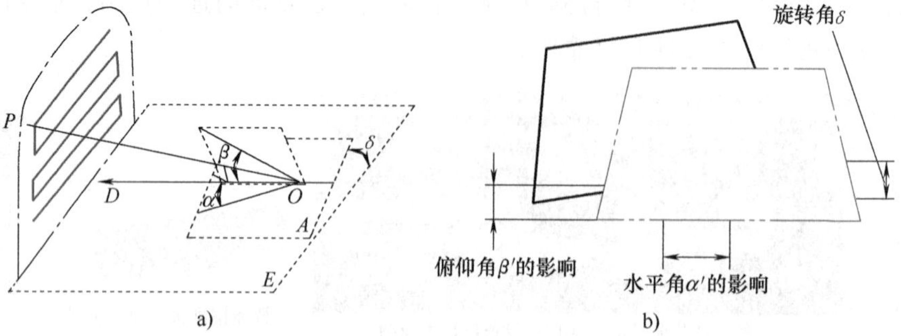

图 1.5　悬臂式掘进机空间位姿与巷道掘进的关系

当掘进机机身位姿确定时，截割头的实际空间位置取决于悬臂式掘进机截割臂的旋转角、俯仰角。因此，根据悬臂式掘进机截割臂的俯仰角、旋转角，结合已知的悬臂式掘进机各关节的空间约束关系，可以实时解算获得截割头的空间位置。图 1.5a 中，P 为截割头空间位置，O 为悬臂式掘进机机身位置，α、β 分别为悬臂式掘进机的水平角和俯仰角，悬臂式掘进机旋转关节变量、抬升关节变量及各关节空间约束关系，可以通过结合多传感器测量获得，通过伺服控制截割头的运动轨迹，实现巷道断面的成形。

掘进机机身姿态角对巷道截割断面的成形质量有直接影响，截割头运动轨迹的伺服控制是以悬臂式掘进机机身为基准的。如图 1.5b 所示，当悬臂式掘进机姿态角与巷道位置基准存在角度偏差时，若不及时调整截割参数，将会导致巷道截割断面与理想断面间形成偏差。巷道截割成形偏差与悬臂式掘进机的旋转角、抬升角、掘进机各关节空间约束关系，以及相对巷道基准的掘进机机身姿态角相关。

根据《煤矿安全规程》及相关巷道施工质量要求，巷道断面误差不超过 100mm。按照这个误差限值，可以估算机身和截割头的允许误差量。考虑对巷道断面影响最大的是机身左右和上下位移量，以及航向角、俯仰角、横滚角，本书以 EBZ160 悬臂式掘进机尺寸参数进行估算，设定机身位移量小于 50mm，机身及截割头旋转位姿角度小于 0.5 度作为误差控制目标。

综上所述，目前国内还缺乏成熟的掘进机自动控制解决方案。自动成形截割控制的前提是规划截割头的运动轨迹，而截割头的运动轨迹与巷道断面类型、掘进工艺及截割头外轮廓等密切相关。基于视觉测量实现悬臂式掘进机全位姿精确测量，得到掘进机机身及截割头位姿，实现自主定位和定向导航，以此构建悬臂式掘进机截割的视觉伺服控制系统，实现断面自动成形截割，是目前国内该领域联合攻关的热点。

1.2.2 煤矿井下环境对视觉定位精度影响大

煤矿井下光照条件、粉尘与水雾、煤岩地质结构，以及开采过程各种人—机—环耦合因素，综合构成的复杂作业环境对视觉定位与导航提出严峻挑战。

1. 井下视觉定位技术光照条件变化对成像质量的影响

光照条件的变化是成像质量不可忽视的关键因素。由于井下环境复杂多变，光照强度往往呈现出极大的不稳定性，这对成像系统的性能提出了严峻挑战。研究表明，当光照强度降低至正常水平的50%时，成像系统的信噪比将下降约30%，直接导致图像清晰度大幅下降，细节信息丢失严重。这一现象在煤矿井下巷道尤为明显。

为了应对光照条件变化对成像质量的影响，研究者引入了先进的光照模型与阴影处理技术。通过模拟井下光源的分布情况，能够预测并补偿因光照不足导致的图像暗区，提高图像的整体亮度。同时，针对阴影对成像质量的干扰，采用了基于图像分割和形态学处理的阴影检测与去除技术，有效消除了阴影对图像内容的遮挡，提升了图像的可视化效果。

研究者借鉴计算机视觉领域的先进算法，如自适应曝光控制和动态范围扩展技术，进一步提升了成像系统对光照变化的适应能力，根据光照条件自动调整相机的曝光参数和增益设置，确保在不同光照条件下都能获得高质量的图像。通过在实际矿井环境中的测试验证，这些算法能够显著减少因光照变化导致的图像过曝或欠曝现象，提高了成像系统的稳定性。

模拟巷道高粉尘水雾测试——西安科技大学模拟掘进巷道

2. 粉尘与水雾对图像清晰度的干扰

尘埃与雾气的存在是图像清晰度下降的主要原因之一，不仅降低了图像的对比度，还引入了模糊和噪声，严重影响了后续图像处理和三维建模的精度。研究表明，当井下空气中的尘埃浓度达到5mg/m^{3}时，图像清晰度将下降约30%，而雾气密度每增加1%，图像可见度将约减少2m。井下作业区域常因煤尘飞扬和地下水汽蒸发形成厚重的雾气层，传统的视觉成像系统在此环境下采集的图像往往模糊不清，难以辨识细节。为了克服这一难题，引入了先进的图像去雾算法，结合物理模型与深度学习技术，对采集的图像进行预处理，图像清晰度提高后，有助于恢复图像中的边缘信息和纹理特征。

在深入分析尘埃与雾气对图像清晰度干扰的机理时，采用了大气散射模型进行模拟。考虑光线在穿过尘埃和雾气时，会发生散射和吸收现象，导致到达相机的光线强度减弱且方向发生偏移，作者所在课题组设计了一套自适应的图像增强算法，能够根据不同环境下的尘埃和雾气浓度，动态调整算法参数，实现图像清晰度的最大化恢复。此外，国内外研究者还借鉴了计算机视觉领域的最新研究成果，将深度学习技术应用于图像去雾领域。通过构建大规模的训练数据集，训练出具有较强泛化能力的神经网络模型，自动识别图像中的尘埃和雾气区域，并对其进行精准的去雾处理。

煤矿井下复杂环境-地质及环境复杂

3. 地质结构复杂性对成像视角的限制

由于地下环境往往伴随着多变的岩层结构、断裂带及褶皱等地质现象，不仅影响光线的传播路径，还直接限制了成像设备的可视范围和视角。在煤层开采过程中，煤层与顶底板之间的夹矸层、断层破碎带等地质异常体，往往导致成像设备难以获取完整的井下场景信息。研究表明，当井下视觉成像系统面对高度复杂的地质结构时，其成像视角的受限程度大，这意味着大量关键信息可能因视角限制而无法被捕捉。

研究者引入多视角成像技术和三维重建算法，通过在不同位置和角度布置多个成像设备克服这一难题，实现对井下复杂地质结构的全面覆盖和精准建模。但是这种方法目前面临着数据处理量大、计算复杂度高及实时性要求高等挑战。

传统的单视角成像系统在矿区应用时，成像视角受限问题尤为突出。引入基于多视角成像技术的井下视觉成像系统，通过布置多个高清相机和激光扫描仪，实现对井下复杂地质结构的全方位、多角度成像。此外，针对地质结构复杂性对成像视角的限制问题，还可以借鉴计算机视觉领域的先进算法和技术，如深度学习、图像分割和特征提取等。这些技术能够有效提高成像系统对复杂地质结构的识别能力和成像质量，在一定程度上缓解视角受限带来的问题。

1.2.3 井下定位与导航基础理论研究不足

巷道施工中设备位姿测量、导航方向纠偏、断面成形截割是实现智能掘进定位、定向和定形的关键，缺一不可。根据位姿误差信息对机身进行控制，连续的航向位姿形成定向导航实际路径，结合截割臂的运动控制可以实现巷道断面的成形控制。井下定位与导航技术是智能掘进各模块功能实现的核心，其基础研究不足已经严重制约智能掘进技术的发展。

1. 煤矿井下掘进控制相关基础理论方面

非全断面掘进设备需要控制机身和截割头，实现预定截割轨迹的跟踪控制。全断面掘进设备相对简单，仅需关注航向方向位移为掘进进尺提供参考。由于悬臂式掘进机使用最广、最灵活，但工艺复杂，一般使用在地质复杂场合，因此，国内外对其成形截割控制研究较多。现有研究对重载非完整约束的悬臂式掘进机器人开展较多，思路是将截割臂当作一个移动机械臂，进行统一的运动学建模，实现掘进机的机器人化，实现悬臂式掘进机自动截割控制。但是由于机身位姿测量的成本和技术限制，基于机身位姿测量数据和规划轨迹的全局轨迹（包括机身轨迹和截割头轨迹两部分）跟踪控制还处于研究阶段。

2. 煤矿井下视觉成像系统标定基础理论

视觉成像系统标定是影响图像质量和系统精度的关键技术。为满足防爆和安全要求，均需满足防爆、安标两方面的国家行业相关认证。煤矿广泛应用的工业相机均安装在防爆壳内，透过防爆玻璃（防爆玻璃的厚度是由国家标准规定的，应根据使用环境和安全要求进行选择，煤矿最新要求玻璃厚度>15mm）成像，由于光线折射等影响，成像畸变严重。针对目前应用较广的平面防爆玻璃、光学球罩两种结构，作者深入研究了防爆玻璃对井下视觉成像系统的影响[3-5]，提出了相应的非中心折射相机建模与标定方法，用以矫正矿用相机的平面玻璃或球面玻璃折射导致的成像畸变，提高煤矿井下视觉测量系统的精度和可靠性。

掘进过程中的机身振动会造成测量不准确，利用机载稳像、消抖算法等方法保证机器视觉测量稳定性，是精准掘进的必然要求。本书介绍了课题组针对振动工况下矿用防爆相机的成像模糊机理研究成果[6]，通过构建基于非均匀模糊核的矿用相机参数化几何模型描述振动或运动引起的图像非均匀模糊，并建立基于变分参数优化更新方程来评估与优化参数分布，利用获取的非均匀模糊核完成迭代盲复原算法，实现单图像盲去模糊。

3. 煤矿井下掘进机精准定位理论与方法

悬臂式掘进机机身及截割头位姿的实时、准确测量是实现煤矿巷道掘进定向导航和定形截割的基础和核心内容。针对掘进机的自动位姿测量技术方面的研究，学者们提出了多种不同的技术方案，并取得了一定的研究成果。

目前方法主要有 iGPS（indoor Global Positioning System，室内定位系统）测量技术[7]、基于全站仪的导向和定位、惯性测量技术[8]、超宽带测量技术[9]、空间交汇测量技术[10] 和视觉测量[11] 等。作者提出了“视觉+”位姿测量方法，基于激光点—线特征标靶的悬臂式掘进机机身及截割头位姿单目视觉测量方案[12-13]，以巷道设计走向数据为基准，建立巷道坐标系实现掘进装备机体的全位姿检测，为进一步实现智能截割、纠偏控制、定向掘进提供基础数据。该方案包括机身全局定位和截割头局部定位两个子系统，前者获得机身在巷道坐标系下的空间位姿，后者获得截割头在掘进机机身坐标系下的空间位姿。考虑多点特征和直线特征合作标靶在高粉尘水雾、低照度的煤矿井下环境中具有更强的抗遮挡能力，课题组创新设计了多点 LED 标靶和平行安装的激光指向仪形成两激光束标靶，通过构建基于线特征的单目视觉 2P3L 测量数学模型，解算得到悬臂式掘进机机身的位置和姿态参数，结合多点 LED 标靶测量截割臂位姿结果，实现了掘进机的精确定位、定向导航和定形截割控制。

上述单一模式定位方法均存在一些不足，采用多模式方法融合不同传感器信息的组合导航位姿检测已经成为行业探索研究的共识。本书介绍一种基于多传感器信息融合的组合导航位姿检测方法[14]，采用微机电系统（MEMS）捷联惯性导航（简称“惯导”）的姿态导航算法和地磁导航算法，利用卡尔曼滤波融合多源信息来抑制航向角的漂移，结合四元数和改进的航姿参考系统算法，确定巡检机器人的姿态信息，实现机器人实时位姿测量。

4. 煤矿掘进装备定向导航与纠偏技术

煤矿井下掘进设备导航目前有基于惯导、惯导+组合导航、视觉导航、惯导+视觉导航组合四种方式。另外，在实现掘进机位姿检测的基础上，还须完成掘进机的自主纠偏，以保证巷道截割质量。中国矿业大学（北京）吴淼教授团队研究了二维里程辅助的掘进机自主导航方法[15]，依据悬臂式掘进机在工作过程中时常发生滑移的特点，研制了一种外置式二维里程的测量装置，实现了二维里程辅助的组合导航算法。课题组也提出了一种基于视觉导航的悬臂式掘进机自动定向掘进控制方法[16]，采用单目视觉技术构建了基于门形结构的掘进机机身位姿视觉测量模型，通过空间矩阵变换解算巷道中机身位姿。根据悬臂式掘进机运动特点确定掘进机纠偏控制策略，基于悬臂式掘进机运动学建立掘进机定向掘进运动控制模型，选取合适的 Lyapunov 函数设计掘进机轨迹跟踪控制器，有效地解决了掘进机轨迹跟踪控制问题。

5. 掘进工作面智能控制技术

掘进工作面智能控制应该是基于机身位姿数据、定向导航策略和巷道断面成形轨迹的闭环控制。课题组研究了悬臂式掘进机视觉伺服控制技术，提出采用视觉实时位姿测量和电液伺服控制，采用轨迹规划与人工示教相结合的方式，实现复杂运动环境下的掘进机机身视觉伺服和截割头运动轨迹跟踪控制[17-18]。考虑不同地质条件和底板稳定性影响，先利用视觉位姿测量方法，实时记录人工操作机身和截割臂的轨迹，完成一个截割循环，随后下一个截割循环采用记忆数据控制掘进全过程中的机身和截割臂运动，实现自动化截割、自动刷帮等工艺环节，避免了掘进机在不同工况和环境下的轨迹规划难题。

掘进工作面控制系统中尤其以悬臂式掘进机为典型。作为巷道成形截割的设备，其在定位、定向基础上，要实现非全断面或者全断面的成形截割，需要机身运动路径和截割臂摆动轨迹的组合。同时，进一步实现锚钻、支护、运输的设备协同控制，才能达到掘-支-运并行作业的效率提升。

因此，掘进工作面成形控制实质上是以截割头跟踪截割断面为目标，视觉实时测量的截割头位姿（包括截割头相对机身的位姿和机身位姿）为反馈的自动控制系统。为保证断面成形精度，基于截割头位置信息建立截割头轨迹跟踪控制模型，以截割头位姿为反馈确定截割头位置偏差，利用控制算法输出控制命令，使升降油缸及回转油缸驱动截割臂摆动工作，同时按照截割工艺要求调整机身位置，使之处于合理姿态，并在截割轨迹跟踪时，利用前铲板和后支腿固定机身。此技术的关键是掘进机机身的实时位姿测量，基于三激光束的视觉测量系统的高精度、稳定性是其中的核心技术，最大优势是可以解决巷道断面形状、尺寸大小不同引起的截割路径自动规划困境，尤其是机身有滑动状态时的机身控制难题。

6. 设备群协同应用研究不够

智能协同控制技术是智能掘进机器人系统的核心。掘进工作面实现掘-锚-支-运-

通过程中，设备群协同是实现多工序并行作业的技术基础。在实现单个设备智能控制的基础上，如何通过对煤矿掘进多个任务并行、多个设备智能协同控制成为重要研究内容之一。目前，掘进工作面作业线上各设备独立，缺乏信息感知、交流、互通功能，实时协作能力弱，人机交互性差，掘进工艺流程缺乏统一规范，要实现巷道智能化快速掘进，就必须建立掘进设备各子系统之间的并行协同控制机制。

1.3 视觉定位与导航的几个基本问题

1.3.1 煤矿井下图像增强技术

由于煤矿井下光照不足、煤尘和水雾等因素会直接降低视觉技术的特征识别、跟踪与定位能力，从而影响掘进作业的准确性和效率。因此，通常采用图像增强技术，以提高煤矿井下图像的质量，减少煤矿井下环境的复杂性和恶劣性对图像的影响，从而提高煤矿井下视觉技术应用的准确性与稳定性。

近年来，越来越多的学者开始广泛深入研究和实践煤矿井下图像增强技术。其中，对于煤矿井下图像低照度问题，刘晓阳等[19]从矿工图像存在低照度、低分辨率及光照不理想、水雾等因素干扰出发，提出了一种改进的脉冲耦合神经网络矿工图像增强方法，该方法通过对 PCNN 模型中的连接强度β和阈值优化，可以使采集的矿工图像在整体对比度得到改善时，有效增强矿工脸部细节及边缘部分。王洪栋等[20]提出了一种快速多尺度 Retinex 的煤矿井下图像低照度增强算法，该算法通过光照校正将图像分为暗调区域和高光区域，并对不同区域进行光照校正处理，使用三次快速均值滤波替换传统的高斯滤波，从而更准确地估计光照强度。蔡利梅等[21]提出了一种针对煤矿井下图像低照度和成像质量差等问题的增强算法，该算法基于模糊理论构造线性模糊化函数，进行图像高亮区抑制和低亮区增强，并对模糊增强图像进行整体对比度调整，避免图像整体对比度骤降的情况。智宁等[22]研究了煤矿井下作业环境图像照度低问题，并提出一种图像增强方法，该方法通过多尺度引导滤波估计照度分量，基于 Retinex 理论进行图像照度分量与反射分量分解，通过一种 S 形曲线函数来进行图像照度调整，使用图像受限对比度的自适应直方图进行图像整体对比度增强，通过细节增强相关系数与照度增强相关系数进行图像综合增强。樊占文等[23]为了提高煤矿井下低照度图像质量，提出了一种 Retinex 改进算法，将图像由 RGB 空间转换为 HSI 空间，对空间转换后的图像进行分解，并将分解后图像的亮度分量进行处理，降低图像处理工作量，并对分解后图像进行低秩分解及算法优化，降低噪声和伪影对图像质量的影响。

同时，针对煤矿井下图像亮度不均匀问题，许多的学者也进行了广泛的研究。冯卫兵等[24]基于煤矿井下图像光度不均和噪声较大等特点，提出了一种基于简化脉冲耦合神经网络模型优化的图像去噪方法，该方法优化了简化脉冲耦合神经网络模型中神经元的连接强度和动态门限的衰减时间常数。Dai 等[25] 针对煤矿井下采集的图像存在大量悬浮粉尘、光照不均匀等问题，通过分析煤矿井下图像特征，选取中值滤波去除噪声，引入伽马函数和分数阶算子，提出了一种基于粒子群优化的图像增强算法，该算法在模拟煤矿环境中取得了优越的增强效果。付燕等[26] 提出了一种用于煤矿井下图像增强的算法，解决煤矿井下图像存在的亮度不均、细节纹理模糊不清及噪声较多等问题。洪炎等[27] 针对煤矿井下图像光照分布不均匀、不清晰等问题，提出了一种基于 TopHat 加权引导滤波的 RetineX 矿井图像增强算法，该算法将图像从 RGB 空间转换到 HSV 空间，利用 TopHat 变换改进加权引导滤波的权重因子，实现光照分量的边缘增强。

此外，对于煤矿井下图像模糊、失真和含雾等问题，诸多学者也进行了一系列的图像增强技术研究。张英俊等[28] 提出了一种针对煤矿井下图像模糊问题的增强技术，该技术通过线性模糊化函数进行图像增强，基于暗原色先验理论提高图像对比度和去除图像雾尘。张立亚等[29] 通过改进双边滤波算法并与多尺度 Retinex 算法融合，提出了一种煤矿井下的图像增强方法，通过优化的双边滤波与多尺度 Retinex 算法进行图像增强，将图像从 RGB 变换到 HSV 空间，使用融合 Retinex 算法对图像亮度分量增强，进行图像饱和度分量校正后将图像从 HSV 变回到 RGB 空间，实现图像整体增强过程。田子建等[30] 为了在提高煤矿井下图像对比度的同时，同步抑制图像雾尘和噪声干扰，提出了一种基于双域分解的矿井下图像增强算法，该算法采用双边滤波器将输入图像分解为低频图像和高频图像，采用快速暗原色去雾算法和 Gamma 函数变换，实现低频图像的去雾和对比度的提高，通过非下采样 Shearlet 变换和二阶微分算子，实现高频图像的降噪和增强处理，将增强的低频、高频图像合成基础增强图像，并抑制粉尘散射模糊和过曝光白色伪影，得到最终增强图像。

综上所述，煤矿井下图像增强技术均在不同程度上提高了图像在清晰度、对比度和亮度等方面的表现，有效地改善了煤矿井下低照度、光照不均匀和高粉尘等环境因素对于图像质量的影响，提高了图像的可视性。但是，当煤矿井下图像用于掘进装备视觉跟踪与定位时，其对图像增强技术的环境适应性与算法实时性提出了更高的要求。因此，在煤矿井下掘进工作面存在着低照度、高粉尘和多杂光等复杂、多变的环境中，如何进行视觉信息图像的低耗时、稳定增强，对于煤矿井下掘进装备视觉跟踪与定位技术的应用具有十分重要的研究价值。

1.3.2 煤矿井下掘进机动态定位技术

煤矿井下动态目标的精确定位是实现智能化采掘作业的关键。由于 GPS 等卫星定位信号不能到达井下封闭空间，综采工作面复杂、恶劣的环境及煤岩载荷的变化，会对采掘设备的定位造成干扰，难以准确获取采掘装备的运动状态参数，从而很难进行掘进机空间精确定位。

针对煤矿井下采掘装备定位精度较低的问题，众多研究者进行了相关研究。惯导具有导航精度高、自主性强等优点，近年来已初步应用于煤矿机械装备的定位定向导航中。澳大利亚联邦科学与工业研究组织下属的 CRC Mining 公司提出了一种综采工作面 LASC（Longwall Automation Steering Committee）技术，利用安装在采煤机机身的捷联式惯性系统测量采煤机在惯性空间的转动角速度和线性加速度，经过积分运算得到采煤机机身的运动速度、航向、姿态和位置等信息。David C. Reid 等提出采用惯性敏感器件进行采煤机定位，实时获取采煤机的地理位置信息[31]。Garry A. Einicke 等研究了井下采煤机惯性器件自主定位误差补偿技术，采用最小方差平滑滤波方法实现对采煤机位置的状态估计[32]。Mohsen Azizi 等提出了一种矿车的自主导航和控制系统[33]。Khonzi Hlophe 等提出了一种基于惯导定位技术的井下自主定位系统[34]。Mirota 等研究基于环境几何地图的机器人定位导航系统 Finale，将估计的位置和不确定性因素投影到相机，匹配预期的场景模型，消除定位不确定性，从而得到当前位置信息[35]。Steele 等提出了基于超宽带测距技术的井下移动目标的位姿测量方法[36]。

国内科研单位和高等院校也在努力攻克煤矿井下动态目标定位难题。葛世荣等研究了基于地理信息（GIS）的采煤机定位技术[37]。西安科技大学马宏伟针对煤矿井下无 GPS 环境，采用基于激光雷达的即时定位与地图构建（Simultaneous Localization and Mapping，SLAM）技术实现机器人的位姿估计和环境地图构建[38]。中国矿业大学郝尚清等提出以采区绝对坐标为参考坐标的采煤机在开采煤层内绝对定位方法[39]。江南大学樊启高等采用捷联惯性导航技术实现了采煤机动态定位[40]。基于全站仪的导向技术在盾构掘进机进行隧道、地铁掘进施工中应用较多，近几年也在井下煤巷掘进中探索使用，如朱信平等提出了基于全站仪的掘进机机身位姿参数测量系统及测量方法，以实现掘进机自动定向掘进[41]。由于全站仪对环境要求较高，在煤矿恶劣环境下使用面临快速建站、移站和振动干扰等难题。

捷联惯性导航与传感器组合，或者结合多种定位方式，提高煤矿井下定位可靠性和精度，是有效弥补目前惯导技术不足的有效手段。杨海等提出了一种组合捷联惯性导航系统和无线传感器网络定位系统的采煤机复杂环境下的精确位姿感知技术，对于煤矿井下由于采煤机恶劣振动引起的捷联惯性导航解算误差有了较大的改善[42]。罗成名提出了采用 SINS/CWSN 协同进行采煤机位姿检测的技术，构建了 SINS/CWSN 下采煤机位置解算紧耦合模型，实现了 SINS 和 CWSN 失效时采煤机位置的自适应协调校准[43]。张斌等提出了基于陀螺仪和里程计的综合定位方法，结合光纤陀螺仪测量采煤机航向角和里程计测得的速度，利用航位推算方法获得采煤机的位置[44]。

针对掘进机的自动位姿测量技术方面的研究，学者们提出了多种不同的技术方案，并取得了一定的研究成果。目前方法主要有 iGPS、基于全站仪的导向和定位、惯性导航、电子罗盘仪和视觉测量等。由于掘进过程中巷道内粉尘浓度大，测量环境恶劣，加之棱镜光路易被遮挡，基于全站仪的测量系统测量结果稳定性亟待解决。基于惯性传感器的掘进机位姿测量系统不需要任何外界信息就能得到导航参量，但时间累积误差导致其难以长程连续地提供位置参量，目前的研究热点是如何将井下采掘与施工工艺有机结合起来，解决工程难题。罗盘类传感器在局部位姿测量，iGPS、UWB 在相对巷道的掘进设备全局位姿测量方面也有研究。基于立体计算机视觉的掘进机机身位姿检测技术，在矿井下的应用主要集中于对车辆与人员的监控，而应用于机身定位方面的文献较少[45]。

上述技术是掘进机精确定位定向的基础，但是对于煤矿巷道掘进系统而言，采掘工作面的工况环境恶劣，无法适用于掘进机截割过程中实时位姿的检测。视觉测量技术可较为方便地获得目标位姿，但是采掘工作面的工况环境恶劣，粉尘浓度高，伴随有水雾和光照条件不理想等条件会导致采集图像质量差。因此，如何实现综掘工作面复杂工作环境中掘进机的精准定位、高效开采活动成为矿山工程领域发展过程中面临的科学难题。

基于激光器的视觉定位最早由 Baiden 提出[46-47]，通过相机获得掘进机位姿。C. Gugg 和 P. OLeary 研究基于掘进机机身上所设置激光标靶的掘进机机身位姿解算模型[48]。杜雨馨等研究以十字激光器与激光标靶为信息特征的掘进机机身位姿空间解算模型[49]。吴淼团队研究基于空间交汇测量技术的悬臂式掘进机位姿自主测量方法，在已成形煤巷顶部安装激光接收器，激光发射器在不同位置自主发射旋转激光平面，交汇到激光接收器后得到该点在机身坐标系下的三维坐标，将若干点的三维坐标代入位姿解算模型，得到悬臂式掘进机在固定坐标系下的位姿状态[50]。齐宏亮等研究基于多传感器融合的悬臂式掘进机位姿检测方法[51]。提出了一种基于视觉/惯导的掘进机实时位姿的组合测量方法，惯性导航系统给出姿态信息，视觉测量给出两个方向上的位置信息，从而实现掘进机实时位姿的 5 自由度测量。张旭辉等提出了悬臂式掘进机可视化辅助截割系统，构建了基于掘进工作面的激光束及红外标靶的掘进机机身位姿和截割头位姿视觉测量系统，并且进行了工业测试[52-57]。

因此，与现有的矿用机械机身位姿检测方法相比，采用激光标靶的视觉定位可以更好地适用于矿井粉尘浓度大、测量路径易被遮挡、光照不均等复杂环境。尤其在掘进过程中，由于机身振动剧烈，一般方法难以解决振动造成的测量不准确问题，机器视觉技术利用机载稳像、消抖算法等方法可以解决此类问题，满足精准掘进的要求。

总之，针对煤矿井下精确定位的方法与策略方面的成果较多，但是采掘作业过程的智能化依然进展缓慢，其中主要原因是机身定位难度大，现有方法稳定性不足。捷联惯性导航系统由于累计误差影响，定位精度欠佳，国内研究机构或引进 LASC 技术，或与航空领域合作研发以期打破国外垄断，但目前尚未有实质性突破。随着高性能专用芯片发展，视觉测量在煤流实时监测、传送带输送异物识别等方面得到了良好应用。采用视觉测量实现设备定位可克服惯性导航的累积误差，将基于视觉的设备位姿测量结果与捷联惯性导航系统相结合，既可以提高测量稳定性和精度，又可获得设备在绝对坐标系下的位姿测量。但是视觉测量技术如何适应煤矿井下特殊环境，需要深入研究。

1.3.3 基于视觉测量的动态目标位姿检测技术

视觉位姿测量技术是随着计算机视觉技术的发展而兴起的一门新兴技术，利用光学成像原理和位姿解算模型求解被测目标的相对位置和姿态参数，对于处理空间移动物体的位姿关系有较大的优势，具有结构简单、现场安装使用方便等特点，也具有独立性、准确性、可靠性及信息完整性等优势，适用于许多人类视觉无法感知的场合，如精确测量、危险场景感知、不可见物体感知等场合，近年来已成为国内外关注的热点。

视觉测量包括单目视觉测量、双目视觉测量及多目视觉测量等。单目视觉测量系统由一台相机即可完成位姿测量，系统结构形式简单且测量精度高。单目视觉测量系统内外参数标定过程简单，具有较大的视场，测量效率高，能够避免双目视觉测量系统中存在的匹配难度大等问题。双目视觉测量系统由两台相机完成位姿测量，由于引入了额外的约束条件，特征点空间三维坐标的求解过程变得简单，但该系统工作视场较小，且涉及双相机图像的立体匹配问题，实时性较差。多目视觉测量系统使用多台相机完成位姿测量，测量范围小，立体匹配的要求更高，但是具有更高的位姿测量精度。

单目视觉位姿测量方法因其结构简单、测量精度高等优势得到了广泛的应用。国外视觉测量技术方面处于领先地位的有美国的 Photo-Sonics 公司、VRI 公司，瑞典的 ISAB 公司等。J. Michels 等针对非结构环境下汽车高速避障的远程控制，研究了一种基于单目视觉图像的强化学习算法[58]。E. Royer 等研究了移动机器人的实时定位系统，依靠自然路标和单目相机实现了机器人在户外的自动导航[59]。C. Forster 等研究了三维地形重建和着陆点检测，构建了基于单目视觉的微型飞行器高效实时着陆控制系统[60]。文献［61-68］研究了基于单目视觉无人机或四旋翼飞机的视觉导航。P. Piniés 等研究了一种基于单目视觉的快速、准确的稠密深度图估计方法[69]。H. Choi 等研究了一种基于单目视觉的无人机目标跟踪方法[70]。

我国视觉位姿测量技术与国外研究水平尚有一定的差距。国内高校和科研院所在视觉测量方面研究较早的有国防科技大学、武汉大学、华中科技大学、西安光机所等。郑伟提出了以四旋翼飞行机器人的四个旋翼电动机为视觉特征进行相关的位姿估计，在室外光照环境下，获得比包括 LED 发光标签在内的彩色标签更加稳定和可靠的检测和定位效果[71]。王伟兴基于单目视觉测量原理建立了刚体位姿参数 PNP 问题测量解算数学模型，结合 PNP 算法解决了单目视觉景深缺失问题[72]。解邦福基于单相机成像理论，研究了四个共面特征点的 P4P 测量问题[73]。冯春利用四元数测量方法，研究了 5 个非共面特征光点解算航天器间相对位置和姿态参数[74]。文献［75-78］开展了风洞运动目标、车载单目相机位姿、无人机未知环境下的自主定位及控制、小型空间机器人协同位姿求解等方面的研究。解耘宇融合了单目视觉和惯性测量单元的 SLAM，解决了自主移动机器人在 GPS 信号缺失环境下运动的定位和建图问题[79]。桂阳根据地平线和海天线的成像特点，提出了新的地平线和海天线检测方法，获得了计算无人机姿态的参数[80]。张泽提出了基于对偶四元数方法求解交会对接近距离段的追踪航天器和目标航天器相对位置和姿态测量的方法[81]。赵连军对基于合作目标的位姿测量和基于非合作目标的位姿测量的两种单目视觉姿态测量系统进行了研究[82]。张跃强基于直线的序列图像目标关键结构重建和位姿估计方法，解决了结构先验信息未知条件下的完全非合作目标的位姿估计问题[83]。赵汝进[84]、刘昶[85] 等研究了基于直线特征的单目视觉位姿测量方法。张振杰等研究了相机内参数已标定和未标定情况下的相机位姿求解问题，提出了基于共面直线迭代加权最小二乘的相机位姿估计算法[86]。

基于模型的单目视觉定位广泛应用于自主导航、目标跟踪、视觉伺服等，是视觉测量中的一个重要研究问题。基于模型的单目视觉定位是以目标坐标系下已知的一组特征空间三维坐标作为先验条件，通过给定的投影模型及模型参数，结合图像坐标求解，获得该组特征在相机坐标系下的三维坐标，进而得出相机坐标系和目标坐标系之间的相对位姿转换关系。其中，定位模型是基于标靶的视觉测量的重要问题，目前采用的几何形状包括点、直线、曲线三种。根据几何特征的不同，基于模型的定位方法分为：基于点特征的定位方法、基于直线特征的定位方法、基于曲线特征的定位方法。

（1）点特征定位　PNP（Perspective-N-Points）　该问题于 1981 年由 Fischler 和 Bollers 首先提出[87]，是近年来研究最多的基于模型的定位方法，通过假定物体坐标系下空间坐标已知的 N 个特征点，且该 N 个特征点的图像坐标已知，进而确定这 N 个空间特征点在相机坐标系下的坐标。PNP 问题是非线性的，且具有多解性，求解的精度、稳定性、时间复杂度是研究 PNP 问题的关键。目前 PNP 问题的研究主要集中在 P3P 模型、P4P 模型、P5P 模型。P3P 模型使用的特征点个数最少，广泛应用在物体定位系统中，利用物体上已知坐标的三个特征点在图像中的成像坐标，确定相机与物体之间的位置与姿态。由于 P3P 模型存在多解现象，使得这一应用受到限制。使用 P4P 模型比使用 P3P 模型更稳定，当特征点共面时可获得唯一解。P5P 模型可以从五点中任取三点或四点进行定位，但是算法更加复杂、求解速度降低。因此，构建 P4P 模型是研究解决 PNP 问题的主要方向。

（2）直线特征定位　相比于点特征定位模型，基于直线特征的定位模型具有一定的抗遮挡能力，即当部分直线特征因遮挡而无法在相机像平面成像时，可以利用未被遮挡的直线特征进行定位。对于直线而言，通常需要六条直线才能得到相机位姿的闭式解，但是考虑直线间的平行、垂直、共面的位置关系时，仅需三条直线就能够得到相机姿态的闭式解。基于直线特征的定位模型至少需要三条直线，但任意三条直线构成的定位模型获得的求解方程次数较高。Dhome 和 Chen 由空间任意三条直线推导出一个八次多项式的直线定位模型[88-89]，可通过闭式解的方法来确定物体的位姿。Radu Horaud 根据非共面的空间任意三条直线得到一个四次多项式，可通过迭代或闭式解的方法确定物体的位姿[90]。上述任意三条直线的定位模型最终得到的是四次以上的高次多项式，求解过程相对复杂，存在复杂的迭代求解过程，定位误差较大。为了获得较低阶数的求解方程，对于直线特征定位模型的研究主要集中在模型设计及模型求解问题。

（3）曲线特征定位　对于曲线表面物体的定位，基于曲线定位模型的优势在于曲线可以包含三维物体的全局位姿信息，其对称矩阵的数学表达在运算处理时可以避免复杂的迭代非线性搜索过程。Ma 在构建的基于二次曲线定位模型的图像投影和空间二次曲线的对应关系基础上，给出了基于两台共面二次曲线的相机位姿的闭式解，以及基于两台非共面二次曲线的相机位姿的迭代解[91]。Quan[92] 构建了双视图下两条二次曲线的对应关系及定位的闭式解，可用于标定的或未标定的两台相机视角下的空间二次曲线投影重建。文献［93-94］提出了一种基于二次曲线的相机标定的解析解方法，避免了相机标定的复杂非线性迭代过程。相比于点特征和直线特征，基于曲线特征的定位存在阶数更高的求解方程、多解、运算复杂度高等问题。

在矿山领域，视觉测量位姿定位技术也已有深入研究。田劼等利用视觉测量位姿定位技术对悬臂式掘进机的垂直摆动角进行了检测和控制[95]。Christoforos Kanellakis 等对基于视觉测量的井下自主定位系统进行了评价方法研究[96]。中国矿业大学周玲玲等研究了基于双激光标靶的掘进机位姿解算方法，采用双激光标靶的图像识别测量方式，构建了位姿实时检测系统[97]。程新景研究了基于已知地图的机器人定位算法，基于 KF、EKF 及 PF 的定位算法实现机器人位姿的递归估计，仿真结果表明，KF 计算效率高但依赖于系统的线性高斯假设，EKF 适用于弱非线性的高斯系统，PF 适用于低维度的任意系统[98]。李猛钢针对煤矿救援机器人定位和地图构建问题，研究了基于贝叶斯递归方法的扩展卡尔曼滤波器的 EKF-SLAM 算法、基于粒子滤波器的蒙特卡洛定位、Gmapping 算法，仿真结果表明：观测模型的校正对运动模型的预测具有明显的校正作用；在地图已知的情况下，以运动方程作为建议分布函数，可以获得良好的定位效果；以 Gmapping 算法为基础构成 PLICP-FastSLAM 算法，对于煤矿里程计失效的环境具有更好的适应性[99]。董海波等设计了一种基于图像识别的掘进机位姿监测系统，结合巷道和掘进机本身特点，实时获取掘进机空间姿态参数[100]。

综上所述，位姿视觉测量技术在矿山领域的应用面临较大挑战，激光标靶在煤矿井下低照度、高粉尘、复杂背景下的位姿检测优势明显，在掘进设备位姿测量、机器人定位、地图构建和施工监测等方面有一定应用。综合考虑应用场景特点和系统复杂性，研发一种基于激光标靶的煤矿井下动态目标单目视觉测量定位技术，对于提高煤矿井下采掘工作面智能化水平，提高生产效率和保障生产安全具有重要意义。

1.3.4 视觉成像系统建模与标定技术

视觉成像系统是测量系统的关键部件之一，内参数校准的精确度直接影响测量系统的测量不确定度。为了提高整个系统的性能，减小测量不确定度，必须对相机进行内参数校准，将内参数校准误差对整个系统性能的影响减小到最低。

基于视觉的位姿估计是获取精确位姿的有效手段[101-103]。由于煤矿井下巷道工作面存在低照度、高粉尘、背景复杂等问题，基于非标靶的视觉方法容易因采集的场景图像特征模糊而失效，从而导致目标的提取和位姿的准确估计存在困难。目前煤矿井下综掘设备视觉位姿测量方面的研究较少，现有研究在应对煤矿井下高粉尘、水雾、杂光干扰、遮挡、复杂背景，以及振动环境下低照度图像采样方面差强人意。

出于防爆、除尘等因素考虑，作为煤矿井下成像系统的矿用相机可以看作工业相机和防爆玻璃的组合单元。具有双层防爆玻璃或者球形防爆玻璃的矿用相机视觉测量系统，其折射校准是一个具有挑战性的问题。

国内外学者针对视觉测量系统提出了不同的相机标定方法，大致有三类：传统标定、自标定和基于运动的标定。传统标定方法是利用二维图像之间的关系特征点坐标和三维世界坐标获得相机的内外参数[104]。Tsai 等在 1987 年提出的经典两步标定方法[105]，通过构建线性模型获取相机的外参数和焦距等。该方法采用线性方法计算相机的某些参数，利用解得的参数作为初始值，再考虑畸变因素，利用非线性优化算法进行迭代求解。该方法克服了线性方法和非线性优化算法的缺点，提高了校准的可靠性和精确度。但是该方法需要预知标靶上特征点的三维坐标，且标靶制作不方便。因此，一些研究者将立体标靶改为平面标靶。Kim 等利用同心圆实现相机内外参数标靶[106]。Zhang 提出了一种使用高精度标定标靶的相机校准方法，利用多幅棋盘格图像实现畸变相机的线性标定，该标定方法精度高，在相机校准中应用广泛[107-108]。

自标定利用系统参数间的约束对相机进行标定[109-110]，使用未知场景和动作实现系统校准。1992 年 Faugeras 首次提出了自标定的概念[111-115]，从而证明了通过传感器实现未知场景的相机标定有效性。2005 年 Svoboda 研究了用于虚拟环境的多相机自标定方法，利用激光笔对 16 个相机的沉浸式虚拟环境进行校准[116]。Hodlmoser 提出了一种多相机自标定方法来校准相机的内外参数，自标定过程简单、快速，但是自标定精度难以保证，且鲁棒性低[117-118]。Basu 等通过相机的四组运动，每组包括两次相互正交的平移运动，获得计算相机内参数的非线性方程，解出相机的内参数[119]。文献［120-121］对相机的自标定进行了深入研究，提出了基于平面二次曲线的纯旋转相机自标定方法，提出了利用图像中平面场景的信息，通过控制相机做多组平面正交平移运动实现相机自标定的方法。上述方法应用于视觉系统中存在一些不足，主要表现为以下几个方面：两台相机的相对关系需要保持不变；相机的焦距需要保持固定；一旦相机的参数发生了变化，则需要重新标定。为克服上述不足，近年来许多研究人员将目光转向在线自标定，利用场景中的点、直线或圆弧等线索，在工作过程中实现相机的标定，如 Benallal 等利用长方体边缘基于消失点的标定[122]、Carvalho 等基于球场特征的标定[123]、Wu 等利用基于圆和二次曲面锥体的仿射不变性的自标定[124-125]、Yang 等利用对称性的标定[126]。目前，实现在线标定需要具有一些约束条件，而这些约束条件往往比较强。如何使约束条件变弱，在更一般化的环境中实现相机的在线标定，是视觉测量领域发展的一个重要方向。

基于运动的标定是通过单一平移、单一旋转及二者组合等特殊运动对相机进行标定，可以获得较高的标定精度且容易实现自动标定。Faugeras 提出了一种基于运动相机的标定理论，该方法利用不同相机位移之间的极线变换，通过代数曲线参数化相机标定[127]。Hartley 等提出了一种基于旋转的标定方法，该方法需要同一相机在空间上的同一点至少有三幅不同方向的图像才能分析图像间的点匹配，需要纯旋转，但难以保证[110]。Du 和 Brady 提出了一种使用有源系统的校准技术[128]，根据光流场（PDOFF）的位置差和特征轨迹（TOF）的位置差来确定相机运动并校准固有参数。Ma 提出了一种基于单一平动运动与主动视觉系统的相机内在参数标定技术[129]，同样，正如 Hartley 和 Sturm 提出的方法一样，单一的平动同样难以保证。根据基于运动的标定方法通常由多维运动执行器来完成，执行器的运动精度对相机的标定精度有重要影响，因此，该方法在视觉系统的标定中存在较大且不可避免的误差，从而降低了测量精度。

上述三种方法均基于透视相机的单视点成像系统，难以解决矿用相机因防护玻璃而引入的折射畸变，具有非单视点的视觉成像系统近年来受到广泛关注，其中包括一般的成像模型[130-131]或具有非单视点的特殊相机成像模型[132-133]的特殊相机。由一个标准透视相机通过平面界面观察目标物体所构成的非单视点视觉成像系统在众多领域有广泛的应用，非单视点的视觉成像系统会导致严重的图像畸变。通过多个折射面观测目标物的矿用防爆相机，是典型的非单视点（non-SVP）[134]成像系统。

基于透视相机模型的相机标定方法[135-138]并不适用于这种非单视点的成像系统。最近，人们越来越关注水下环境中的非单视点系统[139-142]。在水下计算机视觉的早期工作中，利用焦距或透镜畸变来近似折射效应[143-145]，这些方法通常会导致与场景几何相关的非线性折射畸变。Kwon 和 Casebolt 的研究认为，水下三维重建需要一种基于物理模型的标定方法[146]。Treibitz 等证明了单视点模型在水下相机标定中是无效的。基于物理的折射效应模型引起了研究人员的注意。Treibitz

等开发了一个透镜到界面距离为变量的水下相机的参数化标定模型，该模型不仅需要利用已知的目标深度进行校准，而且像平面必须与界面平行[147]。通过假设成像平面平行于折射界面，Maas 等提出了一种具有三折射平面的标定算法[148]。Chang 等提出了一种利用已知场景深度对折射效应建模的多视图水下三维标定方法[149]。

矿用相机成像系统由于安装于防爆外壳中，用于煤矿井下动态目标测量时存在以下问题：一方面不能理想地假设其成像面和界面平行，另一方面在掘进过程中其标靶位姿是未知的。文献［147-149］中的相机标定技术存在模型设置时需假设像平面与界面平行且需要已知的目标深度等技术局限性。因此，这些标定技术在煤矿井下相机折射标定中不具有实际应用价值。

另外一些基于多视角图像的水下立体标定方法不需要已知目标的姿态，如文献［150-151］开发的具有单层防水外壳装置的水下相机建模和校准方法，通过固定立体视觉系统的比例约束，能够在目标姿态未知的情况下进行校准，该校准需要通过迭代计算，获得最终的优化结果。文献［152］提出的一种具有明确的显式折射校准模型，需要对界面参数进行良好的初始估计。文献［153］提出的水下立体摄像系统的标定方法，通过求解一组线性方程组，通过稀疏束平差对方程组进行修正，可以获得良好的初始估计。文献［150-153］提出的标定方法，需要已知立体结构设置与图像像素对应关系。上述基于多视角的相机校准方法对于煤矿井下的单相机、单图像的应用场景是不可行的。Agrawal 等[134]提出了平面折射几何光路的统一理论，并开发了一种基于轴估计的标定方法，该算法采用单相机结构设置且可通过单帧图像来执行校准，标定过程可以通过映射到经典的基本矩阵五点算法进行解算[154-155]，但是该模型当光线与轴线的夹角较小时存在失效的问题，不适用于矿用相机的标定。

因此，现有的相机折射标定方法存在一定局限性，无法应用于煤矿井下单目视觉位姿测量系统的折射矫正，煤矿井下矿用相机的折射建模和标定问题亟待解决，研究煤矿井下防爆相机建模和标定方法，构建防爆玻璃折射效应下的矿用相机标定系统，对提高井下视觉测量精度具有重要价值。

1.3.5 运动模糊建模与图像复原技术

鉴于煤矿井下特殊环境影响，实现煤矿井下动态目标视觉定位面临诸多难题，其中最重要因素之一就是采掘振动激励下的成像模糊对定位精度影响很大，严重时甚至难以获得测量结果。目前应对成像抖动问题多采用主动减振和被动防抖两种措施，前者通过增加减振装置减小振动影响，后者采用去模糊算法消除抖动带来的图像模糊。

从模糊建模角度看，模糊图像分为均匀模糊图像和非均匀模糊图像两类。早期关于相机抖动图像复原的方法常常默认相机抖动造成的图像模糊为空间不变的，模糊图像可以模拟为清晰图像与模糊核的卷积结果，因此，图像去模糊过程为去卷积问题[156-159]。均匀模糊图像的盲去卷积可以通过快速傅里叶变换实现。Chan 等提出了基于全变分正则化最小化的盲去模糊方法，通过交替最小化隐式迭代项恢复图像及点扩散函数[160]。Shan 等构建了模糊核估计与图像复原的统一概率模型，该模型引入了表征模糊图像噪声的空间随机性模型参数及用于减少振铃现象的局部平滑先验，提出了最大后验概率框架下的基于非参数型模糊核估计的单图像复原方法[161]。Fergus 等提出了基于混合高斯模型的图像梯度分布表征模型[162]，引入变分贝叶斯[163] 来估计模糊变换，取得了更好的去模糊效果。Levin 等对现有的图像盲复原算法从理论和实验两方面进行了分析和评估，结果表明，基于变分贝叶斯估计的盲复原算法要优于基于最大后验概率估计的盲复原算法[164-165]，其关于变分贝叶斯理论的图像盲复原算法研究得到国内外学者的广泛关注[166-167]。但是，早期研究中将图像模糊假设为空间不变的盲去模糊问题是病态的。

不同于早期的均匀模糊模型假设，真实的相机抖动往往造成非均匀模糊图像，因此将退化的运动模糊图像模拟为原始清晰图像的非均匀模糊结果更符合实际情况。但由于真实的相机抖动复杂得多，现有的将模糊核估计简化为长度和角度两个常数的图像盲复原方法难以取得理想的去模糊效果[168]。近几年图像去模糊方面的工作主要集中于非均匀模糊模型，非均匀模糊过程的模型表征成为非均匀模糊图像复原的重点问题[169-173]。

近年来，研究者已经提出了很多用于表征非均匀模糊过程的模型。Ji 等提出了一种基于空间变化的多模糊核的非均匀模糊表征模型及两步单盲图像复原方法，通过模糊图像的不同分区信息及各分区模糊核间的相关信息对整幅图像各分区模糊核进行估计，利用区域模糊核插值构造的像素模糊矩阵对图像各分区局部通过非盲去卷积实现图像去模糊[174]。Cao 等提出了一种融合多尺度字典（TMD）的自然文本图像自适应非均匀去模糊方法，通过学习一系列文本特有的多尺度字典和自然场景字典，分别对文本域和非文本域进行先验建模。基于多尺度字典的文本域重建有助于有效地处理模糊图像中不同尺度的字符串，且字典学习允许对文本字段属性进行更灵活的建模，与非均匀模糊建模方法相结合更适合于模糊核大小依赖深度的真实情况[175]。Tai 等提出了一种基于动作路径投影的非均匀模糊表征模型，将模糊图像表示为原始清晰图像经一系列投影变换后的加权平均结果，将相机动作时的单应变换矩阵所占曝光时间比例作为权重。相比于基于逐点估计点扩散函数的非均匀图像去模糊，构建的基于单应变换矩阵的非均匀图像模糊模型一定程度上提高了图像复原的运算效率[176]。Whyte 等提出，引起图像模糊的相机动作空间主要包括绕各主轴的旋转运动，而相机的平移运动可以忽略[177-178]。Gupta 等提出，用沿 x 轴和 y 轴的平移动作和绕 z 轴的旋转动作构成三维动作空间来简化运动模糊问题[179]。Hirsch 等结合相机抖动的特殊性，通过相机动作全局约束进行局部均匀模糊模型的构建，提出了基于高效滤镜流框架的正演模型及高效的图像非均匀去模糊算法[180]。

简化的相机三维动作空间进行非均匀模糊图像建模及去模糊时，依旧难以避免计算量过大或者内存占用负担过重的问题。基于硬件辅助的图像去模糊需要附加的硬件设施，使得去模糊问题中已知信息增加，降低去模糊过程的病态程度[181-186]。上述硬件辅助图像去模糊方法使得清晰图像获取变得容易，但是配置过于复杂且相机沉重难以操作。研究人员提出采用高维稀疏矩阵解决内存占有问题。Gupta 等为单应变换矩阵构造其相应的高维稀疏矩阵，以期降低图像去模糊过程的内存占用。Hu 和 Yang 则将相机的三维动作空间降维到一个更低维的子空间[187]。

图像复原是图像处理中最重要的任务之一，包括图像去噪、去模糊、图像修复、超分辨等都是被广泛研究的问题。实际测量中采集的图像一般是退化后的图像，如带噪声图像、模糊图像或者被采样的图像。图像复原就是根据观察到的退化图像，借助依据成像系统特点构建的模糊模型，求解原始未退化的图像。此过程是一个病态问题，解往往不是唯一的。为了缩小问题的解空间，更好地逼近真实解，需要添加限制条件，一般采用自然图像本身的特性，即自然图像的先验信息。

利用自然图像的先验信息，可以从退化的图像上恢复原始图像。目前用于图像去模糊的自然图像先验有梯度图像先验[188]、非局部自相似性先验和各种稀疏性先验等。图像梯度先验利用了自然图像的梯度统计数据服从重尾分布的特点，促进了稀疏先验在底层图像处理领域的广泛应用[189]。Tikhonov 等假设图像梯度满足高斯分布，但实际的图像梯度一般难以保证严格意义上的高斯分布[190]。Rudin 等提出了全变分模型的方法[191-192]，稀疏拉普拉斯分布先验的在处理最小化问题方面取得了较好的效果[193-195]。非局部自相似先验[196-197] 认为自然图像中存在内容极相似的图像块。结合稀疏先验和非局部自相似先验的模型获得了目前最好的图像复原效果[198-199]。虽然使用了上述先验的图像去模糊方法取得了一定效果，但是在去除图像模糊的同时平滑了细小纹理结构[200]，使得图像产生难以逆转的退化。在近来的图像去模糊算法研究中，研究者用超拉普拉斯分布来拟合图像梯度的重尾分布，能够在一定程度上保证去模糊后的图像细节。

总之，视觉测量过程中存在诸多导致非均匀模糊的因素，其中相机抖动、目标动作造成的非均匀模糊较为常见。如何设计精确模拟非均匀模糊过程的模型成为非均匀模糊图像复原的重点。虽然现有的用于模拟非均匀模糊过程的参数模型种类繁多，但是均存在一定不足，难以满足煤矿井下图像去模糊的目标，因此，研究图像非均匀模糊模型，达到非均匀模糊图像的复原质量，是保证视觉位姿测量精度的重要基础。

综上所述，国内外学者和科研机构已经开展了大量的研究工作，并取得了一系列重要的成果。例如，一些研究团队通过优化视觉传感器的设计和布局，提高了其在煤矿井下环境中的适应性和稳定性；另一些研究团队则通过改进图像处理算法和机器学习模型，提高了定位与导航的精度和智能化水平。这些研究成果为煤矿井下视觉精确定位与自主导航技术的进一步发展和应用奠定了坚实的基础。

采用计算机视觉技术从煤矿井下的视频或图像数据中提取目标位置、形状、大小等信息，通过对提取的信息进行智能分析和处理，进而采用控制理论指导导航系统的决策过程，确保煤矿移动设备能够按照预定的路径安全、高效地行驶，已经在煤矿井下多场景的智能检测与控制中得到一定范围验证性应用。

目前虽然在视觉理解和识别方面的研究取得了一定进展，但是在煤矿生产中视觉应用多停留在视频监测层面，尤其是井下移动目标的定位与导航方面研究基本处于空白。现有研究在应对煤矿井下高粉尘、水雾、杂光干扰、遮挡、复杂背景，以及振动环境下低照度图像采样方面尚需深入研究。

随着人工智能、机器视觉、物联网等技术的进步，煤矿井下视觉精确定位与自主导航技术已经进入飞速发展阶段，迎来更加广阔的发展空间。一方面，先进、智能的煤矿设备持续研发，亟待更高的自主导航能力和更强的环境适应能力；另一方面，井下视觉精确定位与自主导航技术在煤矿安全监测、应急救援等领域得到更加广阔的发展空间，进一步推动煤矿行业的智能化转型和可持续发展。

1.4 本书内容安排

本书系统介绍作者多年来在煤矿井下视觉定位与导航技术研究方面的相关成果，以视觉在煤矿井下狭长空间实现移动设备精确定位、定向导航和成形截割为主线，涉及井下防爆相机成像建模与畸变校正、井下特殊环境退化图像重构、单目视觉空间模型与定位算法、几种不同合作标靶定位方法，以及双目视觉定位、非合作标靶定位等相关方面的理论和方法。

本书共 10 章，第 1 章简要概述目前煤矿井下视觉定位技术面临的挑战和研究现状；第 2、3 章为矿用防爆相机成像建模与畸变校正技术、井下特殊环境退化图像的清晰化重构技术，作为井下视觉定位的基本要求，旨在为后继定位算法提供良好图像的基本理论和方法；第 4 章以煤矿井下掘进装备定位与定向控制为目标，介绍基于单目视觉的煤矿井下掘进机精确定位与导航系统及其配套技术；第 5、6 章分别介绍平行激光束、三激光束构建有源合作标靶的悬臂式掘进机全局（机身相对巷道）的动态定位模型与方法；第 7 章介绍多点红外 LED 为合作标靶的悬臂式掘进机局部（截割头相对机身）的动态定位模型与方法；第 8 章总结了上述方法在煤矿井下掘进机位姿视觉测量的工程应用；第 9、10 章介绍作者近年来在基于双目视觉、基于非合作标靶的煤矿井下视觉动态定位技术方面的探索，以及视觉测量技术在井下其他移动目标定位方面的应用，为读者拓展该技术的认识广度和深度。

全书联系煤矿井下视觉定位技术的研究和发展，向读者展示了视觉测量技术在掘进装备定位与导航的理论建模、仿真分析和试验测试的科学研究过程，通过系统各环节误差的理论和实践研究，揭示了视觉定位与导航系统的误差规律。本书内容由浅入深，特别是以实际对象的研究过程为线索，理论分析和研究方法的介绍与应用贯穿其中，便于读者理解和掌握。

第 2 章

矿用防爆相机成像建模与标定技术

为了避免视觉成像系统免受煤矿井下粉尘、水雾等恶劣环境影响，平面防爆玻璃及光学球罩被广泛应用于煤矿井下视觉成像系统。平面或球面折射会造成严重的图像非线性失真，特别是对具有相对较厚平面防爆玻璃或光学球罩的煤矿井下防爆相机，难以保证其测量的精度。矿用防爆相机是工业相机和防爆玻璃的组合体，如何解决不同玻璃折射影响的矿用相机标定问题，是提高视觉位姿测量精度的关键环节。防爆玻璃的常见形状主要是平面和球面，传统基于透视相机的单视点成像系统不适用于这种球面或平面折射标定，难以消除折射畸变，同时防爆玻璃的单层厚度均在 10mm 以上，采用单一模型难以解决矿用防爆相机的标定问题。

本章研究双层玻璃折射、光学球罩玻璃折射机理，建立基于几何驱动的非单视点矿用相机成像模型，提出相应的非中心折射相机建模与标定方法，实现矿用相机玻璃折射校正，提高煤矿井下视觉测量系统的精度。

2.1 矿用相机双层平面玻璃折射成像建模与标定

2.1.1 矿用相机平面折射成像建模

考虑煤矿井下工作面的粉尘、水雾等恶劣环境的影响，相机固定于特别设计的防爆与除尘装置中，因此矿用防爆相机的成像光路要经过双层平面玻璃，如图 2.1 所示。

矿用相机成像系统扩展为由相机和双层玻璃构成的组合单元，属于典型的非单视点成像系统，且共线性关系在该系统中不再成立。本节引入虚拟成像系统，构建基于等效共线方程的矿用相机模型。如图 2.2 所示，引入的虚拟成像系统以 O_c' 为虚拟透视中心、外层玻璃界面作为虚拟成像面，虚拟轴 m 通过相机透视中心且垂直于双层玻璃，内层玻璃的法线 $\boldsymbol{l}$ 平行于外层玻璃的法线 $\boldsymbol{m}$，$F-\Delta F$ 为沿虚拟轴 $\boldsymbol{m}$ 方向的虚拟焦距。矿用相机模型通过以下参数进行描述：β 为入射角；α 为折射角；f 为实际焦距，即从实际的透视中心 O_c 到像平面的距离；F 为从实际透视中心

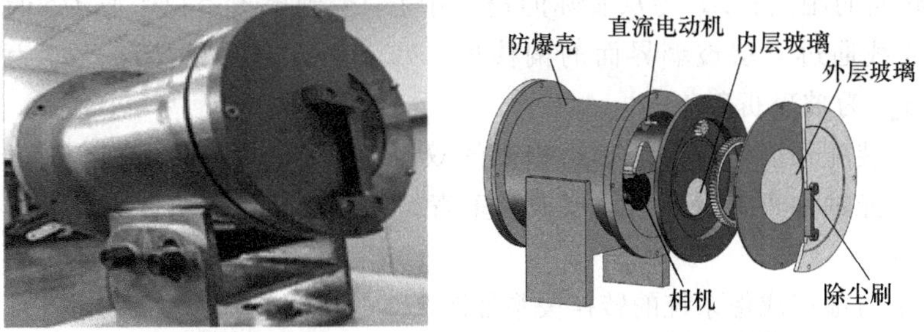

a) 矿用防爆相机　　b) 矿用防爆相机结构

图 2.1　矿用防爆相机及其内部结构

彩图

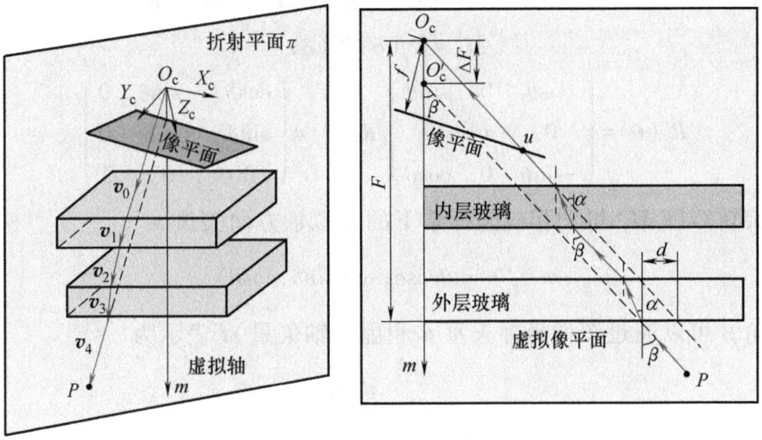

a) 整个光路所在的折射平面π　　b) 折射平面上的几何投影

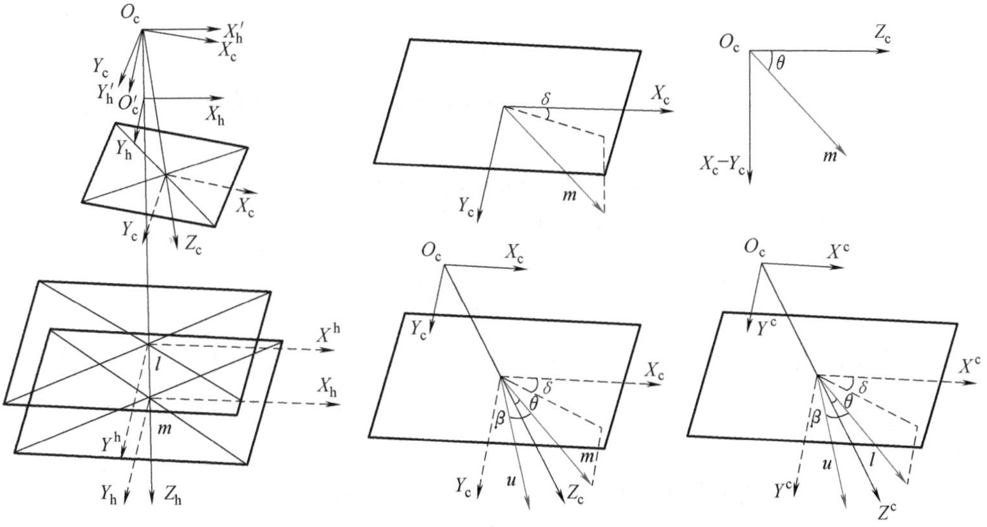

c) 存在安装角度偏置时的虚拟成像系统下的等效共线性关系

图 2.2　引入双层平面玻璃折射的矿用相机模型

c 到外层玻璃界面的距离；ΔF 为从实际的透视中心 O_c 到虚拟透视中心 O'_c 的偏移量；d 为入射光线通过双层玻璃界面的偏移量；h_1 为外层玻璃的厚度；h_2 为内层玻璃的厚度；n_{air} 为玻璃折射率。

通过加工和装配精度可以保证矿用相机的双层玻璃具有较高的平行度。但是，通用情况下相机光轴并不能保证与双层玻璃垂直，即相机成像面与玻璃界面之间存在安装角度偏置。

相机坐标系与虚拟成像系统的转换关系如图 2.2c 所示。相机坐标系用 $O_cX_cY_cZ_c$ 表示，虚拟成像系统用 $O'_cX_hY_hZ_h$ 表示。将相机光轴 Z_c 与虚拟轴 $\boldsymbol{m}$ 的夹角定义为 θ，虚拟轴 $\boldsymbol{m}$ 在像平面 $\boldsymbol{X}_c$-$\boldsymbol{Y}_c$ 上的投影矢量与相机 $\boldsymbol{X}$ 轴的方向矢量夹角定义为 δ。

相机坐标系与虚拟成像系统之间的旋转矩阵 $\boldsymbol{M}_c^h$ 可以表示为

$$\boldsymbol{M}_c^h=\boldsymbol{R}_y(\theta)\boldsymbol{R}_z(\delta)$$

$$\boldsymbol{R}_y(\theta)=\begin{pmatrix}\cos\theta & 0 & \sin\theta\\ 0 & 1 & 0\\ -\sin\theta & 0 & \cos\theta\end{pmatrix},\boldsymbol{R}_z(\delta)=\begin{pmatrix}\cos\delta & -\sin\delta & 0\\ \sin\delta & \cos\delta & 0\\ 0 & 0 & 1\end{pmatrix} \tag{2.1}$$

根据旋转矩阵 $\boldsymbol{M}_c^h$ 得到相机坐标系下的虚拟轴方向矢量 $\boldsymbol{m}$

$$\boldsymbol{m}=(-\sin\theta\cos\delta,\sin\theta\sin\delta,\cos\theta) \tag{2.2}$$

入射角 β 可以通过图像坐标矢量 $\boldsymbol{u}$ 和虚拟轴矢量 $\boldsymbol{m}$ 表示为

$$\cos\beta=\frac{\boldsymbol{m}^{\mathrm{T}}\boldsymbol{u}}{\|\boldsymbol{u}\|} \tag{2.3}$$

设 μ 为空气与玻璃的相对折射率，则折射角 α 可以通过下式获得

$$\mu=\sin\alpha/\sin\beta \tag{2.4}$$

设 h_1 为外层玻璃的厚度，h_2 为内层玻璃的厚度，则入射光线的偏移量 d 可以通过下式获得

$$d=h_1(\tan\beta-\tan\alpha)+h_2(\tan\beta-\tan\alpha) \tag{2.5}$$

从实际的透视中心 O_c 到虚拟透视中心 O'_c 的偏移量 ΔF 可以表示为

$$\Delta F=d/\tan\beta=(h_1+h_2)\left(\tan\beta-\frac{\mu\sin\beta}{\sqrt{1-\mu^2\sin^2\beta}}\right) \tag{2.6}$$

假设空间点 P 在相机坐标系下的三维空间坐标矢量为 $\boldsymbol{P}_c=(X_c,\ Y_c,\ Z_c)^{\mathrm{T}}$，$\boldsymbol{T}_c^h$ 为相机坐标系与虚拟成像系统的平移矢量，结合式（2.1），虚拟成像系统下点 P_c 的坐标矢量 $\boldsymbol{P}_h$ 可以表示为

$$\boldsymbol{P}_h=\boldsymbol{M}_c^h\boldsymbol{P}_c-\boldsymbol{T}_c^h=(X_h,Y_h,Z_h)^{\mathrm{T}},\boldsymbol{T}_c^h=(0,0,\Delta F)^{\mathrm{T}} \tag{2.7}$$

以实际透视中心 O_c 为原点，建立图 2.2c 所示的辅助坐标系 $O_cX'_hY'_hZ'_h$，虚拟成像坐标系 $O'_cX_hY_hZ_h$ 下的轴 X'_h、Y'_h、Z'_h 平行于相机坐标系下的轴 X_h、Y_h、Z_h。

设点 P_c 在相机坐标系下的图像坐标矢量为 $\boldsymbol{u}=(x, y, f)^{\mathrm{T}}$，则辅助坐标系下像点 u'_h 的坐标矢量 $\boldsymbol{u}'_h$ 可以表示为

$$\boldsymbol{u}'_h=\boldsymbol{M}_c^h\boldsymbol{u}=(x_h, y_h, f_h)^{\mathrm{T}} \tag{2.8}$$

根据矢量 $\boldsymbol{u}'_h$ 平行于矢量 $\boldsymbol{P}_h$ 的几何约束条件，当矢量 $\boldsymbol{u}'_h$ 与矢量 $\boldsymbol{P}_h$ 分别与虚拟轴矢量 $\boldsymbol{m}$ 相交时会形成同一平面。因此，虚拟成像坐标系下的等效共线性方程可定义为

$$x_h=f_h\frac{X_h}{Z_h}, y_h=f_h\frac{Y_h}{Z_h} \tag{2.9}$$

通过引入附加参数入射角 β、折射角 α、外层玻璃厚度 h_1、内层玻璃厚度 h_2 及空气与玻璃的相对折射率 μ，构建了基于等效共线性方程的矿用相机几何模型，该模型考虑了双层玻璃引起的折射影响，且在虚拟成像坐标系下能够保持共线关系。

2.1.2　矿用相机平面折射标定

矿用相机的标定包括内参标定和外参标定两个环节。本节采用基于共面约束的轴估计方法获得虚拟轴矢量，然后建立基于几何驱动的矿用相机标定模型实现内外参标定。

1. 基于共面约束的轴估计

如图 2.2a 所示，假设空间点 P 在物体坐标系下的三维空间坐标矢量为 $\boldsymbol{P}=(X_w, Y_w, Z_w)^{\mathrm{T}}$，光路中每一部分的方向矢量分别为$\boldsymbol{v}_0$，$\boldsymbol{v}_1$，$\boldsymbol{v}_2$，$\boldsymbol{v}_3$，$\boldsymbol{v}_4$。根据斯涅尔定律，入射光、折射光和法线在同一平面上。由于双层玻璃是平行的，当光线通过双层玻璃时，整个光路是共面的且位于折射平面 $\boldsymbol{\pi}$。虚拟轴 $\boldsymbol{m}$ 和整个光路都位于折射平面 $\boldsymbol{\pi}$，且最后的折射光线 v_0 相交轴 $\boldsymbol{m}$。设 $\boldsymbol{R}$ 和 $\boldsymbol{T}$ 为目标坐标系与相机坐标系之间的旋转矩阵和平移矩阵，$\boldsymbol{P}_c=\boldsymbol{RP}+\boldsymbol{T}$ 是相机坐标系下的空间三维点，其同样也位于折射平面 $\boldsymbol{\pi}$。（$\boldsymbol{m}\times\boldsymbol{v}_0$）为平面 $\boldsymbol{\pi}$ 的法线，因此每个三维空间点的共面约束可以定义为

$$(\boldsymbol{RP}+\boldsymbol{T})^{\mathrm{T}}(\boldsymbol{m}\times\boldsymbol{v}_0)=0 \tag{2.10}$$

共面约束可进一步展开为如下所示的线性方程组，该线性方程组形成 $N\times12$ 矩阵

$$\underbrace{\begin{pmatrix}\boldsymbol{P}(1)^{\mathrm{T}}\otimes\boldsymbol{v}_0(1)^{\mathrm{T}} & \boldsymbol{v}_0(1)^{\mathrm{T}}\\ \vdots & \vdots\\ \boldsymbol{P}(N)^{\mathrm{T}}\otimes\boldsymbol{v}_0(N)^{\mathrm{T}} & \boldsymbol{v}_0(N)^{\mathrm{T}}\end{pmatrix}}_{\boldsymbol{B}}\begin{pmatrix}\boldsymbol{E}(:)\\ \boldsymbol{s}\end{pmatrix}=0 \tag{2.11}$$

式中，$\boldsymbol{B}$ 表示 N（$N\geqslant11$）个三维空间点形成的 $N\times12$ 矩阵，$\boldsymbol{v}_0(i)$表示对应于每个三维空间点 $\boldsymbol{P}(i)$ 的最后一条折射光线的方向矢量，$\boldsymbol{E}(:)$ 为矩阵 $\boldsymbol{E}$ 的列矢量，

$\boldsymbol{E}=[\boldsymbol{m}]_{\times}\boldsymbol{R}$，$[\boldsymbol{m}]_{\times}$为矢量 $\boldsymbol{m}$ 的 3×3 斜对称矩阵；$\boldsymbol{s}=\boldsymbol{m}\times\boldsymbol{T}$；⊗表示克罗内克积。

因此，$\boldsymbol{E}$ 和 $\boldsymbol{s}$ 可以通过矩阵 $\boldsymbol{B}$ 的右零奇异矢量得到，可以通过 11 点线性算法或 8 点算法得到 $\boldsymbol{E}$ 和 $\boldsymbol{s}$。由于 $\boldsymbol{m}^{\mathrm{T}}\boldsymbol{E}=\boldsymbol{m}^{\mathrm{T}}[\boldsymbol{m}]_{\times}\boldsymbol{R}=0$，则轴 $\boldsymbol{m}$ 通过计算 $\boldsymbol{E}$ 的左零奇异矢量得到。

2. 矿用相机参数标定

矿用相机标定分为两个步骤：在不使用双层玻璃的情况下，通过 Zhang 或 Steger 提出的标定技术可以获得相机的标准内参，包括像素主点坐标（u_0，v_0）、焦距 f，径向畸变参数 k_1、k_2 和切向畸变参数 p_1、p_2；通过提出的矿用相机标定方法来完成引入双层平面玻璃折射的矿用相机参数标定。

建立的矿用相机模型引入了附加矿用相机内参 θ、δ、h_1、h_2、μ，以及外参 $\boldsymbol{R}$ 和 $\boldsymbol{T}$。其中，参数 h_1、h_2 和 μ 为已知常数。根据轴估计结果及式（2.2）关于虚拟轴 $\boldsymbol{m}$ 的定义，设 $\boldsymbol{m}=(m_1,\ m_2,\ m_3)$，则参数 θ 和 δ 可以通过下式得到

$$\theta=\arccos(m_3),\delta=\arctan(m_2/m_1) \tag{2.12}$$

根据式（2.9）所示的修正共线性方程，目标坐标系下的三维空间点与其图像投影的关系可表示为如下矩阵方程：

$$s\boldsymbol{M}_{\mathrm{c}}^{\mathrm{h}}\begin{pmatrix}x\\y\\f\end{pmatrix}=\boldsymbol{M}_{\mathrm{c}}^{\mathrm{h}}\begin{pmatrix}r_{11}&r_{12}&r_{13}&t_1\\r_{21}&r_{22}&r_{23}&t_2\\r_{31}&r_{32}&r_{33}&t_3\end{pmatrix}\begin{pmatrix}X_{\mathrm{w}}\\Y_{\mathrm{w}}\\Z_{\mathrm{w}}\\1\end{pmatrix}-\begin{pmatrix}0\\0\\\Delta F\end{pmatrix} \tag{2.13}$$

$$(\boldsymbol{R}\quad\boldsymbol{T})=\begin{pmatrix}r_{11}&r_{12}&r_{13}&t_1\\r_{21}&r_{22}&r_{23}&t_2\\r_{31}&r_{32}&r_{33}&t_3\end{pmatrix},\boldsymbol{M}_{\mathrm{c}}^{\mathrm{h}}=\begin{pmatrix}M_{11}&M_{12}&M_{13}\\M_{21}&M_{22}&M_{23}\\M_{31}&M_{32}&M_{33}\end{pmatrix} \tag{2.14}$$

式中，s 为任意的比例因子。透视中心偏移量 ΔF 可以通过式（2.6）得到。结合获得的 θ 和 δ，相机与虚拟成像坐标系间的旋转矩阵 $\boldsymbol{M}_{\mathrm{c}}^{\mathrm{h}}$ 可以通过式（2.1）得到。

对于单一的平面目标，标定时 Z_{w} 等于 0，则式（2.13）可简化为

$$s\boldsymbol{M}_{\mathrm{c}}^{\mathrm{h}}\begin{pmatrix}x\\y\\f\end{pmatrix}=\boldsymbol{M}_{\mathrm{c}}^{\mathrm{h}}\begin{pmatrix}r_{11}&r_{12}&t_1\\r_{21}&r_{22}&t_2\\r_{31}&r_{32}&t_3\end{pmatrix}\begin{pmatrix}X_{\mathrm{w}}\\Y_{\mathrm{w}}\\1\end{pmatrix}-\begin{pmatrix}0\\0\\\Delta F\end{pmatrix} \tag{2.15}$$

设 $\boldsymbol{X}=(r_{11},\ r_{12},\ r_{21},\ r_{22},\ r_{31},\ r_{32},\ t_1,\ t_2,\ t_3)^{\mathrm{T}}$，由式（2.15）整理得到

$$\begin{pmatrix}A_{11}&A_{12}&A_{13}&A_{14}&A_{15}&A_{16}&A_{17}&A_{18}&A_{19}\\A_{21}&A_{22}&A_{23}&A_{24}&A_{25}&A_{26}&A_{27}&A_{28}&A_{29}\end{pmatrix}\boldsymbol{X}=\begin{pmatrix}x_{\mathrm{h}}\Delta F\\y_{\mathrm{h}}\Delta F\end{pmatrix} \tag{2.16}$$

式中，

$$\begin{cases}A_{11}=x_{\mathrm{h}}M_{31}X_{\mathrm{w}}-f_{\mathrm{h}}M_{11}X_{\mathrm{w}},A_{12}=x_{\mathrm{h}}M_{31}Y_{\mathrm{w}}-f_{\mathrm{h}}M_{11}Y_{\mathrm{w}},\\ A_{13}=x_{\mathrm{h}}M_{32}X_{\mathrm{w}}-f_{\mathrm{h}}M_{12}X_{\mathrm{w}},A_{14}=x_{\mathrm{h}}M_{32}Y_{\mathrm{w}}-f_{\mathrm{h}}M_{12}Y_{\mathrm{w}},\\ A_{15}=x_{\mathrm{h}}M_{33}X_{\mathrm{w}}-f_{\mathrm{h}}M_{13}X_{\mathrm{w}},A_{16}=x_{\mathrm{h}}M_{33}Y_{\mathrm{w}}-f_{\mathrm{h}}M_{13}Y_{\mathrm{w}},\\ A_{17}=x_{\mathrm{h}}M_{31}-f_{\mathrm{h}}M_{11},A_{18}=x_{\mathrm{h}}M_{32}-f_{\mathrm{h}}M_{12},\\ A_{19}=x_{\mathrm{h}}M_{33}-f_{\mathrm{h}}M_{13}\\ A_{21}=y_{\mathrm{h}}M_{31}X_{\mathrm{w}}-f_{\mathrm{h}}M_{21}X_{\mathrm{w}},A_{22}=y_{\mathrm{h}}M_{31}Y_{\mathrm{w}}-f_{\mathrm{h}}M_{21}Y_{\mathrm{w}},\\ A_{23}=y_{\mathrm{h}}M_{32}X_{\mathrm{w}}-f_{\mathrm{h}}M_{22}X_{\mathrm{w}},A_{24}=y_{\mathrm{h}}M_{32}Y_{\mathrm{w}}-f_{\mathrm{h}}M_{22}Y_{\mathrm{w}},\\ A_{25}=y_{\mathrm{h}}M_{33}X_{\mathrm{w}}-f_{\mathrm{h}}M_{23}X_{\mathrm{w}},A_{26}=y_{\mathrm{h}}M_{33}Y_{\mathrm{w}}-f_{\mathrm{h}}M_{23}Y_{\mathrm{w}},\\ A_{27}=y_{\mathrm{h}}M_{31}-f_{\mathrm{h}}M_{21},A_{28}=y_{\mathrm{h}}M_{32}-f_{\mathrm{h}}M_{22},\\ A_{29}=y_{\mathrm{h}}M_{33}-f_{\mathrm{h}}M_{23}\end{cases} \tag{2.17}$$

根据 N 个点对应的 $2N$ 个对应关系，式（2.16）可以写成矩阵方程 $\boldsymbol{LX}=\boldsymbol{b}$，外参 $\boldsymbol{R}$ 和 $\boldsymbol{T}$ 可以通过下式获得

$$\boldsymbol{X}=(\boldsymbol{L}^{\mathrm{T}}\boldsymbol{L})^{-1}\boldsymbol{L}^{\mathrm{T}}\boldsymbol{b} \tag{2.18}$$

$$\boldsymbol{r}_3=\boldsymbol{r}_1\times\boldsymbol{r}_2 \tag{2.19}$$

式中，$\boldsymbol{L}$ 为 $2N\times9$ 的矩阵，$\boldsymbol{r}_i$ 表示旋转矩阵 $\boldsymbol{R}=(\boldsymbol{r}_1,\ \boldsymbol{r}_2,\ \boldsymbol{r}_3)$ 的第 i 列。

上述基于几何驱动的矿用相机外参数标定方法可以在折射率及玻璃厚度已知的情况下得到矿用相机参数，且该标定方法不需要假设图像平面与双层玻璃界面平行，也不需要已知目标的空间坐标值，对煤矿恶劣环境下的视觉测量应用具有重要价值。

2.2　矿用相机球形玻璃折射建模与标定

2.2.1　矿用相机球形折射建模

带球形玻璃护罩的矿用相机系统在煤矿监测场合应用广泛。如图 2.3 所示，某公司生产的广泛应用于煤矿自动化生产的半球相机，该相机安装在一个防爆外壳内，并通过一个球形窗口采集图像。相比于双层平面玻璃，光学球形盖所产生的非线性畸变更为严重。因此，球面折射标定问题也是目前煤矿视觉测量急需解决的问题。

上述带有光学球形盖的防爆工业相机形成非中心成像系统。如图 2.4 所示，根据斯涅尔定律，入射射线 v_2、外界面法线 $\boldsymbol{m}_1$ 和折射射线 v_1 都位于同一平面 π 上。内部界面 $\boldsymbol{m}_2$ 的法线与 $\boldsymbol{m}_1$ 和 v_1 同时相交。因此，法线 $\boldsymbol{m}_2$ 也位于平面 π 上，整个光路包括给定的相机光线（v_0、v_1 和 v_2）和轴线（$\boldsymbol{m}_0$、$\boldsymbol{m}_1$ 和 $\boldsymbol{m}_2$）位于同一平面上。每个三维空间点的光路都会形成一个这样的折射面，并且这个系统中所有的折射面都对应于通过球体中心 o 和相机中心 c 的统一轴 $\boldsymbol{m}_0$。因此，如图 2.4b、c，在折射面（POR）上建立了一个引入球形玻璃折射的矿用相机模型，该模型不仅适用于

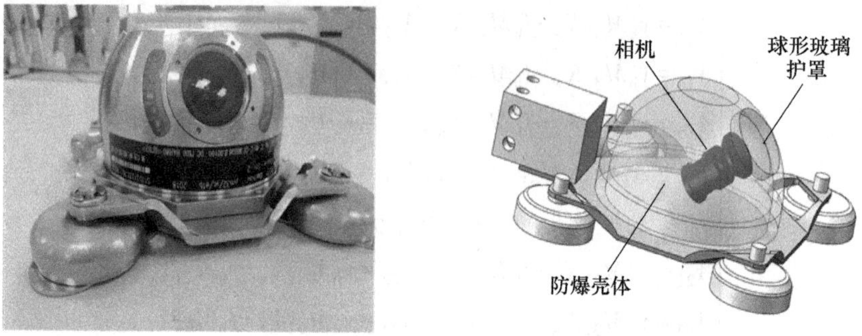

图 2.3　带有光学球体盖的矿用防爆相机

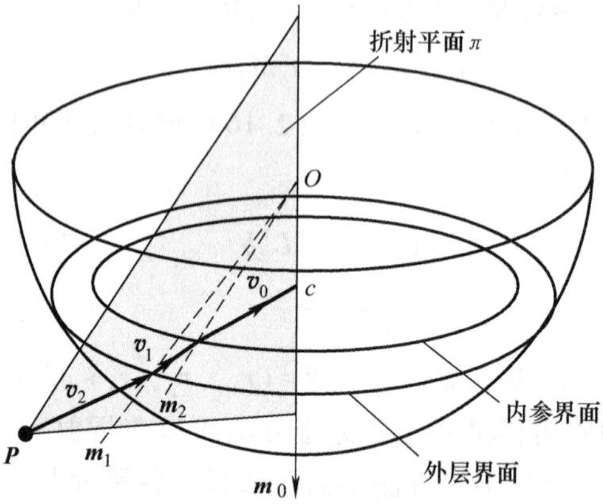

a) 折射平面POR

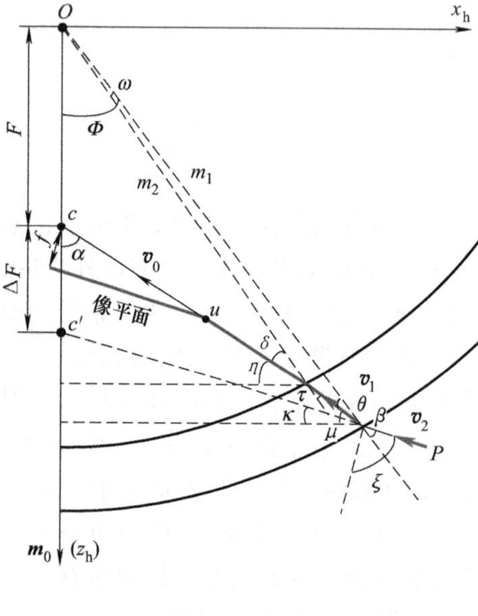

b) POR上的几何投影

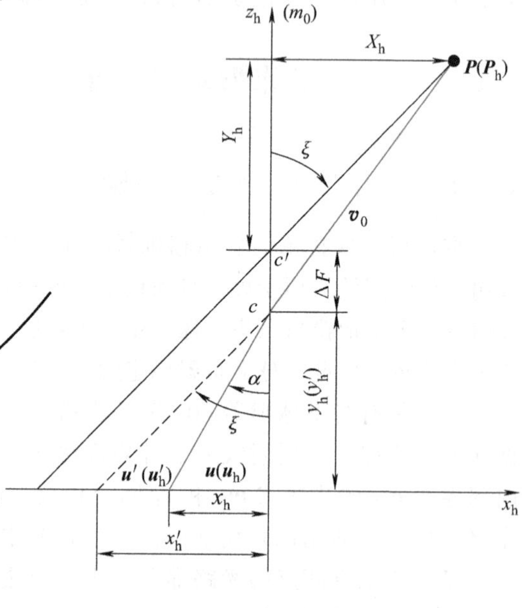

c) POR上的等效共线关系

图 2.4　引入球形玻璃折射的矿用相机建模

相机光轴通过统一轴 $\boldsymbol{m}_0$，也适用于相机光轴不通过统一轴 $\boldsymbol{m}_0$ 的一般广义情况。

如图 2.4b 所示，建立的引入球形玻璃折射的矿用相机几何模型包含以下参数：β 和 θ 分别为球罩外部界面的入射角和折射角；τ 和 δ 分别为球形玻璃外壳内部界面的入射角和折射角；α 为轴 $\boldsymbol{m}_0$ 与相机光线 v_0 之间的夹角；ω 为法矢量 $\boldsymbol{m}_1$ 和 $\boldsymbol{m}_2$ 之间的夹角；Φ 为轴 $\boldsymbol{m}_0$ 和法矢量 $\boldsymbol{m}_1$ 的夹角；η、μ 和 κ 分别为相机光线（v_0，v_1 和 v_2）和正交轴 $\boldsymbol{x}_h$ 之间的夹角；ξ 为轴 $\boldsymbol{m}_0$ 和相机光线 v_2 之间的夹角；f 为焦距；F 为相机中心 c 到球心 o 间的距离；ΔF 为从透视中心 c 到虚拟透视中心 c'的偏移量，这里 c'是光线 v_2 与轴 $\boldsymbol{m}_0$ 的交点；R_1 为球壳的外半径；R_2 为球壳的内半径；n 为球壳的折射率；d 为球壳厚度，$d=R_1-R_2$。其中，R_1、R_2 和 n 为已知的球壳参数。

各球形玻璃外壳参数 δ、β、θ、τ、ω、Φ、μ、η、κ 和 ξ 之间的几何关系可以使用下式表达

$$\frac{R_2}{\sin(\pi-\alpha)}=\frac{F}{\sin\delta},\frac{\sin\beta}{\sin\theta}=n \tag{2.20}$$

$$\frac{R_1}{\sin(\pi-\tau)}=\frac{R_2}{\sin\theta},\frac{\sin\delta}{\sin\tau}=n \tag{2.21}$$

$$\omega=\tau-\theta,\Phi=\alpha-\delta+\omega \tag{2.22}$$

$$\mu=\frac{\pi}{2}-\Phi-\theta,\eta=\frac{\pi}{2}-\alpha,\kappa=\frac{\pi}{2}-\Phi-\beta,\xi=\Phi+\beta \tag{2.23}$$

2.2.2 矿用相机球形折射标定

假设 $\boldsymbol{v}_0=(x,y,f)^{\mathrm{T}}$ 表示相机光线 v_0 的方向矢量，$\boldsymbol{u}=(x, y)$ 为对应的图像坐标。确定轴 $\boldsymbol{m}_0$ 后，角度 α 可以通过 $\cos\alpha=(\boldsymbol{m}_0)^{\mathrm{T}}\boldsymbol{v}_0/\|\boldsymbol{v}_0\|$ 来进行计算。另外，$\boldsymbol{P}_{\mathrm{w}}(i)=(X_{\mathrm{w}i}, Y_{\mathrm{w}i}, Z_{\mathrm{w}i})^{\mathrm{T}}$ 为 $\boldsymbol{P}_i$ 在物体坐标系中的方向矢量，$\boldsymbol{v}_0(i)$ 为 $\boldsymbol{P}_{\mathrm{w}}(i)$ 对应的相机光线方向矢量。$\boldsymbol{R}$、$\boldsymbol{T}$ 为旋转矩阵和平移矢量。引入球形折射的矿用相机轴估计可以通过下式实现

$$\begin{pmatrix} \boldsymbol{P}_{\mathrm{w}}(1)^{\mathrm{T}}\otimes\boldsymbol{v}_0(1)^{\mathrm{T}} & \boldsymbol{v}_0(1)^{\mathrm{T}} \\ \vdots & \vdots \\ \boldsymbol{P}_{\mathrm{w}}(i)^{\mathrm{T}}\otimes\boldsymbol{v}_0(i)^{\mathrm{T}} & \boldsymbol{v}_0(i)^{\mathrm{T}} \end{pmatrix}\begin{pmatrix} \boldsymbol{E}(:) \\ \boldsymbol{s} \end{pmatrix}=0 \tag{2.24}$$

式中，$\otimes$表示克罗内克积；$\boldsymbol{v}_0(i)$ 表示对应于每个三维空间点 $\boldsymbol{P}(i)$ 的最后一条折射光线的方向矢量，$\boldsymbol{E}(:)$ 为矩阵 $\boldsymbol{E}$ 的列矢量，$\boldsymbol{E}=[\boldsymbol{m}]_{\times}\boldsymbol{R}$，$[\boldsymbol{m}]_{\times}$为矢量 $\boldsymbol{m}$ 的 3×3 斜对称矩阵，$\boldsymbol{s}=\boldsymbol{m}\times\boldsymbol{T}$，因此，$\boldsymbol{E}$ 和 $\boldsymbol{s}$ 可以通过矩阵 $\boldsymbol{B}$ 的右零奇异矢量得到。此外，也可以通过 11 点线性算法或 8 点算法得到 $\boldsymbol{E}$ 和 $\boldsymbol{s}$。由于 $\boldsymbol{m}^{\mathrm{T}}\boldsymbol{E}=\boldsymbol{m}^{\mathrm{T}}[\boldsymbol{m}]_{\times}\boldsymbol{R}=0$，则轴 $\boldsymbol{m}$ 可已通过计算 $\boldsymbol{E}$ 的左零奇异矢量得到。

确定参数 α 后，根据模型几何关系，折射面 POR 上的其他模型参数 δ、β、θ、ω、Φ、μ、η、κ 和 ξ 取决于 F。该非中心成像系统的共线性方程由于球面折射效应的存在而失效。因此，通过引入虚拟正交坐标系和矫正透视中心来保持等效的共

线性关系，如图 2.4b 所示。该虚拟成像坐标系表示为（$\boldsymbol{x}_h$，z_h），式中，z_h 为 $\boldsymbol{m}_0$ 的方向矢量，且 $\boldsymbol{x}_h=z_h\times(z_h\times\boldsymbol{v}_0)$ 与矢量 z_h 正交。因此，矢量 $\boldsymbol{c'P}$ 沿 $\boldsymbol{x}_h$ 和 z_h 的投影 $\boldsymbol{P}_h=(X_h,Y_h)$ 可以表示为

$$\boldsymbol{P}_h=\begin{pmatrix}X_h\\Y_h\end{pmatrix}=\begin{pmatrix}\boldsymbol{x}_h\\z_h\end{pmatrix}[X_c\quad Y_c\quad Z_c]^{\mathrm{T}}-\begin{pmatrix}0\\\Delta F\end{pmatrix}\tag{2.25}$$

式中，由于 $\boldsymbol{P}_c=\boldsymbol{RP}_w+\boldsymbol{T}$，相机坐标系下的三维空间点 $\boldsymbol{P}_c=(X_c,Y_c,Z_c)^{\mathrm{T}}$ 能够利用旋转矩阵 $\boldsymbol{R}$ 和平移矢量 $\boldsymbol{T}$ 获得。

根据图 2.4c，引入的透视中心偏移量 ΔF 可以通过下式计算获得

$$\Delta F=(R_1\sin\Phi-R_2\sin(\alpha-\delta))\tan\mu+R_2\sin(\alpha-\delta)\tan\eta-R_1\sin\Phi\tan\kappa\tag{2.26}$$

图 2.4c 中，$\boldsymbol{u}_h=(x_h,y_h)$ 表示矢量 $\boldsymbol{cu}$ 沿 $\boldsymbol{x}_h$ 和 z_h 的投影。辅助矢量 $\boldsymbol{cu}'$ 平行于 $\boldsymbol{c'P}$，且 $\boldsymbol{u}'_h=(x'_h,y'_h)$ 为 $\boldsymbol{cu}'$ 沿矢量 $\boldsymbol{x}_h$ 和矢量 z_h 的方向形成的投影，则

$$\boldsymbol{u}_h=\begin{pmatrix}x_h\\y_h\end{pmatrix}=\begin{pmatrix}\boldsymbol{x}_h\\z_h\end{pmatrix}(x\quad y\quad f)^{\mathrm{T}}\tag{2.27}$$

$$\frac{x_h}{x'_h}=\frac{\tan\alpha}{\tan\xi},y'_h=y_h\tag{2.28}$$

根据折射平面 POR 上的等价共线性关系 $x'_h/y'_h=X_h/Y_h$，平面目标坐标系中的三维空间点 $\boldsymbol{P}_w$ 与其在 POR 上的图像投影间的关系可以表示为

$$s\begin{pmatrix}x'_h\\y'_h\end{pmatrix}=\begin{pmatrix}M_{11}&M_{12}&M_{13}\\M_{21}&M_{22}&M_{23}\end{pmatrix}\begin{pmatrix}r_{11}&r_{12}&t_1\\r_{21}&r_{22}&t_2\\r_{31}&r_{32}&t_3\end{pmatrix}\begin{pmatrix}X_w\\Y_w\\1\end{pmatrix}-\begin{pmatrix}0\\\Delta F\end{pmatrix}\tag{2.29}$$

$$\begin{pmatrix}M_{11}&M_{12}&M_{13}\\M_{21}&M_{22}&M_{23}\end{pmatrix}=\begin{pmatrix}\boldsymbol{m}_0\times(\boldsymbol{m}_0\times\boldsymbol{v}_0)\\\boldsymbol{m}_0\end{pmatrix},(\boldsymbol{R}\quad\boldsymbol{T})=\begin{pmatrix}r_{11}&r_{12}&r_{13}&t_1\\r_{21}&r_{22}&r_{23}&t_2\\r_{31}&r_{32}&r_{33}&t_3\end{pmatrix}\tag{2.30}$$

式中，s 表示任意的比例因子。

上述等价共线方程引入未知参数 F 且形成具有球面折射效应的摄影测量系统模型。设 $\boldsymbol{X}=(r_{11},r_{12},r_{21},r_{22},r_{31},r_{32},t_1,t_2,t_3)^{\mathrm{T}}$，$B_i=x'_h\Delta F$，相对方位参数的标定可以用以下线性矩阵方程进行

$$(A_{i1}\quad A_{i2}\quad A_{i3}\quad A_{i4}\quad A_{i5}\quad A_{i6}\quad A_{i7}\quad A_{i8}\quad A_{i9})\boldsymbol{X}=B_i\tag{2.31}$$

式中

$$\begin{cases}A_{i1}=x'_hM_{21}X_w-y'_hM_{11}X_w,A_{i2}=x'_hM_{21}Y_w-y'_hM_{11}Y_w\\A_{i3}=x'_hM_{22}X_w-y'_hM_{12}X_w,A_{i4}=x'_hM_{22}Y_w-y'_hM_{12}Y_w\\A_{i5}=x'_hM_{23}X_w-y'_hM_{13}X_w,A_{i6}=x'_hM_{23}Y_w-y'_hM_{13}Y_w\\A_{i7}=x'_hM_{21}-y'_hM_{11},A_{i8}=x'_hM_{22}-y'_hM_{12},\\A_{i9}=x'_hM_{23}-y'_hM_{13}\end{cases}\tag{2.32}$$

此外，$\boldsymbol{r}_3$ 可以通过 $\boldsymbol{r}_3=\boldsymbol{r}_1\times\boldsymbol{r}_2$ 进行计算，其中，$\boldsymbol{r}_i$ 表示 $\boldsymbol{R}=(\boldsymbol{r}_1,\ \boldsymbol{r}_2,\ \boldsymbol{r}_3)$ 中的第 i 列。式（2.29）引入了未知常数参数 F，通过先验知识可以得到 F 的近似搜索空间。因此，当 F 的初始估计已知时，可以求出 $\boldsymbol{R}$ 和 $\boldsymbol{T}$。然后在 F 的搜索空间内通过最小化投影误差进行迭代优化来完成标定过程。

设 $\boldsymbol{X}=(F,\ \boldsymbol{R},\ \boldsymbol{T})$，$H(\boldsymbol{X})$ 是需要最小化的目标函数，即

$$H(\boldsymbol{X})=\sum_{i=1}^{m}\left\|\boldsymbol{U}_i-\breve{\boldsymbol{U}}(\boldsymbol{M}_0,F,R_1,R_2,n,\boldsymbol{R}_i,\boldsymbol{T}_i,\boldsymbol{P}_{wi})\right\|^2 \tag{2.33}$$

式中，n 为折射率，R_1、R_2 分别为球形壳体的外半径和内半径；$\boldsymbol{M}_0$ 是内参矩阵；$\boldsymbol{U}_i$ 为像素坐标的测量值；F 为相机中心到球面中心的距离，$\breve{\boldsymbol{U}}$ 为 $\boldsymbol{P}_{wi}$ 在图像平面上的投影点；m 为图像点的个数。

本节提出的引入球形折射的矿用相机标定方法可以在折射率及玻璃厚度已知的情况下得到矿用相机参数，不需要假设图像平面与双层玻璃界面平行，且不需要已知光心与球心距离及目标的空间坐标值，对采用此种相机实现高精度测量具有重要意义。

2.3　矿用相机折射标定的结果验证

2.3.1　矿用平面玻璃折射标定结果验证

搭建引入双层玻璃折射的矿用相机模型可行性评估平台，如图 2.5 所示。基于红外 LED 的矿用相机标定平台主要包括红外线发光二极管 SE3470、相机 MV_EM130M（分辨率为 1280×960pixels，“pixels” 意为像素）、带有双层玻璃的矿用相机防爆装置、250mm×250mm 红外标靶、棋盘格（AFT-MCT-OV430）、移动平台、计算机等。

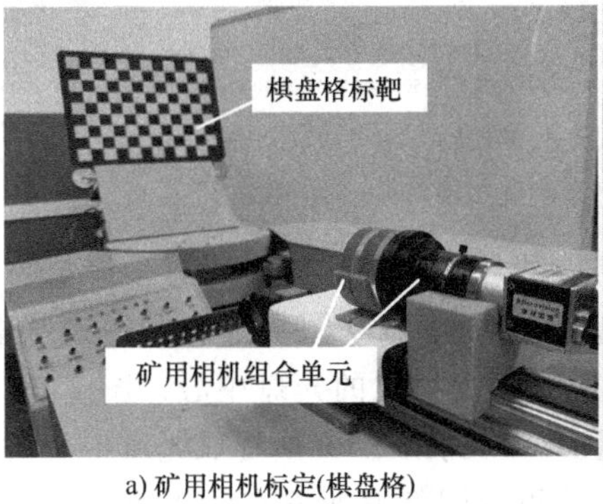

a) 矿用相机标定(棋盘格)

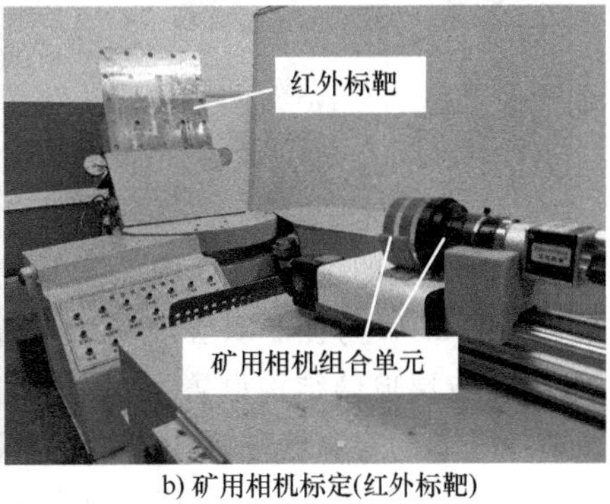

b) 矿用相机标定(红外标靶)

图 2.5　矿用相机双层平面玻璃折射标定平台

图 2.5a、b 所示的校准平台是由双层玻璃与相机构成的组合单元。实验采用无玻璃结构配置与双层玻璃结构配置两种情形，对测量结果进行对比分析。图 2.5a

所示的基于棋盘格的标定实验台，用于在可见度良好的室内环境下验证本书所提算法的有效性，棋盘格和相机之间的距离大约为 900mm。图 2.5b 所示的基于红外 LED 标靶的标定实验台，用于验证本书算法在模拟的低照度煤矿井下环境的可行性，红外 LED 标靶和相机之间的距离为 1500mm。

实验时分双层玻璃结构与无玻璃结构两种设置，分别采集不同方向的棋盘图图像（图 2.6a）和不同方向的红外 LED 标靶图像（图 2.7a）。采用 Zhang 算法获得的相机内参为：f_x = 1386pixel，f_y = 1387pixel，u_0 = 651.60pixel，v_0 = 476.70pixel，k_1 = −0.107，k_2 = 0.147，p_1 = −0.001，p_2 = 0.000。根据本章所提出的矿用相机标定算法，利用双层玻璃结构设置下所采集的图像，结合上述相机内参进行矿用相机参数估计，进而根据建立的矿用相机模型进行图像畸变校正，并计算重投影误差。

从校正后的图像畸变和重投影误差两个方面，将标定结果与 Agrawal 算法的标定结果进行对比。图 2.6 为采集的棋盘格图像及其相应的处理结果，其中图 2.6a 为在非双层玻璃结构设置下采集的棋盘格图像及提取的角点，图 2.6b 为在双层玻璃结构设置下采集的棋盘格图像及提取的角点，图 2.6c 为实际图像畸变分布的等高线图，用以描述从图 2.6a 到图 2.6b 所提取的角点像素偏差，图 2.6d 为采用 Agrawal 算法获得的重投影图像畸变分布的等值线图，用以描述从图 2.6a 到重投影图像所提取的角点像素偏差，图 2.6e 为采用本书算法获得的重投影图像畸变分布的等值线图，用以描述从图 2.6a 到重投影图像所提取角点的像素偏差。

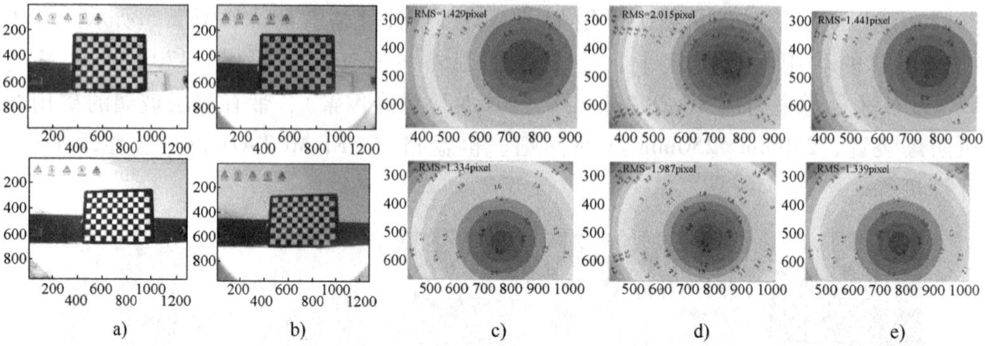

图 2.6 采集的棋盘格图像及其相应的处理结果

图 2.7 为采集的红外 LED 图像及其相应的处理结果，图中所有坐标单位为像素点个数。图 2.7a 为在非双层玻璃结构设置下红外 LED 图像及提取的光斑中心，图 2.7b 为在双层玻璃结构设置下红外 LED 图像及提取的光斑中心，图 2.7c 为实际图像畸变分布的等高线图，用以描述从图 2.7a 到图 2.7b 所提取光斑中心的像素偏差，图 2.7d 为采用 Agrawal 算法获得的重投影图像畸变分布的等值线图，用以描述从图 2.7a 到重投影图像光斑中心的像素偏差，图 2.7e 为采用本书算法获得的重投影图像畸变分布的等值线图，用以描述从图 2.7a 到重投影图像光斑中心像素偏差。图 2.6d、e 所示的棋盘格重投影图像畸变分布和图 2.6c 所示的实际的棋盘

格图像畸变分布是一致的，图 2.7d、e 所示的红外 LED 重投影图像畸变分布和图 2.7c 所示的实际红外 LED 图像畸变分布是一致的。均方根误差（RMSE）结果表明：与 Agrawal 算法相比，由本书算法获得的重投影图像畸变分布更接近于实际的图像畸变分布。

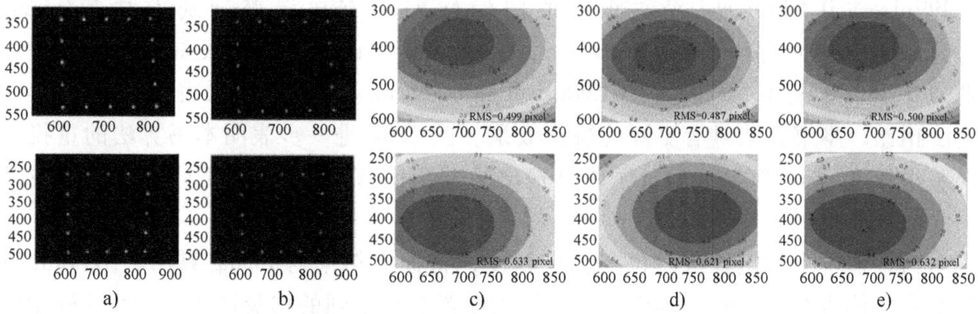

图 2.7　采集的红外 LED 图像及其相应的处理结果

棋盘格图像以及红外 LED 图像的标定对比结果如图 2.8 所示，从上到下分别对应两个方向的棋盘格图像和两个方向的红外标靶图像，图 2.8a、b、c 坐标单位

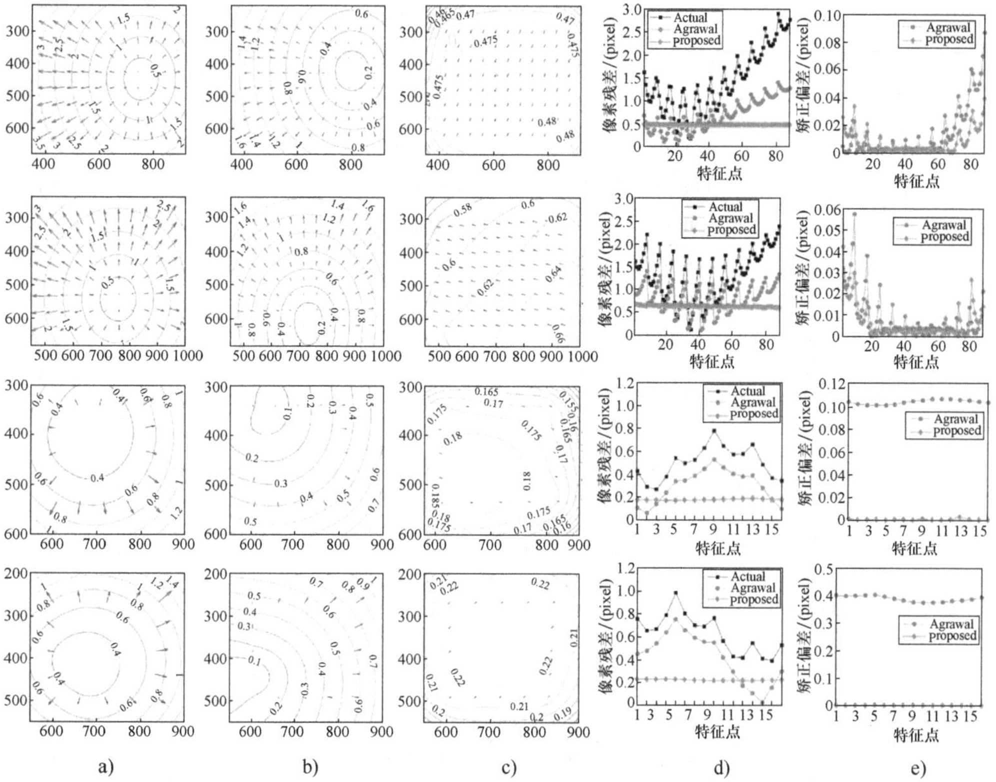

图 2.8　棋盘格图像及红外 LED 图像的标定对比结果

注：Actual 表示实际值；Agrawal 表示 Agrawal 算法值；Proposed 表示本书算法值。

均为像素点个数。图 2. 8a 为实际图像偏差，图 2. 8b 为 Agrawal 算法矫正后的图像偏差，图 2. 8c 为本书算法矫正后的图像偏差，图 2. 8d 为实际的和矫正后的图像偏差，图 2. 8e 为重投影误差对比。

由图 2. 8d 可知，实际图像残差的均方根误差分别为 1. 429pixel、1. 334pixel、0. 499pixel、0. 633pixel，经矫正后的图像残差均方根误差分别为 0. 477pixel、0. 621pixel、0. 176pixel 和 0. 221pixel，经 Agrawal 矫正后的图像残差均方根误差分别为 0. 680pixel、0. 797pixel、0. 298pixel 和 0. 420pixel。实验结果表明，与 Agrawal 算法相比，本书算法具有更好的矫正效果。图 2. 8e 进一步表明本书算法的重投影误差小于 Agrawal 算法，验证了本书提出的模型比 Agrawal 模型更能表征双层玻璃引入的光学折射。

为评估本书标定算法的位姿标定精度，将标定结果与 Zhang 算法、Agrawal 算法及真实值进行了比较。其中非玻璃结构配置下采集到的棋盘格图像和红外标靶图像用于获取真实值。表 2. 1 和表 2. 2 给出的位姿标定对比结果表明，直接使用基于透视相机模型的 Zhang 算法会导致较大的位姿估计误差，而本书算法和 Agrawal 算法都是有效的，且本书算法的标定结果比 Agrawal 算法更接近真实值。

表 2. 1　棋盘格图像标定对比结果

	算法	X/mm	Y/mm	Z/mm	ω/(°)	φ/(°)	κ/(°)
1	GT	150. 290	86. 686	904. 661	6. 187	1. 107	179. 964
	Zhang	149. 780	86. 833	897. 642	6. 188	1. 107	179. 963
	Agrawal	149. 972	86. 805	901. 688	6. 187	1. 106	179. 964
	本书	150. 153	86. 969	904. 682	6. 188	1. 107	179. 964
2	GT	189. 617	90. 545	890. 053	12. 648	-8. 587	178. 393
	Zhang	189. 079	90. 205	882. 026	12. 649	-8. 588	178. 392
	Agrawal	189. 404	90. 208	886. 379	12. 648	-8. 589	178. 393
	本书	189. 211	90. 444	890. 082	12. 649	-8. 587	178. 392

表 2. 2　红外 LED 标靶图像标定对比结果

	算法	X/mm	Y/mm	Z/mm	ω/(°)	φ/(°)	κ/(°)
1	GT	70. 297	-51. 766	1682. 500	-18. 737	-2. 012	-0. 800
	Zhang	70. 115	-51. 391	1676. 538	-18. 739	-2. 014	-0. 801
	Agrawal	70. 313	-51. 473	1679. 889	-18. 738	-2. 013	-0. 800
	本书	70. 496	-51. 685	1682. 553	-18. 738	-2. 012	-0. 801
2	GT	74. 189	-100. 555	1502. 470	20. 489	-1. 375	-0. 761
	Zhang	74. 012	-100. 184	1495. 448	20. 489	-1. 374	-0. 760
	Agrawal	74. 319	-100. 481	1498. 779	20. 450	-1. 375	-0. 760
	本书	74. 368	-100. 713	1502. 466	20. 488	-1. 376	-0. 761

2.3.2 矿用球面玻璃折射标定结果验证

1. 球面玻璃折射的数值仿真分析

本节对所提出的球形玻璃折射模型及标定算法进行可行性验证。数值仿真中棋盘格标靶设为 8×11 阵列，棋盘格网格大小为 30mm×30mm。虚拟相机的参数包括 $f_u = f_v = 1333$pixels，$u_0 = 640$pixel，$v_0 = 480$pixel，$R_1 = 35$mm，$n = 1.49$。平移矩阵 $\boldsymbol{T} = (0,\ 0,\ 1500)$，旋转矩阵 $\boldsymbol{R} = (0,\ 0,\ 0)$，虚拟轴 $\boldsymbol{m}_0 = (0.041,\ 0.040,\ 0.998)$。球形玻璃厚度 d 分别设置为 1mm、2mm、3mm、4mm、5mm。相机与球体的中心距离 F 分别设置为 10mm、20mm、30mm。

基于 2.2 节提出的球面折射模型和标定算法，图 2.9 表示有无球形折射校准的

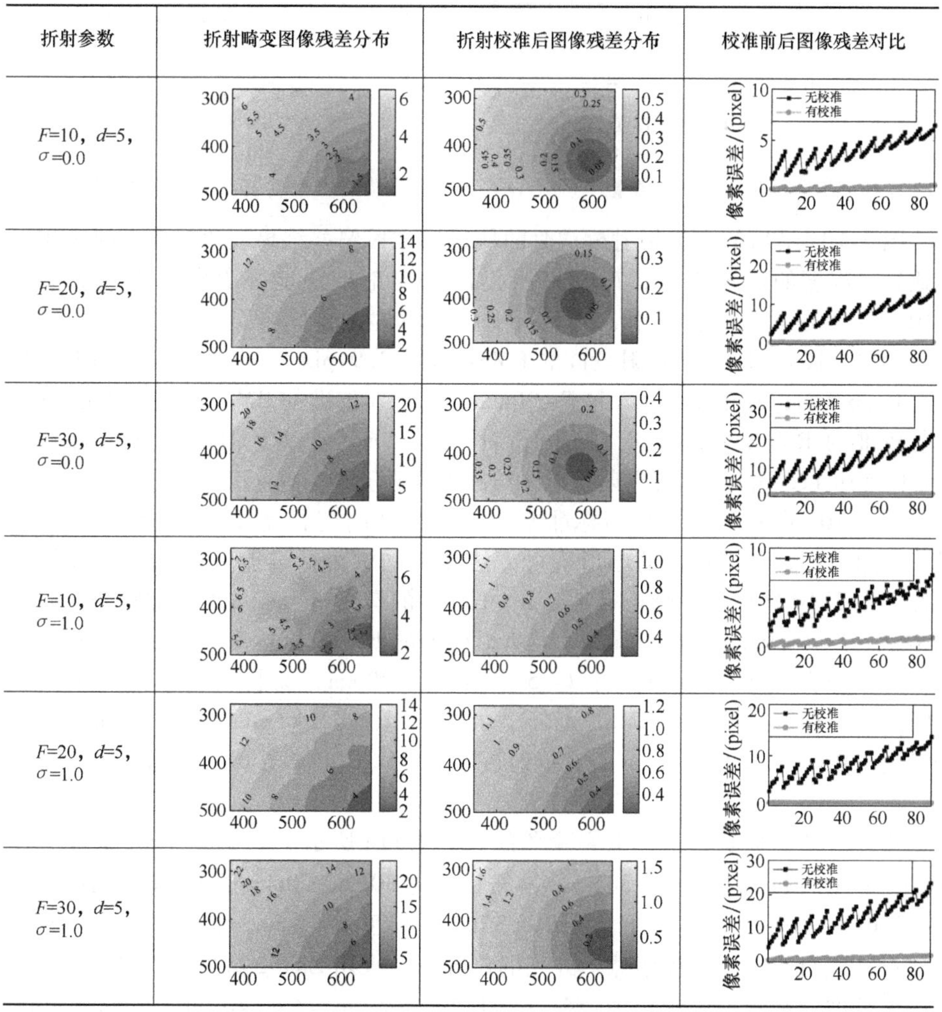

图 2.9 使用球形折射校准和不使用球形折射校准的图像畸变分布对比结果

图像畸变分布对比结果，前两列图的横纵坐标分别表示像素点的横纵坐标，第三列图的横纵坐标分别表示像素点数和像素误差。图 2.10 表示不同球面玻璃折射参数 F 和 d 及噪声标准差 σ 影响下的图像畸变程度及本书算法校准后的结果。图 2.10a 给出了参数 d 和 F 变化影响下的有无折射校准时的像素均方根偏差，图 2.10b 所示为不同噪声标准差 σ 时的图像畸变程度及本书算法校准后的结果。

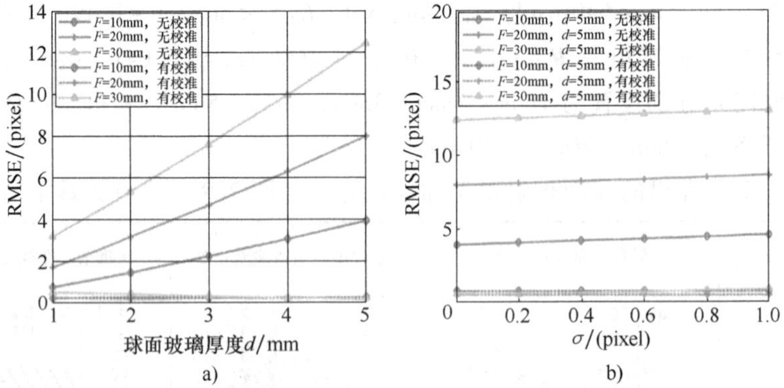

图 2.10　不同球面玻璃折射参数 F、d、σ 影响下的图像畸变程度及本书算法校准后的结果

图 2.10a 给出的有无折射校准时的像素均方根偏差结果表明：较大的 d 和 F 会导致较高程度的像素失真，而本书所提出的校正算法能显著降低像素失真。图 2.10 给出了在无噪声情况下，有无折射校准时的图像畸变分布对比结果。当 d=5mm 和 F=10mm 时，无折射校准的 RMSE 可达 2.91pixel，有折射校准的 RMSE 可降至 0.26pixel；对于 d=5mm 和 F=20mm，无折射校准的 RMSE 可达 7.98pixel，有折射校准的 RMSE 可降至 0.15pixel；对于 d = 5mm 和 F = 30mm，无折射校准的 RMSE 可达 12.43pixel，有折射校准的 RMSE 可降至 0.21pixel。

图 2.10b 所示为不同噪声标准差 σ 时的图像畸变程度及本书算法校准后的结果。结果表明，本书提出的球形折射方法在不同噪声标准差 σ 时均具有较好的鲁棒性。图 2.10 给出了当噪声标准差 σ=1.0 时的有无折射校准的图像畸变分布的对比结果。当 d=5mm 和 F=10mm，无折射校准的 RMSE 可达 4.59pixel，有折射校准的 RMSE 可降至 0.75pixel；当 d = 5mm 和 F = 20mm，无折射校准的 RMSE 可达 8.65pixel，有折射校准的 RMSE 可降至 0.46pixel；当 d=5mm 和 F=30mm，无折射校准的 RMSE 可达 12.08pixel，有折射校准的 RMSE 可降至 0.89pixel。

2. 矿用球面玻璃折射校正结果测试

搭建的球面玻璃折射校准实验平台如图 2.11a 所示。该平台由分辨率为 1280×960pixels 的相机（MV_EM130M）、网格尺寸为 30mm×30mm 的 8×11 阵列的棋盘格（AFT-MCT-OV430），以及外半径 R_1 = 35mm、厚度 d = 5mm、折射率 n = 1.49 的光学球形外壳组成。在无光学球形外壳的设置下，采用 Zhang 算法对矿用相机进行标准内参校准，相机的内参数为：$f_x = f_y$ = 1329pixel，u_0 = 624.4pixel，v_0 = 478.3pixel，k_1 = −0.086，k_2 = 0.028，p_1 = −0.005，p_2 = 0.002。

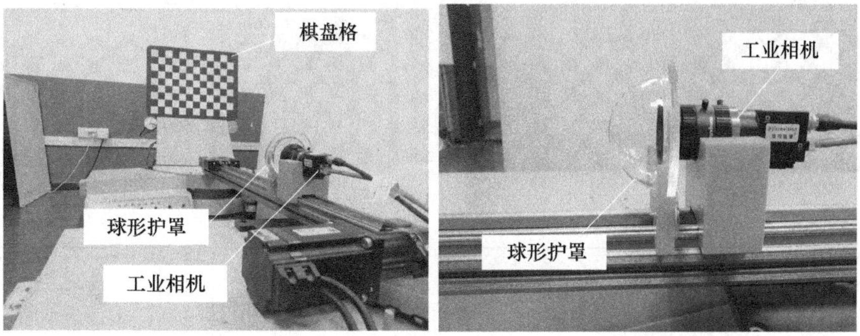

a) 球形折射标定平台　　b) 球形外壳结果

图 2.11 矿用相机球面玻璃折射标定实验平台

实验中分别从 25 个不同的位置采集棋盘格图像，每个相同的位置处分别在有光学球形外壳和无光学球形外壳的结构设置下采集图像，无光学球形外壳的情况下采集的棋盘格图像作为每个位置的真实值（GT）。利用本章提出的球形折射建模与校准算法对采集的球形折射畸变图像进行校准，并将该算法与 Zhang 算法进行比较。

在后续分析中，基于透视成像模型的 Zhang 算法简称为中心近似标定算法（CA），图 2.12a 为真实值（GT）、本书算法（Ours）及 Zhang 算法（CA）的轨迹跟踪对比结果，结果表明本书算法获得的轨迹更接近实际轨迹。图 2.12b 给出了 25 个不同位置对应的不同球形-光心距离 F 值，范围为 27.42~32.06mm。

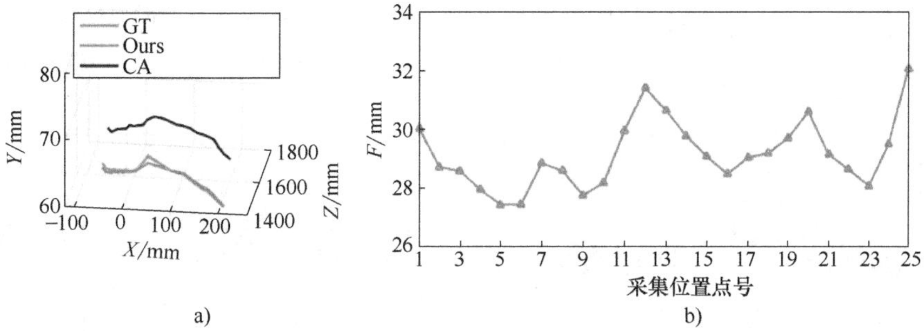

a)　　b)

图 2.12 在 25 个不同位置处的光心-球形距离 F 及轨迹跟踪结果对比

图 2.13 为利用上述位置 5、10、15、21 的标定结果计算得到的 8×11 阵列的空间点的重投影像素点。前四行图的横纵坐标分别表示像素点的横纵坐标，第五行图的横纵坐标分别表示像素点数和像素误差。图 2.13a 为本文标定算法、中心近似标定算法以及真实值的重投影图像，图 2.13b 为中心近似标定算法获得的重投影图像残差分布，图 2.13c 为利用本文算法获得的重新投影图像残差分布，图 2.13d 为 x 轴和 y 轴方向重投影误差对比结果，图 2.13e 为重投影图像点的像素偏差对比结果。

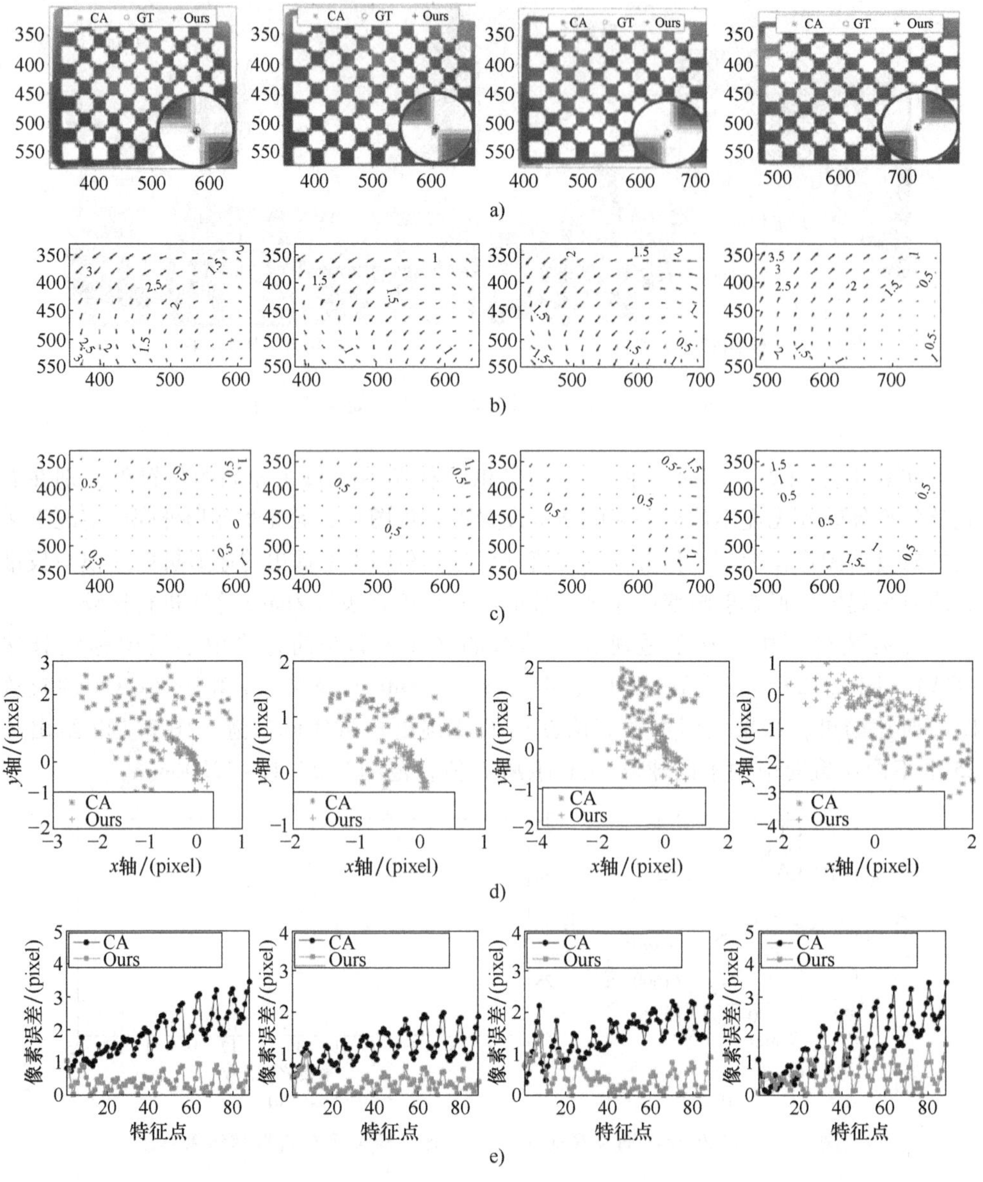

图 2.13　从左到右分别为对应位置 5、10、15、21 的图像重投影对比结果

从图 2. 13a 可以看出，与 Zhang 算法相比，本文算法的重投影点更接近于实际图像点。从图 2. 13b、c 可以看出，中心近似标定算法的平均重投影误差分别为 1. 87pixel、1. 15pixel、1. 44pixel 和 1. 58pixel。使用本文算法的平均重投影误差分别为 0. 42pixel、0. 30pixel、0. 44pixel 和 0. 64pixel。图 2. 13d 所示的沿 x 轴、y 轴方向的重投影误差及图 2. 13e 所示的像素偏差进一步证明，与中心近似算法相比，本书

算法不但可以更好地表征矿用相机的球面折射影响，而且能够获得较好的图像畸变校准结果。

图 2.14 给出了利用获得的棋盘格相对方位参数获取的校准后的图像像素点。分别利用有光学球形外壳和无光学球形外壳结构下测量的图像像素点计算球面折射引起的实际畸变分布。前三行图的横纵坐标分别表示像素点的横纵坐标，第四行图的横纵坐标分别表示像素点数和像素误差。图 2.14a 为校准前的图像畸变分布，图 2.14b 为采用本书算法校准后的图像畸变分布，图 2.14c 为采用中心近似标定算法校准后的图像畸变分布，图 2.14d 为图像畸变校准对比结果。未校准图像的像素均方根误差（RMSE）分别为 10.98pixel、10.31pixel、8.89pixel 和 7.99pixel。采用本书提出的球形折射标定算法得到的校准图像的 RMSE 分别为 0.43pixel、0.30pixel、

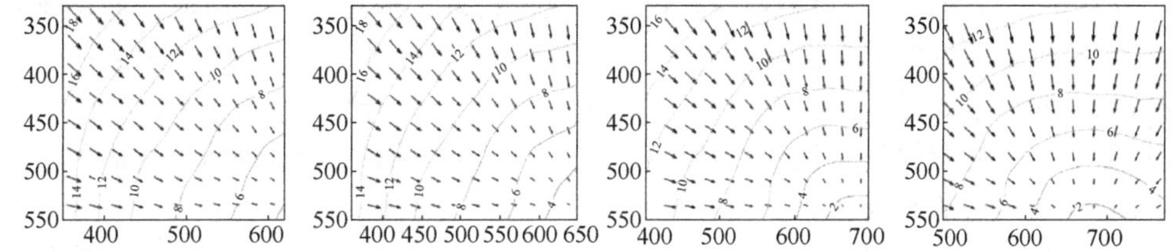

a)

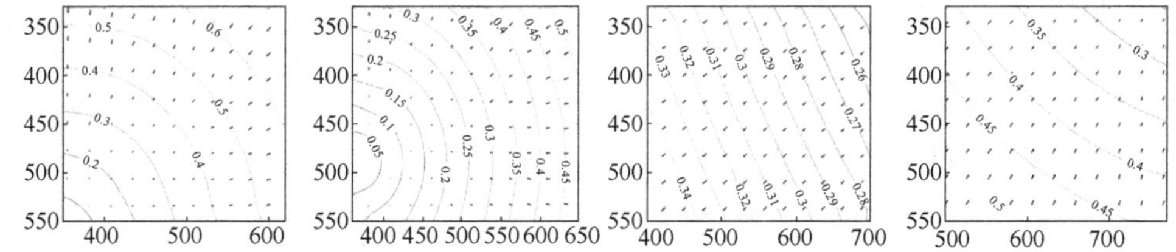

b)

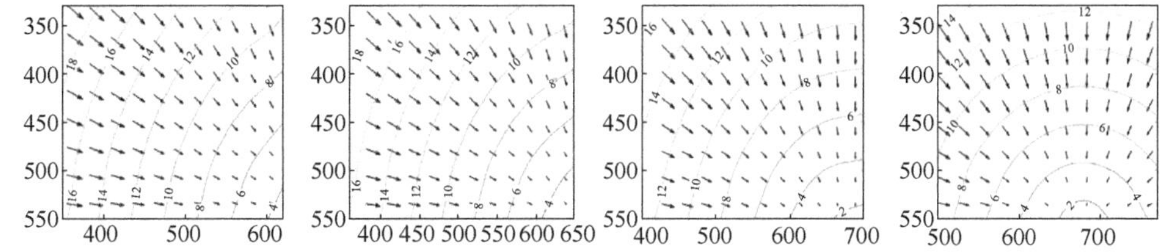

c)

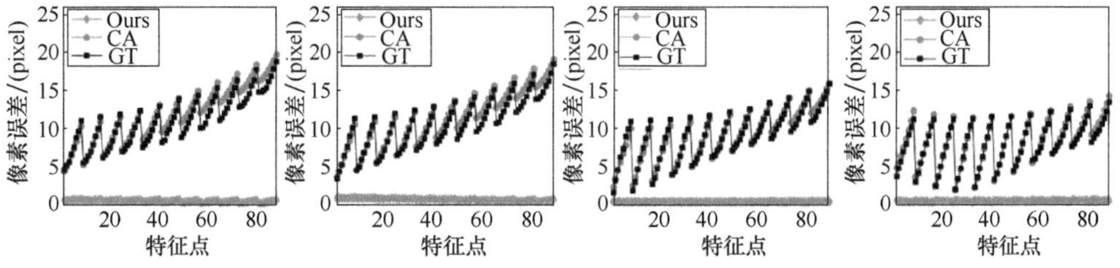

d)

图 2.14　从左到右分别为对应位置 5、10、15、21 的图像校准对比结果

0.29pixel 和 0.40pixel。通过中心逼近得到的校准图像的 RMSE 分别为 11.82pixel、10.99pixel、9.01pixel 和 8.23pixel。从图 2.14 可以看出，与实际图像失真相比，利用本书提出的球形折射标定算法获得的校准后的图像失真程度明显降低。结果也进一步表明基于透视模型的 Zhang 方法对于矿用相机的球面折射校准是无效的。

2.4 小结

本章研究了基于几何驱动的矿用防爆相机成像模型与校准方法，分别针对双层平面玻璃折射与球形玻璃折射提出了相应的矿用相机建模与标定方法，解决了煤矿井下玻璃折射导致的矿用相机所采集图像失真的问题。

1）研究基于共面约束条件的矿用相机成像机理，通过引入虚拟成像面，建立了矿用相机平面折射标定模型，实现了矿用相机平面折射校准。实验结果表明：校准后图像的像素偏差小于 0.7pixel，均方根误差 RMSE 降低了 61.62%，获得的平面折射校准后的图像失真程度明显降低，证明了引入双层平面玻璃折射的矿用相机建模与标定算法的有效性。

2）研究了矿用相机球面折射成像机理，通过引入球心-光心距离固定参数及虚拟相机轴，建立了矿用相机球面折射标定模型，实现了矿用相机球面折射校准。实验结果表明：校准后图像的像素偏差小于 0.5pixel，均方根误差 RMSE 降低了 96.28%，获得的球面折射校准后的图像失真程度明显降低，证明了引入球面折射的矿用相机模型和标定算法的有效性。

第 3 章 井下特殊环境下退化图像的清晰化重构技术

视觉测量系统的精度首先决定于采集的标靶图像质量。鉴于煤矿井下特殊环境影响，如光照不足、灰尘、湿气等因素的影响，采集到的图像往往呈现退化现象，导致图像模糊、噪声增加等问题。同时，采掘振动过程的机身振动、机身移动等因素均对防爆相机成像质量影响很大，甚至可能导致难以获得可用的图像。悬臂式掘进机截割头直接承受破煤岩的冲击荷载，需要考虑机身上安装的相机成像模糊问题。

本章研究煤矿井下图像退化特性分析与预处理技术，以及振动工况下矿用防爆相机的成像模糊机理，通过图像处理和复原算法来提高图像质量，构建基于非均匀模糊核的矿用相机参数化几何模型，并研发去模糊算法，实现单图像盲去模糊，为井下视觉定位提供高质量图像，以满足测量精度要求。

3.1 煤矿井下图像退化特性分析与预处理技术

3.1.1 煤矿井下工作面雾尘退化图像成像特性

在煤矿井下的特殊环境下，为了更好地获取清晰的图像，以满足特定需求，可以采用退化图像的清晰化重构技术。该方法的基本思路是根据图像退化的特点，采用一系列算法和技术手段对图像进行处理，使图像中的信息更加清晰和准确。

煤矿井下图像成像特性主要受井下特殊环境的影响，如光照不足、灰尘、湿气等因素会导致图像退化，使得图像出现模糊、噪声增加等现象。以下是煤矿井下工作面雾尘退化图像的一些主要成像特性：

(1) 模糊　由于光照不足和灰尘的影响，雾尘退化图像呈现明显的模糊效果。图像中的物体轮廓不清晰，细节丢失，影响图像的可视化和辨识度。

(2) 噪声增加　井下环境中常常存在大量灰尘和湿气，这些因素会导致图像中的噪声增加。噪声使得图像质量下降，影响后续图像的处理和分析。

（3）对比度下降　雾尘的存在使图像的对比度降低，即图像中的灰度值差异较小。这使得图像中的物体边缘和细节难以分辨，影响图像的分析和识别。

（4）颜色失真　雾尘的散射作用会导致图像的颜色失真，使图像呈现偏蓝或偏红的色调。这导致了图像中的颜色信息不准确，影响图像的视觉效果和分析结果。

（5）动态变化　煤矿井下工作面是一个动态变化的环境，雾尘浓度和分布会随时间和空间的变化而改变。因此，雾尘退化图像的成像特性在不同时间和位置可能会有所不同。

针对煤矿井下工作面雾尘退化图像的特点，需要采取一系列图像处理和复原算法，如去噪、图像增强、模糊恢复等，提高图像质量和清晰度，进而为井下作业提供更好的视觉支持和安全保障。

3.1.2　工作面粉尘浓度自适应图像特征提取技术

1. 粉尘扩散模型

由于粒子时刻处于运动的状态，因此粉尘浓度不是一个固定的值，而是处于动态变化中。以煤矿井下掘进工作面环境为例，尘源由截割断面产生，此时断面处的粉尘浓度为最大值，但由于通风机的作用，随着时间的变化，该数值会产生一定的变化，因粒子浓度是一个关于时间 t 的函数，由此得到粉尘浓度扩散方程

$$\frac{\partial m(x,y,z,t)}{\partial t}+U\frac{\partial m(x,y,z,t)}{\partial x}-Q\left[\frac{\partial^2 m(x,y,z,t)}{\partial x^2}+\frac{\partial^2 m(x,y,z,t)}{\partial y^2}+\frac{\partial^2 m(x,y,z,t)}{\partial z^2}\right]=0 \tag{3.1}$$

式中，Q 为扩散系数；$m(x,\ y,\ z,\ t)$ 是关于空间和时间的函数，用来表示粉尘浓度；U 为该时刻的风向，由于通风机的作用，因此风向在某一时刻内为固定值。

粉尘扩散过程如图 3.1 所示，通风机距掘进工作面 5~10m，且其位置高于相机的位置，那么可以假设在激光束方向上，同一时刻不同位置的粉尘浓度均相等，因此可将式（3.1）中时间变量和空间变量分离，并经简化，粉尘浓度的变化规律可以通过一个分段函数反映出来，即

$$n(t)=\begin{cases}(n_0/t_0)t & ,0\leqslant t\leqslant t_0\\ n_0\mathrm{e}^{-b(t-t_0)} & ,t\geqslant t_0\end{cases} \tag{3.2}$$

式中，n_0 是粉尘浓度的最大值；b 表示粉尘浓度随 t 变化的快慢程度。显而易见，粉尘浓度呈现由零迅速增长到最高点后又逐渐减小趋近于零的规律。

2. 粉尘浓度与激光光斑灰度值关系模型

在进行粉尘浓度测量时，利用防爆相机连续采集粉尘中的激光指向仪图像，得到同一时刻下的粉尘浓度图像序列，对这一序列的图像进行处理，获取图像中光斑的灰度值。在煤矿井下工作面是通过透过率模型来表征井下粉尘扬起的场景，因此

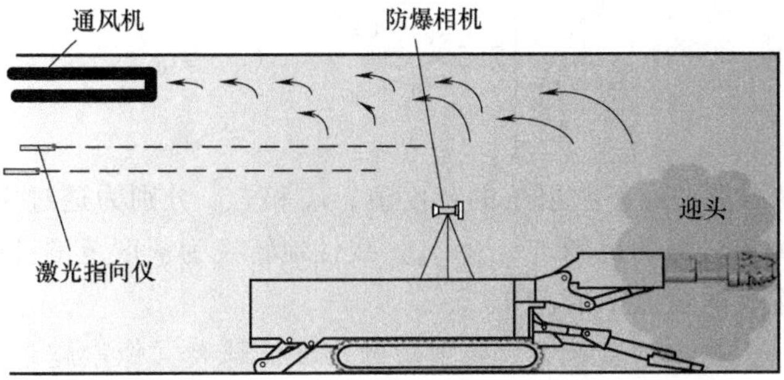

图 3.1　粉尘扩散过程

建立这一序列图像光斑区域的透过率与所得到的光斑灰度值的关系，最终可以根据透过率建立光斑灰度值和粉尘浓度的关系，所述透过率模型为

$$T(x)=t(x)C(x)+[1-t(x)]S(x) \tag{3.3}$$

式中，x 为图像中任意像素；$C(x)$ 表示 x 对应的激光线区域颜色；$S(x)$ 表示 x 对应的粉尘颜色；$T(x)$ 表示 x 对应的粉尘遮挡后的图像颜色；$t(x)$ 表示 x 对应的粉尘的透过率。

根据不同颜色通道透过率公式，粉尘颜色在从白到黑的整个灰度范围内变化，所得方程组如下

$$\begin{cases} T_{\mathrm{H}}(x)=t(x)C_{\mathrm{H}}(x)+[1-t(x)]S_{\mathrm{H}}(x) \\ T_{\mathrm{S}}(x)=t(x)C_{\mathrm{S}}(x)+[1-t(x)]S_{\mathrm{S}}(x) \\ T_{\mathrm{V}}(x)=t(x)C_{\mathrm{V}}(x)+[1-t(x)]S_{\mathrm{V}}(x) \\ S_{\mathrm{H}}(x)=S_{\mathrm{S}}(x)=S_{\mathrm{V}}(x)=\dfrac{[1-t(x)]S_{\mathrm{H}}(x)}{1-t(x)} \end{cases} \tag{3.4}$$

式中，$T_{\mathrm{H}}(x)$、$T_{\mathrm{S}}(x)$、$T_{\mathrm{V}}(x)$ 为像素 x 处当前帧的三通道颜色；$C_{\mathrm{H}}(x)$、$C_{\mathrm{S}}(x)$、$C_{\mathrm{V}}(x)$ 为像素 x 处参考帧的三通道颜色；$S_{\mathrm{H}}(x)$、$S_{\mathrm{S}}(x)$、$S_{\mathrm{V}}(x)$ 为像素 x 处粉尘的三通道颜色；在遮挡物颜色已知的前提下，以图像分块为单位进行透过率的估算，计算公式如下

$$\tilde{t}=1-\min\left(\min_{y\in\omega(x)}\left(\frac{T_c(y)}{S}\right)\right),c\in\{\mathrm{H},\mathrm{S},\mathrm{V}\} \tag{3.5}$$

其中，$\tilde{t}$ 为根据图像分块 $\omega(x)$ 估算的像素 x 的透过率值；$\omega(x)$ 为以像素 x 为中心的图像分块；y 为图像分块 $\omega(x)$ 中的像素，$T_c(y)$ 为像素 y 在颜色空间 c 通道的颜色值，c 的取值范围为 {H，S，V}，H，S，V 分别代表色调、饱和度、明度；S 为已知的遮挡物颜色。

式（3.5）为当前帧每个像素的透过率和透过率模型的公式，恢复并绘制被遮挡物的颜色细节，通过透过率的映射恢复并绘制粉尘的浓度分布，映射公式如下

$$G(x)=\begin{cases}255\dfrac{t_0-\tilde{t}(x)}{t_0-t_{\min}} & ,t(x)\leqslant t_0\\ 0 & ,t(x)>t_0\end{cases} \tag{3.6}$$

式中，$G(x)$ 为图像透过率映射后的灰度值；t_0 和 $t_{\min}$ 分别为透过率的阈值和最小值，将有烟区域透过率的范围［$t_{\min}$，t_0］线性地转换为灰度范围［0，255］；$t(x)$ 为当前帧中像素 x 的透过率值。

透过率越小，粉尘浓度越大，映射后的灰度值越大（像素越趋近白色）；透过率越大，粉尘浓度越小，映射后的灰度值越小（像素越趋近黑色）。从映射后的灰度图颜色可以推断烟的浓度分布情况：颜色越白的像素对应位置的烟越浓，颜色越黑的像素对应位置的烟越淡。因此，将粉尘浓度按以下规则进行划分，见表 3.1。

表 3.1　浓度等级划分规则

浓度等级	透过率范围
超高浓度	<20%
高浓度	20%～40%
中浓度	40%～70%
低浓度	≥70%

3. 参数阈值优化

在煤矿井下，由于环境黑暗潮湿，且相机的曝光时间、增益和光圈与点、线特征提取的阈值等没有根据环境的变化而改变，致使视觉定位方法在提取点、线特征时受到了限制，产生点、线特征提取错误和图像丢帧等问题，为使视觉定位方法可以根据粉尘的变化自动调节相机曝光时间、增益及光圈，以下对相机的曝光时间、增益和光圈与点、线特征提取的阈值进行分析。

曝光和增益直接控制由传感器（CCD/CMOS）上读出来的数据，是要优先调节的，以调节曝光时间为主。在不过曝的前提下，增加曝光时间可以增加信噪比，使图像更清晰，如图 3.2a 为曝光时间为 20000μs、增益为 3 时的激光线图像，图 3.2b 为曝光时间为 80000μs、增益为 3 的激光线图像，可以看出曝光时间越长，图像越清晰。而对于很弱的信号，曝光也不能无限增加，随着曝光时间的增加，噪声也会积累，曝光补偿就是增加拍摄时的曝光量。曝光对照片质量的影响很大，如果曝光过度，则照片过亮，失去图像细节；如果曝光不足，则照片过暗，同样会失去图像细节。增益一般只是在信号弱，但不想增加曝光时间的情况下使用。工业相机在不同增益时图像的成像质量不一样，增益越小，噪点越小；增益越大，噪点越多，特别是在暗处。如图 3.2c 是曝光时间为 60000μs、增益为 3 的激光线图像，图 3.2d 的曝光时间也为 60000μs，但其增益为 10，因此，相较而言，图 3.2d 中的激光线更亮。

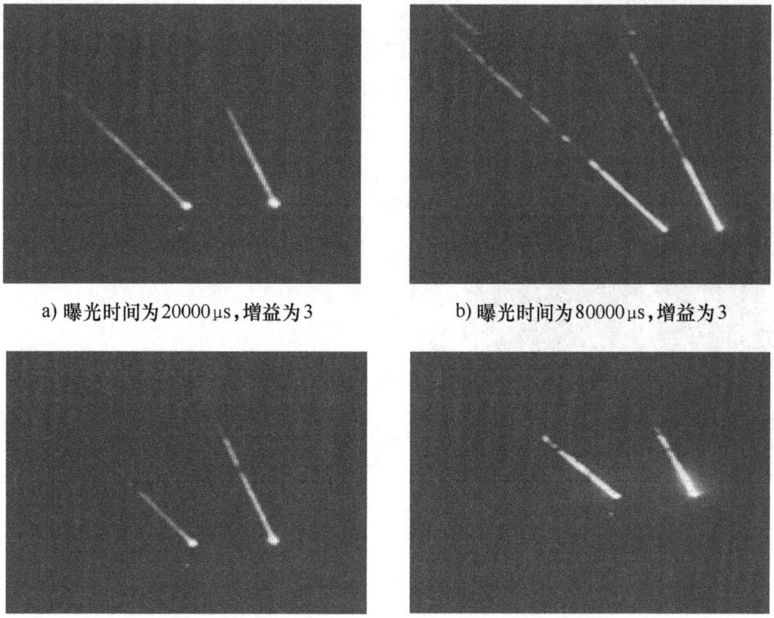

a) 曝光时间为20000μs，增益为3　　b) 曝光时间为80000μs，增益为3

c) 曝光时间为60000μs，增益为3　　d) 曝光时间为60000μs，增益为10

彩图

图 3.2　不同曝光时间和增益对图像特征的影响

通过以上分析，曝光时间越小图像越不清晰，太大则会导致采集图像时卡顿和拖影。因此，选用曝光时间为 40000μs、60000μs、80000μs 水平值研究曝光时间对点、线特征提取结果的影响。点、线特征提取时，通过调整参数，提高点、线特征提取的精度。根据多次实验得出，通道的值和最大值不需要调整，只需调整通道和通道最小值，调节范围为 20～50，因此选用通道阈值分别为 25、35、45 水平值研究阈值对点、线特征提取精度的影响。因素及水平设置见表 3.2。采用多指标的正交实验方法，拟定 3 组实验，代表 3 种不同的浓度，通过定量法研究曝光时间、通道阈值对点、线特征提取精度的影响。

表 3.2　因素及水平设置

水平	因素		
	曝光时间/μs	S 通道	V 通道
1	40000	25	25
2	60000	35	35
3	80000	45	45

3.1.3　煤矿井下工作面低照度视频增强技术

采用图像增强技术提高煤矿井下图像的质量，减少煤矿井下环境的复杂性和恶劣性对图像的影响，是提高煤矿井下视觉技术应用的准确性与稳定性的关键。

1. 掘进工作面的图像噪声

由于煤矿井下掘进工作面受潮湿、煤尘和光照不均等复杂因素的影响，直接导致所采集的图像质量严重下降，且大多情况下灰度分布非均匀，存在较大的图像噪声，具体如图 3.3 所示。

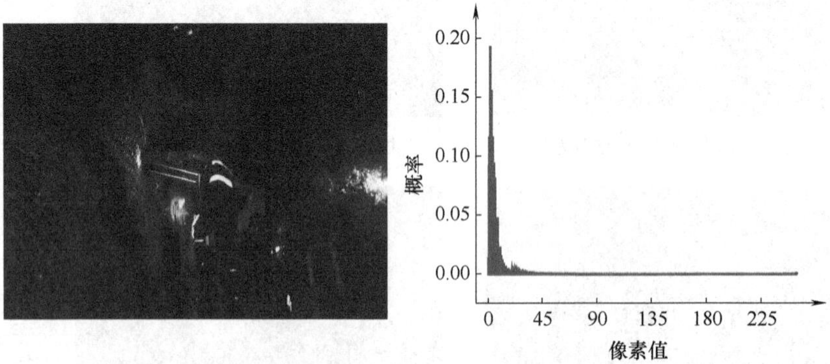

a) 掘进工作面原始图像　　b) 图像的噪声分布

图 3.3　掘进工作面原始图像及图像的噪声分布情况

为了便于分析与研究，将掘进工作面图像噪声简化为一个随机过程，同时，由图 3.3b 可知，掘进工作面原始图像的低像素值区域存在较大的噪声，且噪声分布近似于高斯分布。所以，将高斯噪声模型作为最接近掘进工作面原始图像真实噪声模型的假设，其服从高斯分布并且概率密度函数满足

$$p(z)=\frac{1}{\sqrt{2\pi\sigma}}e^{\frac{(z-\mu)}{2\sigma^2}} \tag{3.7}$$

式中，z 为像素灰度值；μ、σ 分别为 z 的均值与标准差。

通常，由于高斯噪声对图像像素的污染，使得图像边缘和细节信息模糊。因此，为了降低环境光照对于图像质量的影响，并获得更多清晰的图像细节信息，提高掘进装备视觉位姿测量的准确性、稳定性，就必须对掘进工作面原始图像进行降噪处理。

2. 可分离高斯滤波降噪过程

由于掘进工作面图像噪声往往接近高斯噪声分布，所以使用高斯滤波进行图像降噪处理。高斯滤波属于线性平滑滤波的一种形式，离散化滑窗卷积是其主要实现方式。为了提高卷积降噪过程的执行时间，通过卷积的可分离性质进行图像降噪操作，即先用卷积核进行图像一维横向卷积，再进行图像一维纵向卷积，则图像 $f(x, y)$ 可分离高斯滤波降噪过程可表示为

$$f(x,y)=f(x)*f(y) \tag{3.8}$$

式中，$f(x)=e^{-\frac{x^2}{2\sigma^2}}$；$f(y)=e^{-\frac{y^2}{2\sigma^2}}$；$\sigma$ 为数据离散程度。

由于人眼无法直接评估图像降噪效果，所以，引入图像信噪比（Signal-to-

Noise Ratio，SNR）作为客观评价指标。SNR指图像中信号能量与噪声能量的比值，SNR越大，图像噪声越低，算法效果越佳，与之相反，算法效果越低。SNR的计算过程表示为

$$\mathrm{SNR} = 10\lg \frac{\sum_{i=0}^{m-1}\sum_{j=0}^{n-1} f(x,y)^2}{\sum_{i=0}^{m-1}\sum_{j=0}^{n-1}[g(x,y) - f(x,y)]^2} \tag{3.9}$$

式中，m、n分别为图像长度和宽度方向像素个数。

通过对掘进工作面原始图像与降噪图像$f(x,y)$分别进行SNR计算，得到原始图像的SNR=0.85，降噪图像的SNR=1.107，由此可得，使用可分离高斯滤波后图像噪声降低，具体效果如图3.4所示。

a) 可分离高斯滤波降噪前

b) 可分离高斯滤波降噪后

图3.4 可分离高斯滤波降噪前后效果对比

3. 基于完美反射法的全局白平衡

为了解决防爆工业相机在煤矿井下恶劣环境中由于不同色温光源造成图像颜色局部失真的问题，采用完美反射法进行全局白平衡处理，使受到光照影响的图像特征能够准确地呈现出其真实颜色。

现以图像$f(x,y)$左上角为起点，右下角为终点，按照先行后列的顺序依次遍历，进行通道像素最大值之和G_{BGR}的求取，则全局白平衡可具体表示为

$$C_{BGR} = \sum_{r=0}^{\text{rows}}\sum_{n=0}^{\text{cols}}[P_B(r,n) + P_G(r,n) + P_R(r,n)] \tag{3.10}$$

式中，$P_B(r,n)$、$P_G(r,n)$、$P_R(r,n)$分别为r行n列像素通道值；rows、cols为图像行、列数。

假设T为白色参考点，取图像rows、cols之和的10%作为其值，遍历G_{BGR}中大于T的值，并通过对应像素通道累加求平均值B_{avg}、G_{avg}、R_{avg}，具体表示为

$$B_{\mathrm{avg}} = \frac{\sum_{i=0}^{m} P_B(i)}{m_T} \tag{3.11}$$

$$G_{avg} = \frac{\sum_{i=0}^{m} P_G(i)}{m_T} \tag{3.12}$$

$$R_{avg} = \frac{\sum_{i=0}^{m} P_R(i)}{m_T} \tag{3.13}$$

式中，m_T 为 G_{BGR} 中大于 T 的数量；P_B（i）、P_G（i）、P_R（i）表示 i 处值。

以 B、G、R 通道最大值 B_{max}、G_{max}、R_{max} 除以累加平均值 B_{avg}、G_{avg}、R_{avg} 作为补偿系数 Δb、Δg、Δr，具体计算表示为

$$\Delta b = \frac{B_{max}}{B_{avg}} \tag{3.14}$$

$$\Delta g = \frac{G_{max}}{G_{avg}} \tag{3.15}$$

$$\Delta r = \frac{R_{max}}{R_{avg}} \tag{3.16}$$

综上所述，将每个图像像素乘以补偿系数 Δb、Δg、Δr，即可得到全局白平衡后的图像 $g(x,\ y)$，具体效果如图 3.5 所示。

a) 全局白平衡前

b) 全局白平衡后

图 3.5　全局白平衡前后效果对比

由图 3.5 可以看出，图像 $f(x,\ y)$ 经过全局白平衡处理后，图像的整体亮度有所提升，图像细节更加丰富，物体颜色与实际基本一致，图像颜色失真部分较少。

4. 基于混合亮度的局部细节增强

由于掘进工作面图像局部区域存在黑色及特征信息丢失问题，所以，构建与原始图像 $f(x,\ y)$ 尺寸、类型一致的图像 $h(x,\ y)$，通过加权混合亮度进行图像局部细节增强

$$k(x,y) = g(x,y)\theta + h(x,y)(1-\theta) + T \tag{3.17}$$

式中，θ 表示权重系数，一般可取值 0.9。

由图 3.6 可以看出，当全局白平衡图像使用加权混合亮度进行局部细节增强

a) 局部细节增强前

b) 局部细节增强后

图 3.6　局部细节增强前后效果对比

后，图像整体亮度有所提升，图像中黑色区域也显而易见，并且局部细节信息也更加丰富。

5. 图像递归区域分割

通常掘进工作面由于照明综保、作业人员头灯等因素，将会导致采集到的图像光照亮度分布松散，且分布动态随机变换，从而影响图像质量。同时，由于煤尘、水雾等因素作用，也将导致掘进工作面图像存在较大的模糊、朦胧现象。

以 CMYK（C：Cyan-青色、M：Magenta-洋红色、Y：Yellow-黄色、K：Black-黑色）网点百分比为区域基准，将掘进工作面图像区域划分为高光区、中光区和低光区，进行图像去雾处理。其中高光区 CMYK 网点百分比为 0~25%，即图像最亮部分；中光区 CMYK 网点百分比为 25%~75%；低光区 CMYK 网点百分比为 75%~100%，即图像最暗的部分。因此，图像 $k(x, y)$ 可用高光区、中光区和低光区进一步表示为

$$k(x,y)=k_H(x,y)+k_M(x,y)+k_S(x,y) \tag{3.18}$$

式中，$k_H(x, y)$ 为高光区；$k_M(x, y)$ 为中光区；$k_S(x, y)$ 为低光区。

为了更好地对每个区域进行界定，通过递归分割方法进行图像区域分割。具体过程为：以 T_1 为高光区下限，g 为区域分割系数，将图像 $k(x, y)$ 经过压缩以后大于 g 的图像区域定义为高光区，即

$$k_H(x,y)=\left(\frac{k(x,y)*k(x,y)}{255}\right)^g \geqslant T_1 \tag{3.19}$$

以 T_2 为图像区域下限，定义图像 $k(x, y)$ 经过压缩以后大于 T_2 的图像区域为低光区，即

$$k_S(x,y)=\left(\frac{k(x,y)*(255-k(x,y))}{255}+k(x,y)\right)^g \leqslant T_2 \tag{3.20}$$

将图像 $k(x, y)$ 压缩后大于 T_2 小于 T_1 的区域定义为中光区，即

$$T_2 \leqslant k_M(x,y)=\left(2k(x,y)-\frac{k(x,y)*k(x,y)}{255/2}\right)^g \leqslant T_1 \tag{3.21}$$

掘进工作面图像区域分割效果如图 3.7 所示，其中，高光区用蓝色绘制；中光区用红色绘制；低光区用绿色绘制。

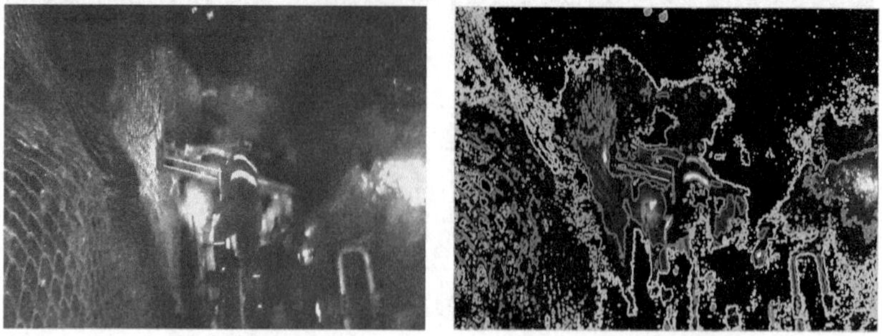

a) 区域分割前　　b) 区域分割后

图 3.7　图像区域分割效果

由图 3.7 可以看出，使用上述图像区域分割方法，可准确地将掘进工作面图像区域划分为高光区、中光区和低光区，且区域边缘界限清晰。

6. 大气散射模型改进

掘进工作面煤尘、水雾等细小颗粒物对视觉成像有较大影响。防爆工业相机拍摄到的图像去雾过程也成为一种越来越重要的技术。

常用的经典大气散射模型，可以描述大气中细小颗粒物的散射作用，该模型可表达为

$$\boldsymbol{I}(x)=\boldsymbol{J}(x)\times t(x)+(1-t(x))A \tag{3.22}$$

式中，$\boldsymbol{I}(x)$ 为有雾图像；$\boldsymbol{J}(x)$ 为无雾图像；$t(x)$ 为图像光透射率；A 为图像大气光照。

通过研究大量不包含雾的图像暗通道特征，发现其颜色通道的像素强度很低，甚至可能趋近于 0。因此，提出基于图像暗通道先验的图像去雾方法，其数学表达式表示为

$$\boldsymbol{J}^{\mathrm{d}}(x)=\min_{x\in\Omega(y)}\left(\min_{c\in\{B,G,R\}}\boldsymbol{J}^{c}(x)\right)\to 0 \tag{3.23}$$

式中，$\boldsymbol{J}^{\mathrm{d}}(x)$ 为 $\boldsymbol{J}(x)$ 的暗通道；$\boldsymbol{J}^{c}(x)$ 为 $\boldsymbol{J}(x)$ 的第 c 个颜色通道；$\Omega(y)$ 为以像素 y 为中心的窗口。

低照度的图像在进行图像求反后，其与雾天图像高度一致，且求反以后的图像背景区域的像素在某一颜色通道中强度值很大，而非背景图像区域像素至少存在一个颜色通道内强度值很低。这说明低照度的图像也可以使用暗通道先验理论进行去雾处理。所以，对图像区域分割区间从高到低依次求取 k 通道内的最大值 $H_{\min}^{k}$、$M_{\min}^{k}$、$S_{\min}^{k}$，并将这些最大值的平均值作为图像大气光照估计值，即

$$A=\frac{H_{\min}^{k}+M_{\min}^{k}+S_{\min}^{k}}{3} \tag{3.24}$$

由大气散射模型可由下式求得透射率 $t(x,y)$

$$t(x,y)=1-\min_{x\in\Omega(y)}\left(\min_{c\in\{R,G,B\}}\frac{\boldsymbol{J}^c(x,y)}{A}\right) \tag{3.25}$$

式中，$K^c(x)$ 为第 c 个通道的 $K(x)$ 图像。

此外，为了避免图像去雾过程中发生局部颜色过度失真情况，引入控制参数 $\varpi=0.95$ 对 $t(x,y)$ 进行控制，由此可得透射率初步估计

$$t(x,y)=1-\varpi\min_{x\in\Omega(y)}\left(\min_{c\in\{R,G,B\}}\frac{\boldsymbol{J}^c(x,y)}{A}\right) \tag{3.26}$$

同时，考虑到图像去雾计算过程复杂度高且实时性差等问题，为了进行透射率的最终估计，引入调节因子 δ' $(0\leqslant\delta'\leqslant1)$，则

$$t_1(x,y)=\delta' t(x,y) \tag{3.27}$$

综上所述，根据求得的 A 和 $t_1(x,y)$，可得到去雾后的图像 $\boldsymbol{J}(x,y)$

$$\boldsymbol{J}^c(x,y)=\frac{K^c(x,y)-[1-t_1(x,y)]A}{t_1(x,y)} \tag{3.28}$$

由图 3.8 可以看出，增强图像 $\boldsymbol{J}(x,y)$ 经过图像去雾处理后，图像的背景区域较为清晰，并且图像的整体可视度有所提升。

a) 去雾前

b) 去雾后

图 3.8　去雾前后效果对比

7. 拉普拉斯锐化处理

由于图像去雾过程中，其边缘区域或轮廓灰度可能会发生突变，从而导致图像细节和边缘缺失，所以要对图像边缘区域与轮廓灰度的突变进行抑制。

采用拉普拉斯锐化方法对图像的邻域中心像素多个方向进行梯度计算，并将所有梯度结果进行累加求和，确定邻域像素灰度与中心像素的灰度关系，使用图像梯度运算所得结果调整图像中的像素灰度，提高图像对比度，使模糊的图像变得更加清晰。

针对去雾图像 $\boldsymbol{J}(x,y)$，定义拉普拉斯算子为

$$\nabla^2\boldsymbol{J}(x,y)=\frac{\partial^2\boldsymbol{J}(x,y)}{\partial x^2}+\frac{\partial^2\boldsymbol{J}(x,y)}{\partial y^2} \tag{3.29}$$

此时，拉普拉斯锐化过程可表示为

$$\boldsymbol{e}(x,y)=\boldsymbol{J}(x,y)+[\nabla^2\boldsymbol{J}(x,y)] \tag{3.30}$$

8. 图像加权混合滤波

去雾图像通过拉普拉斯进行锐化处理后，为了提高图像的整体观感，构造与图像 $\boldsymbol{e}(x,\ y)$ 类型和尺寸一致的图像模板 $\boldsymbol{r}(x,\ y)$，并对其进行加权混合滤波处理

$$\boldsymbol{r}(x,y)=\boldsymbol{e}(x,y)+\beta'\boldsymbol{e}(x,y) \tag{3.31}$$

式中，β'表示权重值，为了降低领域中心像素梯度影响，一般取-0.5。

由图 3.9 可知，图像经拉普拉斯锐化、加权混合滤波处理后，图像边缘、轮廓更加清晰、自然，符合人眼视觉特性，有效地抑制了灰度突变。

a) 加权混合滤波前

b) 加权混合滤波后

图 3.9 加权混合滤波前后效果对比

3.2 矿用相机振动模糊建模与去模糊研究

煤矿井下设备视觉位姿测量系统受设备工况振动干扰，易导致定位精度低、测量稳定性差等问题。揭示振动工况下矿用防爆相机的成像模糊机理，采用相应去模糊算法获得更为清晰的图像，是提高视觉定位系统的稳定性和工程适用性的首要任务。

相机成像抖动问题多采用主动减振和被动防抖两种策略解决，前者通过增加减振装置减小振动影响，后者采用去模糊算法消除抖动带来的图像模糊。虽然矿用相机成像系统在安装时采取复合材料垫片等减振措施属于主动减振，可以在一定程度降低振动对成像系统的影响。而被动防抖策略，即去模糊算法对处理运动或者工况振动引起的模糊具有良好的效果，因此，研究矿用防爆相机振动模糊与图像复原技术，对提高煤矿图像测量精度意义重大。

3.2.1 透视相机的均匀模糊建模及去模糊

早期的相机模糊建模及去模糊方法研究常常假设相机抖动造成的图像模糊为空间不变的。基于空间不变假设，模糊图像可以建模为清晰图像与模糊核的卷积结

果，并通过迭代去卷积进行图像去模糊处理。

1. 透视相机的均匀模糊模型

透视相机的均匀模糊模型通常忽略平面内相机的旋转运动。对于相机抖动导致的图像模糊，传统的盲反卷积方法通常假设图像频域的约束，或者对相机运动路径的参数形式进行简化。定义模糊图像 $\boldsymbol{G}$，以一个模糊的图像 $\boldsymbol{L}$ 为输入，假设它是由一个模糊核 $\boldsymbol{K}$ 与一个潜在图像 $\boldsymbol{L}_{\mathrm{p}}$ 的卷积加上噪声生成的

$$\boldsymbol{L}=\boldsymbol{K}\otimes\boldsymbol{L}_{\mathrm{p}}+\boldsymbol{N} \tag{3.32}$$

式中，$\otimes$为离散图像卷积；$\boldsymbol{N}$ 为高斯噪声。

2. 透视相机的均匀去模糊

相机均匀去模糊算法主要有两个步骤。首先，对输入图像进行模糊核估计。为了避免陷入局部最小值，估计过程由粗到细执行。其次，利用估计的核函数，应用标准的反卷积算法来估计潜在的清晰图像。

假设 $\nabla\boldsymbol{L}_{\mathrm{p}}$ 、$\nabla\boldsymbol{P}$ 分别表示清晰图像块 $\boldsymbol{L}_{\mathrm{p}}$ 和清晰图像 $\boldsymbol{L}$ 的梯度，则模糊核 $\boldsymbol{K}$ 和清晰图像块 $\boldsymbol{L}_{\mathrm{p}}$ 通过图像数据 $\boldsymbol{L}$ 的梯度先验知识进行估计。模糊梯度块$\nabla\boldsymbol{P}$ 可以表示为潜在的清晰图像梯度和模糊核的卷积，并加上方差 σ^2 为高斯噪声，即

$$\nabla\boldsymbol{P}=\nabla\boldsymbol{L}_{\mathrm{p}}\otimes\boldsymbol{K}+\sigma^2 \tag{3.33}$$

最大后验概率是模糊图像实现反卷积处理的一种直接方法，相当于解决一个正则化最小二乘问题，通过寻找模糊核 $\boldsymbol{K}$ 和清晰图像梯度$\nabla\boldsymbol{L}$ 使得 P（$\boldsymbol{K}$，$\nabla\boldsymbol{L}_{\mathrm{p}}\mid\nabla\boldsymbol{P}$）最大化。但是最大化后验概率（MAP）算法试图最小化所有梯度，而实际图像会存在较大梯度变化的区域，因此，若直接求解 MAP 目标函数，容易收敛到局部极小值，难以得到真实的模糊核和清晰图像。

基于图像模型统计特性，使用近似后验分布并通过最大边缘概率计算模糊核 $\boldsymbol{K}$，通过零均值高斯混合模型来表示图像梯度大小的分布，从而为实际图像的经验分布提供很好的近似表达。假设所测量图像梯度为$\nabla\boldsymbol{P}$，可以通过贝叶斯分布来表示未知变量的后验分布：

$$\begin{aligned}p(\boldsymbol{K},\nabla\boldsymbol{L}_{\mathrm{p}}\mid\nabla\boldsymbol{P})&\propto p(\nabla\boldsymbol{P}\mid\boldsymbol{K},\nabla\boldsymbol{L}_{\mathrm{p}})p(\nabla\boldsymbol{L}_{\mathrm{p}})p(\boldsymbol{K})\\&=\prod_i N(\nabla\boldsymbol{P}(i)\mid(\boldsymbol{K}\otimes\nabla\boldsymbol{L}_{\mathrm{p}}(i)),\sigma^2)\prod_i\sum_{c=1}^{C}\pi_c N(\nabla\boldsymbol{L}_{\mathrm{p}}(i)\mid 0,v_c)\\&\quad\prod_j\sum_{d=1}^{D}\pi_d E(\boldsymbol{K}_j\mid\lambda_d)\end{aligned} \tag{3.34}$$

式中，i 为图像像素的索引；j 为模糊核元素的索引；N 和 E 分别表示高斯分布和指数分布；v_c、π_c 分别为高斯分布 N 的方差和权值；λ_d、π_d 分别为指数分布 E 的尺度因子和权值。

为了便于处理，假设清晰图像块$\nabla\boldsymbol{L}_{\mathrm{p}}$ 和模糊核 K 中的元素是相互独立的。采用变分贝叶斯方法来计算后验近似，可以表示为

$$q(\boldsymbol{K},\nabla\boldsymbol{L}_{\mathrm{p}})=q(\boldsymbol{K})q(\nabla\boldsymbol{L}_{\mathrm{p}}) \tag{3.35}$$

式中，图像梯度分布为高斯密度近似分布，用其均值和方差表示。

该变分算法构建的近似分布与后验之间距离最小化的目标函数为

$$C_{KL}=KL(q(\boldsymbol{K},\nabla\boldsymbol{L}_{\mathrm{p}},\sigma^{-2})\parallel p(\boldsymbol{K},\nabla\boldsymbol{L}_{\mathrm{p}}\mid\nabla\boldsymbol{P}))\tag{3.36}$$

变分后验的独立性假设使得目标函数 C_{KL} 可以分解为

$$C_{KL}=\left\langle\log\frac{q(\nabla\boldsymbol{L}_{\mathrm{p}})}{p(\nabla\boldsymbol{L}_{\mathrm{p}})}\right\rangle_{q(\nabla\boldsymbol{L}_{\mathrm{p}})}+\left\langle\log\frac{q(\boldsymbol{K})}{p(\boldsymbol{K})}\right\rangle_{q(\boldsymbol{K})}+\left\langle\log\frac{q(\sigma^{-2})}{p(\sigma^{2})}\right\rangle_{q(\sigma^{-2})}\tag{3.37}$$

式中，$\langle\cdot\rangle_{q(\nabla\boldsymbol{L}_{\mathrm{p}})}$ 表示关于 $q(\nabla\boldsymbol{L}_{\mathrm{p}})$ 的期望；$\langle\cdot\rangle_{q(\boldsymbol{K})}$ 表示关于 $q(\boldsymbol{K})$ 的期望。

模糊核分布 $q(\boldsymbol{K})$ 及清晰图像分布 $q(\nabla\boldsymbol{L}_{\mathrm{p}})$ 的均值分别作为 K 和 $\nabla\boldsymbol{P}$ 的初始值，通过坐标下降交替更新分布参数。通过近似整个后验分布 $p(\boldsymbol{K},\nabla\boldsymbol{L}_{\mathrm{p}}\mid\nabla\boldsymbol{P})$，计算具有最大边缘概率的模糊核 K，从而避免过渡拟合和局部收敛问题。

3.2.2 矿用相机模糊建模与去模糊研究

悬臂式掘进机截割头直接承受破煤岩的冲击荷载，虽然掘进机机身重，且掘进时一般机身依靠铲板和后支腿支撑，传递的采掘振动减弱，但是依然需要考虑机身上安装的相机成像模糊问题。

在实际应用中，掘进机的运动和振动造成的图像模糊效应不可避免地导致矿用相机位姿估计的几何误差。考虑到双层玻璃的折射作用，矿用相机的成像投影模型与透视相机模型存在显著差异。因此，矿用相机的模糊建模与去模糊模型需要考虑振动和玻璃的双重影响，以提高煤矿井下掘进机振动工况下的视觉定位精度。

因此，结合第 2 章构建的矿用相机模型，本节提出一种矿用相机非均匀模糊核的成像模糊模型，建立的参数化几何模型通过全局描述获取由于工况振动和运动引起的图像非均匀模糊过程，进一步通过建立变分参数更新方程来评估和优化参数分布，利用获取的非均匀模糊核迭代盲复原，实现单图像盲去模糊，为井下视觉测量提供稳定、清晰的图像，以满足精确测量与定位需求。

1. 矿用相机运动模糊与单应性变换矩阵

掘进机的运动和振动会使得矿用相机与标靶之间的相对姿态发生变化。标靶图像中的像素点在曝光过程中连续地在像平面上移动，形成模糊的标靶图像。矿用相机的模糊建模受振动和玻璃的双重影响，矿用相机成像模糊如图 3.10 所示。

矿用相机模糊图像可以看作清晰图像在描述矿用相机曝光过程中振动路径的射影变换矩阵序列下的积分。因此，矿用相机模糊图像可以建模为清晰图像在曝光时间内的投影变换的总和。根据提出的引入双层玻璃折射的矿用相机成像模型，假设 X 是在目标坐标系的三维空间点，$\boldsymbol{M}$ 是目标坐标系和相机坐标系之间的变换矩阵，假设入射光线为 $\boldsymbol{x}_0=(x,\ y,\ f)$，$\boldsymbol{M}_{\mathrm{c}}^{\mathrm{h}}$ 是相机坐标系与建立的虚拟坐标系之间的旋转矩阵，ΔF 是透视中心偏移量，s 是任意的比例因子。物体坐标系中的三维空间点 X 与静止条件下的图像投影 x 之间的关系可以表示为

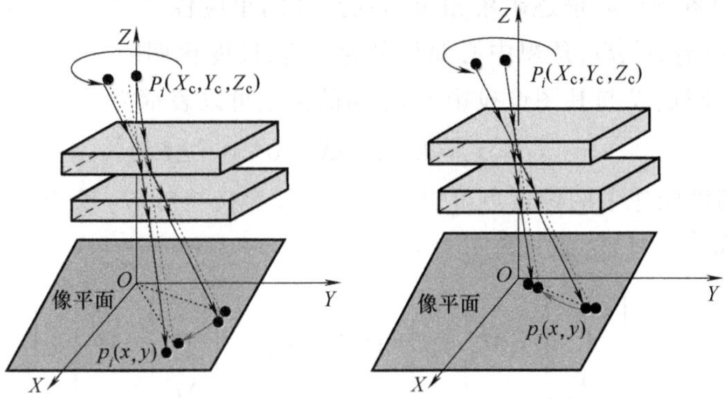

a) 绕Z轴旋转时的三维空间点模型　　b) 绕 X-Y 轴旋转时的三维空间点模型

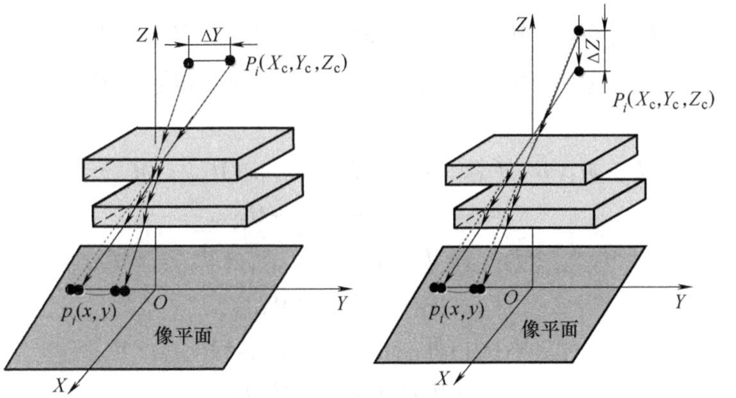

c) 三维空间点绕Y轴平移时的模型　　d) 三维空间点绕Z轴平移时的模型

图 3.10　振动对引入双层玻璃折射的矿用相机成像模糊影响

$$s\boldsymbol{M}_{\mathrm{c}}^{\mathrm{h}}\begin{pmatrix}x\\y\\f\end{pmatrix}=\boldsymbol{M}_{\mathrm{c}}^{\mathrm{h}}\begin{pmatrix}r_{11}&r_{12}&r_{13}&t_1\\r_{21}&r_{22}&r_{23}&t_2\\r_{31}&r_{32}&r_{33}&t_3\end{pmatrix}\begin{pmatrix}X_{\mathrm{w}}\\Y_{\mathrm{w}}\\Z_{\mathrm{w}}\\1\end{pmatrix}-\begin{pmatrix}0\\0\\\Delta F\end{pmatrix}\tag{3.38}$$

式中，s 为尺度比例因子；透视中心偏移量 ΔF 可以通过公式得到，通过获得的 θ 和 δ，相机坐标系与虚拟成像坐标系间的旋转矩阵 $\boldsymbol{M}_{\mathrm{c}}^{\mathrm{h}}$ 可以通过公式得到。

对于平面目标 $Z_{\mathrm{w}}=0$，物体坐标系中的三维空间点 X 与静止条件下的图像投影 x 之间的关系可以简化为

$$s\boldsymbol{M}_{\mathrm{c}}^{\mathrm{h}}\begin{pmatrix}x\\y\\f\end{pmatrix}=\boldsymbol{M}_{\mathrm{c}}^{\mathrm{h}}\begin{pmatrix}r_{11}&r_{12}&t_1\\r_{21}&r_{22}&t_2\\r_{31}&r_{32}&t_3\end{pmatrix}\begin{pmatrix}X_{\mathrm{w}}\\Y_{\mathrm{w}}\\1\end{pmatrix}-\begin{pmatrix}0\\0\\\Delta F\end{pmatrix}\tag{3.39}$$

考虑到矿用相机在拍摄图像时的运动和振动，定义 $\boldsymbol{H}_k$ 是曝光时相机与目标坐

标系在 t_k 时刻的用以描述矿用相机运动路径的单应性变换矩阵，假设 t_k 时刻的入射光线 $\boldsymbol{x}_k=(x_k,y_k,f)$，透视中心偏移量为 ΔF_k，尺度比例因子为 s_k。因此，目标坐标系的三维空间点 X 与其图像投影 x_k 之间的关系可以表示为

$$s_k\boldsymbol{M}_{\mathrm{c}}^{\mathrm{h}}\boldsymbol{x}_k=\boldsymbol{M}_{\mathrm{c}}^{\mathrm{h}}\boldsymbol{H}_k\boldsymbol{M}\boldsymbol{X}-(0\quad 0\quad \Delta F_k)^{\mathrm{T}} \tag{3.40}$$

因此清晰图像中的像素点可以通过单应性变换矩阵 $\boldsymbol{H}_k$ 映射到模糊图像中的像素点，如式（3.41）、式（3.42）所示。

$$\begin{pmatrix}0\\0\\\Delta F_k\end{pmatrix}+s_k\boldsymbol{M}_{\mathrm{c}}^{\mathrm{h}}\begin{pmatrix}x_k\\y_k\\f\end{pmatrix}=\boldsymbol{M}_{\mathrm{c}}^{\mathrm{h}}\boldsymbol{H}_k(\boldsymbol{M}_{\mathrm{c}}^{\mathrm{h}})^{-1}\begin{pmatrix}0\\0\\\Delta F\end{pmatrix}+s\boldsymbol{M}_{\mathrm{c}}^{\mathrm{h}}\begin{pmatrix}x\\y\\f\end{pmatrix} \tag{3.41}$$

$$\boldsymbol{M}_{\mathrm{c}}^{\mathrm{h}}=\begin{pmatrix}M_{11}&M_{12}&M_{13}\\M_{21}&M_{22}&M_{23}\\M_{31}&M_{32}&M_{33}\end{pmatrix},(\boldsymbol{M}_{\mathrm{c}}^{\mathrm{h}})^{-1}=\begin{pmatrix}M'_{11}&M'_{12}&M'_{13}\\M'_{21}&M'_{22}&M'_{23}\\M'_{31}&M'_{32}&M'_{33}\end{pmatrix} \tag{3.42}$$

假设

$$\begin{gathered}k_1=M_{13}fs+M_{11}sx+M_{12}sy,k_2=M_{23}fs+M_{21}sx+M_{22}sy\\k_3=\Delta F+M_{33}fs+M_{31}sx+M_{32}sy\\t_{11}=M_{31}r_{11}+M_{32}r_{21}+M_{33}r_{31},t_{12}=M_{31}r_{12}+M_{32}r_{22}+M_{33}r_{32}\\t_{13}=M_{31}t_1+M_{32}t_2+M_{33}t_3\\t_{21}=M_{11}r_{11}+M_{12}r_{21}+M_{13}r_{31},t_{22}=M_{11}r_{12}+M_{12}r_{22}+M_{13}r_{32}\\t_{23}=M_{11}t_1+M_{12}t_2+M_{13}t_3\\t_{31}=M_{21}r_{11}+M_{22}r_{21}+M_{23}r_{31},t_{32}=M_{21}r_{12}+M_{22}r_{22}+M_{23}r_{32}\\t_{33}=M_{21}t_1+M_{22}t_2+M_{23}t_3\end{gathered} \tag{3.43}$$

结合式（3.42）对式（3.41）进行整理，则清晰图像像素点 $\boldsymbol{x}_0=(x,\ y,\ f)$ 与对应的模糊图像像素点 $\boldsymbol{x}_k=(x_k,\ y_k,\ f)$ 间的映射关系可以进一步表示为

$$s_kx_k=M'_{13}(t_1-\Delta F_k)+M'_{11}t_2+M'_{12}t_3 \tag{3.44}$$

$$s_ky_k=M'_{23}t_1+M'_{21}t_2+M'_{22}t_3 \tag{3.45}$$

$$s_kf=M'_{33}t_1+M'_{31}t_2+M'_{32}t_3 \tag{3.46}$$

式中，

$$\begin{aligned}t_1&=k_1(M'_{11}t_{11}+M'_{21}t_{12}+M'_{31}t_{13})+k_2(M'_{12}t_{11}+M'_{22}t_{12}+M'_{32}t_{13})+k_3(M'_{13}t_{11}+M'_{23}t_{12}+M'_{33}t_{13})\\t_2&=k_1(M'_{11}t_{21}+M'_{21}t_{22}+M'_{31}t_{23})+k_2(M'_{12}t_{21}+M'_{22}t_{22}+M'_{32}t_{23})+k_3(M'_{13}t_{21}+M'_{23}t_{22}+M'_{33}t_{23})\\t_3&=k_1(M'_{11}t_{31}+M'_{21}t_{32}+M'_{31}t_{33})+k_2(M'_{12}t_{31}+M'_{22}t_{32}+M'_{32}t_{33})+k_3(M'_{13}t_{31}+M'_{23}t_{32}+M'_{33}t_{33})\end{aligned}$$

根据式（3.44）~式（3.46），可以获得在曝光时间内由单应性变换矩阵 $\boldsymbol{H}_k$ 产生的一系列模糊像素点 $\boldsymbol{x}_1$，$\boldsymbol{x}_2$，$\boldsymbol{x}_3$，…，$\boldsymbol{x}_k$，将清晰图像 $\boldsymbol{f}$ 中的每个像素点映射到变换后的模糊图像 $\boldsymbol{g}$ 中的对应像素点。因此，模糊图像 $\boldsymbol{g}$ 可以看作 $\boldsymbol{f}$ 的所有投影变换在曝光时间 T 上的积分并叠加一些观测噪声 q，即

$$g(\boldsymbol{x}) = \int_0^{\mathrm{T}} f(\boldsymbol{x},t_1,t_2,t_3,k_1,k_2,k_3,t_{11},t_{12},t_{13},t_{21},t_{22},t_{23},t_{31},t_{32},t_{33},\boldsymbol{H}_k,\boldsymbol{M}_{\mathrm{c}}^{\mathrm{h}})\,\mathrm{d}t + \varepsilon \tag{3.47}$$

式中，$f(\boldsymbol{x}, t_1, t_2, t_3, k_1, k_2, k_3, t_{11}, t_{12}, t_{13}, t_{21}, t_{22}, t_{23}, t_{31}, t_{32}, t_{33}, \boldsymbol{H}_k, \boldsymbol{M}_{\mathrm{c}}^{\mathrm{h}})$ 表示曝光时刻 $\mathrm{d}t$ 内的像素点 $\boldsymbol{x}$ 的投影变换，$g(\boldsymbol{x})$ 表示清晰图像经过投影变换后对应的模糊图像在像素点 $\boldsymbol{x}$ 处的像素值。

对连续时间进行离散化处理，模糊图像 $g(\boldsymbol{x})$ 可以表示为

$$g(\boldsymbol{x}) = \frac{1}{N}\sum_{i=1}^{N} f(\boldsymbol{x},t_1,t_2,t_3,k_1,k_2,k_3,t_{11},t_{12},t_{13},t_{21},t_{22},t_{23},t_{31},t_{32},t_{33},\boldsymbol{H}_k,\boldsymbol{M}_{\mathrm{c}}^{\mathrm{h}}) + \varepsilon \tag{3.48}$$

考虑到井下运动和振动导致的矿用相机图像模糊具有非均匀性，且离散化处理的时间信息不明确，这里引入模糊核 $\boldsymbol{\omega}$ 来描述矿用相机的单应性变换矩阵 $\boldsymbol{H}_k$ 所对应的时间区间。因此，矿用相机的非均匀模糊图像像素点 g_i 建模为清晰图像像素点 f_j 经过一系列的投影变换后的加权和。这里通过模糊图像 $\boldsymbol{g}$、清晰图像 $\boldsymbol{f}$ 和模糊核 $\boldsymbol{\omega}$ 构建矿用相机非均匀模糊模型，构造的线性方程组如下所示

$$\begin{aligned} g_i &= \sum_k \omega_k \boldsymbol{C}_k(\boldsymbol{x}, t_1, t_2, t_3, k_1, k_2, k_3, t_{11}, t_{12}, t_{13}, t_{21}, t_{22}, t_{23}, t_{31}, \\ &\quad t_{32}, t_{33}, \boldsymbol{H}_k, \boldsymbol{M}_{\mathrm{c}}^{\mathrm{h}})\boldsymbol{f} + \varepsilon \\ &= \sum_k \omega_k \Big[\sum_j C_{ijk}(\boldsymbol{x}, t_1, t_2, t_3, k_1, k_2, k_3, t_{11}, t_{12}, t_{13}, t_{21}, t_{22}, \\ &\quad t_{23}, t_{31}, t_{32}, t_{33}, \boldsymbol{H}_k, \boldsymbol{M}_{\mathrm{c}}^{\mathrm{h}})f_j \Big] + \varepsilon \end{aligned} \tag{3.49}$$

式中，i、j 和 k 分别是模糊图像 $\boldsymbol{g}$、清晰图像 $\boldsymbol{f}$ 和模糊核 $\boldsymbol{\omega}$ 的索引；ω_k 用于描述对应于矿用相机的单应性变换矩阵 H_k 的时间区间；清晰图像通过单应性变换矩阵 H_k 变换后得到的矩阵表示为 $\boldsymbol{C}_k$ $(\boldsymbol{x}, t_1, t_2, t_3, k_1, k_2, k_3, t_{11}, t_{12}, t_{13}, t_{21}, t_{22}, t_{23}, t_{31}, t_{32}, t_{33}, \boldsymbol{H}_k, \boldsymbol{M}_{\mathrm{c}}^{\mathrm{h}})$；清晰图像投影变换的插值点可表示为 $\sum_j C_{ijk}$ $(\boldsymbol{x}, t_1, t_2, t_3, k_1, k_2, k_3, t_{11}, t_{12}, t_{13}, t_{21}, t_{22}, t_{23}, t_{31}, t_{32}, t_{33}, \boldsymbol{H}_k, \boldsymbol{M}_{\mathrm{c}}^{\mathrm{h}})$ f_j；线性插值系数表示为 C_{ijk} $(\boldsymbol{x}, t_1, t_2, t_3, k_1, k_2, k_3, t_{11}, t_{12}, t_{13}, t_{21}, t_{22}, t_{23}, t_{31}, t_{32}, t_{33}, \boldsymbol{H}_k, \boldsymbol{M}_{\mathrm{c}}^{\mathrm{h}})$。

假设 $A_{ij} = \sum_k C_{ijk}$ $(\boldsymbol{x}, t_1, t_2, t_3, k_1, k_2, k_3, t_{11}, t_{12}, t_{13}, t_{21}, t_{22}, t_{23}, t_{31}, t_{32}, t_{33}, \boldsymbol{H}_k, \boldsymbol{M}_{\mathrm{c}}^{\mathrm{h}})$ ω_k，则矿用相机非均匀模糊图像可以线性表示为

$$\boldsymbol{g} = \boldsymbol{A}\boldsymbol{f} + \boldsymbol{\varepsilon} \tag{3.50}$$

假设 $B_{ik} = \sum_j C_{ijk}$ $(\boldsymbol{x}, t_1, t_2, t_3, k_1, k_2, k_3, t_{11}, t_{12}, t_{13}, t_{21}, t_{22}, t_{23}, t_{31}, t_{32}, t_{33}, \boldsymbol{H}_k, \boldsymbol{M}_{\mathrm{c}}^{\mathrm{h}})$ f_j，则矿用相机非均匀模糊图像可以线性表示为

$$\boldsymbol{g} = \boldsymbol{B}\boldsymbol{\omega} + \boldsymbol{\varepsilon} \tag{3.51}$$

2. 基于变分学习的模糊核估计

在建立矿用相机非均匀模糊模型基础上，采用 Miskin 和 MacKay 变分推理学习的模糊图像盲复原框架，构建基于单应性变换矩阵的矿用相机非均匀模糊图像盲复原方法来解决井下图像的去模糊问题。

矿用相机模糊图像盲复原过程实际是根据模糊图像 $\boldsymbol{g}$ 进行清晰图像 $\boldsymbol{f}$ 的估计。其中，模糊图像 $\boldsymbol{g}$ 为观测变量，清晰图像 $\boldsymbol{f}$、模糊核 $\boldsymbol{\omega}$ 和观测噪声 β_σ 为隐变量。其中，隐变量 $\boldsymbol{f}$、$\boldsymbol{\omega}$、β_σ 的后验概率分布表示为

$$p(\boldsymbol{f},\boldsymbol{\omega},\beta_\sigma \mid \boldsymbol{g}) = p(\boldsymbol{g} \mid \boldsymbol{f},\boldsymbol{\omega},\beta_\sigma)p(\boldsymbol{f})p(\boldsymbol{\omega})p(\beta_\sigma) \tag{3.52}$$

根据 Miskin 和 MacKay 变分推理理论，假设 $\boldsymbol{\Theta}$ 为隐变量 $\boldsymbol{f}$、$\boldsymbol{\omega}$ 和 β_σ 的集合，通过分解分布 $q(\boldsymbol{\Theta} \mid \boldsymbol{g})$ 来近似真实的后验概率 $p(\boldsymbol{\Theta} \mid \boldsymbol{g})$

$$q(\boldsymbol{\Theta} \mid \boldsymbol{g}) = q(\beta_\sigma)\prod_j q(f_j)\prod_k q(\omega_k) \tag{3.53}$$

假设矿用相机非均匀模糊图像的观测噪声服从各向同性的高斯分布，则似然函数 $p(\boldsymbol{g} \mid \boldsymbol{\Theta})$ 可以表示为

$$p(\boldsymbol{g} \mid \boldsymbol{\Theta}) = \prod_i G(g_i;\hat{g}_i(\boldsymbol{f},\boldsymbol{\omega}),\beta_\sigma^{-1}) = \prod_i \exp\left(-\frac{(\hat{g}_i(\boldsymbol{f},\boldsymbol{\omega}) - g_i)^2}{2\sigma^2}\right) \tag{3.54}$$

$$g_i = \sum_{j,k} f_j C_{ijk}(\boldsymbol{x},t_1,t_2,t_3,k_1,k_2,k_3,t_{11},t_{12},t_{13},t_{21},t_{22},t_{23},t_{31},t_{32},t_{33},\boldsymbol{H}_k,\boldsymbol{M}_{\mathrm{c}}^{\mathrm{h}})\omega_k + \varepsilon \tag{3.55}$$

$$\boldsymbol{g}=\boldsymbol{f}^{\mathrm{T}}\boldsymbol{C}_i(\boldsymbol{x},t_1,t_2,t_3,k_1,k_2,k_3,t_{11},t_{12},t_{13},t_{21},t_{22},t_{23},t_{31},t_{32},t_{33},\boldsymbol{H}_k,\boldsymbol{M}_{\mathrm{c}}^{\mathrm{h}})\boldsymbol{\omega}+\boldsymbol{\varepsilon} \tag{3.56}$$

式中，G 为均值为 μ，方差为 σ^2 的高斯函数；$\hat{g}_i(\boldsymbol{f},\boldsymbol{\omega})$ 为通过矿用相机非均匀模糊模型重构的第 i 个模糊像素点；$\boldsymbol{C}_i$ 为对应于模糊图像像素点 g_i 的插值系数矩阵，由元素 $C_{ijk}(\boldsymbol{x}, t_1, t_2, t_3, k_1, k_2, k_3, t_{11}, t_{12}, t_{13}, t_{21}, t_{22}, t_{23}, t_{31}, t_{32}, t_{33}, \boldsymbol{H}_k, \boldsymbol{M}_{\mathrm{c}}^{\mathrm{h}})$ 构成。

后验概率分布 $p(\boldsymbol{\Theta} \mid g)$ 的获取需要隐变量的先验概率分布 $p(\boldsymbol{\Theta})$。假设隐变量是独立的且 $\boldsymbol{f}$ 和 $\boldsymbol{\omega}$ 的元素均为独立同分布，通过对隐变量集合 $\boldsymbol{\Theta}$ 的先验概率进行因子分解可以得到

$$p(\boldsymbol{\Theta}) = p(\boldsymbol{f})p(\boldsymbol{\omega})p(\beta_\sigma) \tag{3.57}$$

$$p(\boldsymbol{f}) = \prod_j p(f_j) \tag{3.58}$$

$$p(\boldsymbol{\omega}) = \prod_k p(f_j)p(\boldsymbol{\omega}_k) \tag{3.59}$$

式（3.60）为近似后验概率分布和真实后验概率分布之间的 Kullback-Leibler 散度，可用于两个概率分布之间的距离度量

$$C_{KL} = \int q(\boldsymbol{\Theta})\left[\ln\frac{q(\boldsymbol{\Theta})}{p(\boldsymbol{\Theta})} - \ln p(\boldsymbol{g} \mid \boldsymbol{\Theta})\right]d\boldsymbol{\Theta} \tag{3.60}$$

通过最小化损失函数可以获得近似真实的后验概率分布，进而采用变分法求取后验概率分布变分近似的最优形式，并通过迭代优化求取变分参数。

假设

$$v_k^w=\langle\omega_k^2\rangle-\langle\omega_k\rangle^2,v_j^f=\langle f_j^2\rangle-\langle f_j\rangle^2 \tag{3.61}$$

$$\langle A_{ij}\rangle=\sum_k C_{ijk}(\boldsymbol{x},t_1,t_2,t_3,k_1,k_2,k_3,t_{11},t_{12},t_{13},t_{21},t_{22},t_{23},t_{31},t_{32},t_{33},\boldsymbol{H}_k,\boldsymbol{M}_{\mathrm{c}}^{\mathrm{h}})\langle\omega_k\rangle \tag{3.62}$$

$$\langle B_{ik}\rangle=\sum_j C_{ijk}(\boldsymbol{x},t_1,t_2,t_3,k_1,k_2,k_3,t_{11},t_{12},t_{13},t_{21},t_{22},t_{23},t_{31},t_{32},t_{33},\boldsymbol{H}_k,\boldsymbol{M}_{\mathrm{c}}^{\mathrm{h}})\langle f_j\rangle \tag{3.63}$$

$$\langle\hat{g}_i(f,\omega)\rangle=\sum_k\left(\sum_j C_{ijk}(\boldsymbol{x},t_1,t_2,t_3,k_1,k_2,k_3,t_{11},t_{12},t_{13},t_{21},t_{22},t_{23},t_{31},t_{32},t_{33},\boldsymbol{H}_k,\boldsymbol{M}_{\mathrm{c}}^{\mathrm{h}})\langle f_j\rangle\right)\langle\omega_k\rangle \tag{3.64}$$

利用变分推理得到 $q(f_j)$ 的最优形式为

$$q(f_j)=p(f_j)\exp\left(-\frac{1}{2}f_j^{(2)}(f_j-f_j^{(1)})^2\right) \tag{3.65}$$

$$f_j^2=\langle\beta_\sigma\rangle\sum_{i,k}C_{ijk}^2(\boldsymbol{x},t_1,t_2,t_3,k_1,k_2,k_3,t_{11},t_{12},t_{13},t_{21},t_{22},t_{23},t_{31},t_{32},t_{33},\boldsymbol{H}_k,\boldsymbol{M}_{\mathrm{c}}^{\mathrm{h}})v_k^w+\langle\beta_\sigma\rangle\sum_i\langle A_{ij}\rangle^2 \tag{3.66}$$

$$f_j^1f_j^2=\langle\beta_\sigma\rangle\sum_i\langle A_{ij}\rangle(g_i-\langle\hat{g}_i\rangle)+\langle f_j\rangle f_j^2-\langle\beta_\sigma\rangle\sum_{i,k}C_{ijk}(\boldsymbol{x},t_1,t_2,t_3,k_1,k_2,k_3,t_{11},t_{12},t_{13},t_{21},t_{22},t_{23},t_{31},t_{32},t_{33},\boldsymbol{H}_k,\boldsymbol{M}_{\mathrm{c}}^{\mathrm{h}})\langle B_{ik}\rangle v_k^w \tag{3.67}$$

利用变分推理得到的 $q(\omega_k)$ 的最优形式为

$$q(\omega_k)=p(\omega_k)\exp\left(-\frac{1}{2}\omega_k^2(\omega_k-\omega_k^{(1)})^2\right) \tag{3.68}$$

$$w_k^2=\langle\beta_\sigma\rangle\sum_{i,j}C_{ijk}^2(\boldsymbol{x},t_1,t_2,t_3,k_1,k_2,k_3,t_{11},t_{12},t_{13},t_{21},t_{22},t_{23},t_{31},t_{32},t_{33},\boldsymbol{H}_k,\boldsymbol{M}_{\mathrm{c}}^{\mathrm{h}})v_j^f+\langle\beta_\sigma\rangle\sum_i\langle B_{ik}\rangle^2 \tag{3.69}$$

$$w_k^1w_k^2=\langle\beta_\sigma\rangle\sum_i\langle B_{ik}\rangle(g_i-\langle\hat{g}_i\rangle)+\langle w_k\rangle w_k^2-\langle\beta_\sigma\rangle\sum_{i,j}C_{ijk}(\boldsymbol{x},t_1,t_2,t_3,k_1,k_2,k_3,t_{11},t_{12},t_{13},t_{21},t_{22},t_{23},t_{31},t_{32},t_{33},\boldsymbol{H}_k,\boldsymbol{M}_{\mathrm{c}}^{\mathrm{h}})\langle A_{ij}\rangle v_j^f \tag{3.70}$$

利用变分推理得到的 $q(\beta_\sigma)$ 的最优形式为

$$q(\beta_\sigma)=\Gamma\left(\beta_\sigma;\frac{1}{2}\sum_i\left\langle(g_i-\hat{g}_i(f,\omega))^2\right\rangle_{q(f,\omega)},\frac{N_g}{2}\right) \tag{3.71}$$

进而通过下式对 $q(\beta_\sigma)$ 的参数优化结果进行评估

$$\begin{aligned}\langle(g_i-\hat{g}_i)^2\rangle &= (g_i-\langle\hat{g}_i\rangle)^2+\sum_j\langle A_{ij}\rangle^2 v_j^f+\sum_k\langle B_{ik}\rangle^2 v_k^w+\\ &\sum_{j,\ k}C_{ijk}^2(\boldsymbol{x},t_1,t_2,t_3,k_1,k_2,k_3,t_{11},t_{12},\\ &t_{13},t_{21},t_{22},t_{23},t_{31},t_{32},t_{33},\boldsymbol{H}_k,\boldsymbol{M}_c^h)v_j^f v_k^w\end{aligned} \tag{3.72}$$

3. 基于改进射影运动 RL（Richardson-Lucy）的矿用相机去模糊

根据模糊图像的模糊核估计，通过反卷积处理可以获得清晰图像的估计。经典的去模糊算法广泛应用于去卷积图像复原处理，该方法通过式（3.73）所示的迭代更新实现潜在清晰图像 $\boldsymbol{f}$ 的估计。

$$\boldsymbol{f}\leftarrow\boldsymbol{f}\odot(\boldsymbol{A}^{\mathrm{T}}(\boldsymbol{g}/\boldsymbol{Af})) \tag{3.73}$$

式中，$\boldsymbol{g}$ 为模糊图像；$\boldsymbol{A}$ 为模糊核矩阵，$\odot$ 表示两个矩阵对应位置的元素乘积。

设运动模糊图像的像素值为 $g(y)$，清晰图像的像素值为 $f(x)$，通过贝叶斯估计获取清晰图像的计算公式如下

$$P(f(x))=\sum_y P(f(x)\mid g(y))P(g(y)) \tag{3.74}$$

式中，$P(f(x)\mid g(y))$ 可以通过贝叶斯法则进行计算。$P(f(x))$ 可以记为

$$P(f(x))=\sum_y\frac{P(g(y)\mid f(x))P(f(x))}{\sum_z P(g(y)\mid f(z))P(f(z))}P(g(y)) \tag{3.75}$$

进一步定义 $\mathrm{PSF}(y,z)$ 为点扩散函数在像素位置 z 处的值，则可以得到

$$P(g(y))P(g(y)\mid f(z))=\mathrm{PSF}(y,z),\ \sum_z\mathrm{PSF}(y,z)=1 \tag{3.76}$$

式（3.75）方程的两边都包含待估计值 $P(f(x))$。因此可以定义如下的迭代更新方程

$$\begin{aligned}P^{t+1}(f(x)) &= \sum_y\frac{P(g(y)\mid f(x))P^t(f(x))}{\sum_z P(g(y)\mid f(z))P^t(f(z))}P(g(y))\\ &= P^t(f(x))\sum_y P(g(y)\mid f(x))\frac{P(g(y))}{\sum_z P(g(y)\mid f(z))P^t(f(z))}\end{aligned} \tag{3.77}$$

式中，$P^t(f(z))$ 为第 t 次迭代时像素位置 z 处的清晰图像的值。

假设 $g'(y)=\sum_z P(g(y)\mid f(z))P^t(f(z))$ 为预测得到的模糊图像，由第 t 次迭代获得的清晰图像估计 $P^t(f(z))$ 与点扩展函数 $P(g(y)\mid f(z))$ 获得该预测模糊图像。定义 $E_y^t=g(y)/g'(y)$ 表示实际模糊图像 $g(y)$ 和预测模糊图像 $g'(y)$ 之间的残差，可得到修正项

$$\sum_y P(g(y)\mid f(x))\frac{P(g(y))}{\sum_z P(g(y)\mid f(z))P^t(f(z))}=\sum_y P(g(y)\mid f(x))E_y^t \tag{3.78}$$

RL 算法无法直接用于矿用相机非均均模糊图像的去卷积恢复。因此本节在 RL 算法基础上，进一步推导提出改进射影运动 RL 的矿用相机去模糊方法，以实现矿用相机非均匀模糊图像的迭代复原处理。

根据建立的矿用相机非均匀模糊模型，当空间变化 PSF 满足矿用相机射影运动模糊模型时，可以得到

$$P(g(y)\mid f(x))=\begin{cases}\dfrac{1}{N}, & \boldsymbol{y}=f(\boldsymbol{x},t_1,t_2,t_3,k_1,k_2,k_3,t_{11},t_{12},t_{13},t_{21},t_{22},t_{23},t_{31},t_{32},t_{33},\boldsymbol{H}_k,\boldsymbol{M}_{\mathrm{c}}^{\mathrm{h}})\\ 0, & \text{其他}\end{cases} \tag{3.79}$$

结合用以描述矿用相机运动路径的单应性变换矩阵 H_k，可以得到

$$\begin{aligned}&\sum_{k=1}^{N}P(\boldsymbol{y}=f(\boldsymbol{x},t_1,t_2,t_3,k_1,k_2,k_3,t_{11},t_{12},t_{13},t_{21},t_{22},t_{23},t_{31},t_{32},t_{33},\boldsymbol{H}_k,\boldsymbol{M}_{\mathrm{c}}^{\mathrm{h}}))f(\boldsymbol{x})\\ &=\frac{1}{N}\sum_{k=1}^{N}f(\boldsymbol{x},t_1,t_2,t_3,k_1,k_2,k_3,t_{11},t_{12},t_{13},t_{21},t_{22},t_{23},t_{31},t_{32},t_{33},\boldsymbol{H}_k,\boldsymbol{M}_{\mathrm{c}}^{\mathrm{h}})\end{aligned} \tag{3.80}$$

根据预测模糊图像的定义 $g'(y)=\sum_{z}P(g(y)\mid f(z))P^t(f(z))$，可以得到

$$\begin{aligned}g'(y)&=\sum_{z}P(g(y)\mid f(z))P^t(f(z))\\ &=\frac{1}{N}\sum_{k=1}^{N}f^t(\boldsymbol{x},t_1,t_2,t_3,k_1,k_2,k_3,t_{11},t_{12},t_{13},t_{21},t_{22},t_{23},t_{31},t_{32},t_{33},\boldsymbol{H}_k,\boldsymbol{M}_{\mathrm{c}}^{\mathrm{h}})\end{aligned} \tag{3.81}$$

基于泊松噪声分布模型的 RL 去模糊过程等价于最小化原始模糊图像 $g(y)$ 和预测模糊图像 $g'(y)$ 间的差值，式（3.77）所示的迭代更新方程可以表示为

$$f^{t+1}=f^t\times K*\left(\frac{g}{f^t\otimes K}\right)=f^t\times K*E^t \tag{3.82}$$

式中，$E^t=\dfrac{g}{f^t\otimes K}$表示原始模糊图像和预测模糊图像的像点残余误差。

结合式（3.79）~式（3.81）并代入式（3.82），得到图像噪声服从泊松分布时的改进射影运动 RL 的矿用相机去模糊迭代公式

$$\begin{aligned}f^{t+1}(\boldsymbol{x})=f^t(\boldsymbol{x})\times\frac{1}{N}\sum_{k=1}^{N}E^t(&\boldsymbol{x},t_1,t_2,t_3,k_1,k_2,k_3,t_{11},t_{12},\\ &t_{13},t_{21},t_{22},t_{23},t_{31},t_{32},t_{33},\boldsymbol{H}_k,\boldsymbol{M}_{\mathrm{c}}^{\mathrm{h}})\end{aligned} \tag{3.83}$$

$$\begin{aligned}&E^t(\boldsymbol{x},t_1,t_2,t_3,k_1,k_2,k_3,t_{11},t_{12},t_{13},t_{21},t_{22},t_{23},t_{31},t_{32},t_{33},\boldsymbol{H}_k,\boldsymbol{M}_{\mathrm{c}}^{\mathrm{h}})=\\ &g(\boldsymbol{x})/\frac{1}{N}\sum_{k=1}^{N}f^t(\boldsymbol{x},t_1,t_2,t_3,k_1,k_2,k_3,t_{11},t_{12},t_{13},t_{21},t_{22},t_{23},t_{31},t_{32},t_{33},\boldsymbol{H}_k,\boldsymbol{M}_{\mathrm{c}}^{\mathrm{h}})\end{aligned} \tag{3.84}$$

当图像噪声模型服从高斯分布时，可以得到

$$n(g'(y),g(y))=\exp\left(-\frac{\|g(y)-g'(y)\|}{2\sigma^2}\right) \tag{3.85}$$

式中，σ 是高斯噪声模型的标准偏差。

通过最小化$-\log P(f(x))$可以实现高斯噪声模型下的最大化 $P(f(x))$，从而将问题转化为最小二乘最小化问题

$$\underset{f}{\arg\max}\, n(g'(y),g(y))=\underset{f}{\arg\min}\,\|g(y)-g'(y)\|^2 \tag{3.86}$$

对式（3.70）两边取对数函数，重新定义变量得到

$$f^{t+1}=f^t+K*(g-f^t\otimes K)=f^t+K*E^t \tag{3.87}$$

式中，$E^t=g-f^t\otimes K$ 是计算得到的像素残余误差。

结合（3.79）~式(3.81）并代入式（3.87），得到图像噪声服从高斯分布时的改进射影运动 RL 的矿用相机去模糊迭代公式

$$f^{t+1}(\boldsymbol{x})=f^t(\boldsymbol{x})+\frac{1}{N}\sum_{k=1}^{N}E^t(\boldsymbol{x},t_1,t_2,t_3,k_1,k_2,k_3,t_{11},t_{12},t_{13},t_{21},t_{22},t_{23},t_{31},t_{32},t_{33},\boldsymbol{H}_k^{-1},\boldsymbol{M}_{\mathrm{c}}^{\mathrm{h}}) \tag{3.88}$$

$$E^t(\boldsymbol{x},t_1,t_2,t_3,k_1,k_2,k_3,t_{11},t_{12},t_{13},t_{21},t_{22},t_{23},t_{31},t_{32},t_{33},\boldsymbol{H}_k,\boldsymbol{M}_{\mathrm{c}}^{\mathrm{h}})=g(\boldsymbol{x})-\frac{1}{N}\sum_{k=1}^{N}f^t(\boldsymbol{x},t_1,t_2,t_3,k_1,k_2,k_3,t_{11},t_{12},t_{13},t_{21},t_{22},t_{23},t_{31},t_{32},t_{33},\boldsymbol{H}_k,\boldsymbol{M}_{\mathrm{c}}^{\mathrm{h}}) \tag{3.89}$$

4. 基于正则化的矿用相机去模糊

基于改进射影运动 RL 的矿用相机非均匀模糊图像复原过程中存在反卷积造成的图像噪声放大问题，而正则化方法是解决模糊图像复原过程中噪声放大这一病态问题的有效方法。全变分正则项可以有效抑制去模糊过程中存在的振铃效应，为了确保矿用相机复原图像的边缘及细节信息，本节将全变分正则项引入到改进射影运动 RL 的矿用相机去模糊。

通过最小化去模糊图像的梯度，引入的全变分正则项可以抑制反卷积过程中放大的图像噪声。假设 λ 为正则化权重系数，则全变分正则化的图像复原模型的最小化问题可以表示为

$$\min_f f(x)=\min_f\frac{1}{2}\|g'(y)-g(y)\|_{L^2(\Omega)}^2+\lambda\int_{\Omega}|\nabla f|\mathrm{d}x \tag{3.90}$$

其中，全变分正则化的函数项表示如下

$$R_{TV}(f)=\int_{\Omega}|\nabla f(\boldsymbol{x})|\mathrm{d}x,\nabla R_{TV}(f)=-\nabla\frac{\nabla f^t}{|\nabla f^t|} \tag{3.91}$$

式中，$\nabla f(x)$是$f(x)$在 x 和 y 方向上的一阶导数。

根据前面分析可知，假设 $g(y)$ 为运动模糊图像，$f(x)$ 为原清晰图像，则通过贝叶斯估计获取清晰图像的计算公式如下

$$P(f(x))=\sum_{y}\frac{P(g(y)\mid f(x))P(f(x))}{\sum_{z}P(g(y)\mid f(z))P(f(z))}P(g(y)) \tag{3.92}$$

假设图像噪声像素点间相互独立且噪声模型服从泊松分布时，可以得到似然概率为

$$P(g(y)\mid f(x))=\prod_{y}\frac{g'(y)^{g(y)}\mathrm{e}^{-g'(y)}}{g(y)!} \tag{3.93}$$

噪声模型服从泊松分布的最大似然估计可以表示为 $J_1(f(x))=-\ln P(g(y)\mid f(x))$，进而利用引入正则项的 RL 迭代算法实现最小化能量函数

$$J_1(f(x))+J_{\mathrm{reg}}(f(x))=\sum_{y}(-g(y)\ln(g'(y))+g'(y)+\ln(g(y)!))+\lambda R_{TV}(f(x)) \tag{3.94}$$

通过最小化 $J_1(f(x))+J_{\mathrm{reg}}(f(x))$ 可以实现泊松噪声模型下的最大化 $P(f(x))$，从而将问题转化为最小二乘最小化问题

$$\begin{aligned}\operatorname*{argmin}_{f}J_1(f(x))+J_{\mathrm{reg}}(f(x))=\operatorname*{argmin}_{f}\sum_{y}(g'(y)-g(y)\ln(g'(y))\\+\ln(g(y)!)+\lambda R_{TV}(f(x)))\end{aligned} \tag{3.95}$$

根据 Kuhn-Tucker 约束条件，可以得到

$$\begin{aligned}\frac{\partial}{\partial f(x)}J_1(f(x))+J_{\mathrm{reg}}(f(x))=\frac{\partial}{\partial f(x)}\sum_{y}(-g(y)\ln(g'(y))+g'(y)+\\\ln(g(y)!))+\lambda\nabla R_{TV}(f(x))=0\end{aligned} \tag{3.96}$$

整理得到

$$\sum_{y}\left(\frac{g(y)}{g'(y)}\frac{\partial}{\partial f(x)}g'(y)-\frac{\partial}{\partial f(x)}g'(y)\right)+\lambda\nabla R_{TV}(f(x))=0 \tag{3.97}$$

结合式（3.92）和式（3.97）可以得到

$$\begin{aligned}\sum_{y}\left(\frac{g(y)}{\sum_{z}P(g(y)\mid f(z))P^{t}(f(z))}P(g(y)\mid f(x))-P(g(y)\mid f(x))\right)+\\\lambda\nabla R_{TV}(f(x))=0\end{aligned} \tag{3.98}$$

整理得到

$$\sum_{y}\left(\frac{g(y)}{\sum_{z}P(g(y)\mid f(z))P^{t}(f(z))}P(g(y)\mid f(x))\right)=1-\lambda\nabla R_{TV}(f(x)) \tag{3.99}$$

根据改进射影运动 RL 的矿用相机去模糊迭代更新方程

$$P^{t+1}(f(x))=P^{t}(f(x))\sum_{y}P(g(y)\mid f(x))\frac{P(g(y))}{\sum_{z}P(g(y)\mid f(z))P^{t}(f(z))} \tag{3.100}$$

得到引入变分正则化的改进射影运动 RL 的矿用相机去模糊迭代更新方程为

$$P^{t+1}(f(x)) = \frac{P^{t}(f(x))}{1-\lambda \nabla R_{TV}(f(x))} \sum_{y} P(g(y)\mid f(x)) \frac{P(g(y))}{\sum_{z} P(g(y)\mid f(z))P^{t}(f(z))} \tag{3.101}$$

因此，当图像噪声模型服从泊松分布时，引入全变分正则项的矿用相机去模糊迭代更新方程可以表示为

$$f^{t+1}(\boldsymbol{x}) = \frac{f^{t}(\boldsymbol{x})}{1-\lambda \nabla R_{TV}(f(x))} \times \frac{1}{N}\sum_{k=1}^{N} E^{t}(\boldsymbol{x}, t_1, t_2, t_3, k_1, k_2, k_3, t_{11}, t_{12}, t_{13}, t_{21}, t_{22}, t_{23}, t_{31}, t_{32}, t_{33}, \boldsymbol{H}_k^{-1}, \boldsymbol{M}_{\mathrm{c}}^{\mathrm{h}}) \tag{3.102}$$

当图像噪声模型服从高斯分布时，可以得到似然概率为

$$P(g(y)\mid f(x)) = \prod_{x} \exp\left(-\frac{\| g'(y)-g(y)\|^2}{\sigma^2}\right) \tag{3.103}$$

通过最小化$-\ln P(f(x))$可以实现高斯噪声模型下的最大化$P(f(x))$

$$\underset{f}{\operatorname{argmax}} P(g(y)\mid f(x))P(f(x)) = \underset{f}{\operatorname{argmin}} \sum_{y} \| g'(y)-g(y)\|^2 \tag{3.104}$$

假设噪声模型服从高斯分布的最大似然估计为$J_1(f(x)) = -\ln P(g(y)\mid f(x))$，进而利用引入正则项的 RL 迭代算法实现最小化能量函数

$$\underset{f}{\operatorname{argmin}} J_1(f(x)) + J_{\mathrm{reg}}(f(x)) = \underset{f}{\operatorname{argmin}} \sum_{y} \| g'(y)-g(y)\|^2 + \lambda R_{TV}(f(x)) \tag{3.105}$$

同样的，根据 Kuhn-Tucker 约束条件，并结合式（3.81）~式（3.84）可以得到

$$P^{t+1}(f(x)) = P^{t}(f(x)) + \sum_{y} P(g(y)\mid f(x)) \frac{P(g(y))}{\sum_{z} P(g(y)\mid f(z))P^{t}(f(z))} + \lambda \nabla R_{TV}(f(x)) \tag{3.106}$$

因此当图像噪声模型服从高斯分布时，引入全变分正则项的矿用相机去模糊迭代更新方程可以表示为

$$f^{t+1}(\boldsymbol{x}) = f^{t}(\boldsymbol{x}) + \frac{1}{N}\sum_{k=1}^{N} E^{t}(\boldsymbol{x}, t_1, t_2, t_3, k_1, k_2, k_3, t_{11}, t_{12}, t_{13}, t_{21}, t_{22}, t_{23}, t_{31}, t_{32}, t_{33}, \boldsymbol{H}_k^{-1}, \boldsymbol{M}_{\mathrm{c}}^{\mathrm{h}}) + \lambda \nabla R_{TV}(f(x)) \tag{3.107}$$

通过引入全变分正则项的矿用相机去模糊迭代方程，在建立的矿用相机非均匀模糊模型基础上，结合模糊核估计实现相机振动图像去模糊的同时抑制振铃效应，从而更好地保留井下图像的边缘与细节信息。

3.2.3 矿用相机采集的红外 LED 图像去模糊验证

为验证算法有效性，搭建图 3.11 所示试验台。振动平台可提供频率为 10~30Hz 的正弦波激励，振幅可达到 3mm，双层玻璃和相机组合单元置于振动平台上，

以模拟煤矿掘进工作面工况。实验中，分别在有双层玻璃和无双层玻璃条件下，静态采集红外标靶图像，并将其作为真实值进行比较。采用引入双层玻璃折射的相机采集红外 LED 标靶图像。利用本章提出的矿用相机去模糊算法对红外 LED 模糊光斑进行去模糊处理，并对恢复的红外 LED 图像进行位姿估计，图 3.12 为红外 LED 光斑图像去模糊对比结果。

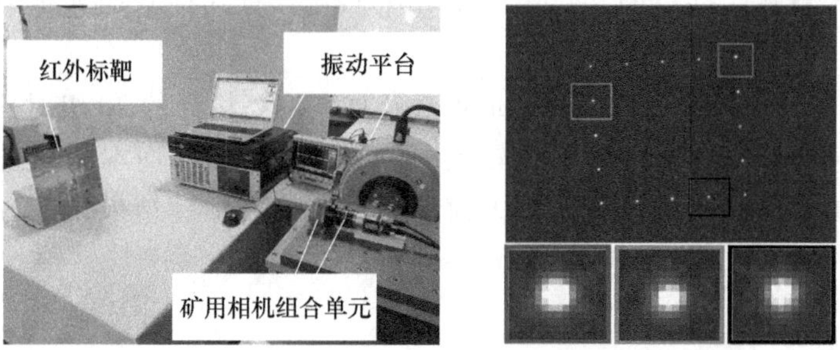

a)基于红外LED标靶的相机标定　　b) 静态条件下采集到的红外标靶

图 3.11　振动条件下带有双层防爆玻璃的相机标定

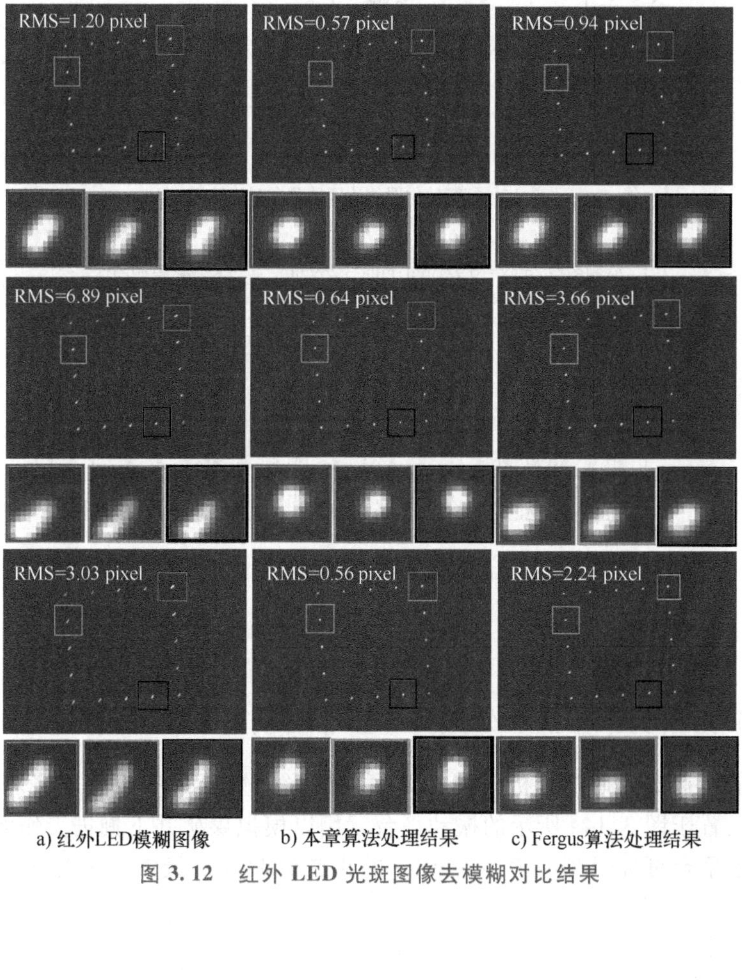

a) 红外LED模糊图像　　b) 本章算法处理结果　　c) Fergus算法处理结果

图 3.12　红外 LED 光斑图像去模糊对比结果

图 3.12 中模糊图像的均方根误差分别为 1.20pixel、6.89pixel、3.03pixel。采用本章算法的去模糊图像的均方根误差分别为 0.57pixel、0.64pixel、0.56pixel。Fergus 算法的去模糊图像的均方根误差分别为 0.94pixel、3.66pixel、2.24pixel。结果表明，去模糊后的光斑能量分布更集中，且光斑中心位置更接近实际的光斑中心位置。恢复后的光斑中心像素点位置与实际光斑中心像素点位置的均方根误差均有所降低，且本章算法恢复的光斑中心位置比 Fergus 算法恢复的光斑中心位置更接近实际值。

图 3.13 给出了本章算法、Fergus 算法及真实位姿估计的 20 组对比结果。结果表明，直接使用模糊图像导致产生较大的位姿估计误差，而本文算法和 Fergus 算法都是有效的，且利用本文算法的去模糊图像的位姿估计结果比 Fergus 算法更接近真实值。

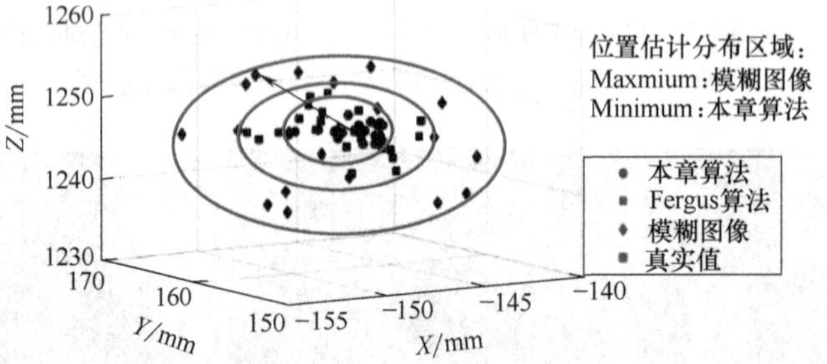

a) 红外标靶的位置估计区域分布对比结果

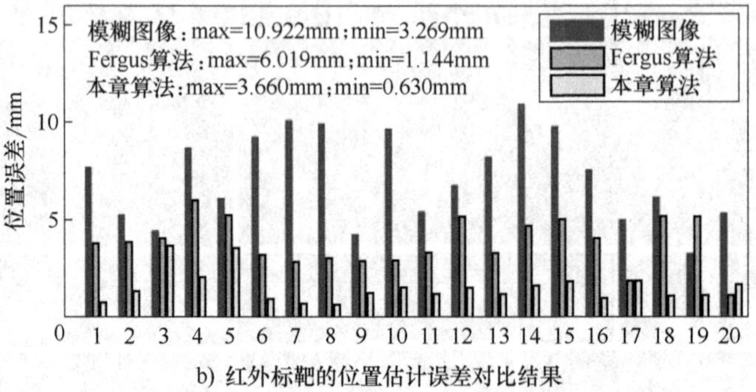

b) 红外标靶的位置估计误差对比结果

图 3.13　红外标靶位置估计对比结果

3.2.4　矿用相机采集的红外激光束图像去模糊验证

为验证所提出的矿用相机去模糊算法对激光束恢复的有效性，将双层玻璃-相机组合单元置于图 3.14a 所示的振动平台，用以模拟煤矿井下掘进工作面振动工况的影响。该平台可提供频率为 10～30Hz 的正弦波激励，最大振幅为 3mm。实验时在有双层玻璃和无双层玻璃的静态条件下采集图像，将其作为真实值用于对比实验。振动中采用双层玻璃相机采集激光束标靶图像，对采集到的模糊激光束图像进行去模糊处理。图 3. 15 为去模糊前后的激光束对比结果，图中坐标单位为像素点个数。

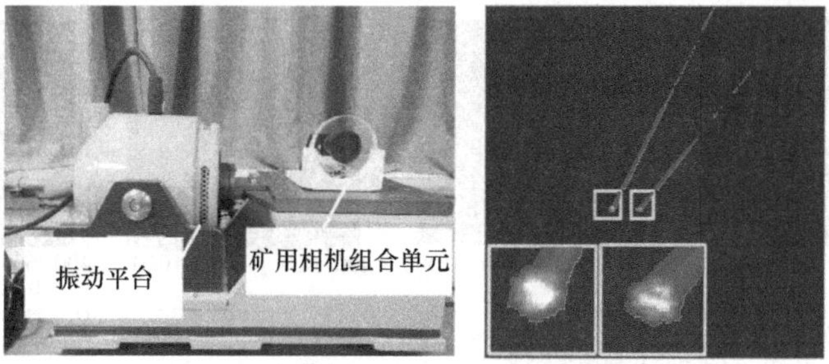

a) 振动实验平台　　　　b) 静态条件下采集的激光束图像

图 3. 14　矿用相机去模糊实验平台

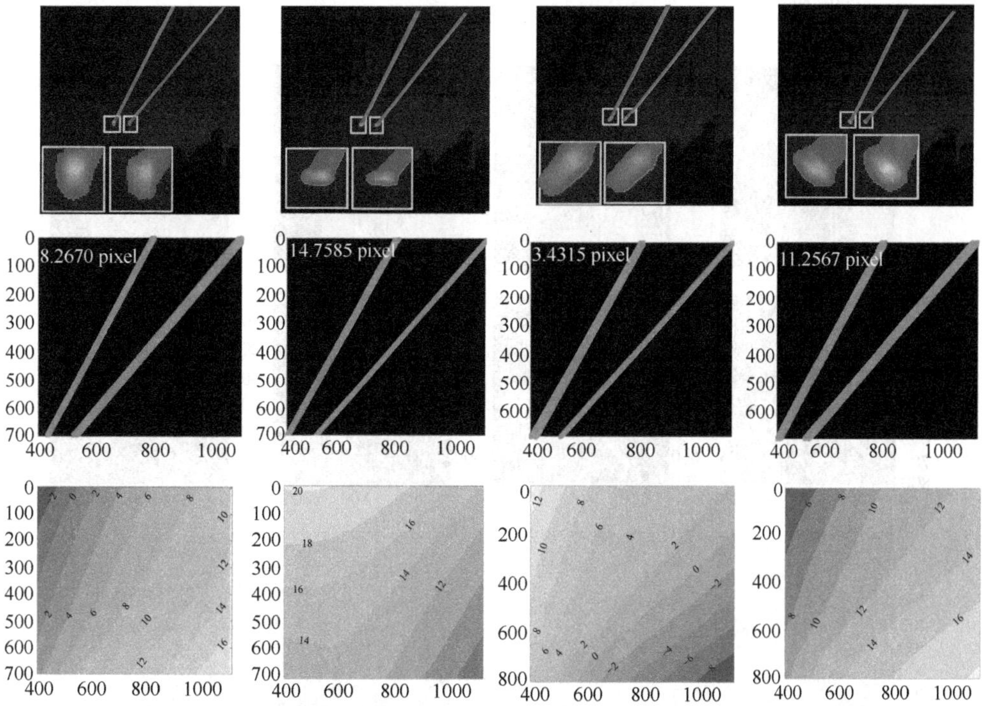

a) 振动引起的激光束模糊图像

图 3. 15　去模糊前后的激光束定位对比结果

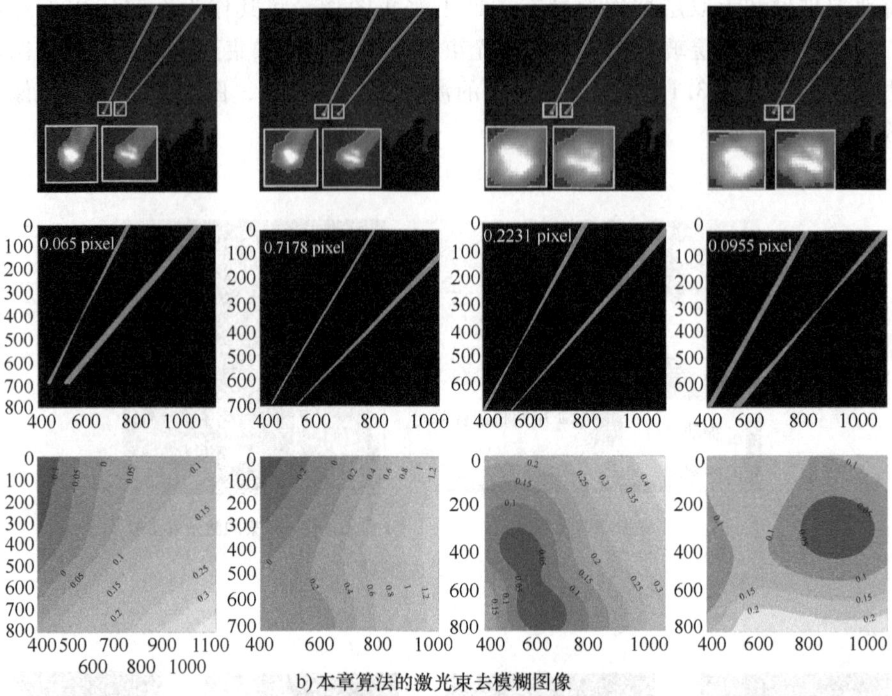

b) 本章算法的激光束去模糊图像

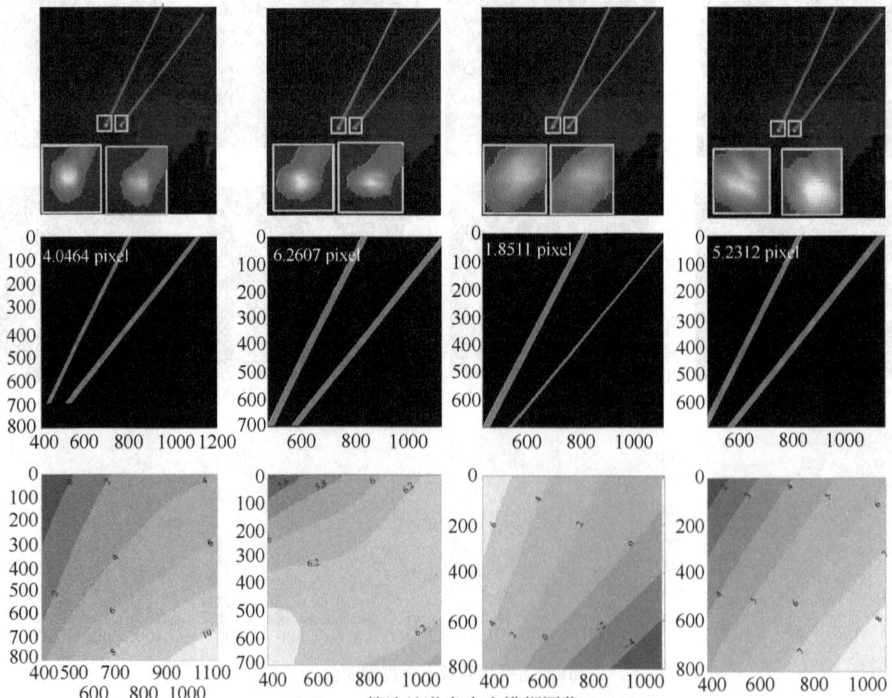

c) Fergus算法的激光束去模糊图像

图 3.15　去模糊前后的激光束定位对比结果（续）

图 3.15 中对激光束模糊图像、Fergus 算法的去模糊激光束图像和本章算法的去模糊激光束图像进行了对比分析。恢复后激光束提取残差分布均表明了所提算法的有效性。其中，模糊激光束图像的均方根误差分别为 8.27pixel、14.76pixel、3.43pixel、11.26pixel。采用本章算法的激光束去模糊图像的均方根误差分别为 0.07pixel、0.71pixel、0.22pixel 和 0.10pixel。Fergus 算法的去模糊图像的均方根误差分别为 4.05pixel、6.26pixel、1.85pixel、5.23pixel。结果表明，恢复后的激光光斑能量分布更集中，激光束位置更接近真实值。Fergus 算法和本章算法都降低了去模糊后激光束的位置偏差，且本章算法恢复后的激光束和激光光斑比 Fergus 算法更接近真实值。

3.3　小结

本章研究煤矿井下图像退化特性分析与预处理技术，以及振动工况下矿用防爆相机的成像模糊机理，通过图像处理和复原算法来提高图像质量，构建基于非均匀模糊核的矿用相机参数化几何模型，并研发去模糊算法实现单图像盲去模糊，为井下视觉定位提供高质量图像，满足测量精度的要求。

1）研究掘进工作面图像噪声分类及特点，提出可分离高斯滤波图像降噪方法，利用图像完美反射法与混合亮度进行降噪，图像全局白平衡与局部细节增强，消除了煤矿井下光照、杂光对于图像亮度及可视度的影响。

2）通过对大气散射模型中的大气光照值优化与透射率调整，实现掘进工作面视觉信息图像快速去雾，并使用锐化滤波抑制图像灰度突变，降低煤矿井下粉尘、水雾等对于图像质量的影响。

3）建立基于双层玻璃折射效应的非均匀模糊核的矿用相机参数化几何模型，描述振动和双层防爆玻璃影响下成像光路的变化，并引入矿用相机运动模糊的单应性变换矩阵，揭示振动工况和双层防爆玻璃折射共同影响下的图像非均匀模糊过程。

4）研究基于变分参数优化更新方程，对模型参数进行评估和优化，采用变分学习算法获取模糊核，研究基于正则化射影运动的矿用相机去模糊算法，利用获取的非均匀模糊核完成迭代盲复原算法，实现单图像盲去模糊。

5）矿用相机的红外 LED 光斑模糊图像及激光束模糊图像的处理结果表明：恢复后的红外光斑、激光束能量分布更集中，图像模糊失真程度降低。校准后的红外 LED 图像的像素偏差小于 0.7pixel，均方根误差 RMSE 降低了 84.08%，校准后的激光束图像的像素偏差小于 0.8pixel，均方根误差 RMSE 降低了 97.08%。

第 4 章

基于单目视觉的煤矿井下掘进机精确定位与导航系统

实时、准确地获取悬臂式掘进机机身及截割头位姿信息是实现悬臂式掘进机精确定位、定向、定形截割的基础和核心。考虑直线特征和多点特征在高粉尘水雾、低照度的煤矿井下环境中具有更强的抗遮挡能力，本章提出基于激光点-线特征标靶的单目视觉测量方案，创新性设计了多点 LED 标靶、多个激光指向仪构建激光束标靶，构建基于点特征、线特征的单目视觉测量及定位数学模型，解决视觉测量在低照度下的不抗遮挡等问题，保证煤矿井下掘进机位姿测量精度。

本章将从视觉定位的特征选择、全位姿视觉定位系统统一描述、定位系统构建和外参标定等方面进行分析研究，并介绍基于视觉定位数据的掘进机自主导航方法等内容。

4.1 激光点-线特征合作标靶的煤矿井下掘进机单目视觉定位系统

煤矿井下悬臂式掘进机动态定位系统方案包括两个子系统，其中掘进机机身全局定位子系统获得机身在巷道坐标系下的空间位姿，截割头局部定位子系统获得截割头在掘进机身坐标系下的空间位姿，如图 4.1 所示。该方案硬件构成简单，主要由 16 点红外 LED 标靶、平行激光束标靶、前置和后置两个矿用防爆相机，以及计算机系统等辅助模块构成。两个子系统的功能及构成原理如下。

1. 悬臂式掘进机机身全局定位子系统

巷道顶部的两个平行安装的激光指向仪和机身上安装的矿用防爆相机构成了悬臂式掘进机的机身视觉测量系统。后置矿用防爆相机（朝向机身后方的激光指向仪）用于采集平行激光指向仪形成的激光束标靶图像，通过图像分割、特征提取与定位等预处理，获得两个或三个激光束和激光出射点的空间坐标，代入构建的基于 2P3L（Two-Points-Three-Lines）或者 3P3L（Three-Points-Three-Lines）机身位姿视觉测量数学模型，获得机身的空间位姿，得到机身在巷道坐标系的相对坐标。系统测量方法及流程如图 4.2 所示。

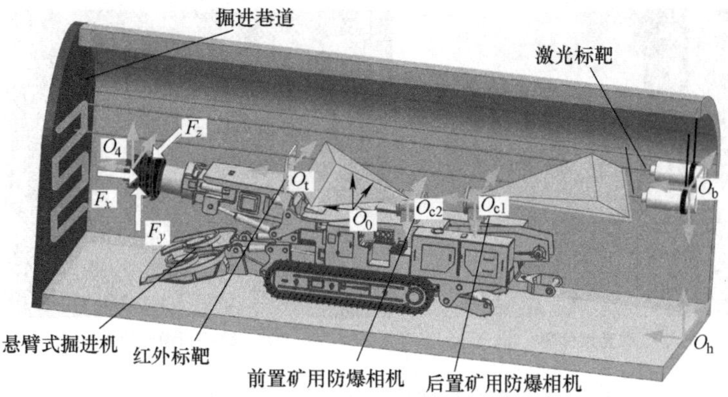

彩图

图 4.1　基于激光点-线特征的悬臂式掘进机定位系统

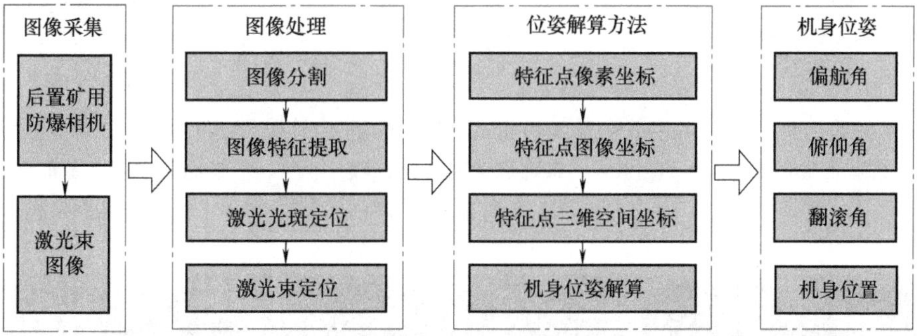

图 4.2　悬臂式掘进机机身全局定位子系统测量方法及流程

安装激光指向仪时，若给定地球坐标，则通过坐标变换可获得机身的绝对位置和姿态，然后与矿井设计资料中的巷道设计数据配合，则有望实现井下掘进无人化施工。目前，借助人工测量手段，在煤矿井下采用全站仪给定地球坐标是常用的办法。

悬臂式掘进机机身全局定位采用基于直线特征的视觉定位模型。如图 4.3 所示，由两个平行安置的矿用激光指向仪形成平行激光束标靶，矿用激光指向仪采用波长约 660nm 的红色激光。

由于煤矿井下工作环境中存在杂散光等影响因素，严重影响了激光线和激光光斑的提取与定位。对激光束、黄色矿灯、白色矿灯的光波波长进行测试，结果如图 4.4 所示，激光束波长范围与黄色矿灯、白色矿灯的波长范围存在重叠的部分，因此无法采用窄带滤镜的方法直接滤除杂散光源。因此，需要一种准确、可靠的煤矿井下激光束图像分割、特征提取与定位方法，以避免杂散光对激光束的提取与定位产生干扰。

2. 悬臂式掘进机截割头局部定位子系统

掘进机截割臂的旋转部位安装的多点 LED 红外标靶，与机身上安装的矿用防

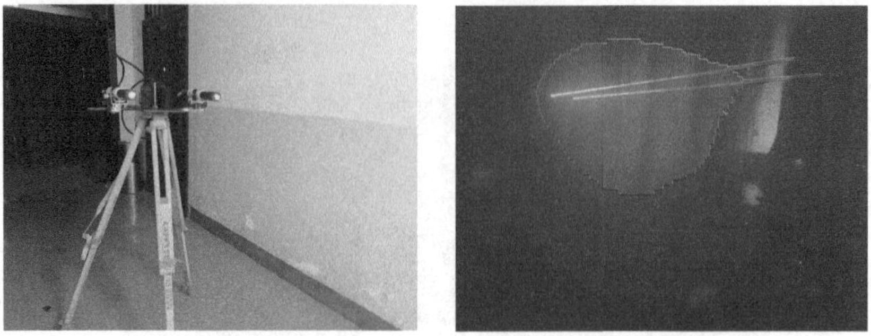

a) 平行激光束标靶　　b) 平行激光束

图 4.3　平行激光束标靶及所形成的直线特征

井下三激光线定位（红色）——抗遮挡性能良好

掘进机位姿视觉测量系统性能测试与工程应用-智能管控系统

锚孔视觉识别与定位控制技术——智能锚钻机器人管控系统

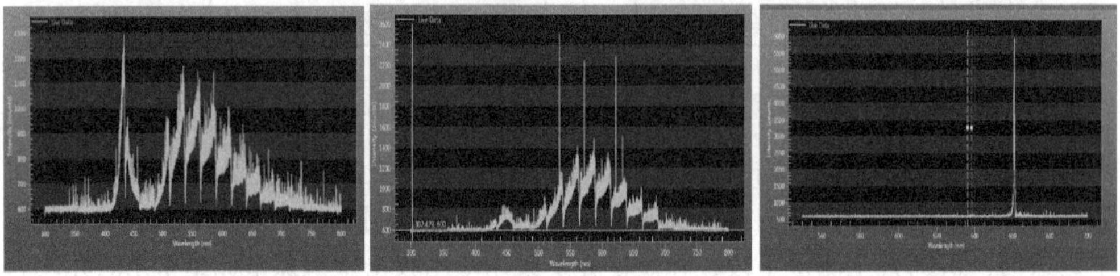

a) 白色矿灯　　b) 黄色矿灯　　c) 激光指向仪

图 4.4　白色矿灯、黄色矿灯及激光束的波长范围

爆相机构成了悬臂式掘进机截割头视觉测量系统。前置矿用防爆相机（朝向截割头）用于采集红外 LED 标靶图像，通过图像分割、特征提取与定位等预处理，获得红外 LED 光斑中心，借助单目视觉测量原理和基于共面特征点的视觉测量模型，获得光斑中心特征点的三维空间坐标，通过对偶四元数算法求解出多点 LED 标靶的平移矩阵和旋转矩阵，最后按照截割臂的尺寸参数进行掘进机运动学解算，获得截割头相对机身坐标系的空间相对位姿参数。截割头局部定位子系统的测量方法及流程如图 4.5 所示。

该子系统不仅用于悬臂式掘进机截割头的空间位姿测量（包括空间位置和姿

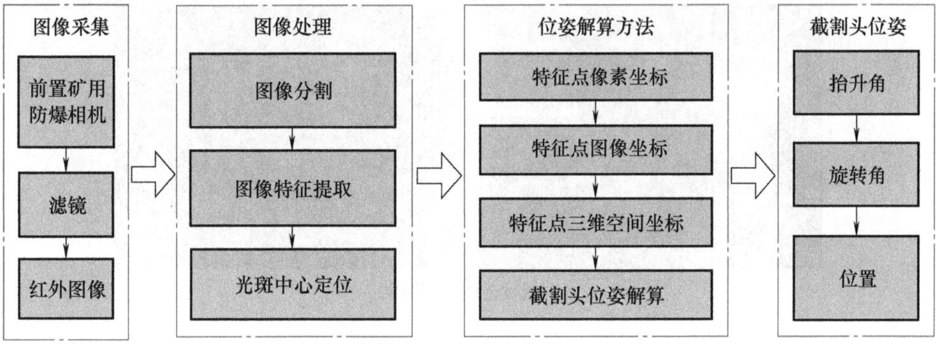

图 4.5　悬臂式掘进机截割头局部定位子系统测量方法及流程

态 6 个参数)，也可以用于有相对位姿变化的两个设备间位姿测量需求的场合。目前掘进工作面都涉及多设备协同，设备间的位姿变化检测是实现协同控制的基础，否则设备及人员安全无法保障。常规方法检测动态变化的设备间位姿变化需要传感器布点多，且同时多组位姿难度很大，而采用本方法结构简单，视野范围内可多点测量，在综采面液压支架位姿测量、掘进工作面设备群位姿测量方面具有良好的借鉴意义。

基于点特征的截割头位姿视觉测量系统采用 16 点红外 LED 作为特征点，如图 4.6 所示。通过最小二乘直线拟合得到矩形标靶特征点所构成的四条直线，并通过直线两两相交获取红外标靶的四个顶点特征点，防止特征点被水雾、粉尘及井下设备等遮挡时所导致的位姿解算失效问题。

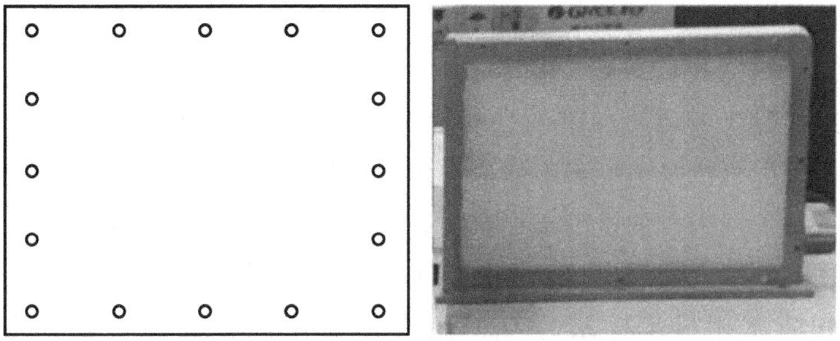

a) 红外标靶设计图　　b) 红外LED标靶

图 4.6　红外 LED 标靶

矿井掘进工作面照度低，而且存在矿工头灯、矿用照明灯、激光指向仪等杂散光源的干扰，为了保证靶标特征点信息提取的完整性和中心点定位的准确性，标靶特征点选用具有高功率的 SE3470 型红外 LED 特征点，红外 LED 波长为 880nm，并通过在防爆相机镜头前安装窄带滤光片滤除掘进工作面杂光。如图 4.7 所示，在模拟的低照度、杂光干扰等模拟煤矿环境中，用于局部定位的红外标靶图像特征可以通过窄带滤镜简化识别和提取过程，保证了后续截割头局部定位的位姿解算过程。

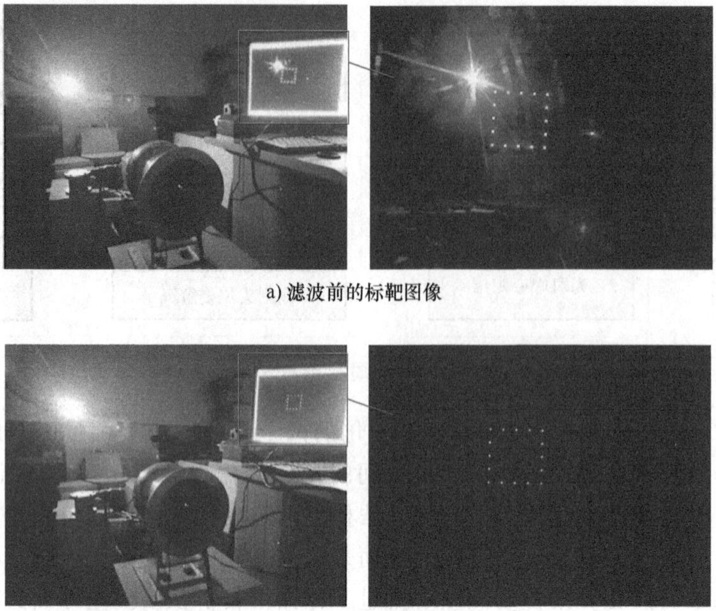

a) 滤波前的标靶图像

b) 滤波后的标靶图像

图 4.7 红外标靶环境适应性测试结果

4.2 悬臂式掘进机全位姿视觉定位系统统一描述

4.2.1 悬臂式掘进机全位姿定位坐标系统

为了实现在煤矿巷道坐标下的悬臂式掘进机机身定位与截割头轨迹跟踪，需要获取截割头在掘进机机身坐标系下的局部定位和掘进机机身在巷道坐标系下的全局定位，其中，悬臂式掘进机的机身全局定位是实现截割头轨迹跟踪的基础。如图 4.8 所示，是煤矿井下悬臂式掘进机机身及截割头位姿视觉测量坐标系统的坐标系。

前置矿用防爆相机坐标系为 $O_{c1}X_{c1}Y_{c1}Z_{c1}$，坐标原点 O_{c1} 位于机身顶部，轴 Z_{c1} 沿机身中轴线并指向掘进机前进方向，轴 X_{c1} 指向机身横轴方向，轴 Y_{c1} 与两轴构成右手关系。后置矿用防爆相机坐标系为 $O_{c2}X_{c2}Y_{c2}Z_{c2}$，坐标原点 O_{c2} 位于机身顶部，轴 Z_{c2} 沿机身中轴线并指向掘进机前进的反方向，轴 X_{c2} 指向机身横轴方向，轴 Y_{c2} 与两轴构成右手关系。

多点 LED 标靶安装在掘进机截割臂上，标靶坐标系为 $O_bX_bY_bZ_b$，坐标原点 O_b 位于掘进机截割臂上方。轴 Z_b 沿机身中轴线并指向掘进机前进方向，轴 X_b 指向机身横轴方向，轴 Y_b 与上两轴构成右手关系。以两激光指向仪中心点建立的定位模型坐标系 $O_dX_dY_dZ_d$，坐标原点 O_d 位于两激光指向仪的中心位置，轴 Y_d 沿机

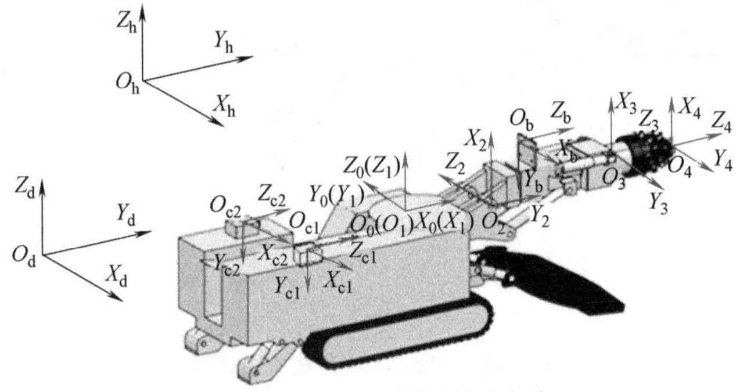

a) 全局定位坐标系(机身)

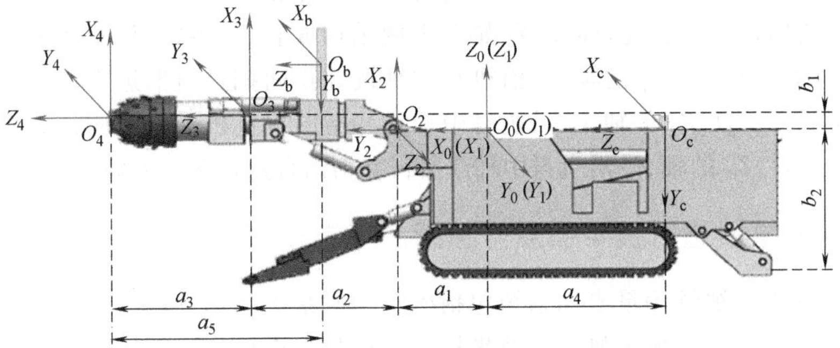

b) 局部定位坐标系(截割头)

图 4.8　悬臂式掘进机视觉测量坐标系定义

身中轴线并指向掘进机前进方向，轴 X_b 指向机身横轴方向，轴 Z_b 与上两轴构成右手关系。巷道坐标系 $O_hX_hY_hZ_h$，巷道坐标原点 O_h 位于巷道基准位置，轴 Y_b 沿机身中轴线并指向掘进机前进方向，轴 X_b 指向机身横轴方向，轴 Z_b 与上两轴构成右手关系。

基于单目视觉的掘进机全局定位坐标系统和局部定位坐标系统关联关系如图 4.9 所示。其中，掘进机机身在巷道坐标系下的全局定位坐标系统包括：后置矿用防爆相机坐标系 $O_{c2}X_{c2}Y_{c2}Z_{c2}$，巷道坐标系 $O_hX_hY_hZ_h$，定位模型坐标系 $O_dX_dY_dZ_d$。掘进机机身坐标系 $O_0X_0Y_0Z_0$。截割头在掘进机机身坐标系下的局部定位坐标系统包括：前置矿用防爆相机坐标系 $O_{c1}X_{c1}Y_{c1}Z_{c1}$，截割头中心点处坐标系为 $O_4X_4Y_4Z_4$，标靶坐标系为 $O_bX_bY_bZ_b$，掘进机机身坐标系 $O_0X_0Y_0Z_0$。

掘进机机身坐标系为 $O_0X_0Y_0Z_0$，截割部旋转关节处坐标系为 $O_1X_1Y_1Z_1$，机身坐标系原点 O_0 与旋转关节处坐标系的原点 O_1 重合，X_1 轴沿机身中轴线并指向掘进机前进方向，Y_1 轴指向机身横轴方向，Z_1 轴与上两轴构成右手关系。截割部抬升关节处坐标系为 $O_2X_2Y_2Z_2$，Y_2 轴沿机身中轴线并指向掘进机前进方向，Z_2 轴指向机身横轴方向，X_2 轴与上两轴构成右手关系。截割头伸缩关节处坐标系为 $O_3X_3Y_3Z_3$，Y_3 轴指向机身横轴方向，Z_3 轴沿机身中轴线并指向掘进机前进方向，X_3 轴与上两轴构成

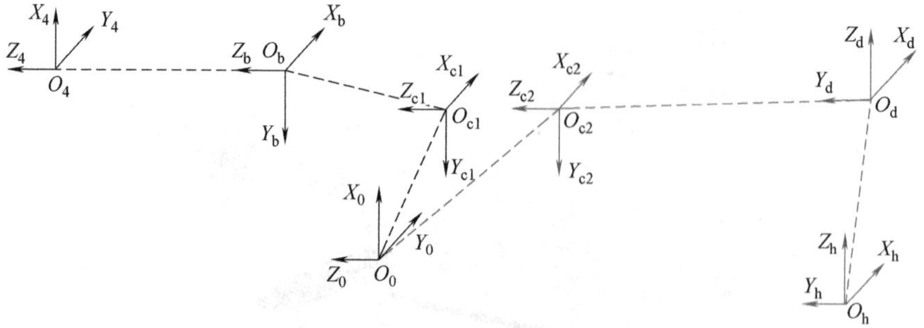

图 4.9　基于单目视觉的掘进机全局定位坐标系统和局部定位坐标系统

右手关系。截割头中心点处坐标系为 $O_4X_4Y_4Z_4$，Y_4 轴指向机身横轴方向，Z_4 轴沿机身中轴线并指向掘进机前进方向，X_4 轴与上两轴构成右手关系。初始状态下截割部旋转关节坐标系 $O_1X_1Y_1Z_1$ 的轴 X_1 沿机身中轴线并指向掘进机前进方向，截割部抬升关节坐标系 $O_2X_2Y_2Z_2$ 的轴 Y_2 沿机身中轴线并指向掘进机前进方向，截割头中心点坐标系 $O_4X_4Y_4Z_4$ 的轴 Z_4 沿机身中轴线平行并指向掘进机前进方向。

4.2.2　悬臂式掘进机视觉测量坐标系及运动学解算

悬臂式掘进机视觉测量坐标系统包括机身和截割头两部分定位，涉及相机、标靶、巷道坐标及悬臂式掘进机各关节坐标系，均与掘进机位姿及运动学解算密切相关。图 4.10 为悬臂式掘进机定位系统坐标系传递链示意图，其中，虚线 bc1、dc2 段分别代表截割头和机身位姿测量坐标关系，实线段代表各相关坐标系关系，i（i=0，1，2，3，4）表示悬臂式掘进机本体各关节坐标系，h 表示世界坐标系（借助数字全站仪建立巷道的世界坐标系）。获得此传递链是悬臂式掘进机位姿测量及定位系统解算的基础。

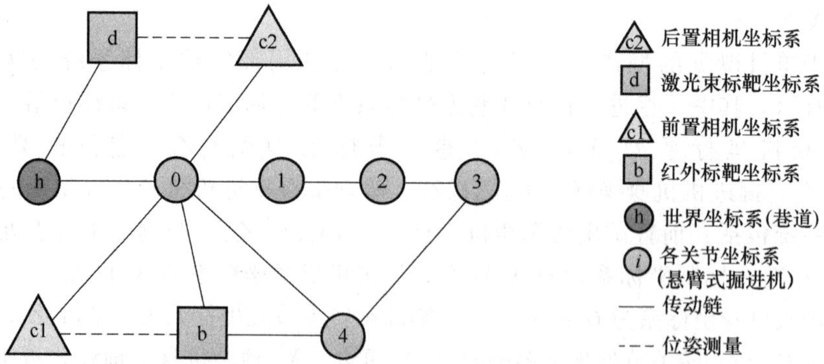

图 4.10　悬臂式掘进机定位系统坐标系传递链示意图

1. 悬臂式掘进机机身视觉测量全局定位坐标系及运动学解算

如图 4.10 所示，悬臂式掘进机机身在巷道坐标系中的全局定位问题通过基于激光束的掘进机位姿视觉测量方法实现。全局定位问题涉及后置矿用相机坐标系

$O_{c2}X_{c2}Y_{c2}Z_{c2}$、机身坐标系 $O_0X_0Y_0Z_0$、标靶坐标系 $O_dX_dY_dZ_d$、巷道坐标系 $O_hX_hY_hZ_h$。

巷道坐标系下悬臂式掘进机机身视觉定位可以通过下式获得

$$\boldsymbol{M}_0^{\mathrm{h}}=\boldsymbol{M}_0^{\mathrm{c}}\boldsymbol{M}_{\mathrm{c}}^{\mathrm{d}}\boldsymbol{M}_{\mathrm{d}}^{\mathrm{h}} \tag{4.1}$$

式中，$\boldsymbol{M}_0^{\mathrm{c}}$ 为机身与相机坐标系之间的变换矩阵；$\boldsymbol{M}_{\mathrm{c}}^{\mathrm{d}}$ 为相机与标靶坐标系间的变换矩阵；$\boldsymbol{M}_{\mathrm{d}}^{\mathrm{h}}$ 为标靶与巷道坐标系之间的变换矩阵。通过预标定可以得到刚性变换矩阵 $\boldsymbol{M}_0^{\mathrm{c}}$ 和 $\boldsymbol{M}_{\mathrm{d}}^{\mathrm{h}}$，通过基于激光束标靶的视觉测量方法来获得变换矩阵 $\boldsymbol{M}_{\mathrm{c}}^{\mathrm{d}}$。

2. 悬臂式掘进机截割头局部定位坐标系及运动学解算

如图 4.10 所示，截割头局部定位问题通过基于红外 LED 标靶的位姿视觉测量方法实现。局部定位问题涉及标靶坐标系 $O_bX_bY_bZ_b$、前置矿用防爆相机坐标系 $O_{c1}X_{c1}Y_{c1}Z_{c1}$、机身坐标系 $O_0X_0Y_0Z_0$ 及截割头中心点坐标系 $O_4X_4Y_4Z_4$。其中，标靶坐标系与相机坐标系间的转换矩阵 $\boldsymbol{M}_{\mathrm{c}}^{\mathrm{b}}$ 通过基于共面特征点的视觉位姿解算模型获取。相机坐标系和机身坐标系间的固定转换矩阵 $\boldsymbol{M}_0^{\mathrm{c}}$，以及标靶坐标系与截割头坐标系间的固定转换矩阵 $\boldsymbol{M}_{\mathrm{b}}^4$ 通过预标定获取。因此，机身坐标系与截割头坐标系的转换矩阵可以通过下式获得

$$\boldsymbol{M}_0^4=\boldsymbol{M}_0^{\mathrm{c}}\boldsymbol{M}_{\mathrm{c}}^{\mathrm{b}}\boldsymbol{M}_{\mathrm{b}}^4 \tag{4.2}$$

根据建立的掘进机机体坐标系 $O_0X_0Y_0Z_0$、截割部旋转关节坐标系 $O_1X_1Y_1Z_1$、截割部抬升关节处坐标系 $O_2X_2Y_2Z_2$、截割头伸缩关节坐标 $O_3X_3Y_3Z_3$、截割头中心点坐标系 $O_4X_4Y_4Z_4$ 及各坐标系间的位置参数，截割头在机身坐标系中的相对位姿可以通过运动学正解可表示为

$$\boldsymbol{M}_0^4=\boldsymbol{M}_0^1\boldsymbol{M}_1^2\boldsymbol{M}_2^3\boldsymbol{M}_3^4,\boldsymbol{M}_0^4=\begin{pmatrix}\boldsymbol{R}_0^4 & \boldsymbol{T}_0^4\\ 0 & 1\end{pmatrix} \tag{4.3}$$

式中，$\boldsymbol{M}_0^1$ 为机身坐标系与旋转关节坐标系的转换矩阵；$\boldsymbol{M}_1^2$ 为旋转关节坐标系与抬升关节坐标系的转换矩阵；$\boldsymbol{M}_2^3$ 为抬升关节坐标系与伸缩关节坐标系的转换矩阵；$\boldsymbol{M}_3^4$ 为伸缩关节坐标系与截割头坐标系的转换矩阵。$\boldsymbol{M}_0^1$，$\boldsymbol{M}_1^2$，$\boldsymbol{M}_2^3$，$\boldsymbol{M}_3^4$ 分别可以表示为

$$\boldsymbol{M}_0^1=\begin{pmatrix}\cos\theta_1 & -\sin\theta_1 & 0 & 0\\ \sin\theta_1 & \cos\theta_1 & 0 & 0\\ 0 & 0 & 1 & 0\\ 0 & 0 & 0 & 1\end{pmatrix},\boldsymbol{M}_1^2=\begin{pmatrix}\cos\theta_2 & -\sin\theta_2 & 0 & a_1\\ 0 & 0 & 1 & 0\\ -\sin\theta_2 & -\cos\theta_2 & 0 & 0\\ 0 & 0 & 0 & 1\end{pmatrix}$$

$$\boldsymbol{M}_2^3=\begin{pmatrix}1 & 0 & 0 & b_1\\ 0 & 0 & 1 & a_2+d\\ 0 & -1 & 0 & 0\\ 0 & 0 & 0 & 1\end{pmatrix},\boldsymbol{M}_3^4=\begin{pmatrix}1 & 0 & 0 & 0\\ 0 & 1 & 0 & 0\\ 0 & 0 & 1 & a_3\\ 0 & 0 & 0 & 1\end{pmatrix} \tag{4.4}$$

因此，截割部机身坐标系转换到截割头中心点坐标系的旋转矩阵 $\boldsymbol{R}_0^4$，截割部机身坐标系转换到截割头中心点坐标系的平移矩阵 $\boldsymbol{T}_0^4$ 分别可以表示为

$$\boldsymbol{R}_0^4=\begin{pmatrix}\cos\theta_1\cos\theta_2 & \sin\theta_1 & -\cos\theta_1\sin\theta_2\\ \sin\theta_1\cos\theta_2 & -\cos\theta_1 & -\sin\theta_1\sin\theta_2\\ -\sin\theta_2 & 0 & -\cos\theta_2\end{pmatrix} \tag{4.5}$$

$$\boldsymbol{T}_0^4=\begin{pmatrix}b_1\cos\theta_1\cos\theta_2-(a_2+a_3+d)\cos\theta_1\sin\theta_2+a_1\cos\theta_1\\ b_1\sin\theta_1\cos\theta_2-(a_2+a_3+d)\sin\theta_1\sin\theta_2+a_1\sin\theta_1\\ -b_1\sin\theta_2-(a_2+a_3+d)\cos\theta_2\end{pmatrix} \tag{4.6}$$

掘进机机身与标靶坐标系间的转换矩阵 $\boldsymbol{M}_0^{\mathrm{b}}$ 可以通过全站仪或视觉跟踪系统进行校准。结合运动链，标靶与截割头中心坐标系间的固定转换矩阵 $\boldsymbol{M}_{\mathrm{b}}^4$ 可以表示为

$$\boldsymbol{M}_{\mathrm{b}}^4=(\boldsymbol{M}_0^{\mathrm{b}})^{-1}\boldsymbol{M}_0^4 \tag{4.7}$$

因此，刚性变换矩阵 $\boldsymbol{M}_0^{\mathrm{c}}$ 可由下式得到

$$\boldsymbol{M}_0^{\mathrm{c}}=\boldsymbol{M}_0^4(\boldsymbol{M}_{\mathrm{b}}^4)^{-1}(\boldsymbol{M}_{\mathrm{c}}^{\mathrm{b}})^{-1} \tag{4.8}$$

4.3 煤矿井下设备位姿视觉检测系统误差分析及对策

现有的煤矿井下掘进设备视觉位姿测量方面研究较少，视觉测量技术在巷道掘进设备位姿检测系统中的应用需要克服低照度、高粉尘、水雾、杂光干扰、遮挡、复杂背景及振动等诸多因素的影响。如图 4.11 所示，煤矿井下掘进设备视觉位姿检测系统精度受矿用防爆相机成像系统、工作面动态目标全位姿测量方法、采掘振动干扰等因素影响。

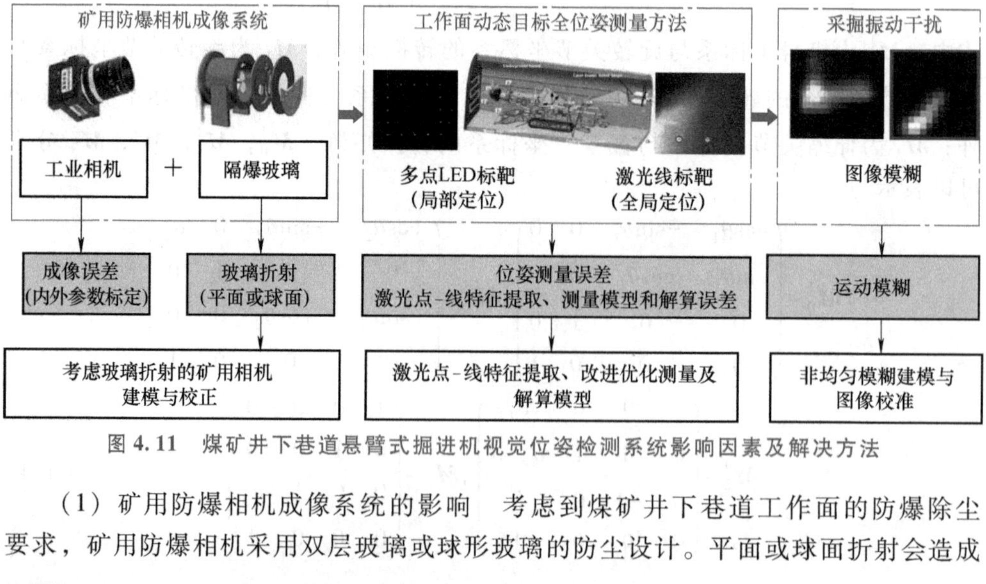

图 4.11 煤矿井下巷道悬臂式掘进机视觉位姿检测系统影响因素及解决方法

（1）矿用防爆相机成像系统的影响　考虑到煤矿井下巷道工作面的防爆除尘要求，矿用防爆相机采用双层玻璃或球形玻璃的防尘设计。平面或球面折射会造成

严重的图像非线性失真，特别是对于采用较厚平面防爆玻璃或光学球形护罩的煤矿井下防爆相机，难以保证其测量的精度和可靠性。第 2 章研究了矿用防爆相机的建模和标定算法，以消除玻璃折射造成的成像畸变。

（2）工作面动态目标全位姿测量方法的影响　基于视觉测量的煤矿井下掘进工作面悬臂式掘进机全位姿测量包括全局定位和局部定位。本章研究截割头局部定位精度的影响因素，包括红外标靶点特征的提取与定位精度，以及基于红外标靶共面特征点的掘进机截割头位姿测量解算模型。第 5 章将研究掘进机机身全局定位精度的影响因素，包括激光标靶点、线特征提取与定位精度、基于线特征的掘进机机身全局位姿测量解算模型定位精度。

（3）采掘振动干扰的影响　在实际应用中，需要进一步考虑悬臂式掘进机运动和振动给矿用相机几何建模带来的几何误差。模糊图像的动态成像过程相当于清晰图像在矿用相机路径的平移和旋转矩阵序列下的积分。随着悬臂式掘进机在采煤过程中的运动和振动，矿用相机与标靶之间的相对姿态会发生变化，形成模糊的标靶图像，导致红外 LED 特征点或激光束定位误差，使得悬臂式掘进机机身及截割头的位姿估计精度难以保证。

4.4　视觉测量系统的自动建站-移站方法

在基于三激光指向仪合作标靶的掘进装备视觉位姿测量系统中，由于系统在应用过程中需要建站和移站，且移站后现有标定方法需要人工利用全站仪测量标定，较为耗时。针对该问题，提出了一种基于双单目视觉的掘进装备视觉位姿测量系统移站后自动标定方法。

掘进装备双单目视觉位姿测量系统的实现过程是在掘进装备后方巷道顶板处安装 3 个矿用激光指向仪，形成视觉测量合作标靶，采用机载防爆相机采集 3 个激光点和 3 条激光束图像信息，通过图像处理提取三个激光点和三条激光线特征，建立视觉定位模型，解算获得掘进装备机身位姿。

在基于三激光指向仪合作标靶的掘进装备双单目视觉位姿测量系统中，合作标靶作为基准不动，随着掘进机向前掘进，相机与标靶距离增大导致超出视觉测量系统有效范围及受巷道大幅度起伏易出现特征丢失现象。为实现掘进机长距离连续定位，需要将标靶前移（移站）并重新标定标靶参数。图 4.12 是合作标靶移站过程的装备示意图。

本节基于三点三线（3P3L）视觉定位方法提出的移站后标定方法，包括标定和定位两个部分，在移站后标定过程中已知相机位置，解算标靶位置；在定位过程中已知合作标靶位置，解算相机位置。本节旨在解决移站后标定时合作标靶特征点线信息的解算，即研究特征点线信息解算模型。借助两个防爆工业相机采集三激光指向仪合作标靶点、线特征图像信息，构建基于双单目立体几何的空间点、线投影

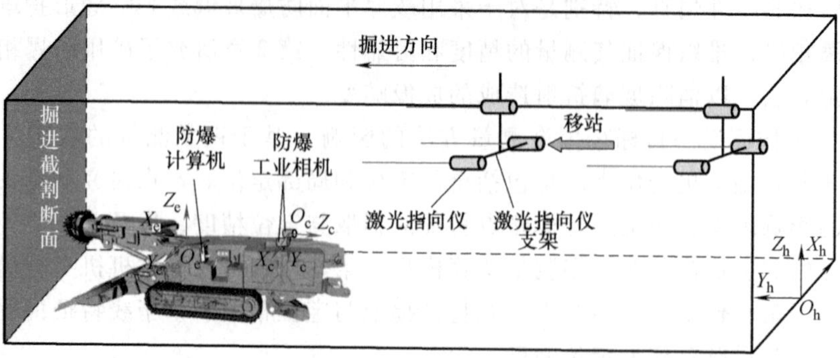

图 4.12　掘进装备视觉位姿测量系统移站示意图

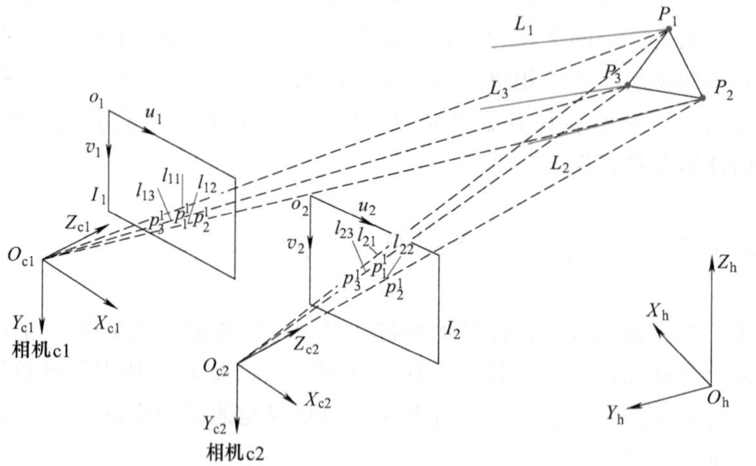

图 4.13　合作标靶空间点、线投影模型

模型。图 4.13 为合作标靶空间点、线投影模型。

L_i 为三条朝向巷道掘进方向的激光束，P_i 为三激光光斑中心。巷道坐标系为 $O_hX_hY_hZ_h$，相机坐标系为 $O_cX_cY_cZ_c$。激光束 L_i 在相机 c1 图像上的投影为 l_{1i}。激光束 L_i 在相机 c2 图像上的投影为 l_{2i}。

图 4.14 所示为视觉定位方法的合作标靶单个特征点解算模型示意图。

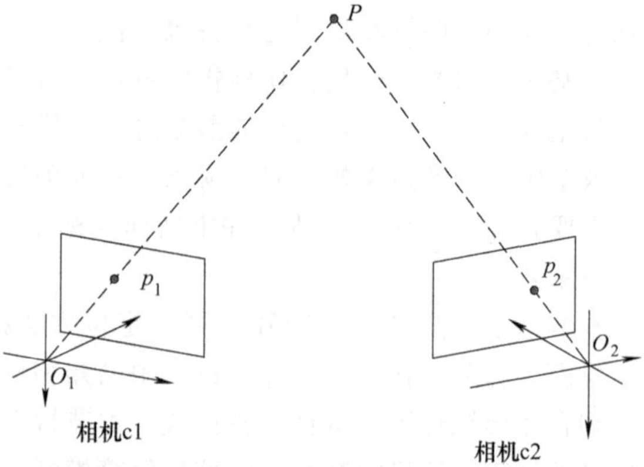

图 4.14　单个特征点解算模型

由投影公式可以得到

$$Z_c\begin{pmatrix}u\\v\\1\end{pmatrix}=\begin{pmatrix}f_x&0&u_0&0\\0&f_y&v_0&0\\0&0&1&0\end{pmatrix}\begin{pmatrix}R&t\\0&1\end{pmatrix}\begin{pmatrix}X_h\\Y_h\\Z_h\\1\end{pmatrix}=\boldsymbol{M}_1^1\boldsymbol{M}_2^1X_w=MX_w \tag{4.9}$$

式中，f_x、f_y 分别为相机在 u、v 方向上的焦距；（u_0，v_0）为相机主点坐标；$\boldsymbol{M}_1^1$ 为相机内参矩阵，由参数 f_x、f_y、u_0、v_0 构成；$\boldsymbol{M}_2^1$ 为相机外参矩阵；$\boldsymbol{X}_w$ 为空间点坐标矢量。

设相机 c1 的投影矩阵为

$$M_1=\begin{pmatrix}m_{11}^1&m_{12}^1&m_{13}^1&m_{14}^1\\m_{21}^1&m_{22}^1&m_{23}^1&m_{24}^1\\m_{31}^1&m_{32}^1&m_{33}^1&m_{34}^1\end{pmatrix} \tag{4.10}$$

式中，m_{11}^1、m_{12}^1 等为由相机 c1 内外参数计算得到的投影矩阵参数。

相机 c2 的投影矩阵为

$$M_2=\begin{pmatrix}m_{11}^2&m_{12}^2&m_{13}^2&m_{14}^2\\m_{21}^2&m_{22}^2&m_{23}^2&m_{24}^2\\m_{31}^2&m_{32}^2&m_{33}^2&m_{34}^2\end{pmatrix} \tag{4.11}$$

式中，m_{11}^2、m_{12}^2 等为由相机 c2 内外参数计算得到的投影矩阵参数。

在相机坐标系下，给定三激光光斑中心 $P_i(i=1, 2, 3)$ 在相机 c1 图像上的投影为 p_i^1，在相机 c2 图像上的投影为 p_i^2。于是有

$$\boldsymbol{Z}_{c1}\begin{pmatrix}u_{1i}\\v_{1i}\\1\end{pmatrix}=\begin{pmatrix}m_{11}^1&m_{12}^1&m_{13}^1&m_{14}^1\\m_{21}^1&m_{22}^1&m_{23}^1&m_{24}^1\\m_{31}^1&m_{32}^1&m_{33}^1&m_{34}^1\end{pmatrix}\begin{pmatrix}X_i\\Y_i\\Z_i\\1\end{pmatrix} \tag{4.12}$$

$$\boldsymbol{Z}_{c2}\begin{pmatrix}u_{2i}\\v_{2i}\\1\end{pmatrix}=\begin{pmatrix}m_{11}^2&m_{12}^2&m_{13}^2&m_{14}^2\\m_{21}^2&m_{22}^2&m_{23}^2&m_{24}^2\\m_{31}^2&m_{32}^2&m_{33}^2&m_{34}^2\end{pmatrix}\begin{pmatrix}X_i\\Y_i\\Z_i\\1\end{pmatrix} \tag{4.13}$$

式（4.12）、式（4.13）中，$\boldsymbol{Z}_{c1}$、$\boldsymbol{Z}_{c2}$ 分别为空间点在相机 c1 坐标系和相机 c2 坐标系下的 Z 坐标值；（u_{1i}，v_{1i}，1）分别为三激光光斑中心 P_1、P_2、P_3 在相机 c1 上投影特征点的图像齐次坐标；（u_{2i}，v_{2i}，1）分别为三激光光斑中心 P_1、P_2、P_3 在相机 c2 上投影特征点图像齐次坐标；（X_i，Y_i，Z_i，1）为三激光光斑中心 P_1、P_2、P_3 在巷道坐标系下的齐次坐标。

消去 $\boldsymbol{Z}_{c1}$、$\boldsymbol{Z}_{c2}$，得到如下方程

$$(u_{1i}m_{31}^{1}-m_{11}^{1})X_i+(u_{1i}m_{32}^{1}-m_{12}^{1})Y_i+(u_{1i}m_{33}^{1}-m_{13}^{1})Z_i=m_{14}^{1}-u_{1i}m_{34}^{1} \tag{4.14}$$

$$(v_{1i}m_{31}^{1}-m_{21}^{1})X_i+(v_{1i}m_{32}^{1}-m_{22}^{1})Y_i+(v_{1i}m_{33}^{1}-m_{23}^{1})Z_i=m_{24}^{1}-v_{1i}m_{34}^{1} \tag{4.15}$$

$$(u_{2i}m_{31}^{2}-m_{11}^{2})X_i+(u_{2i}m_{32}^{2}-m_{12}^{2})Y_i+(u_{2i}m_{33}^{2}-m_{13}^{2})Z_i=m_{14}^{2}-u_{2i}m_{34}^{2} \tag{4.16}$$

$$(v_{2i}m_{31}^{2}-m_{21}^{2})X_i+(v_{2i}m_{32}^{2}-m_{22}^{2})Y_i+(v_{2i}m_{33}^{2}-m_{23}^{2})Z_i=m_{24}^{2}-v_{2i}m_{34}^{2} \tag{4.17}$$

将式（4.14）~式（4.17）联合转换为矩阵形式，可得如下方程

$$\begin{pmatrix} u_{1i}m_{31}^{1}-m_{11}^{1} & u_{1i}m_{32}^{1}-m_{12}^{1} & u_{1i}m_{33}^{1}-m_{13}^{1} \\ v_{1i}m_{31}^{1}-m_{21}^{1} & v_{1i}m_{32}^{1}-m_{22}^{1} & v_{1i}m_{33}^{1}-m_{23}^{1} \\ u_{2i}m_{31}^{2}-m_{11}^{2} & u_{2i}m_{32}^{2}-m_{12}^{2} & u_{2i}m_{33}^{2}-m_{13}^{2} \\ v_{2i}m_{31}^{2}-m_{21}^{2} & v_{2i}m_{32}^{2}-m_{22}^{2} & v_{2i}m_{33}^{2}-m_{23}^{2} \end{pmatrix} \begin{pmatrix} X_i \\ Y_i \\ Z_i \end{pmatrix} = \begin{pmatrix} m_{14}^{1}-u_{1i}m_{34}^{1} \\ m_{24}^{1}-v_{1i}m_{34}^{1} \\ m_{14}^{2}-u_{2i}m_{34}^{2} \\ m_{24}^{2}-v_{2i}m_{34}^{2} \end{pmatrix} \tag{4.18}$$

式（4.18）通过最小二乘法可以得到相机坐标系下三个特征点的空间位置，根据相机坐标系和巷道坐标系的坐标转换方程，将计算结果转换到巷道坐标系下得到最终的激光点坐标位置。通过此方法可以得到此帧图像对应的合作标靶激光点空间位置。为完成合作标靶激光点标定提供理论依据。

基于双单目视觉进行特征直线解算时，三条激光直线为任意非平行直线，因三条直线的解算过程一致，因此以一个激光光斑中心和一条激光直线为例进行模型推导。如图 4.15 所示，激光束直线在两个相机 c1 和 c2 上的投影直线分别记为 l_1、l_2。

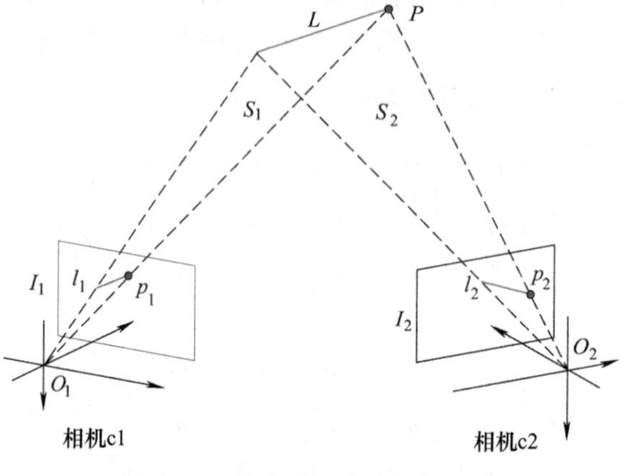

图 4.15　单个激光直线解算模型

已知双目相机的投影矩阵分别为 $\boldsymbol{M}_1$ 与 $\boldsymbol{M}_2$，可以得到直线 l_1 与 l_2 在图像坐标系下的方程

$$\begin{cases} \boldsymbol{l}_1^{\mathrm{T}}\boldsymbol{u}_1=0 \\ \boldsymbol{l}_2^{\mathrm{T}}\boldsymbol{u}_2=0 \end{cases} \tag{4.19}$$

式中，$\boldsymbol{u}_1$、$\boldsymbol{u}_2$ 分别为直线 l_1 与 l_2 点的齐次坐标，$\boldsymbol{l}_1=(l_{11}, l_{12}, l_{13})^{\mathrm{T}}$ 与 $\boldsymbol{l}_2=(l_{21},$

l_{22}，l_{23})^{T} 为直线方程。将表示 c1 和 c2 相机投影关系的方程（4.19）两边左乘 l_1^{T} 得到式（4.20）

$$\begin{cases} \boldsymbol{l}_1^{\mathrm{T}} \boldsymbol{Z}_{c1} \boldsymbol{u}_1 = \boldsymbol{l}_1^{\mathrm{T}} \boldsymbol{M}_1 x \\ \boldsymbol{l}_2^{\mathrm{T}} \boldsymbol{Z}_{c2} \boldsymbol{u}_2 = \boldsymbol{l}_2^{\mathrm{T}} \boldsymbol{M}_2 x \end{cases} \tag{4.20}$$

由于式（4.20）对任何点都是成立的，但若三激光光斑中心 P 位于 S_1、S_2 平面上，则在图像上的投影点就必然在直线 l_1 上，因此可知 $\boldsymbol{l}_1^{\mathrm{T}} \boldsymbol{Z}_{c1} \boldsymbol{u}_1 = 0$、$\boldsymbol{l}_2^{\mathrm{T}} \boldsymbol{Z}_{c2} \boldsymbol{u}_2 = 0$。于是可以得到

$$\begin{cases} \boldsymbol{l}_1^{\mathrm{T}} \boldsymbol{M}_1 x = 0 \\ \boldsymbol{l}_2^{\mathrm{T}} \boldsymbol{M}_2 x = 0 \end{cases} \tag{4.21}$$

由式（4.21）同理可得三条激光直线的空间方程为

$$\begin{cases} \boldsymbol{l}_{1i}^{\mathrm{T}} \boldsymbol{M}_1 x = 0 \\ \boldsymbol{l}_{2i}^{\mathrm{T}} \boldsymbol{M}_2 x = 0 \end{cases} \tag{4.22}$$

至此，可以得到三条激光直线各自的空间方程，由各自的空间直线方程可以解算得到相机坐标系下空间直线特征的方向矢量，通过坐标转换方程将线特征的方向矢量转换到巷道坐标系上。通过此方法可以得到此帧图像对应的合作标靶激光线的空间方向矢量，为完成合作标靶激光束标定提供理论依据。

4.5　基于井下视觉定位数据的掘进机自主导航方法

4.5.1　悬臂式掘进机自主导航掘进控制方案

煤矿井下掘进定向导航是指在巷道掘进中要保证掘进机的前移方向。在井下巷道受限空间中，掘进机位姿检测是基础。借助连续的机身位置和姿态检测形成以巷道中心线为参考的掘进方向，构建以巷道设计走向为目标、实时机身位姿为反馈量的掘进机轨迹跟踪闭环控制系统，实现对巷道施工工程中的自主导航。

图 4.16 为基于精确定位和轨迹跟踪控制的悬臂式掘进机定向掘进控制系统原理框图，主要由运动控制器、机身位姿视觉测量系统、捷联惯性导航、雷达测距传感器和掘进机行走机构组成。考虑视觉测量会受井下环境因素影响，通过融合多传感器数据实现对井下巷道中悬臂式掘进机机身位姿进行测量，并以掘进机位姿为掘进机跟踪控制的依据，进行定向掘进控制。

悬臂式掘进机定向掘进控制系统包括机身位姿检测和轨迹跟踪控制模块，其工作原理如下：首先，采集各传感器数据，获取掘进机机身位姿信息，通过比较机身位姿与设定的机身移动路径获取位姿偏差；其次，根据机身位姿偏差控制掘进机左右两履带做差速运动，不断调整机身位置，使掘进机完成自动纠偏对中，沿巷道规

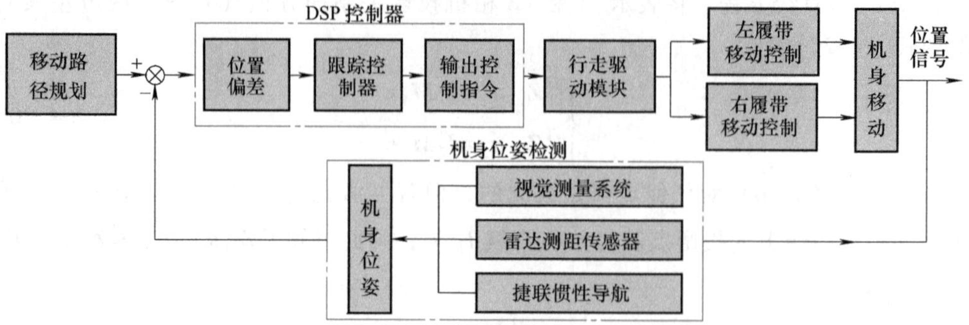

图 4.16　悬臂式掘进机自动定向掘进控制系统原理框图

划路径移动至断面截割位置；最后，结合悬臂式掘进机断面成形截割控制系统，进行断面成形截割作业，实现对截割断面的自动控制截割。通过反复进行上述定向掘进步骤，实现对巷道走向的控制。

4.5.2　悬臂式掘进机定向掘进运动控制方法

1. 掘进机定向掘进纠偏控制策略

通过对非全断面自动成形截割控制研究可知，当掘进机中线与巷道中心线一致时，可以使截割头沿着规划的工艺路径自动截割断面。由于井下掘进巷道地质较差，掘进机在行走过程中会出现偏向、打滑等现象，导致掘进机运动过程中存在偏差，难以一直按照预定路径移动，需要结合动态掘进机位姿信息，实时调整掘进机的位姿，控制掘进机沿预定的移动路径行走。

悬臂式掘进机属于履带式移动机器人，掘进机依靠左右两侧履带做差速运动实现机身的运动。掘进机机身在巷道中出现的偏差主要包括姿态角和中心距偏差，对掘进机进行定向纠偏控制时，可通过控制掘进机左右两侧履带速度的大小和方向实现掘进机姿态角和中心距的纠偏和对中控制。

如图 4.17 所示，对掘进机姿态角和中心距进行纠偏的步骤如下：

1）根据掘进机位姿确定掘进机与巷道中线的偏航角 α 和掘进机中心到巷道中线的中心距 d。

2）如图 4.17a、b 所示，当 $d\neq0$ 时，首先控制左右两侧履带按不同方向转动，使机身转动且偏航角为 α，方向与中心距方向一致；然后控制左右两侧履带反转，使机身向后移动至中心距 d 达到距离允许范围。

3）如图 4.17c 所示，当 $d=0$ 或在允许距离范围时，如 $\alpha>0$，控制左侧履带反转，右侧履带正转；如 $\alpha<0$，控制左侧履带正转，右侧履带反转，直至机身偏航角达到角度允许范围。

通过上述纠偏步骤，便可实现掘进机在巷道中的纠偏和对中运动（图 4.17d）。

根据掘进机纠偏控制策略可知，要实现对掘进机机身的纠偏控制，需根据掘进

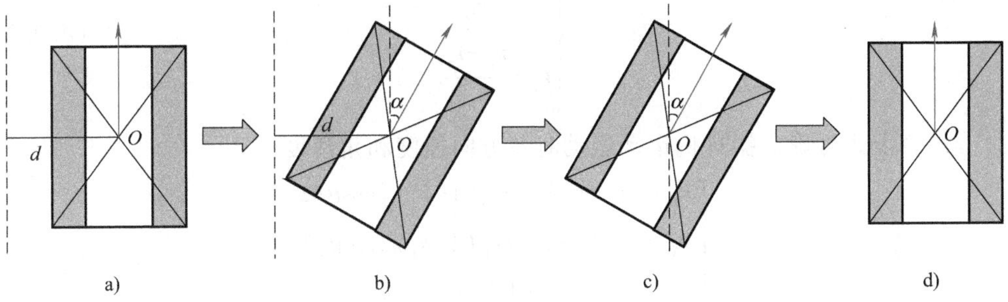

图 4.17　悬臂式掘进机定向移动纠偏步骤

机行走机构运动学，建立掘进机定向掘进控制运动模型，确定掘进机履带速度和机身位姿之间的转换关系。

2. 掘进机行走机构运动学模型

假设掘进机左右两侧履带与地面不存在空隙，如图 4.18 为掘进机二维平面运动示意图。坐标系 XOY 为二维巷道平面坐标系，坐标系 $X_0O_0Y_0$ 为掘进机机身运动坐标系，机身坐标系原点 O_0 与机身质心重合，O_0X_0 轴与掘进机中心线平行，指向截割臂方向，O_0Y_0 轴垂直于 O_0X_0 轴指向机身左侧方向。设掘进机质心 O_0 点在巷道平面坐标系坐标为 (x_0, y_0)，θ 为掘进机偏航角，机身在标系 XOY 中位姿可以表示为 $\boldsymbol{P}=(x_0, y_0, \theta)^{\mathrm{T}}$。设点 k 为掘进机运动的期望点，点 k 在 XOY 坐标系中坐标为 (x_k, y_k)，到机身坐标系原点 O_0 的距离为 d。设机身宽度为 D，两履带宽度相等为 b，点 k 与 O_0 点的连线与 X 轴正方向夹角为 α。

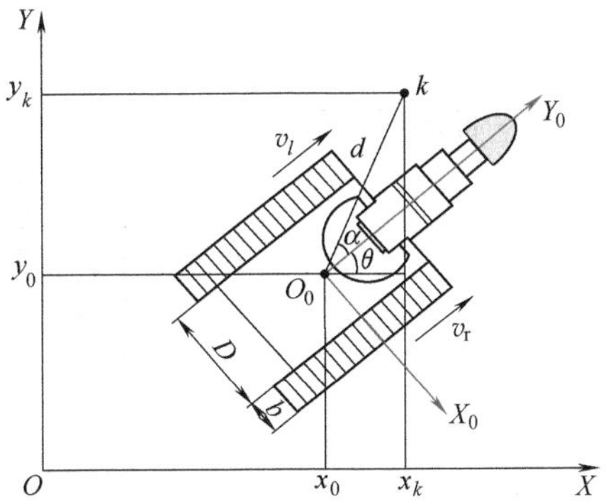

图 4.18　掘进机二维平面运动示意图

根据图 4.18 中的几何关系可得

$$\begin{cases} x_k = x_0 + d\cos(\alpha+\theta) \\ y_k = y_0 + d\sin(\alpha+\theta) \end{cases} \tag{4.23}$$

式（4.23）对时间求导可得到

$$\begin{cases} \dot{x}_k = \dot{x}_0 - \mathrm{d}\dot{\theta} \cdot \sin(\alpha+\theta) \\ \dot{y}_k = \dot{y}_0 + \mathrm{d}\dot{\theta} \cdot \cos(\alpha+\theta) \end{cases} \tag{4.24}$$

设掘进机运动时其左、右两侧履带的理论速度为 v_{L} 和 v_{R}，实际速度为 v_l 和 v_{r}，掘进机左、右两侧履带的滑动率为 k_l 和 k_{r}，履带滑动率可表示为

$$\begin{cases} k_l = \dfrac{v_L - v_l}{v_L} \\ k_r = \dfrac{v_R - v_r}{v_R} \end{cases} \tag{4.25}$$

结合上式可确定掘进机运动运动时各方向速度和角速度

$$\begin{cases} \dot{x}_0 = [v_L(1-k_l)+v_R(1-k_r)]\cos\theta/2 \\ \dot{y}_0 = [v_L(1-k_l)+v_R(1-k_r)]\sin\theta/2 \\ \dot{\theta} = \dfrac{-v_L(1-k_l)+v_R(1-k_r)}{2b+D} \end{cases} \tag{4.26}$$

假设掘进机运动时滑动率 k_l 和 k_r 为零，此时掘进机运动理论速度等于实际速度，即

$$v_L = v_l \tag{4.27}$$

$$v_R = v_r \tag{4.28}$$

可以将式（4.26）变化为

$$\begin{cases} \dot{x}_0 = \dfrac{1}{2}(v_L+v_R)\cos\theta/2 \\ \dot{y}_0 = \dfrac{1}{2}(v_L+v_R)\sin\theta \\ \dot{\theta} = \dfrac{-v_L+v_R}{2b+D} \end{cases} \tag{4.29}$$

结合式（4.26）和式（4.29）可得

$$\begin{pmatrix} \dot{x}_k \\ \dot{y}_k \\ \dot{\theta} \end{pmatrix} = \begin{pmatrix} \dfrac{1}{2}\cos\theta+\dfrac{d}{D+2b}\sin(\alpha+\theta) & \dfrac{1}{2}\cos\theta-\dfrac{d}{D+2b}\sin(\alpha+\theta) \\ \dfrac{1}{2}\sin\theta-\dfrac{d}{D+2b}\cos(\alpha+\theta) & \dfrac{1}{2}\sin\theta+\dfrac{d}{D+2b}\cos(\alpha+\theta) \\ -\dfrac{d}{D+2b} & \dfrac{d}{D+2b} \end{pmatrix} \begin{pmatrix} v_L \\ v_R \end{pmatrix} \tag{4.30}$$

当掘进机参考点 k 与机身坐标系原点 O_0 重合时，可得掘进机的位姿矩阵为

$$\dot{\boldsymbol{P}} = \begin{pmatrix} \dot{x}_k \\ \dot{y}_k \\ \dot{\theta} \end{pmatrix} = \begin{pmatrix} \dfrac{1}{2}\cos\theta & \dfrac{1}{2}\cos\theta \\ \dfrac{1}{2}\sin\theta & \dfrac{1}{2}\sin\theta \\ -\dfrac{d}{D+2b} & \dfrac{d}{D+2b} \end{pmatrix} \begin{pmatrix} v_L \\ v_R \end{pmatrix} \tag{4.31}$$

式中，$\dot{\boldsymbol{P}}$ 代表掘进机的位姿矩阵，掘进机左右两侧履带速度与机身运动速度关系为

$$\begin{pmatrix} v \\ \omega \end{pmatrix} = \begin{pmatrix} \frac{1}{2} & \frac{1}{2} \\ -\frac{D+2b}{2} & \frac{D+2b}{2} \end{pmatrix} \begin{pmatrix} v_L \\ v_R \end{pmatrix} \tag{4.32}$$

式中，v、ω 为掘进机线速度、角速度，结合式（4.31）和式（4.32），得到掘进机运动方程为

$$\dot{\boldsymbol{P}} = \begin{pmatrix} \dot{x}_k \\ \dot{y}_k \\ \dot{\theta} \end{pmatrix} = \begin{pmatrix} \cos\theta & 0 \\ \sin\theta & 0 \\ 0 & 1 \end{pmatrix} \begin{pmatrix} v \\ \omega \end{pmatrix} \tag{4.33}$$

根据掘进机定向移动控制系统工作原理可知，掘进机进行定向移动时，需要结合掘进机实时位姿和期望位姿之间的偏差输出控制指令，从而驱动掘进机移动。因此，需要根据掘进机运动学模型构建掘进机位姿误差模型，确定掘进机轨迹跟踪误差及其微分方程。

3. 掘进机轨迹跟踪误差模型

根据掘进机运动方程可知，掘进机的位姿可描述为 $\boldsymbol{P}=(x, y, \theta)^{\mathrm{T}}$，设定掘进机当前位姿为 $\boldsymbol{P}_A=(x_A, y_A, \theta_A)$，期望位姿为 $\boldsymbol{P}_B=(x_B, y_B, \theta_B)$，则掘进机的位姿误差 $\boldsymbol{P}_e$ 为

$$\boldsymbol{P}_e = \begin{pmatrix} x_e \\ y_e \\ \theta_e \end{pmatrix} = \begin{pmatrix} \cos\theta_A & \sin\theta_A & 0 \\ -\sin\theta_A & \cos\theta_A & 0 \\ 0 & 0 & 1 \end{pmatrix} \begin{pmatrix} x_B - x_A \\ y_B - y_A \\ \theta_B - \theta_A \end{pmatrix} \tag{4.34}$$

对式（4.48）微分并化简整理，可得掘进机位姿误差的微分方程为

$$\dot{\boldsymbol{P}}_e = \begin{pmatrix} \dot{x}_e \\ \dot{y}_e \\ \dot{\theta}_e \end{pmatrix} = \begin{pmatrix} \omega_A y_e - v_A + v_B\cos\theta_e \\ -\omega_A x_e + v_B\sin\theta_e \\ \omega_B - \omega_A \end{pmatrix} \tag{4.35}$$

式中，v_A 为当前位姿状态的线速度；ω_A 为当前位姿状态的角速度；v_B、ω_B 分别为期望位姿状态的线速度、角速度；$\theta_e=(\theta_B-\theta_A)$。

根据式（4.35）可知，结合掘进机当前位姿 $\boldsymbol{P}_A=(x_A, y_A, \theta_A)$ 和掘进机得到期望位姿 $\boldsymbol{P}_B=(x_B, y_B, \theta_B)$ 可确定掘进机的位姿误差，因此，需采用一定的控制律寻找合理的输入量 $\boldsymbol{u}=(v, \omega)^{\mathrm{T}}$，使 $\boldsymbol{P}_e$ 有界且 $\lim\limits_{t\to\infty}\boldsymbol{P}_e=0$。

4.5.3 悬臂式掘进机定向掘进控制器设计

1. 定向掘进控制系统结构

图 4.19 所示为悬臂式掘进机定向掘进控制系统结构框图，以实现悬臂式掘进机定向掘进控制为目标，利用多传感器测量得到的掘进机位姿为反馈，建立掘进机

轨迹跟踪控制模型，根据悬臂式掘进机机身位姿误差信息，采用合适的速度控制律，实现对掘进机的定向掘进控制。

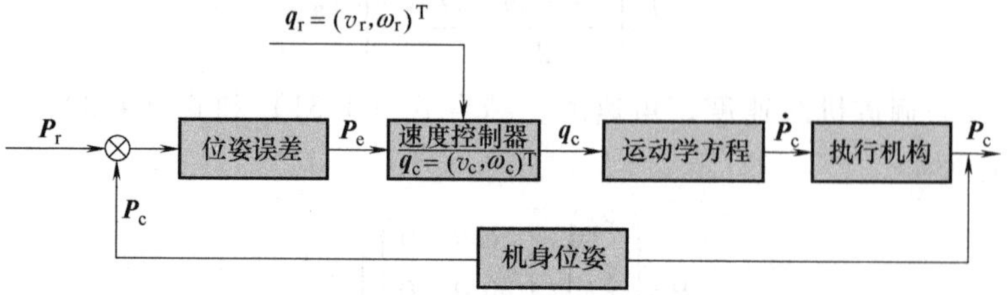

图 4.19　悬臂式掘进机定向掘进控制系统结构框图

系统输入为期望位姿 $\boldsymbol{P}_r=(x_r, y_r, \theta_r)^T$ 和速度参数 $\boldsymbol{q}_r=(v_r, \omega_r)^T$，系统的输出位姿 $\boldsymbol{P}_c=(x_c, y_c, \theta_c)^T$ 为掘进机当前位姿，$\boldsymbol{P}_e$ 为当前位姿与期望位姿之间的位姿误差。根据参考速度 $\boldsymbol{q}_r$ 和掘进机的位姿误差 $\boldsymbol{P}_e$ 设计速度控制器确定掘进机的控制速度 $\boldsymbol{P}_c$，通过反复调节控制使得掘进机位姿误差 $\boldsymbol{P}_e$ 趋近于零。

2. 基于滑模变结构控制的定向掘进控制器设计

为使悬臂式掘进机的位姿误差满足 $\lim\limits_{t\to\infty}\boldsymbol{P}_e=0$，设 $\boldsymbol{P}_r$ 和 $\boldsymbol{q}_r$ 为掘进机期望位姿及速度，根据式（4.35）掘进机位姿微分方程有

$$\dot{\boldsymbol{P}}_e=\begin{pmatrix}\dot{x}_e\\ \dot{y}_e\\ \dot{\theta}_e\end{pmatrix}=\begin{pmatrix}\boldsymbol{\omega}y_e-\boldsymbol{v}+\boldsymbol{v}_r\cos\theta_e\\ -\boldsymbol{\omega}x_e+\boldsymbol{v}_r\sin\theta_e\\ \boldsymbol{\omega}_r-\boldsymbol{\omega}\end{pmatrix} \tag{4.36}$$

悬臂式掘进机是非完整移动机器人，其轨迹跟踪控制系统为多输入的非线性系统。滑模变结构具有较好鲁棒性，适用于不确定控制系统中，因此构造基于滑模变结构控制的速度控制器，利用反步法设计思想设计切换函数，结合 Lyapunov 直接法验证跟踪控制器的有效性。

设偏向角误差$x_e=0$ 时可选 Lyapunov 函数为

$$V_y=\frac{1}{2}y_e^2 \tag{4.37}$$

对式（4.37）微分可得

$$V_y=\dot{y}_e y_e=y_e\boldsymbol{v}_r\sin\theta_e \tag{4.38}$$

将变量 θ_e 看作虚拟控制量，当 $\theta_e=\alpha=\arctan(v_r\ y_e)$ 时可使y_e 收敛，即当 $x_e\to0$ 时，$\theta_e\to\alpha$，此时$y_e\to0$。掘进机轨迹跟踪的控制律输入为 v 和 ω，则设计切换函数为

$$s(\boldsymbol{P}_e)=\begin{pmatrix}s_1\\ s_2\end{pmatrix}=\begin{pmatrix}x_e\\ \theta_e+\arctan(\boldsymbol{\omega}y_e)\end{pmatrix} \tag{4.39}$$

通过设计滑模控制器，当 $s_1\to0$，$s_2\to0$，即 x_e 收敛于零且θ_e 收敛于 α，实现

$\boldsymbol{P}_e=(x_e, y_e, \theta_e)^T$ 收敛于零。取等速趋近律，令

$$\dot{s}=-k\mathrm{sgn}(s(\boldsymbol{P}_e)) \tag{4.40}$$

考虑变结构的抖动问题，利用光滑的连续函数代替式（4.40）中符号函数 $\mathrm{sgn}(s)$，可得

$$\dot{s}_i(\boldsymbol{P}_e)=-k_i\frac{s_i(\boldsymbol{P}_e)}{|s_i(\boldsymbol{P}_e)|+\delta_i}, i=1,2 \tag{4.41}$$

式中，δ_i 为正小数。

计算变结构控制的 $\boldsymbol{v}$ 和 $\boldsymbol{\omega}$，式（4.41）求导可得

$$\dot{s}_i(\boldsymbol{P}_e)=\begin{pmatrix}\dot{s}_1\\ \dot{s}_2\end{pmatrix}=\begin{pmatrix}-k_1\dfrac{s_1}{|s_1|+\delta_1}\\ -k_2\dfrac{s_2}{|s_2|+\delta_2}\end{pmatrix}=\begin{pmatrix}\dot{x}_e\\ \dot{\theta}_e+\dfrac{\partial\alpha}{\partial v_i}\dot{v}_r+\dfrac{\partial\alpha}{\partial y_e}\dot{y}_e\end{pmatrix} \tag{4.42}$$

将式（4.36）代入式（4.42）计算可得

$$\dot{s}_i(\boldsymbol{P}_e)=\begin{pmatrix}\boldsymbol{\omega}y_e-\boldsymbol{v}+\boldsymbol{v}_r\cos\theta_e\\ \boldsymbol{\omega}_r-\boldsymbol{\omega}+\dfrac{\partial\alpha}{\partial v_i}\dot{\boldsymbol{v}}_r+\dfrac{\partial\alpha}{\partial y_e}(-\boldsymbol{\omega}x_e+\boldsymbol{v}_r\sin\theta_e)\end{pmatrix} \tag{4.43}$$

计算可得到控制律为

$$\begin{pmatrix}\boldsymbol{v}\\ \boldsymbol{\omega}\end{pmatrix}=\begin{pmatrix}\boldsymbol{\omega}y_e+\boldsymbol{v}_r\cos\theta_e-k_1\dfrac{s_1}{|s_1|+\delta_1}\\ \dfrac{\boldsymbol{\omega}_r+\dfrac{\partial\alpha}{\partial v_i}\dot{\boldsymbol{v}}_r+\dfrac{\partial\alpha}{\partial y_e}\boldsymbol{v}_r\sin\theta_e+k_2\dfrac{s_2}{|s_2|+\delta_2}}{1+\dfrac{\partial\alpha}{\partial y_e}x_e}\end{pmatrix} \tag{4.44}$$

对所设计控制器进行稳定性分析，取 Lyapunov 函数为

$$V=\frac{1}{2}s_1^2+\frac{1}{2}s_2^2 \tag{4.45}$$

对式（4.45）求导可得

$$\dot{V}=s_1\dot{s}_1+s_2\dot{s}_2 \tag{4.46}$$

将式（4.46）代入式（4.41）可得

$$\dot{V}=-k_1\frac{s_1^2}{|s_1|+\delta_1}-k_2\frac{s_2^2}{|s_2|+\delta_2} \tag{4.47}$$

k_1 和 k_2 均大于等于零，则可得 $\dot{V}\leqslant 0$，根据 Lyapunov 稳定性判定方法可知系统稳定。

3. 掘进机轨迹跟踪仿真及分析

在 MATLAB 环境中根据所建立的控制器对掘进机的运动控制进行仿真，分别

以直线轨迹跟踪和圆轨迹跟踪进行模拟仿真，验证控制器在不同运动状态下的可靠性。

（1）跟踪直线轨迹　设定掘进机参数 $D=0.3$，$b=0.1$，初始位姿偏差为 $(1.2,\ -1,\ \pi/2)^{T}$，参考轨迹速度为 $v_r=0.2\text{m/s}$，$\omega_r=0$，选择控制器参数 $k_1=3$，$k_2=3$，$\delta_1=\delta_2=0.05$，$t_s=0.1$，设定采样周期 0.1s。掘进机直线运动跟踪轨迹及机身位姿、角速度、线速度误差变化曲线如图 4.20 所示。

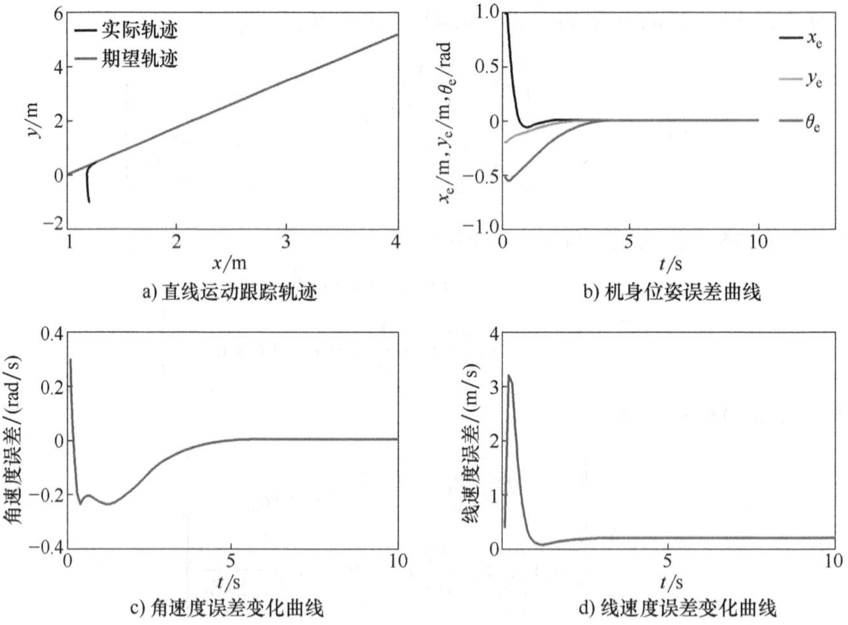

图 4.20　掘进机直线运动跟踪结果

由图 4.20a、b 可以看出，控制器具有较好的轨迹跟踪效果，初始时刻机身位姿误差较大，在 $t=4\text{s}$ 左右掘进机机身的位姿误差趋于零，并稳定保持至跟踪结束。由图 4.20c、d 可以看出，线速度与角速度误差也均在有限时间内收敛并分别趋近于设定的 0.2m/s 和 0。仿真结果表明，当掘进机直线运动时，控制器可以控制掘进机实现沿规划直线路径移动。

（2）跟踪圆轨迹　设置初始偏差为 $(1.2,\ 0.5,\ \pi/2)^{T}$，参数 $k_1=2$，$k_2=2$，$\delta_1=\delta_2=0.05$，跟踪参考轨迹速度为 $v_r=0.2\text{m/s}$，$\omega_r=0$，同样设定采样周期 0.1s。掘进机圆弧运动跟踪轨迹及机身位姿、角速度、线速度误差变化曲线如图 4.21 所示。

由图 4.21a、b 可以看出，控制器可以很好地实现对圆弧运动轨迹的跟踪，并且机身位姿误差最终收敛于零。由图 4.21c、d 可以看出，机身线速度最终趋近于 0.2m/s，角速度趋近于 0，表明机身的运动速度收敛于期望的运动速度。

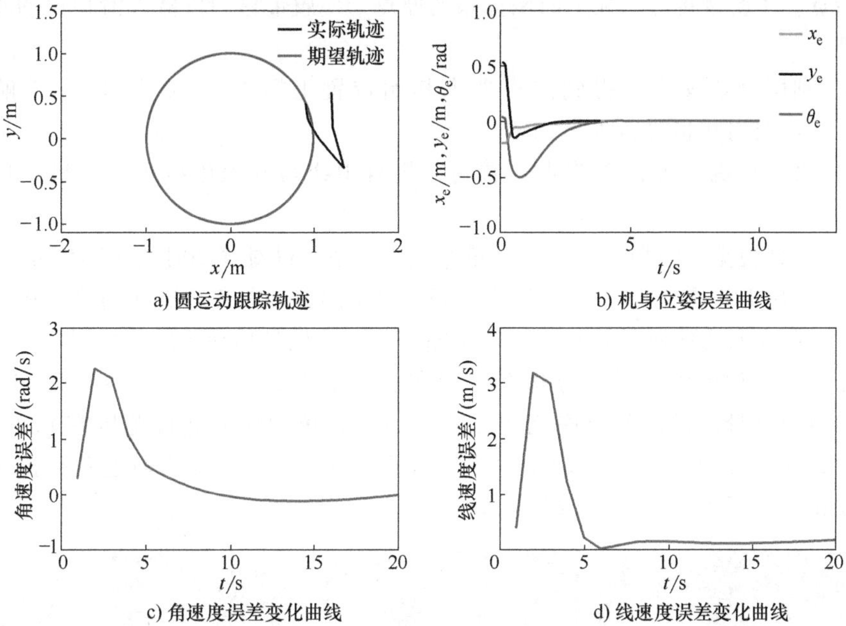

a) 圆运动跟踪轨迹　　b) 机身位姿误差曲线

c) 角速度误差变化曲线　　d) 线速度误差变化曲线

图 4.21　掘进机圆弧运动跟踪结果

仿真结果表明，基于滑模变结构控制方法设计的轨迹跟踪控制器可以在有限时间内消除位姿误差，由机身位姿误差曲线和速度变化曲线中可以看出，掘进机轨迹跟踪控制器在不同的位姿误差和轨迹形状均具有良好的轨迹跟踪效果，并且随着时间增加，机身的跟踪误差趋近于零，具有良好的稳定性和有效性。

4.5.4　掘进机定向掘进控制实验

为了验证本章所建立的悬臂式掘进机轨迹跟踪控制模型及算法的可靠性，在楼道环境中，结合烟雾制造器模拟井下巷道环境，并搭建图 4.22 所示定向掘进控制实验平台。系统实验平台由履带式移动机器人、计算机、工业相机、激光指向仪和捷联惯导等传感器构成。为了方便对履带转动速度的控制，采用电动机驱动的履带式移动机器人为实验对象进行实验。

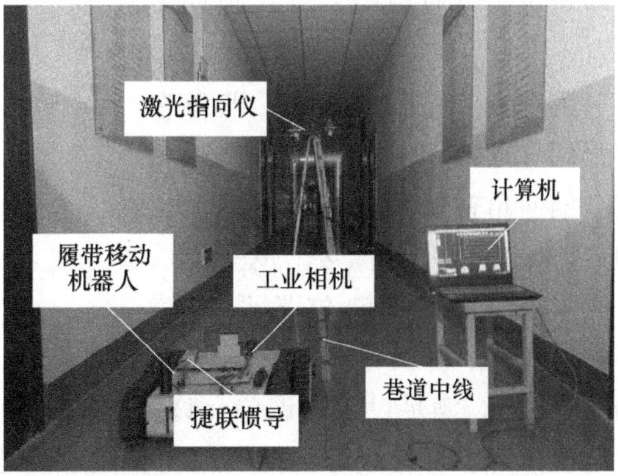

图 4.22　悬臂式掘进机轨迹跟踪控制实验平台

在楼道中进行实验时，实验步骤如下：

1）根据设计的模拟巷道，以巷道中线为掘进机定向移动的参考轨迹，图 4.23a 中 A 点为移动机器人起始点，B 点为巷道二维平面坐标系的原点，使履带移动机器人沿预设的直线轨迹行驶。

2）利用全站仪测量得到的机器人初始位置坐标为（-0.4，0），偏航角为-5.21°，同时对相机进行外参标定。

3）设移动机器人位于终点位置时，机身中线与巷道中线重合，机身偏航角为0°。

4）融合视觉、惯导数据实时测量巷道坐标系下机身移动时的实际位姿。

5）利用DSP控制器，根据机身位姿与设定的移动参考轨迹间的偏差输出控制命令，控制左右两侧履带转动，通过不断调整，使机身移动至期望位置。

已知机身初始横向误差为0.4m，选择控制器参数$k_1=0.3$，$k_2=0.7$，$\delta_1=\delta_2=0.05$，设定机身位置误差允许范围在3cm以内，角度误差允许范围在0.2°以内。如图4.23所示，根据上述实验步骤进行实验，得到移动机器人轨迹跟踪控制实验结果及误差如图4.24和图4.25所示。

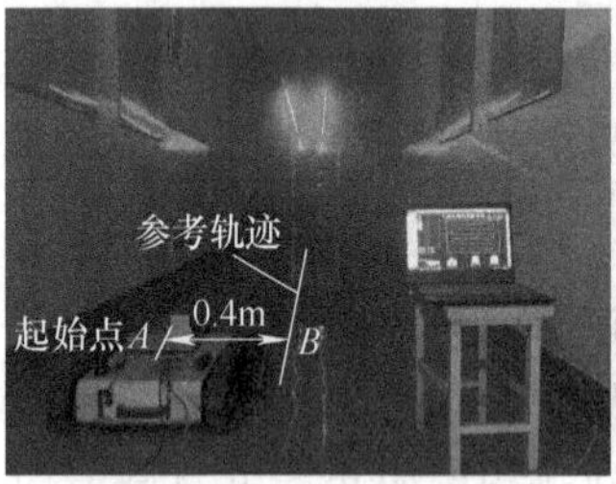

a) 移动机器人初始位姿

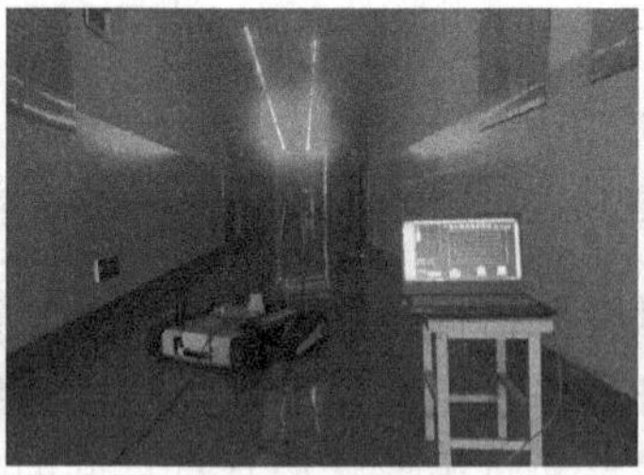

b) 机器人轨迹跟踪进行中

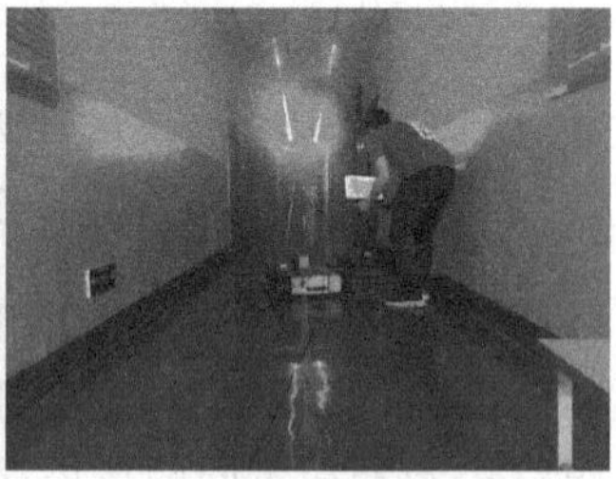

c) 机器人运动至终点

图4.23 轨迹跟踪控制实验过程

图4.24为巷道二维平面坐标系内机身轨迹跟踪曲线图，实验过程中履带移动机器人不断调整自身运动状态，沿巷道中线的参考轨迹运动，最终使运动轨迹误差收敛为零，达到期望终点。

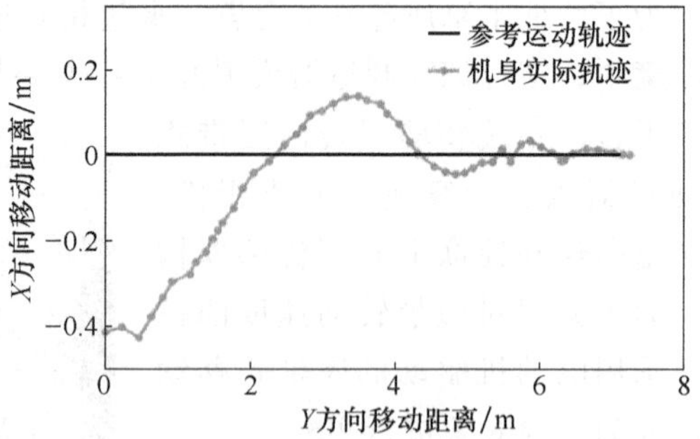

图4.24 机身轨迹跟踪结果

由图4.25可以看出，机身在初始位置时 x 和 y 方向误差较大，机身偏向角初始为-5.21°，运动至20s左右时，机身位姿误差收敛，并且机身在 x 方向位置误差为15mm以内，y 方向位置误差为20mm以内，满足设定的误差允许范围。实验表明，本章设计的定向掘进控制方法和系统具有良好的跟踪性能，控制精度满足巷道施工要求，可实现对定向掘进的运动控制。

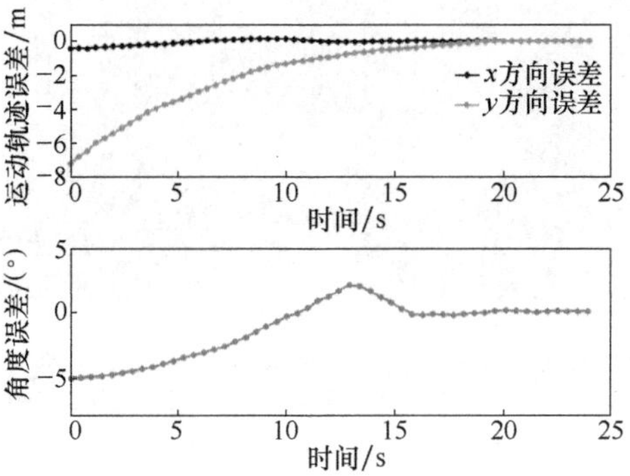

图 4.25　机身轨迹跟踪误差

4.6　小结

掘进装备全位姿统一描述是后续章节中全位姿定位的基准。本章介绍了基于激光点-线特征的煤矿井下悬臂式掘进机定位系统外参标定方法。从定位数据应用角度，介绍了如何在自主导航中使用定位数据并进行了仿真与实验验证。

1）研究了煤矿井下低照度、高粉尘、水雾、杂光干扰、遮挡、复杂背景等恶劣环境下动态目标精确定位问题，确定了基于激光点-线特征的煤矿井下巷道悬臂式掘进机位姿检测方案。

2）分析了煤矿井下巷道悬臂式掘进机视觉位姿检测系统面临的煤矿井下环境、玻璃折射、掘进工作面振动影响，在确定矿用相机单目视觉测量误差来源的基础上，确定了矿用相机受防爆玻璃折射和采掘激励干扰的处理方案。

3）针对视觉定位系统在移站后需要重新标定的问题，结合双目视觉技术，建立合作标靶空间位姿解算模型。通过该模型，计算出合作标靶在相机坐标系下的相对位置。随后，通过坐标转换关系，将合作标靶的位置信息转换至巷道坐标系中，从而在移站后继续利用标靶信息实现掘进机的精准定位。

4）提出了一种基于视觉定位数据的悬臂式掘进机自主导航方法。通过运动学模型描述掘进机的运动行为，随后采用滑模变结构控制器对掘进机进行精确控制；设计自适应误差反馈机制，实时调整掘进机的姿态和路径，确保预定轨迹跟踪。该方法具有较强的鲁棒性，能在复杂环境下实现高精度的自主导航。

掘进机视觉精确定位与智能
截割系统及其配套技术
（最具转化潜力成果遴选_2021）

煤矿掘锚机器人远程无人
作业的思考与探索——
视觉定位与导航控制

第 5 章 基于平行激光束的悬臂式掘进机全局动态定位技术

煤矿掘进工作面设备机身运动轨迹是保证巷道掘进质量和实现智能掘进的关键。由于煤矿井下巷道没有全球定位系统（GPS）信号，无法准确跟踪掘进轨迹。基于平行激光束的掘进机机身定位系统以两条激光指向仪形成的平行激光束为合作标靶，构建基于激光点-线特征的单目视觉位姿非接触测量模型，完成悬臂式掘进机机身相对巷道坐标的空间位姿测量。结合激光指向仪的地球坐标（可由全站仪给出）可获得机身地球绝对坐标。与目前的视觉测量方法相比，该方法以工业相机视野保证测量范围，具有结构简单、测量稳定性高等优势，适合悬臂式掘进机这类非全断面掘进中机身移动频繁、机身位姿测量难度大的场合，也适合于目前巷道掘进中的其他类型设备。

本章针对悬臂式掘进机机身测量问题，提出一种基于激光束标靶的掘进机机身位姿测量方法，以煤矿井下掘进巷道上方平行安装的激光指向仪所产生的平行激光束作为信息源，利用提出的适用于煤矿井下的激光束特征提取与定位算法对激光光斑与激光束进行分割、特征提取与定位，建立 2P3L 解算模型，对激光束直线特征的空间三维坐标进行求解，最后研发出基于误差模型的对偶四元数掘进机机身位姿最优解算模型，完成掘进机机身位姿解算。

5.1 基于平行激光束的悬臂掘进机机身全局位姿测量方法

以两个平行安置的矿用激光指向仪形成的平行激光束作为标靶特征，提出基于激光束靶标的悬臂掘进机机身全局位姿测量方法，包括平行激光束的特征提取、基于 2P3L 的空间点三维坐标解算、基于对偶四元数的激光标靶位姿解算，以及巷道坐标系下悬臂式掘进机机身的全局定位。图 5.1 为基于激光束标靶的悬臂掘进机机身全局位姿测量原理框图。

5.1.1 适用于煤矿井下环境的激光束标靶特征提取与定位

悬臂掘进机机身全局位姿测量方法由两个平行安置的矿用激光指向仪形成的平

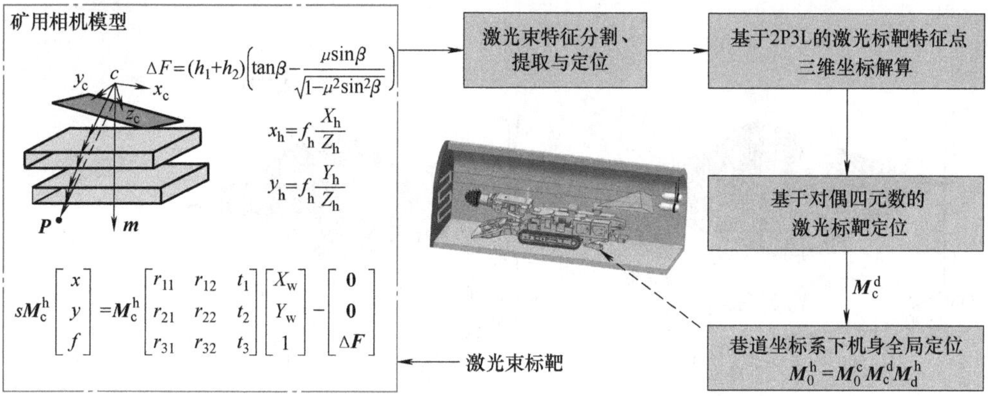

图 5.1　基于激光束标靶的悬臂掘进机机身全局位姿测量原理框图

行激光束作为标靶特征，由于煤矿井下工作环境中存在低照度、多粉尘及杂光干扰等影响因素，严重影响了激光线和激光光斑的提取与定位。因此，必须研究一种适用于煤矿井下的激光束图像分割、特征提取与定位方法。

激光束特征提取与定位过程如图 5.2 所示，包括激光束的分割与提取、激光光斑的分割与提取、激光束定位三个部分。图中水平截面坐标单位均为像素点个数。

1. 激光束的分割和提取

根据红色激光束 *HSV* 空间分量 *H*、*S*、*V* 的对应范围，可以区分出复杂背景下的激光束与杂散光。*H* 的范围设为 0~10，*S* 的范围设为 40~250，*V* 的范围设为 40~250。如图 5.2a 和图 5.2b 所示，可以滤除矿灯及其他杂光，并允许红色较亮的激光束像素通过。根据基于颜色空间的红色激光束簇，可以有效地获得杂光背景下的激光束区域。假设图像中的第 i 个像点表示为 $I(x_i, y_i)$，则激光束 L 的像素点集合可定义为

$$L=\{L_1,L_2,\cdots,L_i\},L_i=(x_i,y_i,I(x_i,y_i)) \tag{5.1}$$

$$0<H(x_i,y_i)<10,40<S(x_i,y_i)<250,40<V(x_i,y_i)<250 \tag{5.2}$$

2. 激光光斑的分割和提取

激光束分割结果如图 5.2b 所示，通过计算当前帧图像中提取的激光束最大灰度值，可以得到动态灰度阈值。动态灰度阈值是图 5.2b 中红色圆圈标记的像素点的灰度值。根据获得的自适应灰度阈值，用 Otsu 算法计算当前帧图像的二值化图像。定义阈值分割得到的对应连通区域为 S_k，设得到连通区域的中心坐标为 C_k，C_k 为集合 C 中的第 k 个元素

$$C=\{C_1,C_2,\cdots,C_k\},C_k=(x_k,y_k,I(x_k,y_k)) \tag{5.3}$$

$$S_k=\{S_{k1},S_{k2},\cdots,S_{ki}\},S_{ki}=(x_{ki},y_{ki},I(x_{ki},y_{ki})) \tag{5.4}$$

如图 5.2c 所示，连通区域 S_k 中不仅含有激光光斑，还含有杂散光光斑。这里定义了颜色空间约束来过滤杂散光斑像素点。S''_k 表示中心坐标为 C_k 的 20×20 窗口

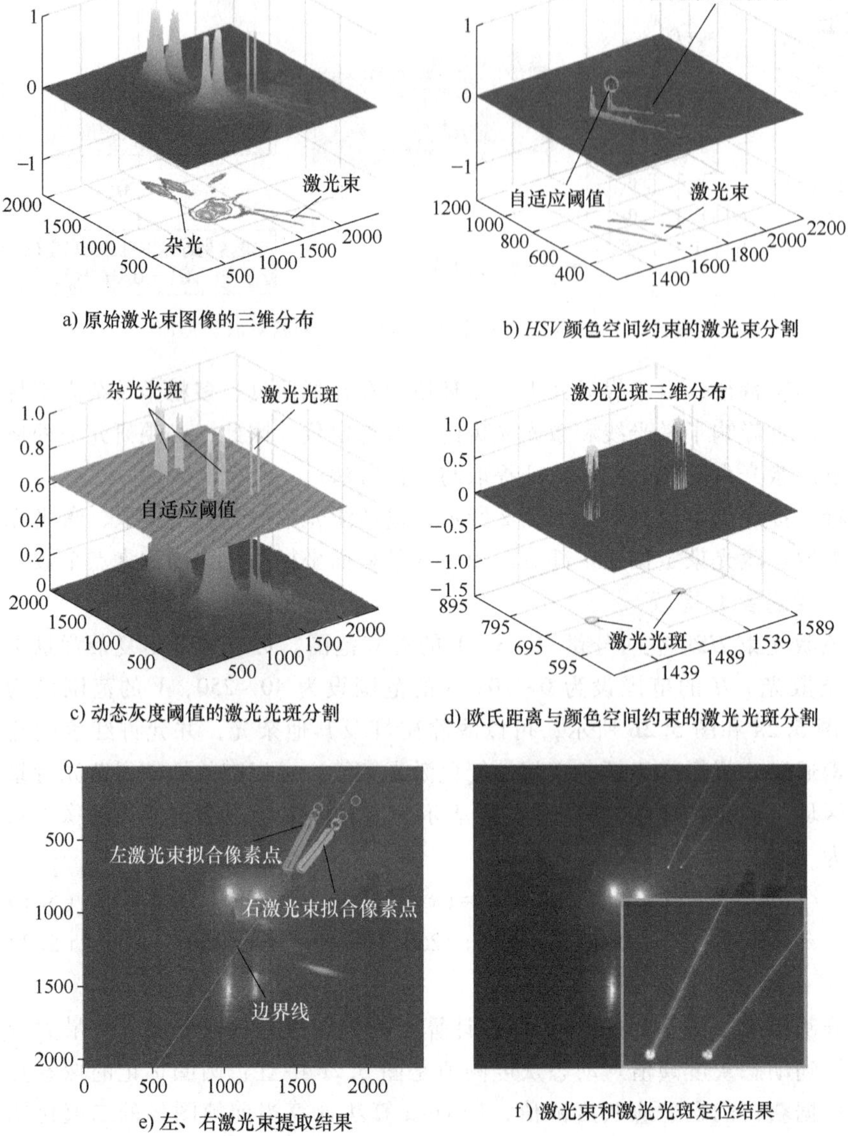

a) 原始激光束图像的三维分布

b) *HSV* 颜色空间约束的激光束分割

c) 动态灰度阈值的激光光斑分割

d) 欧氏距离与颜色空间约束的激光光斑分割

e) 左、右激光束提取结果

f) 激光束和激光光斑定位结果

彩图

图 5.2　激光束分割、特征提取与定位过程

内相邻像素构成的集合。设 S'_k 为集合 S''_k 中的元素和集合 L 中的元素所形成的交集，N 为对应集合 S'_k 中元素的总数的集合

$$S' = \{S'_1, S'_2, \cdots, S'_k\}, S'_k = L \cap S''_k \tag{5.5}$$

$$N = (N_1, N_2, \cdots, N_k) \tag{5.6}$$

利用颜色空间约束 $N_k>m$ 对激光光斑进行分割，其中常数 m 通常设置为 5。由约束条件得到的连通区域定义为 R_k，C_R 为所对应连通区域 R_k 的中心坐标

$$R=\{R_1,R_2,\cdots,R_k\}\text{，当 } N_k>m \text{ 时，} R_k=S_k \tag{5.7}$$

$$C_R=\{C_{R1},C_{R2},\cdots,C_{Rk}\} \tag{5.8}$$

利用欧氏距离约束进一步确定激光光斑，分别通过计算提取的不同连通区域 R_k 沿 y 轴和 x 轴的像素距离来定义激光光斑。提取的激光光斑如图 5.2d 所示。

$$|C_{R(i)}(y)-C_{R(j)}(y)|<n_1 \tag{5.9}$$

$$n_2<|C_{R(i)}(x)-C_{R(j)}(x)|<n_3 \tag{5.10}$$

式中，n_1、n_2、n_3 分别为 10、30、100；i、j 分别为第 i 个、第 j 个连通区域。

通过上述欧氏距离约束可以确定激光光斑的 ROI 区域。激光光斑的灰度值分布可近似看作二维高斯分布，使用高斯模型能够更加合理地描述该光斑的灰度值分布，因此，采用高斯拟合算法实现激光光斑中心的精确定位。

3. 激光束定位

激光束中心线可通过霍夫变换直线检测进行定位，但该方法不考虑线宽因素，对于线宽变化的、不连续的激光束中心线检测是不准确的。Steger 激光条纹检测精度高，但算法时间复杂度高。本节提出一种适用于煤矿井下的激光束定位方法，其算法步骤如下：

1）利用参数空间构建平行激光束分界线以区分左激光束和右激光束。如图 5.3 所示，利用 θ 和 ρ 构建离散参数空间，建立累加器 $A=\{\rho,\ \theta\}$，其中 θ 为横坐标轴与垂直于激光线的矢量的夹角，ρ 为坐标系原点到激光线的距离，通过霍夫变换将获得的激光束像素点集合由图像空间域转换到 ρ-θ 参数空间。理论上激光束中心线所在直线对应于参数空间的投票数量最多的点，但是考虑到平行激光束的存在且激光束具有一定宽度。因此，根据投票数量排序并选取投票数量较大的一系列 A 及所对应的直线 ρ-θ 参数，得到所提取的激光束的角度集合为 $\theta=\{\theta_1,\ \theta_2,\ \theta_3,\ \cdots,\ \theta_k\}$。

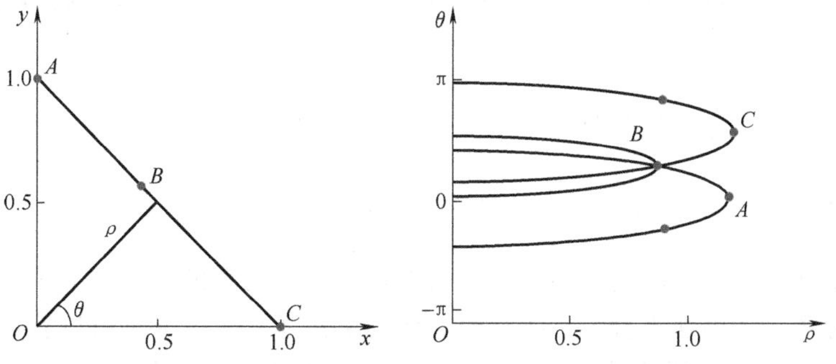

a) Oxy 平面内同一条直线上的三个点　　b) 对应于 ρ-θ 空间的三条曲线且交于一点

图 5.3　Oxy 图像空间与 ρ-θ 参数空间的线-点对偶性

定义一个垂直于分界线的矢量，则所定义的矢量与 Oxy 平面横坐标轴的夹角 θ_0 为

$$\theta_0=(\pi-\max(\theta\{\theta_1,\theta_2,\cdots,\theta_k\})-\min(\theta\{\theta_1,\theta_2,\cdots,\theta_k\})) \tag{5.11}$$

进而由两个激光光斑的中心点（x_0，y_0）和所得到的角度 θ_0 对平行激光束的分界线方程进行求解，得到图 5.2e 所示的平行激光束边界线。

2）形成边界左侧区域激光束像素点簇和右侧区域激光束像素点簇，即

$$C_{\text{left}}=\{C_{\text{Lrow1}},C_{\text{Lrow2}},\cdots,C_{\text{Lrow}k},\cdots,C_{\text{Lrow}N}\} \tag{5.12}$$

$$C_{\text{right}}=\{C_{\text{Rrow1}},C_{\text{Rrow2}},\cdots,C_{\text{Rrow}k},\cdots,C_{\text{Rrow}N}\} \tag{5.13}$$

假设 $C_{\text{Lrow}k}$、$C_{\text{Rrow}k}$ 分别为边界左右区域中每一行激光束的像素点聚类集合，则

$$C_{\text{left\_max}}=\{C_{\text{Lrow1}}^{\max},C_{\text{Lrow2}}^{\max},\cdots,C_{\text{Lrow}k}^{\max},\cdots,C_{\text{Lrow}N}^{\max}\} \tag{5.14}$$

$$C_{\text{right\_max}}=\{C_{\text{Rrow1}}^{\max},C_{\text{Rrow2}}^{\max},\cdots,C_{\text{Rrow}k}^{\max},\cdots,C_{\text{Rrow}N}^{\max}\} \tag{5.15}$$

式中，$C_{\text{left\_max}}$、$C_{\text{right\_max}}$ 分别为边界线左右区域中每一行灰度值最大的激光束像素点聚类。

3）结合得到的激光束像素点聚类，分别用带约束条件的最小二乘拟合方法拟合得到分界线左右两边的激光束的线性方程。假设像素点簇 $C_{\text{left\_max}}$、$C_{\text{right\_max}}$ 内每个像素点到拟合直线的距离方程为

$$|a_l x_l^i+b_l y_l^i+c_l|/\sqrt{a_l^{\,2}+b_l^{\,2}}=|d_l^i| \tag{5.16}$$

$$|a_{\text{r}} x_{\text{r}}^j+b_{\text{r}} y_{\text{r}}^j+c_{\text{r}}|/\sqrt{a_{\text{r}}^2+b_{\text{r}}^2}=|d_{\text{r}}^j| \tag{5.17}$$

式中，a_l、b_l、c_l 为左激光束的中心线参数；a_{r}、b_{r}、c_{r} 为右激光束的中心线参数；i、j 分别表示像素点簇 $C_{\text{left\_max}}$、$C_{\text{right\_max}}$ 内的第 i 个和第 j 个像素点。

平行激光束中心线的线性方程可分别用带约束条件的最小二乘法拟合

$$L(a,b,c,\lambda)=\frac{1}{n}\|a\boldsymbol{X}+b\boldsymbol{Y}+c-\boldsymbol{D}\|^2+\lambda(a^2+b^2-1),a^2+b^2=1 \tag{5.18}$$

定义如式（5.19）所示的直线拟合的误差目标函数，当直线拟合误差小于最大允许误差时得到最优解。

$$\min_{a,b,c} e(a,b,c)=\min_{a,b,c}\frac{1}{n}\|(\boldsymbol{X},\boldsymbol{Y})(a,b)^{\text{T}}+c-\boldsymbol{D}\|^2 \tag{5.19}$$

5.1.2 基于 2P3L 的激光标靶空间点三维坐标解算模型

空间任意三条直线的定位问题存在高次多项式、复杂的迭代求解过程及多解现象，而应用共面且相互垂直的直线空间几何约束并建立定位模型可以获得闭式解。

本节以两条平行激光束以及激光束出射激光光斑作为特征信息，介绍基于 2P3L 的掘进机机身位姿视觉测量方法。该方法通过双平行激光束直线特征及两个出射激光光斑构建的虚拟直线特征得到唯一的闭式解。图 5.4 为基于激光束标靶的

透视投影模型示意图。

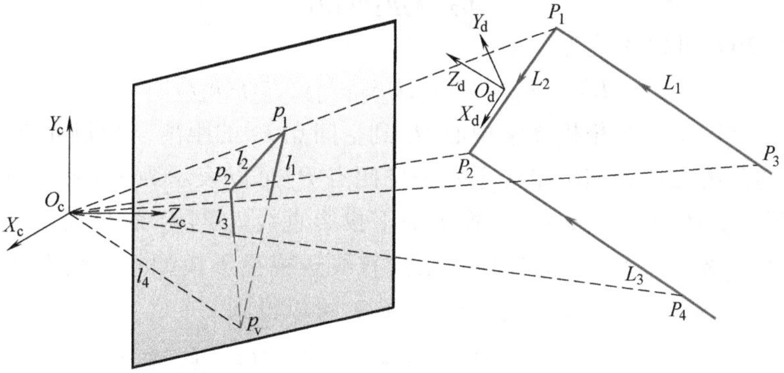

图 5.4　基于直线对应位姿估计的透视投影模型示意图

图中激光束标靶由激光束的两条平行中心线 L_1、L_3 和激光光斑中心 P_1、P_2 形成的中心线 L_2 组成。直线 L_1、L_2 和 L_3 共面，其中 L_1、L_3 分别垂直于 L_2。P_1、P_2 是直线 L_1、L_3 和 L_2 的交点。假设相机坐标系为 $O_cX_cY_cZ_c$，基于激光束的目标坐标系为 $O_dX_dY_dZ_d$，原点 O_d 位于 P_1 和 P_2 的中心。设空间矢量 $\boldsymbol{L}_i=\boldsymbol{V}_i(A_i,B_i,C_i)$，$(i=1,2,3)$，则 X_d 轴沿着 $\boldsymbol{L}_2$ 的方向，Z_d 轴沿着 $\boldsymbol{L}_3$ 的方向，Y_d 轴沿着矢量方向 $(\overrightarrow{O_dZ_d}\times\overrightarrow{O_dX_d})$。

假设 l_i 是图像平面上对应于空间线 L_i 的投影线，p_1、p_2 是像平面上对应于空间点 P_1、P_2 的投影点。在相机坐标系下，假设投影线方程为 $a_ix+b_iy+c=0$，$(i=1,2,3)$，投影线 l_i 的方向矢量定义为 $\boldsymbol{v}_i(-b_i, a_i, 0)$，投影线 l_i 上的点定义为 $\boldsymbol{t}_i(x_i, y_i, f)$，$\overrightarrow{ot_i}$ 为光学中心 O_c 到点 t_i 的矢量。定义由激光束空间线 L_i、图像投影线 l_i 和相机光学中心 O_c 构成的约束平面为 S_i。因此，约束平面 S_i 的法矢量可以表示为

$$\boldsymbol{N}_i=\overrightarrow{ot_i}\times\boldsymbol{v}_i \tag{5.20}$$

式中，

$$\overrightarrow{ot_i}=(x_i,y_i,f) \tag{5.21}$$

$$\boldsymbol{v}_i=(-b_i,a_i,0) \tag{5.22}$$

$$\boldsymbol{N}_i=(a_if,b_if,c_i) \tag{5.23}$$

根据空间直线 L_1 平行于 L_3 的约束条件，空间直线 L_1（方向矢量为 $\boldsymbol{L}_1$）垂直于投影平面 S_1 的法矢量 $\boldsymbol{N}_1$，且空间直线 L_3 垂直于投影平面 S_3 的法矢量 $\boldsymbol{N}_3$。因此，平行激光束中心线的方向矢量 $\boldsymbol{L}_3$ 可以分别表示为

$$\boldsymbol{L}_3=\boldsymbol{L}_1=\boldsymbol{N}_1\times\boldsymbol{N}_3=(A_1,B_1,C_1) \tag{5.24}$$

空间直线 L_2 的方向矢量 $\boldsymbol{L}_2$ 可以表示为

$$\boldsymbol{L}_2=\boldsymbol{L}_1\times\boldsymbol{N}_2=(A_2,B_2,C_2) \tag{5.25}$$

设 $\boldsymbol{p}_1=(x_1,y_1,f)$，$\boldsymbol{p}_2=(x_2,y_2,f)$，则空间直线 L_2 的方向矢量还可以表示为

$$\boldsymbol{L}'_2=k_2\boldsymbol{p}_2-k_1\boldsymbol{p}_1 \tag{5.26}$$

式（5.26）可以表达为

$$\boldsymbol{L}'_2=(k_2x_2-k_1x_1,k_2y_2-k_1y_1,k_2f-k_1f) \tag{5.27}$$

设 k_i（$i=1$，2）为相机光学中心 O_c 到空间点 P_i 的距离与相机光学中心 O_c 到像素点 p_i 的距离之比，相机坐标系中的空间点 P_i 可以表示为 $P_i(k_ix_i,\ k_iy_i,\ k_if)$。如图 5.4 所示，$P_v(x_v,\ y_v,\ f)$ 为像平面上投影直线 l_1 与 l_2 的交点。直线 l_4 为消失点 p_v 与相机光学中心 O_c 的连线。根据直线透视投影模型，直线 l_4 平行于直线 L_1 和直线 L_3。因此，直线 l_4 垂直于直线 L_2，可以得到

$$x_v(k_2x_2-k_1x_1)+y_v(k_2y_2-k_1y_1)+f^2(k_2-k_1)=0 \tag{5.28}$$

式（5.28）可以改写为

$$\lambda=\frac{x_vx_1+y_vy_1+f^2}{x_vx_2+y_vy_2+f^2},k_2=\lambda k_1 \tag{5.29}$$

根据式（5.25）与式（5.26）对空间直线 L_2 的方向矢量的描述，可以通过矢量点积得到

$$\boldsymbol{L}_2\cdot\boldsymbol{L}'_2=|\boldsymbol{L}_2|\cdot|\boldsymbol{L}'_2| \tag{5.30}$$

设两条平行激光束 L_1 和 L_3 之间距离的先验约束条件为 a。结合式（5.29）、式（5.30）可以得到

$$k_1=\frac{a\sqrt{A_2^2+B_2^2+C_2^2}}{A_2(\lambda x_2-x_1)+B_2(\lambda y_2-y_1)+C_2(\lambda f-f)} \tag{5.31}$$

$$k_2=\frac{a\lambda\sqrt{A_2^2+B_2^2+C_2^2}}{A_2(\lambda x_2-x_1)+B_2(\lambda y_2-y_1)+C_2(\lambda f-f)} \tag{5.32}$$

通过得到的 k_1 和 k_2 可以计算出 P_1 和 P_2 在相机坐标系中的三维坐标，即

$$\boldsymbol{P}_1=\left(\frac{k_1x_1}{\sqrt{x_1^2+y_1^2+f^2}},\frac{k_1y_1}{\sqrt{x_1^2+y_1^2+f^2}},\frac{k_1f}{\sqrt{x_1^2+y_1^2+f^2}}\right) \tag{5.33}$$

$$\boldsymbol{P}_2=\left(\frac{k_2x_2}{\sqrt{x_2^2+y_2^2+f^2}},\frac{k_2y_2}{\sqrt{x_2^2+y_2^2+f^2}},\frac{k_2f}{\sqrt{x_2^2+y_2^2+f^2}}\right) \tag{5.34}$$

让 P_3 和 P_4 分别表示在空间直线 L_1 和 L_2 上的空间点，其中，P_3 和 P_1 之间的距离为 a，P_4 和 P_2 之间的距离为 a。定义空间三维点 $\boldsymbol{P}_i=(X_{ci},\ Y_{ci},\ Z_{ci})$。可以通过矢量点积得到

$$\boldsymbol{L}_1\cdot\boldsymbol{L}'_1=|\boldsymbol{L}_1|\cdot|\boldsymbol{L}'_1| \tag{5.35}$$

$$\boldsymbol{L}_3\cdot\boldsymbol{L}'_3=|\boldsymbol{L}_3|\cdot|\boldsymbol{L}'_3| \tag{5.36}$$

式中，

$$\boldsymbol{L}'_1=(X_{c3}-X_{c1},Y_{c3}-Y_{c1},Z_{c3}-Z_{c1}),\boldsymbol{L}_3=\boldsymbol{L}_1=(A_1,B_1,C_1) \tag{5.37}$$

$$L'_3=(X_{c4}-X_{c2},Y_{c4}-Y_{c2},Z_{c4}-Z_{c2}) \tag{5.38}$$

根据以下空间直线关系

$$\frac{X_{c3}-X_{c1}}{A_1}=\frac{Y_{c3}-Y_{c1}}{B_1}=\frac{Z_{c3}-Z_{c1}}{C_1} \tag{5.39}$$

$$\frac{X_{c4}-X_{c2}}{A_3}=\frac{Y_{c4}-Y_{c2}}{B_3}=\frac{Z_{c4}-Z_{c2}}{C_3} \tag{5.40}$$

可以得到式（5.41）、式（5.42）所示的空间点 P_3 和 P_4 在相机坐标系下的坐标矢量，从而得到点 P_1、P_2、P_3 和 P_4 的三维坐标用于激光标靶的空间位姿解算。

$$\boldsymbol{P}_3=\left(\boldsymbol{P}_1(1)+\frac{aA_1}{\sqrt{A_1^2+B_1^2+C_1^2}},\boldsymbol{P}_1(2)+\frac{aB_1}{\sqrt{A_1^2+B_1^2+C_1^2}},\boldsymbol{P}_1(3)+\frac{aC_1}{\sqrt{A_1^2+B_1^2+C_1^2}}\right) \tag{5.41}$$

$$\boldsymbol{P}_4=\left(\boldsymbol{P}_2(1)+\frac{aA_3}{\sqrt{A_3^2+B_3^2+C_3^2}},\boldsymbol{P}_2(2)+\frac{aB_3}{\sqrt{A_3^2+B_3^2+C_3^2}},\boldsymbol{P}_2(3)+\frac{aC_3}{\sqrt{A_3^2+B_3^2+C_3^2}}\right) \tag{5.42}$$

5.1.3 基于对偶四元数的激光标靶位姿解算方法

根据获得的激光标靶特征点在相机坐标系中的三维空间坐标，可以利用欧拉角、方向余弦法等进行激光标靶的位姿求解，但这些方法是把旋转矩阵与平移矢量分开计算，无法保证旋转与平移的同时最优求解。根据 Chasles 定理，刚体运动可通过绕轴的转动加上沿轴方向的平移实现。因此，利用对偶四元数可以实现刚体的旋转与平移的统一描述。

利用对偶四元数可对激光标靶位姿进行求解。通过建立基于对偶四元数的激光标靶位姿解算模型，对激光标靶坐标系与相机坐标系之间的转换关系进行求解。对偶四元数是由两个基本四元数构成

$$\hat{\boldsymbol{q}}=\boldsymbol{r}+\varepsilon\boldsymbol{s} \tag{5.43}$$

式中，ε 为对偶运算符，且对偶运算符满足 $\varepsilon^2=0$，$\varepsilon\neq0$；$\boldsymbol{r}$ 和 $\boldsymbol{s}$ 分别为纯四元数的实部和对偶部，其数学表达式为

$$\boldsymbol{r}=(r_0\quad r_1\quad r_2\quad r_3),\boldsymbol{s}=(s_0\quad s_1\quad s_2\quad s_3) \tag{5.44}$$

由对偶四元数的性质可知 $\boldsymbol{r}^{\mathrm{T}}\boldsymbol{s}=\boldsymbol{s}^{\mathrm{T}}\boldsymbol{r}=0$，$\boldsymbol{r}^{\mathrm{T}}\boldsymbol{r}=1$。对偶四元数和纯四元数都具有一个相似的表示

$$\hat{\boldsymbol{q}}=\left(\cos\frac{\hat{\theta}}{2}\quad \hat{\boldsymbol{u}}\sin\frac{\hat{\theta}}{2}\right) \tag{5.45}$$

式中，$\hat{\boldsymbol{u}}=\boldsymbol{u}+\varepsilon\boldsymbol{p}\times\boldsymbol{u}$，$\hat{\theta}=\theta+\varepsilon d$，$\hat{\theta}$ 为旋转和平移的对偶角，$\boldsymbol{u}$ 为直线的单位方向矢量，$\boldsymbol{p}$ 为直线上任一点的位置矢量，$\hat{\boldsymbol{u}}$ 为坐标系绕其旋转和平移的空间曲线，d 为

沿着 $\boldsymbol{u}$ 方向的平移距离。对偶四元数用纯四元数表示为

$$\hat{\boldsymbol{q}}=\begin{pmatrix} r_0 \\ r_1 \\ r_2 \\ r_3 \end{pmatrix}+\varepsilon\begin{pmatrix} s_0 \\ s_1 \\ s_2 \\ s_3 \end{pmatrix} \tag{5.46}$$

理论上激光标靶的特征点在标靶坐标系下的坐标记为 $P_i(x_i, y_i, z_i)$，在相机坐标系下的坐标记为 $P_{ci}(x_{ci}, y_{ci}, z_{ci})$，设相机坐标系与激光标靶坐标系间的旋转矩阵为 $\boldsymbol{R}$、平移矢量为 $\boldsymbol{T}$，因此，可以得到

$$\boldsymbol{P}_{ci}=\boldsymbol{R}\boldsymbol{P}_i+\boldsymbol{T} \tag{5.47}$$

旋转矩阵 $\boldsymbol{R}$ 和平移矢量 $\boldsymbol{T}$ 可用对偶四元数分别表示为

$$\begin{pmatrix} \boldsymbol{1} & \boldsymbol{0} \\ \boldsymbol{0} & \boldsymbol{R} \end{pmatrix}=\boldsymbol{Q}^{\mathrm{T}}(\boldsymbol{r})\boldsymbol{W}(\boldsymbol{r}) \tag{5.48}$$

$$\begin{pmatrix} \boldsymbol{0} \\ \boldsymbol{T} \end{pmatrix}=2\boldsymbol{Q}^{\mathrm{T}}(\boldsymbol{r})\boldsymbol{s} \tag{5.49}$$

式中，

$$\boldsymbol{Q}(\boldsymbol{r})=\begin{pmatrix} r_0 & -r_x & -r_y & -r_z \\ r_x & r_0 & -r_z & r_y \\ r_y & r_z & r_0 & -r_x \\ r_z & -r_y & r_x & r_0 \end{pmatrix},\boldsymbol{W}(\boldsymbol{r})=\begin{pmatrix} r_0 & -r_x & -r_y & -r_z \\ r_x & r_0 & r_z & -r_y \\ r_y & -r_z & r_0 & r_x \\ r_z & r_y & -r_x & r_0 \end{pmatrix} \tag{5.50}$$

在相机坐标系下，特征点对应的实测值为 $\tilde{P}_{ci}$。由于在提取激光标靶特征及特征定位等环节可能存在误差，实测值与理论值之间必然存在误差，寻找实测值与理论值间误差最小值的过程就是求解激光标靶相对位姿变化最优解的过程。因此，可以建立如下误差模型

$$F(\boldsymbol{R},\boldsymbol{T})=\frac{1}{N}\sum_{i=1}^{N}\|\boldsymbol{P}_{ci}-\tilde{\boldsymbol{P}}_{ci}\|^2=\frac{1}{N}\sum_{i=1}^{N}\|\boldsymbol{R}\boldsymbol{P}_{ci}+\boldsymbol{T}-\tilde{\boldsymbol{P}}_{ci}\|^2 \tag{5.51}$$

式中，N 为激光标靶的特征点个数。

用对偶四元数表示式（5.51），得到目标方程

$$F(\boldsymbol{r},\boldsymbol{s})=\frac{1}{N}(\boldsymbol{r}^{\mathrm{T}}\boldsymbol{G}_1\boldsymbol{r}+\boldsymbol{s}^{\mathrm{T}}\boldsymbol{G}_2\boldsymbol{r}+4N\boldsymbol{s}^{\mathrm{T}}\boldsymbol{s}+\boldsymbol{G}_3) \tag{5.52}$$

式中，

$$\boldsymbol{G}_1=-\sum_{i=1}^{N}(\boldsymbol{Q}^{\mathrm{T}}(\boldsymbol{P}_i)\boldsymbol{W}(\tilde{\boldsymbol{P}}_{ci})+\boldsymbol{W}^{\mathrm{T}}(\tilde{\boldsymbol{P}}_{ci})\boldsymbol{Q}(\boldsymbol{P}_i)) \tag{5.53}$$

$$\boldsymbol{G}_2=4\sum_{i=1}^{N}(\boldsymbol{Q}(\boldsymbol{P}_i)-\boldsymbol{W}^{\mathrm{T}}(\tilde{\boldsymbol{P}}_{ci})) \tag{5.54}$$

$$G_3=\sum_{i=1}^{N}(P_i^{\mathrm{T}}P_i+\tilde{P}_{ci}^{\mathrm{T}}\tilde{P}_{ci}) \tag{5.55}$$

根据对偶四元数的两个约束条件 $s^{\mathrm{T}}r=0$，$r^{\mathrm{T}}r=1$，利用拉格朗日乘数法构造如下辅助目标函数

$$F(r,s,\lambda_1,\lambda_2)=[r^{\mathrm{T}}G_1r+s^{\mathrm{T}}G_2r+4Ns^{\mathrm{T}}s+G_3+\lambda_1(r^{\mathrm{T}}r-1)+\lambda_2(s^{\mathrm{T}}r)]/N \tag{5.56}$$

式中，λ_1、λ_2 为拉格朗日乘数。

对式（5.56）求偏导，并令等号右边等于零，得到

$$\frac{\partial F}{\partial r}=\frac{1}{N}[(G_1+G_1^{\mathrm{T}})r+2\lambda_1r+G_2^{\mathrm{T}}s+\lambda_2s]=0 \tag{5.57}$$

$$\frac{\partial F}{\partial s}=\frac{1}{N}(G_2r+8Ns+\lambda_2r)=0 \tag{5.58}$$

在式（5.58）两边同乘以 r^{T}，得到 $r^{\mathrm{T}}G_2r+\lambda_2=0$。由于 G_2 为反对称矩阵，因此可以得到 $\lambda_2=0$。代入式（5.58）可以求出

$$s=-\frac{G_2r}{8N} \tag{5.59}$$

把式（5.59）代入式（5.57），得到

$$\left(G_1+G_1^{\mathrm{T}}-\frac{G_2^{\mathrm{T}}G_2}{8N}\right)r=2\lambda_1r \tag{5.60}$$

$$A=\frac{1}{2}\left(G_1+G_1^{\mathrm{T}}-\frac{G_2^{\mathrm{T}}G_2}{8N}\right) \tag{5.61}$$

从式（5.61）可以看出 λ_1 为矩阵 A 的特征值，r 为矩阵 A 的特征矢量，把式（5.59）、式（5.60）代入式（5.52）中，得到指标函数

$$F(r,s)=(G_3-\lambda_1)/N \tag{5.62}$$

为了保证所求激光标靶相对位姿误差最小，则选择矩阵 A 的最大特征值所对应的特征矢量，得到对偶四元数的实部 r，代入式（5.59）得到对偶四元数的对偶部分 s，结合式（5.48）~式（5.49）得到相机坐标系与激光标靶坐标系间的旋转矩阵 R 和平移矢量 T。

5.1.4 掘进工作面悬臂式掘进机机身全局定位

悬臂式掘进机机体在巷道坐标系中的全局定位问题涉及相机坐标系 $O_{c1}X_{c1}Y_{c1}Z_{c1}$、机身坐标系 $O_0X_0Y_0Z_0$、激光束标靶坐标系 $O_dX_dY_dZ_d$、巷道坐标系 $O_hX_hY_hZ_h$。巷道坐标系下悬臂式掘进机机身视觉定位可以通过式（5.63）获得。

$$M_0^{\mathrm{h}}=M_0^{\mathrm{c}}M_{\mathrm{c}}^{\mathrm{d}}M_{\mathrm{d}}^{\mathrm{h}} \tag{5.63}$$

式中，机体与相机坐标系之间的变换矩阵 M_0^{c} 可通过预标定获得；标靶与巷道坐标系之间的变换矩阵 $M_{\mathrm{d}}^{\mathrm{h}}$ 可通过预标定获得；相机与标靶坐标系之间的变换矩阵 $M_{\mathrm{c}}^{\mathrm{d}}$

可通过基于激光束标靶的视觉测量方法获得。

本节定位系统运行时的连续视觉位姿测量数据可为巷道掘进中的定向导航和成形截割提供数据源。

5.2 基于视觉测量的机身位姿测量误差模型

引起视觉位姿测量误差的因素众多。从视觉测量模型及方法分析，掘进机机身位姿视觉误差主要来源于激光光斑中心定位误差、激光束中心线定位误差、平行激光束的非平行误差及平行激光束的非共面误差等。深入分析视觉测量机身位姿的误差来源和特点，建立各输入参数与掘进机机身位姿间的误差传递函数，获得主要参数对位姿测量的误差影响规律，对构建和优化位姿测量系统具有重要意义。

5.2.1 激光光斑中心定位误差

根据本章提出的机身位姿解算模型，首先分析并推导激光光斑特征点的中心定位与特征点三维坐标之间的误差传递函数，对光斑坐标进行求导，进行泰勒级数展开，忽略展开式中的高次项，取一次式得到激光光斑特征点三维坐标测量误差，即

$$\delta X_{wi}=\frac{\partial X_{wi}}{\partial u}\delta u_i+\frac{\partial X_{wi}}{\partial v}\delta v_i \tag{5.64}$$

$$\delta Y_{wi}=\frac{\partial Y_{wi}}{\partial u}\delta u_i+\frac{\partial Y_{wi}}{\partial v}\delta v_i \tag{5.65}$$

式中，δu_i、δv_i 为激光光斑图像中心坐标提取误差；i 表示激光光斑特征点。

建立激光光斑中心定位与特征点三维坐标之间的误差传递函数

$$\delta \boldsymbol{W}_1^{(r)}=\boldsymbol{E}_{wp1}^{(r)}\delta \boldsymbol{P}_1^{(r)} \tag{5.66}$$

式中，激光光斑特征点图像坐标与三维坐标之间的误差传递模型为

$$\boldsymbol{E}_{wP1}^{(r)}=\begin{pmatrix} \dfrac{\partial X_{w1}}{\partial u_1} & \dfrac{\partial X_{w1}}{\partial v_1} & \dfrac{\partial X_{w1}}{\partial u_2} & \dfrac{\partial X_{w1}}{\partial v_2} \\ \vdots & \vdots & \vdots & \vdots \\ \dfrac{\partial Y_{w4}}{\partial u_1} & \dfrac{\partial Y_{w4}}{\partial v_1} & \dfrac{\partial Y_{w4}}{\partial u_2} & \dfrac{\partial Y_{w4}}{\partial v_2} \end{pmatrix} \tag{5.67}$$

激光光斑特征点的中心定位误差为

$$\delta \boldsymbol{P}_1^{(r)}=(\delta u_1,\delta v_1,\delta u_2,\delta v_2)^{\mathrm{T}} \tag{5.68}$$

激光光斑特征点三维坐标误差为

$$\delta \boldsymbol{W}_1^{(r)}=(\delta X_{w1},\delta Y_{w1},\delta Z_{w1},\delta X_{w2},\delta Y_{w2},\delta Z_{w2},\delta X_{w3},\delta Y_{w3},\delta Z_{w3},\delta X_{w4},\delta Y_{w4},\delta Z_{w4})^{\mathrm{T}} \tag{5.69}$$

根据位姿解算模型，机身位姿参数与特征点三维坐标间的关系可以表示为

$$f(\theta_x,\theta_y,\theta_z,t_x,t_y,t_z,X_{w1},Y_{w1},Z_{w1},X_{w2},Y_{w2},Z_{w2},X_{w3},Y_{w3},Z_{w3},X_{w4},Y_{w4},Z_{w4})=0 \tag{5.70}$$

设 $\boldsymbol{J}_{f1}$ 为式（5.70）的雅克比矩阵，则

$$\boldsymbol{J}_{f1}=\begin{pmatrix} \frac{\partial\theta_x}{\partial X_{w1}} & \frac{\partial\theta_x}{\partial Y_{w1}} & \frac{\partial\theta_x}{\partial Z_{w1}} & \cdots & \frac{\partial\theta_x}{\partial Y_{w4}} & \frac{\partial\theta_x}{\partial Z_{w4}} \\ \vdots & \vdots & \vdots & \vdots & \vdots & \vdots \\ \frac{\partial t_z}{\partial X_{w4}} & \frac{\partial t_z}{\partial Y_{w4}} & \frac{\partial t_z}{\partial Z_{w4}} & \cdots & \frac{\partial t_z}{\partial Y_{w4}} & \frac{\partial t_z}{\partial Z_{w4}} \end{pmatrix} \tag{5.71}$$

则掘进机机身位姿与特征点三维坐标之间的误差传递模型可表示为

$$\boldsymbol{E}_{P1}^{(r)}=(\boldsymbol{J}_{f1}^{T}\boldsymbol{J}_{f1})^{-1}\boldsymbol{J}_{f1}^{T} \tag{5.72}$$

令 $\delta\boldsymbol{A}_1^{(r)}=(\delta\theta_x,\ \delta\theta_y,\ \delta\theta_z,\ \delta t_x,\ \delta t_y,\ \delta t_z)$ 为掘进机机身位姿误差，则掘进机机身位姿测量误差可由下式得到

$$\delta\boldsymbol{A}_1^{(r)}=\boldsymbol{E}_{P1}^{(r)}\delta\boldsymbol{W}_1^{(r)} \tag{5.73}$$

5.2.2　激光束中心线定位误差

根据机身位姿解算模型，机身位姿与激光束特征点的三维坐标有关。激光束中心线定位误差包括激光束中心线斜率偏差及激光束中心线偏离光斑误差。下面分析并推导激光束中心线定位与特征点三维坐标之间的误差传递函数。

1. 激光束中心线斜率偏差

如图 5.5 所示，设理想的空间激光束中心直线方程为 $y-v_i=k_i(x-u_i)$，$(i=1, 3)$。l_i 为激光标靶的空间直线 L_i 在像面上的理想成像位置，假设激光束中心线在像面上的投影直线 l_3 存在斜率偏差，实际提取的投影直线 l'_3 与理想的投影直线 l_3 间的夹角为 θ。

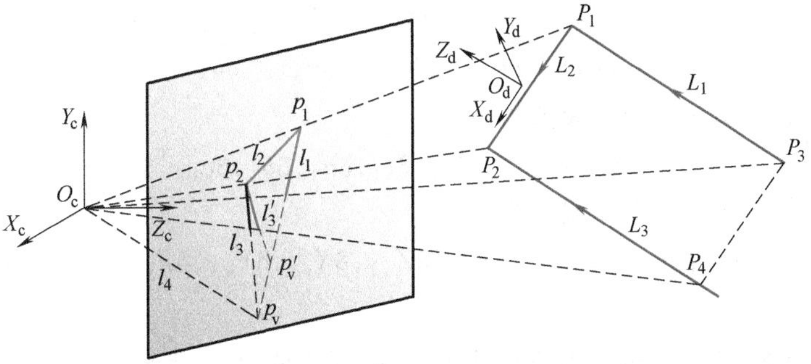

图 5.5　激光束中心线斜率偏差对位姿解算的影响

激光束的空间直线 L_i 在像面上的实际投影直线方程为

$$y-v_i=(k_i+\Delta k_i)(x-u_i) \tag{5.74}$$

$$\Delta k_i=\tan(\arctan(k_i)+\theta)-k_i \tag{5.75}$$

假设激光束投影线方程为

$$a_i x+b_i y+c=0 \tag{5.76}$$

结合式（5.75），激光束中心线斜率偏差引起的激光束投影直线方程的参数偏差 δa、δb、δc 可以表示为

$$\delta a_i=\Delta k_i=\tan(\arctan(k_i)+\theta_i),\delta b_i=0 \tag{5.77}$$

$$\delta c_i=u_i\Delta k_i=u_i\tan(\arctan(k_i)+\theta_i) \tag{5.78}$$

根据机身位姿解算模型，首先推导激光束中心线斜率偏差与特征点的三维坐标误差之间的关系，结合上述分析，可以转化为推导激光束投影线方程参数偏差与特征点三维坐标之间的误差传递函数，对激光束投影线方程参数进行求导，进行泰勒级数展开，忽略展开式中的高次项，取一次式得到激光束投影线方程参数与特征点三维坐标测量误差传递函数，即

$$\delta X_{wi}=\frac{\partial X_{wi}}{\partial a_i}\delta a_i+\frac{\partial X_{wi}}{\partial b_i}\delta b_i+\frac{\partial X_{wi}}{\partial c_i}\delta c_i \tag{5.79}$$

$$\delta Y_{wi}=\frac{\partial Y_{wi}}{\partial a_i}\delta a_i+\frac{\partial Y_{wi}}{\partial b_i}\delta b_i+\frac{\partial Y_{wi}}{\partial c_i}\delta c_i \tag{5.80}$$

$$\delta Z_{wi}=\frac{\partial Z_{wi}}{\partial a_i}\delta a_i+\frac{\partial Z_{wi}}{\partial b_i}\delta b_i+\frac{\partial Z_{wi}}{\partial c_i}\delta c_i \tag{5.81}$$

式中，δa、δb、δc 为激光束投影线方程参数偏差；i 表示激光束空间直线，建立激光束中心线定位与特征点三维坐标之间的误差传递函数

$$\delta \boldsymbol{W}_2^{(r)}=\boldsymbol{E}_{wP2}^{(r)}\delta \boldsymbol{P}_2^{(r)} \tag{5.82}$$

式中，激光束投影线方程参数偏差与三维坐标之间的误差传递模型为

$$\boldsymbol{E}_{wP2}^{(r)}=\begin{pmatrix}\frac{\partial X_{w1}}{\partial a_1} & \frac{\partial X_{w1}}{\partial b_1} & \frac{\partial X_{w1}}{\partial c_1} & \frac{\partial X_{w1}}{\partial a_3} & \frac{\partial X_{w1}}{\partial b_3} & \frac{\partial X_{w1}}{\partial c_3}\\ \vdots & \vdots & \vdots & \vdots & \vdots & \vdots\\ \frac{\partial Z_{w4}}{\partial a_1} & \frac{\partial Z_{w4}}{\partial b_1} & \frac{\partial Z_{w4}}{\partial c_1} & \frac{\partial Z_{w4}}{\partial a_3} & \frac{\partial Z_{w4}}{\partial b_3} & \frac{\partial Z_{w4}}{\partial c_3}\end{pmatrix} \tag{5.83}$$

激光束投影线方程参数偏差为

$$\delta \boldsymbol{P}_2^{(r)}=(\delta a_1,\delta b_1,\delta c_1,\delta a_3,\delta b_3,\delta c_3)^{\mathrm{T}} \tag{5.84}$$

激光束特征点三维坐标误差为

$$\delta \boldsymbol{W}_2^{(r)}=(\delta X_{w1},\delta Y_{w1},\delta Z_{w1},\delta X_{w2},\delta Y_{w2},\delta Z_{w2},\delta X_{w3},\delta Y_{w3},\delta Z_{w3},\delta X_{w4},\delta Y_{w4},\delta Z_{w4})^{\mathrm{T}} \tag{5.85}$$

结合式（5.72）所示的掘进机机身位姿与特征点三维坐标之间的误差传递模型，可得激光束中心线斜率偏差引起的掘进机机身位姿测量误差为

$$\delta \boldsymbol{A}_2^{(r)}=\boldsymbol{E}_{P1}^{(r)}\delta \boldsymbol{W}_2^{(r)} \tag{5.86}$$

2. 激光束中心线偏离光斑中心偏差

图 5.6 所示为激光束中心线偏离光斑中心偏差对位姿解算的影响，假设理想的

空间直线激光束中心线方程为 $y-v_i=k_i\ (x-u_i)$，$(i=1,\ 3)$。l_i 为激光标靶的空间直线 L_i 在像面上的理想成像位置。

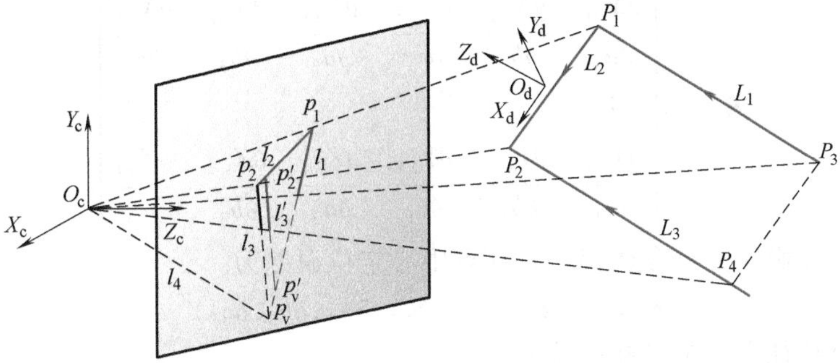

图 5.6　激光束中心线偏离光斑中心偏差对位姿解算影响

假设激光束中心线在像面上的投影直线 l_3 未通过光斑中心 p_2，实际提取的投影直线 l_3' 平行于理想的投影直线 l_3，投影直线 l_3' 与投影直线 l_3 在像平面上沿 x 轴、y 轴两个方向上的像素偏差分别为 Δu_i、Δv_i。激光束的空间直线 L_i 在像面上的实际投影直线方程为

$$y-v_i-\Delta v_i=k_i(x-u_i+\Delta u_i) \tag{5.87}$$

结合式（5.87）的激光束投影线方程为

$$a_ix+b_iy+c=0 \tag{5.88}$$

激光束中心线偏离光斑中心偏差引起的式（5.87）中激光束投影线方程参数偏差 δa、δb、δc 可以表示为

$$\delta a_i=0,\delta b_i=0,\delta c_i=\delta u_ik_i+\delta v_i \tag{5.89}$$

根据机身位姿解算模型，首先推导激光束中心线偏离光斑中心偏差与特征点的三维坐标误差之间的关系，结合上述分析，可以转化为推导激光束投影线方程参数偏差与特征点三维坐标之间的误差传递函数，对激光束投影线方程参数进行求导，进行泰勒级数展开，忽略展开式中的高次项，取一次式得到激光束投影线方程参数与特征点三维坐标测量误差传递函数，即

$$\delta X_{wi}=\frac{\partial X_{wi}}{\partial a_i}\delta a_i+\frac{\partial X_{wi}}{\partial b_i}\delta b_i+\frac{\partial X_{wi}}{\partial c_i}\delta c_i \tag{5.90}$$

$$\delta Y_{wi}=\frac{\partial Y_{wi}}{\partial a_i}\delta a_i+\frac{\partial Y_{wi}}{\partial b_i}\delta b_i+\frac{\partial Y_{wi}}{\partial c_i}\delta c_i \tag{5.91}$$

$$\delta Z_{wi}=\frac{\partial Z_{wi}}{\partial a_i}\delta a_i+\frac{\partial Z_{wi}}{\partial b_i}\delta b_i+\frac{\partial Z_{wi}}{\partial c_i}\delta c_i \tag{5.92}$$

式中，δa、δb、δc 为激光束投影线方程参数偏差；i 表示激光束空间直线，建立激光束中心线定位与特征点三维坐标之间的误差传递函数

$$\delta \boldsymbol{W}_3^{(\mathrm{r})} = \boldsymbol{E}_{\mathrm{w}P3}^{(\mathrm{r})} \delta \boldsymbol{P}_3^{(\mathrm{r})} \tag{5.93}$$

式中，激光束投影线方程参数偏差与三维坐标之间的误差传递模型为

$$\boldsymbol{E}_{\mathrm{w}P3}^{(\mathrm{r})} = \begin{pmatrix} \dfrac{\partial X_{\mathrm{w}1}}{\partial a_1} & \dfrac{\partial X_{\mathrm{w}1}}{\partial b_1} & \dfrac{\partial X_{\mathrm{w}1}}{\partial c_1} & \dfrac{\partial X_{\mathrm{w}1}}{\partial a_3} & \dfrac{\partial X_{\mathrm{w}1}}{\partial b_3} & \dfrac{\partial X_{\mathrm{w}1}}{\partial c_3} \\ \vdots & \vdots & \vdots & \vdots & \vdots & \vdots \\ \dfrac{\partial Y_{\mathrm{w}4}}{\partial a_1} & \dfrac{\partial Y_{\mathrm{w}4}}{\partial b_1} & \dfrac{\partial Y_{\mathrm{w}4}}{\partial c_1} & \dfrac{\partial Z_{\mathrm{w}4}}{\partial a_3} & \dfrac{\partial Z_{\mathrm{w}4}}{\partial b_3} & \dfrac{\partial Z_{\mathrm{w}4}}{\partial c_3} \end{pmatrix} \tag{5.94}$$

激光束投影线方程参数偏差特征点中心定位误差为

$$\delta \boldsymbol{P}_3^{(\mathrm{r})} = (\delta a_1, \delta b_1, \delta c_1, \delta a_3, \delta b_3, \delta c_3)^{\mathrm{T}} \tag{5.95}$$

激光束特征点三维坐标误差为

$$\delta \boldsymbol{W}_3^{(\mathrm{r})} = (\delta X_{\mathrm{w}1}, \delta Y_{\mathrm{w}1}, \delta Z_{\mathrm{w}1}, \delta X_{\mathrm{w}2}, \delta Y_{\mathrm{w}2}, \delta Z_{\mathrm{w}2}, \delta X_{\mathrm{w}3}, \delta Y_{\mathrm{w}3}, \delta Z_{\mathrm{w}3}, \delta X_{\mathrm{w}4}, \delta Y_{\mathrm{w}4}, \delta Z_{\mathrm{w}4})^{\mathrm{T}} \tag{5.96}$$

结合式（5.72）所示的掘进机机身位姿与特征点三维坐标之间的误差传递模型，可得激光束中心线偏离光斑中心误差引起的掘进机机身位姿测量误差为

$$\delta \boldsymbol{A}_3^{(\mathrm{r})} = \boldsymbol{E}_{P1}^{(\mathrm{r})} \delta \boldsymbol{W}_3^{(\mathrm{r})} \tag{5.97}$$

5.2.3 激光束标靶几何误差

用于机身定位的平行激光束激光标靶会不可避免地引入安装误差，导致两条激光束无法满足平行约束关系或共面约束关系，从而产生非共面误差或非平行误差。下面分析平行激光束非共面误差或非平行误差对机身位姿解算的影响。

（1）非共面误差　如图 5.7 所示，P_i 为激光标靶的理想特征点位置，假设 P_4 特征点存在垂直于激光标靶平面的误差，P'_4 为激光标靶非共面特征点 P_4 的实际位置，Δl_1 是特征点 P_4 的偏移距离。设实际成像特征点 P'_4 的坐标为（$X'_{\mathrm{w}4}$，$Y'_{\mathrm{w}4}$），理想特征点 P_4 的坐标为（$X_{\mathrm{w}4}$，$Y_{\mathrm{w}4}$）。

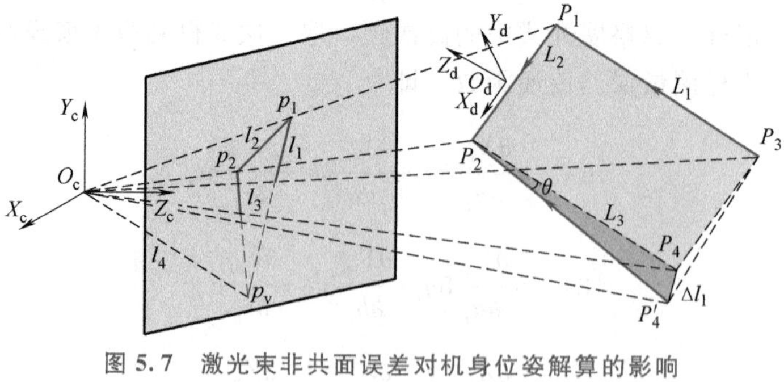

图 5.7　激光束非共面误差对机身位姿解算的影响

则激光束非共面误差与激光束特征点三维坐标测量误差的传递模型可以表示为

$$\begin{pmatrix} X_{\mathrm{w}4} \\ Y_{\mathrm{w}4} \end{pmatrix} = \begin{pmatrix} 0 \\ \Delta l_1 \end{pmatrix} + \begin{pmatrix} X'_{\mathrm{w}4} \\ Y'_{\mathrm{w}4} \end{pmatrix} \tag{5.98}$$

（2）非平行误差 如图 5.8 所示，P_i 为激光标靶的理想特征点位置，假设直线 L_3 与直线 L_1 之间存在非平行误差，P'_4 为激光标靶存在非平行误差时特征点 P_4 的实际位置，Δl_2 是特征点偏移距离。设实际成像特征点 P'_4 的坐标为（X'_{w4}，Y'_{w4}），理想特征点 P_4 的坐标为（X_{w4}，Y_{w4}）

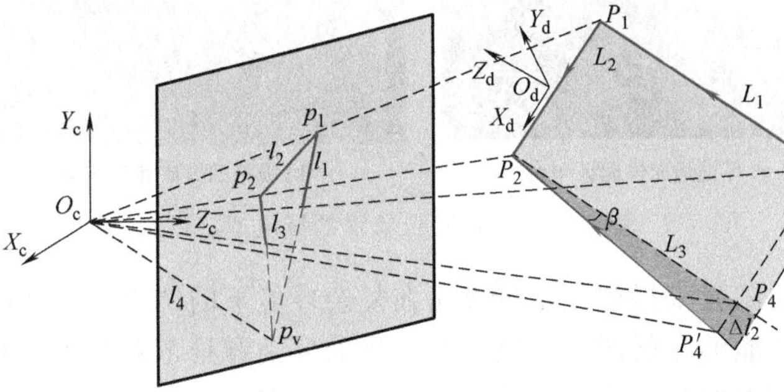

图 5.8 激光束非平行误差对机身位姿解算的影响

则激光束非平行误差与激光束特征点三维坐标测量误差的传递模型可以表示为

$$\begin{pmatrix} X_{w4} \\ Y_{w4} \end{pmatrix} = \begin{pmatrix} \Delta l_2 \\ 0 \end{pmatrix} + \begin{pmatrix} X'_{w4} \\ Y'_{w4} \end{pmatrix} \tag{5.99}$$

激光束特征点三维坐标误差为

$$\delta \boldsymbol{W}_4^{(r)} = (0,0,0,0,0,0,0,0,0,L_4\cos\beta\sin\theta, L_4\sin\beta, L_4\cos\beta\cos\theta)^{\mathrm{T}} \tag{5.100}$$

结合式（5.72）所示的掘进机机身位姿与特征点三维坐标之间的误差传递模型，可得激光束标靶几何误差引起的掘进机机身位姿测量误差为

$$\delta \boldsymbol{A}_4^{(r)} = \boldsymbol{E}_{P1}^{(r)} \delta \boldsymbol{W}_4^{(r)} \tag{5.101}$$

5.3 基于激光线特征的机身全局位姿测量方法验证

为验证本章所提出的机身位姿视觉测量算法的可行性、有效性及测量误差模型正确性，搭建实验平台如图 5.9 所示。

实验包括激光束分割、提取和定位算法的环境适应性实验验证，以及目标距离、标靶尺寸对机身视觉定位精度影响的数值仿真验证。

5.3.1 激光束提取与定位算法的环境适应性验证

在实验室模拟了煤矿井下掘进工作面的低照度、高粉尘、杂光等复杂环境。采用 MV_EM510C 相机采集激光标靶图像，激光标靶是由两个平行安装的矿用激光指向仪构建的双平行激光束。实验室搭建激光束提取与定位平台如图 5.9 所示，以验证环境适应性。

实验时，利用激光束提取与定位算法对采集的 100 幅激光束图像进行了重复性测试。激光束图像及其处理结果如图 5.10 所示。实验结果表明，创新设计的激光

a) 环境适应性验证平台　　b) 模拟的煤矿井下环境

图 5.9　激光束提取与定位算法的环境适应性验证

标靶及本章提出的激光束提取与定位算法在复杂环境下的结果有较强的复杂环境抗干扰能力。该方法能够在低照度、杂散光干扰的复杂背景下对激光标靶进行有效的识别、分割、特征提取与定位，激光光斑中心定位的均方根误差为 0.039pixel，激光束中心线定位的均方根误差为 0.058pixel，测量的精度与稳定性可以满足煤矿井下掘进设备定位要求。

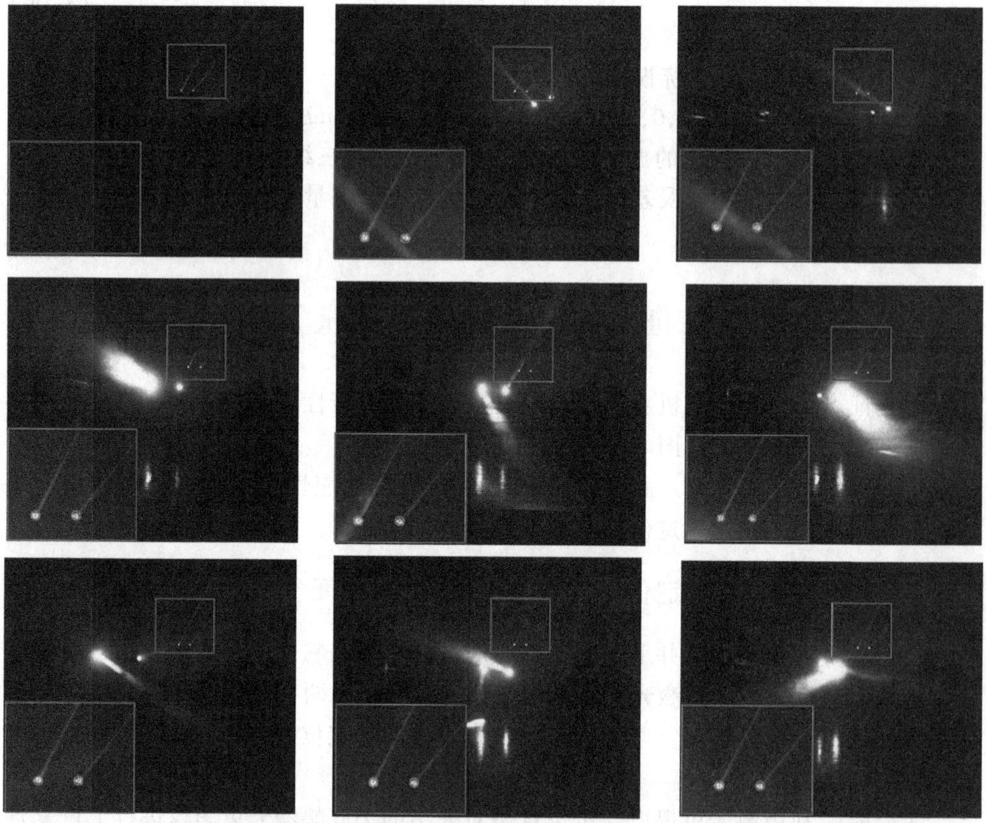

图 5.10　采集到的激光束图像及其特征提取与定位结果

5.3.2　激光标靶尺寸及距离对机身位姿视觉测量的影响

根据建立的激光光斑中心定位参数、激光束中心线定位参数及激光束标靶几何参数与掘进机机身位姿间的误差传递函数，对机身定位精度的影响进行数值仿真分析。

仿真分析时，双平行激光束间距大小分别设置为 0.5m、1m、2m，相机与标靶距离分别设置为 10m、60m、110m、160m、210m、260m、310m。根据所建立的机身位姿解算误差模型，对上述各参数对机身定位的单因素影响进行了数值仿真分析。

在仿真建模时作如下假设：激光光斑中心定位误差均值为 0，方差为 0.1pixel；在进行激光束中心线定位误差对机身定位精度的影响分析时，激光束中心线定位的斜率误差均值为 0，方差为 1°；激光束中心线偏离光斑中心的像素坐标误差均值为 0，方差为 1pixel；在进行激光束标靶几何误差对机身定位精度的影响分析时，激光束标靶非平行误差均值为 0，方差为 5mm；激光束标靶非共面误差均值为 0，方差为 5mm。

下面具体分析不同因素对位姿测量的影响。

1. 激光光斑中心定位误差对机身位置和角度测量精度的影响

图 5.11 所示为激光光斑中心定位误差对机身位置和角度测量精度影响的结果。图 5.11a、b、c 分别为激光束间距为 0.5m、1m、2m 时的位置和角度误差。

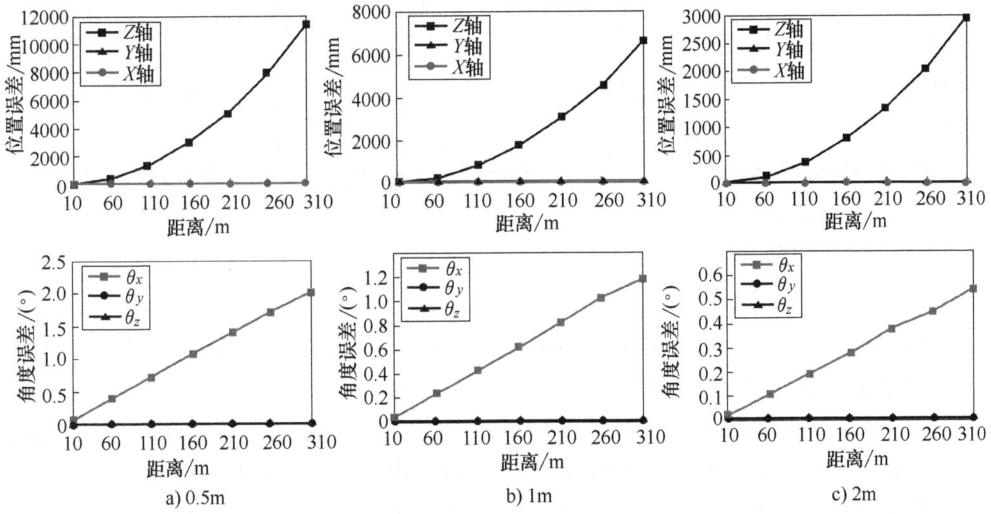

图 5.11　激光光斑中心定位误差对机身定位精度的影响

当相机与激光标靶间距离在 110m 范围内时，不同激光束间距、激光光斑中心定位误差共同作用下机身定位误差影响结果分析：

1）激光束间距为 0.5m 时，激光光斑中心定位误差引起的 X 轴、Y 轴、Z 轴的最大位置误差分别为 3.84mm、24.57mm、1387.7mm；激光光斑中心定位误差引起的 θ_x、θ_y、θ_z 的最大角度误差分别为 0.728°、0.008°、0.014°。

2）激光束间距为 1m 时，激光光斑中心定位误差引起的 X 轴、Y 轴、Z 轴的最大位置误差分别为 3.72mm、16.86mm、374.8mm；激光光斑中心定位误差引起的 θ_x、θ_y、θ_z 的最大角度误差分别为 0.428°、0.004°、0.008°。

3）激光束间距为 2m 时，激光光斑中心定位误差引起的 X 轴、Y 轴、Z 轴的最大位置误差分别为 3.69mm、8.67mm、374.8mm；激光光斑中心定位误差引起的 θ_x、θ_y、θ_z 的最大角度误差分别为 0.194°、0.002°、0.004°。

2. 激光束中心线定位的斜率误差对机身位置和角度测量精度影响

图 5.12 所示为激光束中心线定位的斜率误差对机身位置和角度测量精度影响的结果。图 5.12a、b、c 分别为激光束间距为 0.5m、1m、2m 时的位置和角度误差。

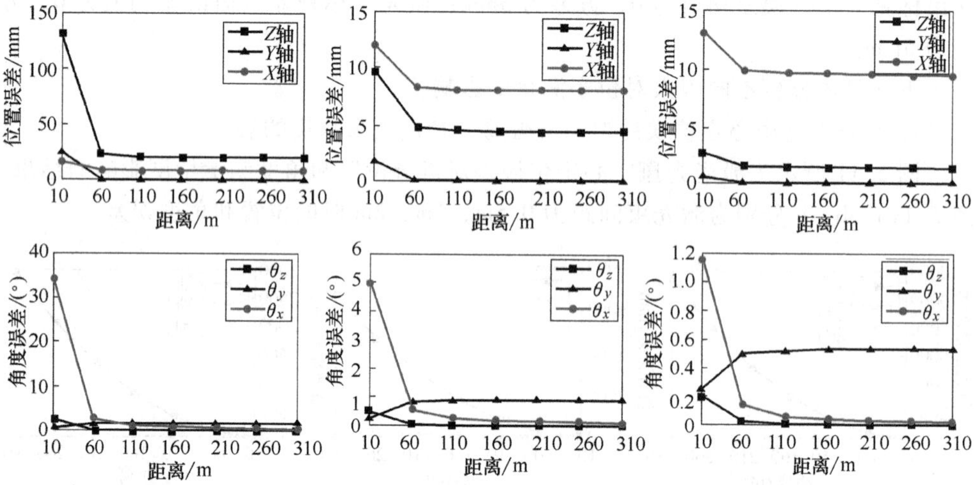

a) 0.5m b) 1m c) 2m

图 5.12 激光束中心线定位的斜率误差对机身定位精度的影响

当相机与激光标靶间距离在 110m 范围内时，不同激光束间距、激光束中心线定位斜率误差共同作用下机身定位误差影响结果分析：

1）激光束间距为 0.5m 时，激光束中心线定位的斜率误差引起的 X 轴、Y 轴、Z 轴的最大位置误差分别为 8.05mm、0.36mm、20.88mm；激光束中心线定位的斜率误差引起的 θ_x、θ_y、θ_z 的最大角度误差分别为 1.367°、1.735°、0.086°。

2）激光束间距为 1m 时，激光束中心线定位的斜率误差引起的 X 轴、Y 轴、Z 轴的最大位置误差分别为 8.12mm、0.07mm、4.55mm；激光束中心线定位的斜率误差引起的 θ_x、θ_y、θ_z 的最大角度误差分别为 0.299°、0.884°、0.038°。

3）激光束间距为 2m 时，激光束中心线定位的斜率误差引起的 X 轴、Y 轴、Z

轴的最大位置误差分别为 9.59mm、0.02mm、1.34mm；激光束中心线定位的斜率误差引起的 θ_x、θ_y、θ_z 的最大角度误差分别为 0.074°、0.525°、0.018°。

3. 激光束中心线偏离光斑中心误差对机身位置和角度测量精度影响

如图 5.13 所示为激光束中心线偏离光斑中心误差对机身位置和角度测量精度影响的结果。图 5.13a、b、c 分别为激光束间距为 0.5m、1m、2m 时的位置和角度误差。

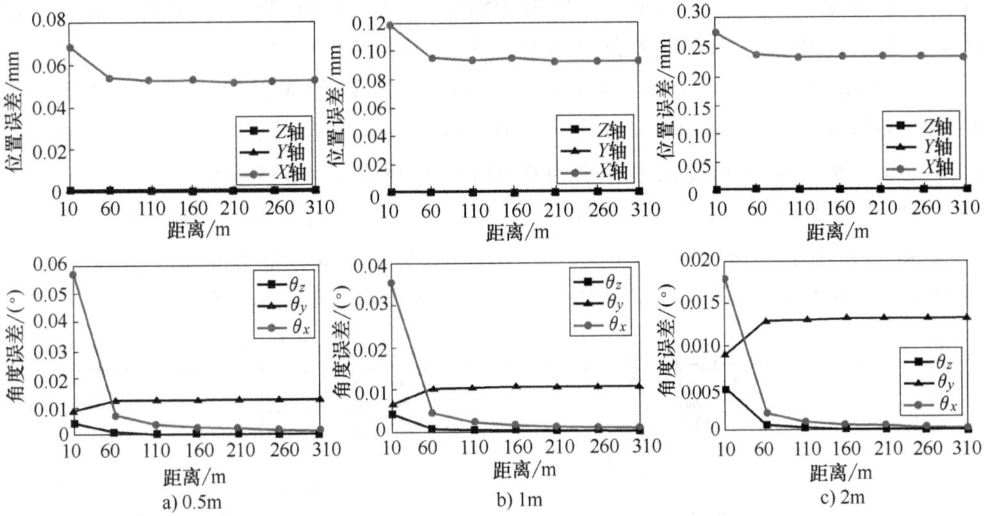

图 5.13　激光束中心线偏离光斑中心对机身定位精度的影响

当相机与激光标靶间距离在 110m 范围内时，不同激光束间距、激光束中心线偏离光斑中心误差共同作用下机身定位误差影响结果分析：

1）激光束间距为 0.5m 时，激光束中心线偏离光斑中心误差引起的 X 轴、Y 轴、Z 轴的最大位置误差分别为 0.052mm、1.181e-05mm、6.741e-04mm；激光束中心线偏离光斑中心误差引起的 θ_x、θ_y、θ_z 的最大角度误差分别为 0.004°、0.012°、3.738e-04°。

2）激光束间距为 1m 时，激光束中心线偏离光斑中心误差引起的 X 轴、Y 轴、Z 轴的最大位置误差分别为 0.09mm、7.036e-04mm、8.213e-06mm；激光束中心线偏离光斑中心误差引起的 θ_x、θ_y、θ_z 的最大角度误差分别为 0.002°、0.011°、3.903e-04°。

3）激光束间距为 2m 时，激光束中心线偏离光斑中心误差引起的 X 轴、Y 轴、Z 轴的最大位置误差分别为 0.23mm、1.281e-05mm、8.254e-04mm；激光束中心线偏离光斑中心误差引起的 θ_x、θ_y、θ_z 的最大角度误差分别为 0.001°、0.013°、4.425e-04°。

4. 激光束标靶几何误差对位置和角度测量精度影响

激光束标靶几何误差对位置和角度测量精度影响的数值仿真结果如图 5.14、

图 5.15 所示。激光束标靶几何误差包括激光束非平行误差、非共面误差两种。

图 5.14 所示为激光束非平行误差对机身位置和角度测量精度影响的结果。图 5.14a、b、c 分别为激光束间距为 0.5m、1m、2m 时的位置和角度误差。

当相机与激光标靶间距离在 110m 范围内时，不同激光束间距、激光束非平行误差共同作用下机身定位误差影响结果分析：

1）激光束间距为 0.5m 时，激光束非平行误差引起的 X 轴、Y 轴、Z 轴的最大位置误差分别为 4.724e-04mm、1.044e-05mm、0.001mm；激光束非平行误差引起的 θ_x、θ_y、θ_z 的最大角度误差分别为 0.017°、0.005°、4.535e-05°。

2）激光束间距为 1m 时，激光束非平行误差引起的 X 轴、Y 轴、Z 轴的最大位置误差分别为 4.724e-04mm、1.044e-05mm、0.001mm；激光束非平行误差引起的 θ_x、θ_y、θ_z 的最大角度误差分别为 0.014°、0.004°、4.535e-05°。

3）激光束间距为 2m 时，激光束非平行误差引起的 X 轴、Y 轴、Z 轴的最大位置误差分别为 4.724e-04mm、1.044e-05mm、0.001mm；激光束非平行误差引起的 θ_x、θ_y、θ_z 的最大角度误差分别为 0.011°、0.004°、4.535e-05°。

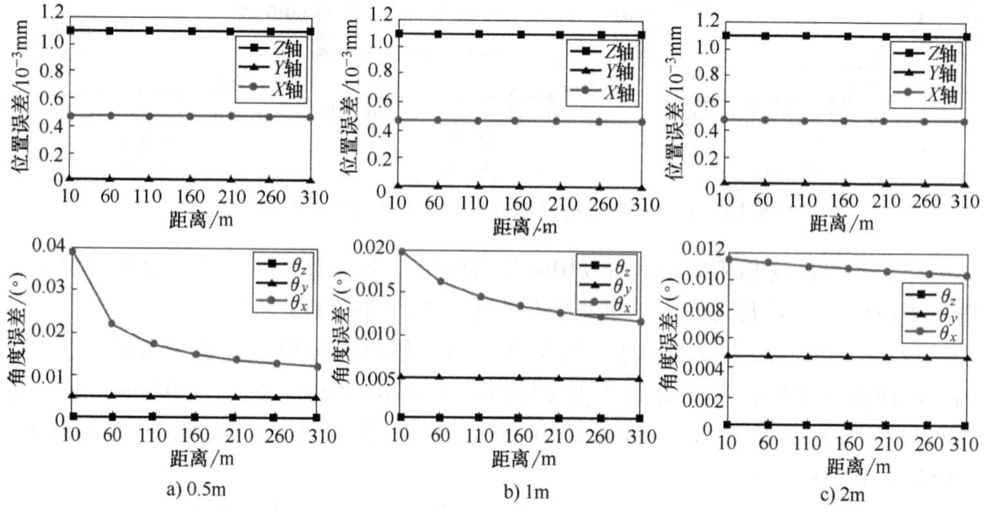

图 5.14　非平行误差对机身定位精度的影响

图 5.15 所示为激光束非共面误差对机身位置和角度测量精度的影响。图 5.15a、b、c 分别为激光束间距为 0.5m、1m、2m 时的位置和角度误差。

当相机与激光标靶间距离在 110m 范围内时，不同激光束间距、激光束非平行误差共同作用下机身定位误差影响结果分析：

1）激光束间距为 0.5m 时，激光束非共面误差引起的 X 轴、Y 轴、Z 轴的最大位置误差分别为 9.395e-04mm、4.346e-04mm、0.013mm；激光束非共面误差引起的 θ_x、θ_y、θ_z 的最大角度误差分别为 0.232°、0.033°、6.169°。

2）激光束间距为 1m 时，激光束非共面误差引起的 X 轴、Y 轴、Z 轴的最大

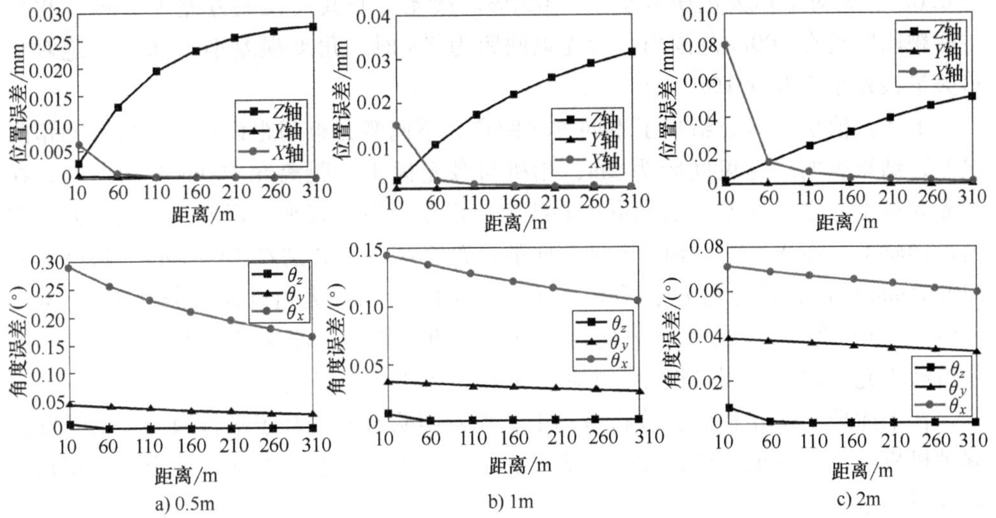

图 5.15 非共面误差对机身定位精度的影响

位置误差分别为 0.001mm、3.036e-04mm、0.016mm；激光束非共面误差引起的 θ_x、θ_y、θ_z 的最大角度误差分别为 0.128°、0.031°、5.739e-04°。

3）激光束间距为 2m 时，激光束非共面误差引起的 X 轴、Y 轴、Z 轴的最大位置误差分别为 0.006mm、0.004mm、0.022mm；激光束非共面误差引起的 θ_x、θ_y、θ_z 的最大角度误差分别为 0.067°、0.036°、6.719e-04°。

根据上述数值仿真结果，可以得到：

1）从图 5.11 可以看出激光光斑中心定位误差引起的位置误差和角度误差都随着测量距离和平行激光束间距的增大而增大，其中，X 轴、Y 轴两个方向具有很高的位置定位精度，相比于 X 轴、Y 轴方向，Z 轴方向位置误差较大；绕 X 轴、Y 轴的俯仰角和航向角具有很高的角度定位精度，绕 Z 轴的翻滚角误差大于绕 X 轴、Y 轴的角度误差。当像素点噪声方差为 0.1pixel，相机与标靶间距离在 100m 范围内，激光束间距为 2m 时，角度误差小于 0.2°，相对平移矢量误差小于 0.037%。

2）从图 5.12、图 5.13 可以看出，当距离大于 60m，激光束中心线定位的斜率误差引起的位置误差和角度误差基本保持不变。当激光束中心线斜率误差方差为 1°，相机与激光标靶间距离在 100m 范围内，激光束间距为 2m 时，角度误差小于 0.5°，相对平移矢量误差小于 0.012%。激光束中心线偏离光斑中心误差方差为 1pixel，相机与标靶间距离在 100m 范围内，激光束间距为 2m 时，角度误差小于 0.02°，相对平移矢量误差小于 0.001%。

3）从图 5.14、图 5.15 可以看出，随着距离的增大，激光束非平行误差引起的绕 X 轴的俯仰角误差逐渐减小，绕 Y 轴、Z 轴的航向角和翻滚角误差基本保持不变，激光束非平行误差引起的位置误差基本保持不变。当激光束非平行误差方差为 5mm，相机与激光标靶间距离在 100m 范围内，激光束间距为 2m 时，角度误差小于 0.02°，相对平移矢量误差小于 0.001%。激光束非共面误差方差为 5mm，相机与标靶间距离在 100m 范围内，激光束间距为 2m 时，角度误差小于 0.1°，绝对平移矢量误差小于 0.001%。

上述数值仿真研究给出了不同测量距离、不同激光束间距设置下的位置和角度误差，结果表明激光束间距为 2m，相机与激光标靶间距离在 100m 范围内时，在激光光斑中心定位误差、激光束中心线定位误差、激光束平行误差及共面误差的多因素影响下，在 X 轴、Y 轴、Z 轴方向的位置测量误差分别在 13.51mm、8.69mm、370.61mm 以内，俯仰角 θ_x、偏航角 θ_y、翻滚角 θ_z 的最大角度误差分别为 0.336°、0.576°、0.022°。X 轴、Y 轴方向具有较高的测量精度，能够满足煤矿掘进工作面巷道施工允许的最大测量误差。Z 轴方向误差受距离的影响较大。

在上述理论研究和仿真分析基础上，作者团队研发了基于平行激光束的悬臂式掘进机机身定位系统，已经在多个煤矿完成井下工业实验，验证了该定位模型在煤矿井下的适用性。

5.4 小结

本章以两个激光指向仪构建平行激光束作为目标标靶，用两根激光线和两个出射激光点构建了 2P3L 测量模型，利用两条平行直线与两个激光点构建的虚拟直线，建立了掘进机机身位姿解算模型，通过闭式解解算出掘进机相对巷道的全局位姿。具体结论如下：

1）创新设计煤矿井下巷道定位用平行激光束标靶，通过定义的颜色空间约束、欧氏距离约束及边界线约束实现了激光束图像的分割、特征提取和定位。实验结果表明，特别设计的激光标靶及所提出的激光束提取算法能够在煤矿井下复杂背景对激光标靶进行有效的分割、特征提取与定位。

2）根据平行激光束特征，构建了 2P3L 悬臂式掘进机机身位姿估计模型，能够从三直线对应关系中确定唯一的闭式解，克服了现有的三直线位姿估计算法中存在高次多项式、多解、复杂迭代求解等问题。

3）根据提出的 2P3L 位姿解算模型，构建了激光光斑中心定位、激光束中心线定位、激光束平行度，以及激光束共面度与机身定位结果之间的误差传递模型，获得了机身位姿精确测量系统的误差传播规律。数值仿真研究给出了不同距离、不同标靶大小设置下的位置和角度误差，在多种因素的影响下，系统在 X 轴、Y 轴位置测量误差分别在 13.51mm、8.69mm 以内。

第 6 章

基于三激光束的掘进机机身位姿测量技术

第 5 章介绍的基于平行激光束的机身位姿计算模型，假设了两根激光线平行，在测量现场安装时要保证两条激光束平行。由于激光源制造和激光指向仪安装等因素影响，在煤矿井下保证激光指向仪平行度难度大，且系统外参数标定复杂，需要进一步优化，以提高定位精度和稳定性。同时，视觉测量方案论证和系统测试中也发现：三条及以上激光束都可以构建视觉空间位姿测量模型，但是四条线以上会提高现场安装难度，也容易造成特征线的空间交叉，多激光线特征难以提取导致视觉定位算法失效。以三激光束构建空间合作标靶，不需要保证平行安装，不仅提高了单目视觉测量的稳定性和精度，更是提高了其工程适用性。

本章创新设计了由三个矿用激光指向仪构建的三激光束标靶，构建了掘进机机身位姿视觉测量系统，介绍了常规图像处理、卷积神经网络在三激光束标靶图像分割与特征提取方面的应用；建立了基于点-线特征的三点三线（3P3L）单目视觉测量及定位数学模型，获得了掘进机机身的相对巷道安装点的位置和姿态参数；最后对基于三激束合作标靶的单目视觉测量方法的精度进行了理论分析，并针对主要影响因素开展了实验验证。相比于第 5 章的 2P3L 定位模型，该方法解决了井下现场安装难题，有效提高了掘进机机身的定位精度及稳定性。

6.1 悬臂式掘进机机身位姿视觉测量系统

基于三激光束的掘进机机身位姿测量系统由三激光束标靶、矿用防爆相机和防爆计算机组成，其中计算机完成图像特征提取、定位模型解算、位姿显示等功能。在煤矿井下使用时，三激光束标靶固定在安装架并挂载于巷道上方；选用的激光指向仪发射 660nm 波长的红色激光，利用激光颜色分量约束可简化井下复杂光照条件下图像的处理，有效避免杂散光对图像分割与提取的干扰。借助全站仪进行外参标定，可获得大地坐标下的掘进机机身的位置和姿态绝对坐标数据。图 6.1 为悬臂式掘进机机身视觉测量系统测量原理框图。

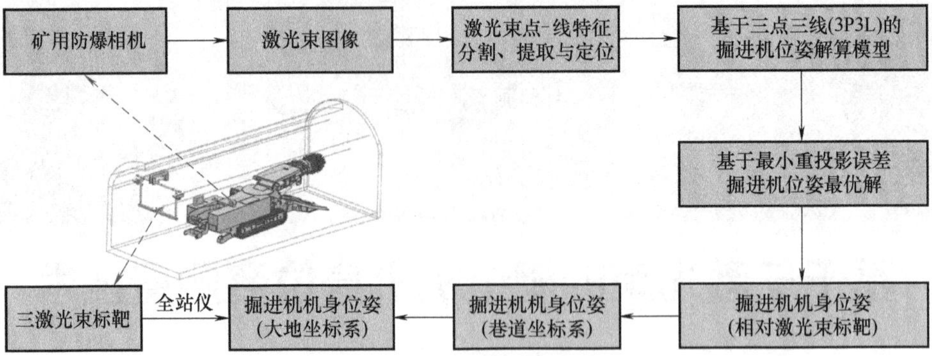

图 6.1　悬臂式掘进机机身视觉测量原理框图

6.2　激光束标靶图像分割与特征提取

6.2.1　三激光束标靶图像特性

三激光束标靶是由三个矿用激光指向仪形成的激光束所构成，激光指向仪采用波长约 660nm 的红色激光。图 6.2a 为三激光束标靶图像，理想情况下每个激光束分布均匀且截面灰度值呈高斯分布，如图 6.2b 所示，灰度值最大值处为激光束中心。但是由于煤矿井下掘进工作面的粉尘浓度分布并不均匀且受气流扩散、颗粒散射等影响，大多情况激光束分布非均匀且截面灰度值呈近似高斯分布，如图 6.2c 所示。

通过上述分析可知，三激光束标靶二维图像的特征分割与提取可以转化为图像行截面的一维灰度信号来处理，通过提取具有一定宽度阈值的三个波峰特征，可以稳定、有效地获取激光束标靶图像的直线特征。但是，对于因粉尘分布不均影响导致的非均匀分布的激光束，需要考虑实际灰度值的分布差异（图 6.3），因此，在利用上述激光束峰值特性获取初始粗略中心直线特征的基础上，还需要进一步对激光束中心直线进行优化。

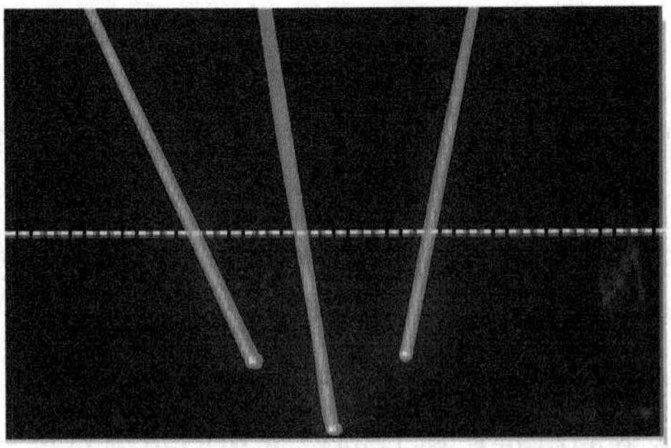

a) 三激光束图像

彩图

图 6.2　三激光束图像及其截面灰度分布特性

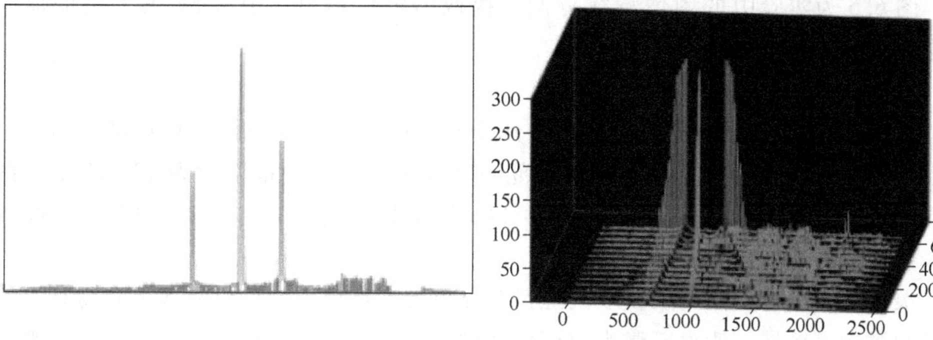

b) 截面波峰分布　　c) 多个截面的波峰分布

图 6.2　三激光束图像及其截面灰度分布特性（续）

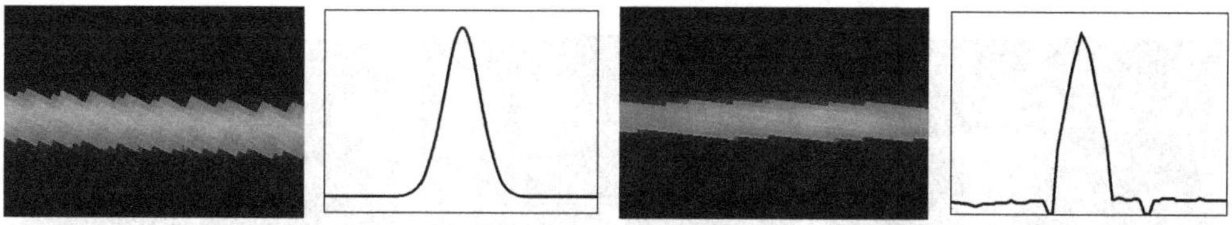

a) 均匀分布的激光束　b) 理想灰度值高斯分布　c) 非均匀分布的激光束　d) 实际灰度值近似高斯分布

图 6.3　实际采集的激光束图像灰度值差异

6.2.2　三激光束标靶图像分割与特征提取

基于三激光束标靶的单目视觉位姿测量系统的核心是三个激光指向仪构成的空间点、线图像特征，即激光指向仪的三个出射点、三根激光线，构建煤矿井下图像处理，包括激光束的区域分割与特征提取、激光光斑的区域分割与特征提取、三激光束点-线特征定位三个部分。该三激光束标靶图像的区域分割、特征提取与定位流程如图 6.4 所示。

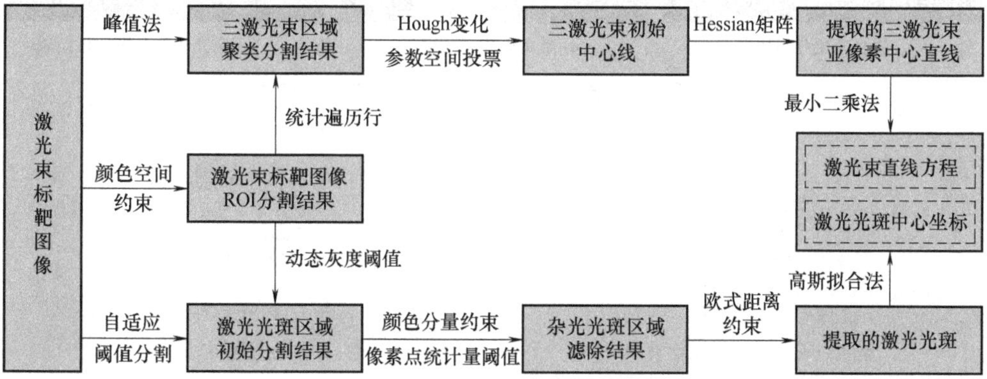

图 6.4　三激光束标靶图像的区域分割、特征提取与定位流程

图 6.5 为实验中的图像特征分割、提取与定位结果。图 6.5a 为采集的原始图像。

1. 三激光束图像分割

根据红色激光束的 *HSV* 颜色空间分量 *H*、*S*、*V* 的对应范围，可以区分出复杂背景下的激光束与杂散光，其中 *H* 的范围设为 0~10，*S* 的范围设为 40~250，*V* 的范围设为 40~250，如图 6.5b 所示，可以滤除矿灯及其他杂光，并允许红色较亮的激光束像素通过。

根据基于颜色空间约束获取的红色激光束像素点聚类，可以有效地获得杂光背景下的激光束区域。假设三激光束标靶图像中的第 i 个像点表示为 $I(x_i, y_i)$，则激光束 L 的像素点集合可定义为

$$L=\{L_1, L_2, \cdots, L_i\}, L_i=(x_i, y_i, I(x_i, y_i)) \tag{6.1}$$

$$0<H(x_i, y_i)<10, 40<S(x_i, y_i)<250, 40<V(x_i, y_i)<250 \tag{6.2}$$

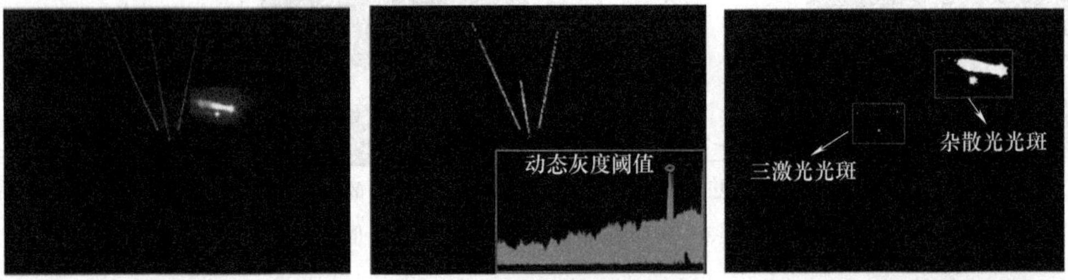

a) 原始图像　　b) 三激光束图像分割结果　　c) 激光光斑及杂点

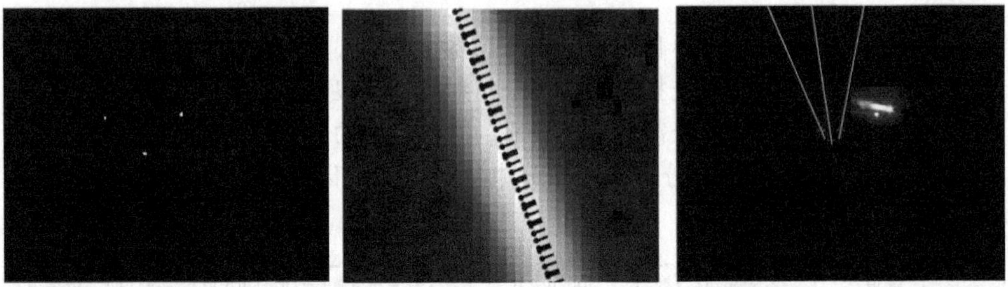

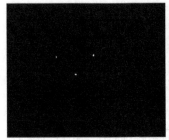

d) 激光光斑分割结果　　e) 激光束截面法线　　f) 三激光束及光斑定位结果

图 6.5　三激光束标靶图像特征提取与定位结果

单目视觉位姿测量系统井下测试——三条激光线作为合作标靶，线特征提取

基于三激光束的掘进机机身位姿测量技术——特征提取

2. 激光光斑及杂点分割

通过计算当前激光束图像分割区域的最大灰度值得到动态灰度阈值，如图 6.5b 中红色圆圈标记的像素点灰度值。根据获得的自适应灰度阈值，利用 Otsu 算法获得当前图像的二值化图像，如图 6.5c 所示。定义阈值分割获得区域 S，该区域 S 不仅含有激光光斑，还含有杂散光光斑。这里定义了颜色空间约束来过滤杂散光斑像素点。假设 S_k 表示区域 S 中的第 k 个连通区域的像素集合。设 S'_k 为第 k 个连通区域集合 S_k 和集合 L 的交集，N_k 为集合 S'_k 中像素点的统计值。利用满足颜色空间约束的像素统计值 $N_k>m$ 对区域 S 进行分割，其中 m 通常设置为 5。

3. 激光光斑分割与中心定位

利用欧氏距离约束进一步对分割得到的光斑区域进行筛选，分别通过计算不同光斑区域中心沿 x 轴和 y 轴的像素距离来确定激光光斑。激光光斑区域分割结果如图 6.5d 所示。光斑定位算法有加权质心法、曲面拟合法等，这里激光光斑中心定位采用高斯拟合算法。霍夫变换直线检测方法没有考虑激光束线宽，对于线宽变化的、不连续的激光束中心线检测是不准确的。Steger 激光条纹检测精度高，但算法时间复杂度高。

4. 三激光束区域聚类分割

根据前面对三激光束标靶图像的特性分析，激光标靶二维图像的特征分割与提取可以通过激光束图像行截面的一维灰度信号来进行处理，通过峰值法提取具有一定宽度阈值的三个波峰特征，进而通过霍夫变换建立的累加器对初始分割聚类结果进行杂点滤波处理。

首先利用峰值法求取每行图像的峰值，形成初始左侧激光束像素点簇、初始中间激光束像素点簇和初始右侧激光束像素点簇（图 6.6），获取三激光束初始粗略中心线上像素点聚类信息，进而利用 θ 和 ρ 构建离散参数空间，建立累加器 $A=\{\rho,\theta\}$，其中 θ 为横坐标轴与垂直于激光线的矢量的夹角，ρ 为坐标系原点到激光线的距离，通过 Hough 变换将获得的激光束初始中心线上的像素点聚类由图像空间域转换到 ρ-θ 参数空间。如图 6.7 所示，激光束所在直线对应于参数空间的投票数量最多的点，因此，根据投票数量确定 A 的局部极大值及所对应的直线 ρ-θ 参数，可以对所提取的激光束初始中心线像素点聚类中的杂点进行滤除，获得激光束初始中心线像素点聚类集合。

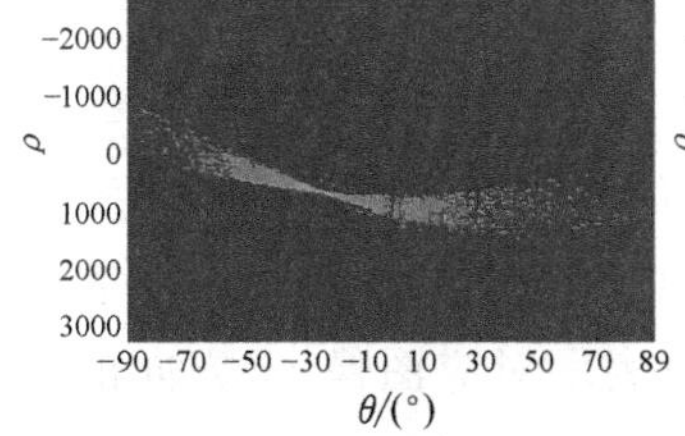

a) 左侧激光束

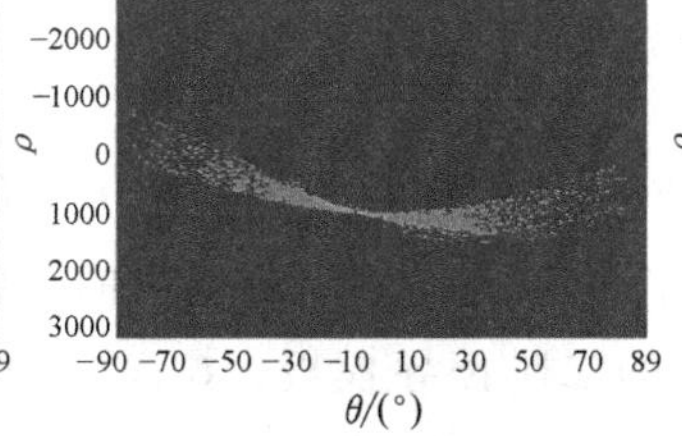

b) 中间激光束

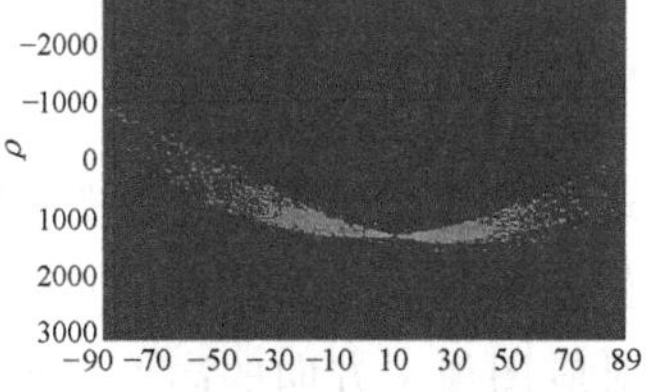

c) 右侧激光束

图 6.6　三激光束初始中心线像素点聚类的参数空间表示

采用峰值法提取的激光束初始中心点信息有效地克服了 Hough 变换无法有效提取具有一定宽度的激光束直线的问题，同时降低了 Hough 变换的计算量；而 Hough 变换可以有效滤除峰值法提取的初始中心线像素点聚类的杂点干扰。

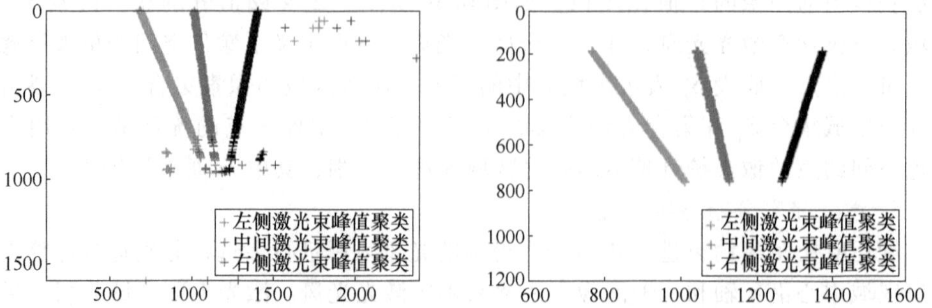

a) 三激光束标靶图像峰值聚类　　b) 滤除杂点后的三激光束标靶图像峰值聚类

图 6.7　三激光束标靶图像聚类及杂点滤除过程

5. 三激光束亚像素中心直线提取

由于粉尘分布不均等因素影响，煤矿井下掘进工作面采集的激光束图像呈非均匀分布，在上述获取初始粗略中心直线提取的基础上，还需要进一步对激光束中心直线进行优化处理。在初始提取的粗略中心点处引入 Hessian 矩阵，计算激光束初始中心像素点处的法线方向，避免整幅激光束图像直接求取每一个像素点处的法线方向，在保证准确获取激光束中心线处像素点法线的同时能够提高法线提取效率。

Hessian 矩阵是由高斯函数的二阶偏导模板构成，由于激光束图像宽度并不一致，二维高斯函数卷积核的尺度参数可根据激光束的粗细程度选取。假设高斯函数的二阶偏导模板分别在提取的一系列激光束图像初始中心点上移动，以粗提取的激光束中心线上的每一个像素点为中心，将高斯函数的二阶偏导模板分别与提取的激光束粗略中心点进行卷积运算，对于提取的激光束粗略中心线上任意像素点的 Hessian 矩阵可以表示为

$$\boldsymbol{H}(x,y)=\begin{pmatrix}\dfrac{\partial^2 G_\sigma(x,y)}{\partial x^2} & \dfrac{\partial^2 G_\sigma(x,y)}{\partial x\partial y}\\ \dfrac{\partial^2 G_\sigma(x,y)}{\partial x\partial y} & \dfrac{\partial^2 G_\sigma(x,y)}{\partial y^2}\end{pmatrix}\otimes I(x,y)=\begin{pmatrix}G_{xx}(x,y) & G_{xy}(x,y)\\ G_{xy}(x,y) & G_{yy}(x,y)\end{pmatrix}\otimes I(x,y) \tag{6.3}$$

式中，$G_\sigma(x,y)$ 表示二维高斯函数；$I(x,y)$ 表示粗提取的激光束中心线处的像素点灰度值；$G_{xx}(x,y)$ 表示对应图像 x 方向的高斯函数的二阶偏导模板，$G_{yy}(x,y)$ 表示对应图像 y 方向的高斯函数的二阶偏导模板；$G_{xy}(x,y)$ 表示对应图像 xy 方向的高斯函数的二阶偏导模板。

因此，每一处初始激光束中心线的像素点可以获得一个 Hessian 矩阵，Hessian

矩阵的最大特征值所对应特征矢量为该像素点处的法线方向，提取的像素点处法线方向如图 6.8 所示。

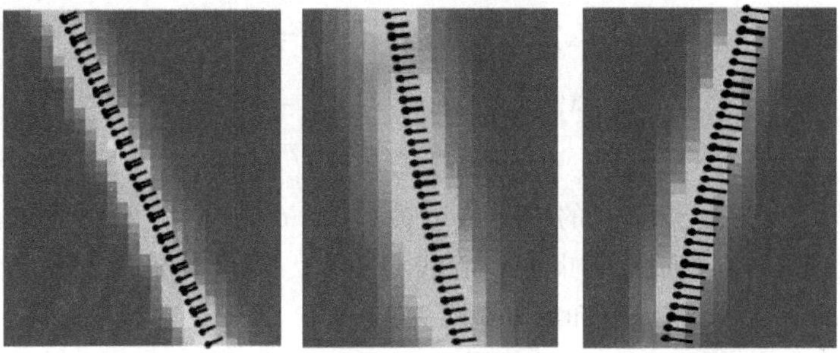

a) 左侧激光束　　b) 中间激光束　　c) 右侧激光束

图 6.8　三激光束初始粗略中心线处的法线方向提取结果

假设

$$\boldsymbol{H}(x,y)=\begin{pmatrix} r_{xx} & r_{xy} \\ r_{xy} & r_{yy} \end{pmatrix} \tag{6.4}$$

其中，

$$\begin{cases} r_{yy}=(\partial^2 G_\sigma(x,y)/\partial y^2)\otimes I(x,y) \\ r_{xx}=(\partial^2 G_\sigma(x,y)/\partial x^2)\otimes I(x,y) \\ r_{xy}=(\partial^2 G_\sigma(x,y)/\partial x\partial y)\otimes I(x,y) \end{cases} \tag{6.5}$$

在激光束粗略中心线像素点的法线方向利用泰勒展开，可以得到激光束亚像素中心线位置，激光束中心的亚像素坐标可以表示为

$$p=(p_x,p_y),p_x=kn_x,p_y=kn_y \tag{6.6}$$

$$k=-\frac{r_x n_x+r_y n_y}{r_{xx}n_x^2+2r_{xy}n_x n_y+r_{yy}n_y^2} \tag{6.7}$$

其中，

$$\begin{cases} r_x=(\partial G_\sigma(x,y)/\partial x)\otimes I(x,y) \\ r_y=(\partial G_\sigma(x,y)/\partial y)\otimes I(x,y) \end{cases}$$

式中，r_x 表示图像沿 x 方向的一阶偏导数；r_y 表示图像沿 y 方向的一阶偏导数；r_{xx} 表示图像沿 x 方向的二阶偏导数；r_{xy} 表示图像沿 xy 方向的二阶偏导数；r_{yy} 表示图像沿 y 方向的二阶偏导数。

采用该方法可以快速获取亚像素级的三激光束中心聚类，不受掘进机机身在巷道移动过程中距离变化导致的激光束标靶成像大小改变的影响，具有较高的提取精度和良好的稳定性；对于因遮挡或粉尘分布不均影响导致的激光束区域边界不连续而具有容错性和鲁棒性。

6. 激光点坐标和激光线方程求解

结合得到的激光束聚类结果，分别用带约束条件的最小二乘拟合方法得到激光

束的线性方程。假设左侧、右侧、中间激光束的像素聚类簇内每个像素点到拟合直线的距离方程为

$$|a_l x_l^i+b_l y_l^i+c_l|/\sqrt{a_l^2+b_l^2}=|d_l^i| \tag{6.8}$$

$$|a_r x_r^j+b_r y_r^j+c_r|/\sqrt{a_r^2+b_r^2}=|d_r^j| \tag{6.9}$$

$$|a_m x_m^k+b_m y_m^k+c_m|/\sqrt{a_m^2+b_m^2}=|d_m^k| \tag{6.10}$$

式中，a_l、b_l、c_l 为左激光束的中心线参数；a_r、b_r 和 c_r 为右激光束的中心线参数；a_m、b_m 和 c_m 为中间激光束的中心线参数；i、j、k 分别表示三个激光束像素点聚类簇内的第 i 个、第 j 个和第 k 个像素点。

三激光束的中心线所在直线的拟合线性方程可分别用以下带约束条件的最小二乘法拟合

$$L(a,b,c,\lambda)=\frac{1}{n}\|a\boldsymbol{X}+b\boldsymbol{Y}+c-\boldsymbol{D}\|^2+\lambda(a^2+b^2-1) \tag{6.11}$$

$$a^2+b^2=1 \tag{6.12}$$

定义式（6.13）所示的直线拟合的误差目标函数，当直线拟合误差小于最大允许误差时得到最优解。

$$\min_{a,b,c} e(a,b,c)=\min_{a,b,c}\frac{1}{n}\|(\boldsymbol{X},\boldsymbol{Y})(a,b)^{\mathrm{T}}+c-\boldsymbol{D}\|^2 \tag{6.13}$$

6.2.3 基于 RCEAU-Net 三激光束标靶图像语义分割模型

传统图像分割方法的优势在于其在单一背景下的分割性能较为稳定，但对于煤矿井下等复杂场景，传统算法的鲁棒性无法达到预期效果。随着计算机视觉技术的发展，基于深度学习的图像语义分割技术取得了巨大的进步，在特定场景下使用特定的网络模型可以实现较高的分割稳定性。

针对煤矿井下掘进工作面高粉尘、高水雾、光线不均等恶劣环境，结合激光束目标的分布特点，本章提出了煤矿井下多激光束图像特征语义分割网络 RCEAU-Net 模型。该模型实质是基于全卷积神经网络（Fully Convolutional Networks，FCN）的编码-解码器结构的分割模型，包括编码器、解码器和跳跃连接（Concatenation）三个主要组成部分。

编码器由多个卷积块与最大池化（Max Pooling）模块组成，用于提取输入图像特征。其中，每个卷积块包含卷积操作（Conv 3×3，Conv 1×1）和 ReLU（Rectified Linear Unit，修正线性单元）激活，随后通过最大池化操作降低特征图的分辨率。解码器通过多个上采样（UpSampling）模块和卷积块将编码器提取的特征图映射回原始输入图像空间。跳跃连接部分是 U-Net 模型能够精准分割目标的关键设计，其通过直接连接编码器与解码器相对应的特征图，实现特征信息的传递。每次编码器下采样后，跳跃连接保留相应层特征图，与解码器路径上的上采样特征图连

接，实现特征信息整合，该设计在一定程度上避免了语义信息丢失，增强了网络对细节和局部特征的感知能力，有效提高了 U-Net 模型在图像分割任务中的鲁棒性。U-Net 模型架构如图 6.9 所示。

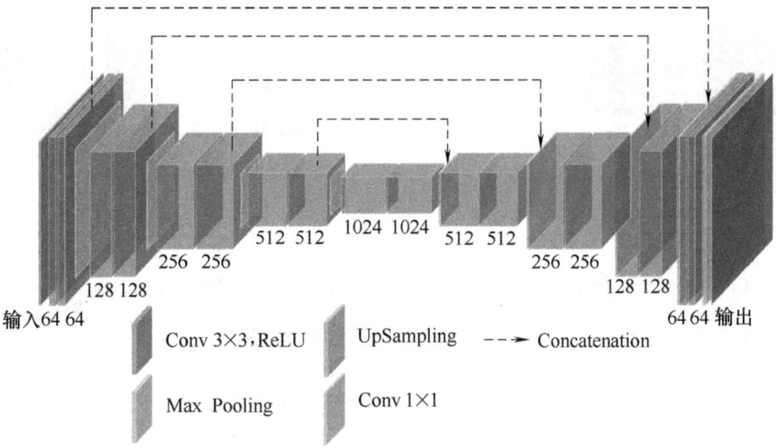

图 6.9　U-Net 模型架构

U-Net 模型所采用的特征融合策略中 U 形结构和跳跃连接设计在编码器与解码器之间能够良好地实现特征信息传递，有效地避免了信息丢失问题；同时，该结构保证了 U-Net 模型能够适应不同尺寸的输入图像，具有较好的泛化能力。此外，煤矿井下环境复杂，数据难以获取，而 U-Net 模型在小样本学习方面表现优异，即使在数据有限的情况下也能取得良好效果。因此，在 U-Net 模型架构基础上，结合煤矿井下激光束标靶特性，构建了 RCEAU-Net 模型。

传统的 U-Net 模型能够在不同领域实现精准分割，但由于 U-Net 模型中跳跃连接部分未能有效传递低级特征与高级特征之间的信息，导致多尺度特征信息的缺失，从而影响了对井下激光束边界及细节部分特征的提取效果。因此，该方法在煤矿井下掘进工作面激光束标靶分割任务中存在一些问题。另外，当工作面截割粉尘浓度降低，井下激光指向仪所发射的激光束因丁达尔效应受限而产生有限特征信息，容易与井下复杂背景混淆，从而导致分割模型出现漏判和误判等情况。由于煤矿井下掘进工作面存在高噪声、光照不均等环境特性，导致远距离下采集得到的激光束微弱、标靶占图面积小且难以与背景分辨。传统 U-Net 的跳跃连接部分虽然有助于融合不同层次的特征，但处理多尺度信息的能力相对有限，且直接采用简单的拼接或加和操作无法适应微小目标的特征提取，进而导致远距离下、截割粉尘浓度低时激光束分割失效。

针对上述问题，提出了基于 U-Net 模型架构的 RCEAU-Net 模型，以完成煤矿井下掘进工作面的多激光束标靶特征分割。RCEAU-Net 模型结构图如图 6.10 所示，其中残差结构、级联多尺度卷积（Cascade MSC，CMSC）模块、跨空间学习的高效多尺度注意力（Efficient Multi-Scale Attention，EMA）机制及损失函数的设计会在后续加以阐述。

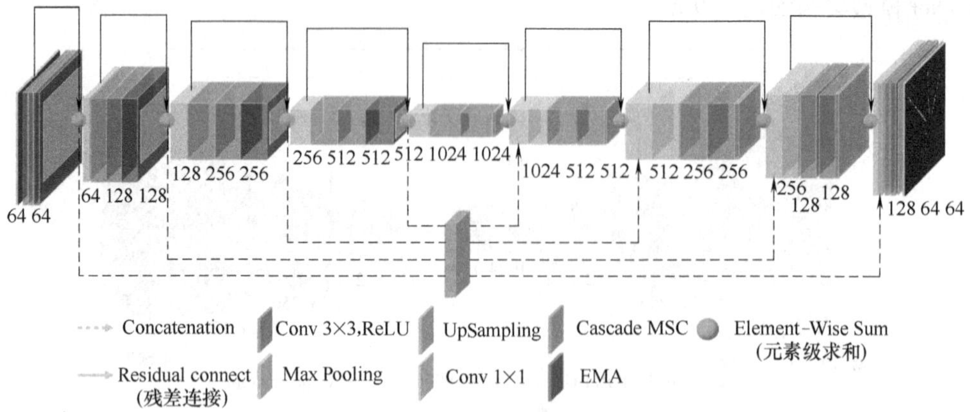

图 6.10　RCEAU-Net 模型架构

1. 残差结构

为提升 U-Net 模型的泛化能力，更好地传递与有效利用底层特征信息，提高模型对于激光束特征的多尺度感知与表征性能。结合 ResNet 中的残差结构，在 U-Net 的编码与解码器部分均使用了残差连接（Residual Connect）的思想，分别利用两个 3×3 的卷积（Conv 3×3）组成残差块替换掉传统 U-Net 模型中的卷积块，以构建基于残差结构的编码-解码器框架。其中，每个卷积块分别包含一个 BN（BatchNorm，批量归一化）层、一个 ReLU 激活层和一个卷积层。最终，得到了由 4 层基于残差结构的卷积块搭建而成的特征编码器。同时，基于 U-Net 架构，对称地得到相应的解码器，以进行模型架构搭建。

残差结构的引入不仅能够使模型对底层特征信息进行有效融合，还能够改善网络的梯度流通性能，减少训练过程中的梯度消失问题。通过残差连接，提高了网络的训练稳定性，增强了模型对煤矿井下复杂环境中激光束特征分割任务的处理能力，更好地捕捉激光束的边界与细节信息，提升了激光束的分割精确性。该模型记为 RU-Net。残差单元结构如图 6.11 所示，其中，分别利用两组 BN、ReLU 及 Conv 3×3 对输入特征图进行特征提取，并将初始特征图与最终特征图进行恒等映射（Identity Mapping），以代替传统 U-Net 模型中的卷积块。

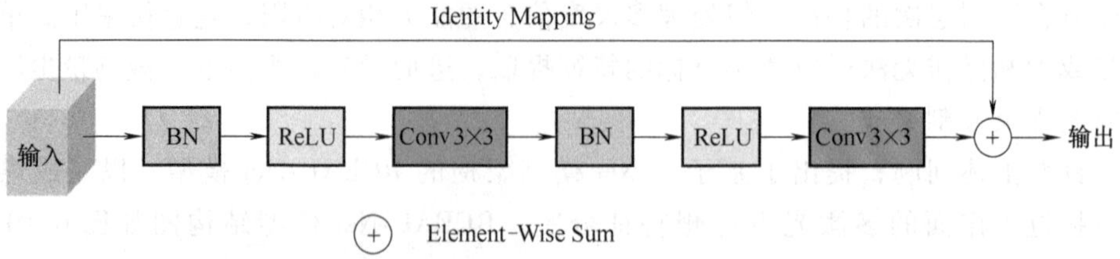

图 6.11　残差块

2. 级联多尺度卷积模块

为解决传统 U-Net 模型在视觉传感器距离激光指向仪较远时对微小激光束的分割能力不足的问题，在跳跃连接部分引入级联多尺度卷积（CMSC）模块，以弥补传统 U-Net 模型在跳跃连接部分中上下文语义信息缺失的不足，从而提升模型对微小激光束的分割效果。级联多尺度卷积通过引入多个并行卷积层，充分利用每个卷积层的不同感知来捕获多尺度特征。通过尺度特征融合，形成一种具有多尺度的丰富特征表示，成功地保留了图像中的细节与全局信息。

并行设计 Conv 5×5、Conv 3×3 及 Conv 1×1 三种卷积核，并以此搭建级联多尺度卷积模块，如图 6.12 所示。将输入的特征图进行 Conv 5×5 操作，以得到较为全局的特征图，将该特征图记为 F1；利用原始特征图与 F1 相叠加，得到特征图 F2；利用 Conv 3×3 捕捉 F2，得到特征图 F3；将 F3 与原始特征图相叠加，以提取较为丰富的特征，记为 F4；利用 Conv1×1 捕捉 F4，得到特征图 F5；将 F1、F3 与 F5 进行多尺度融合，得到更丰富的多尺度特征图，记为 F6。F6 在不同尺度上同时保留的抽象与细节特征信息提高了模型对于微弱激光束的分割能力，弥补了传统 U-Net 跳跃连接中的语义差距，能够更好地适应不同距离下激光束的大小变化，这一设计使得模型更加适应处理微小激光束的分割任务需求的场景，有效提升了模型的分割效果。CMSC 模块分别利用 Conv 5×5、Conv 3×3 及 Conv 1×1 三种卷积核搭建级联多尺度卷积模块，提取多尺度特征信息，并通过“Concatenation”完成特征图融合，最终利用 Conv 1×1 恢复特征维度，从而弥补跳跃连接部分的语义差距。

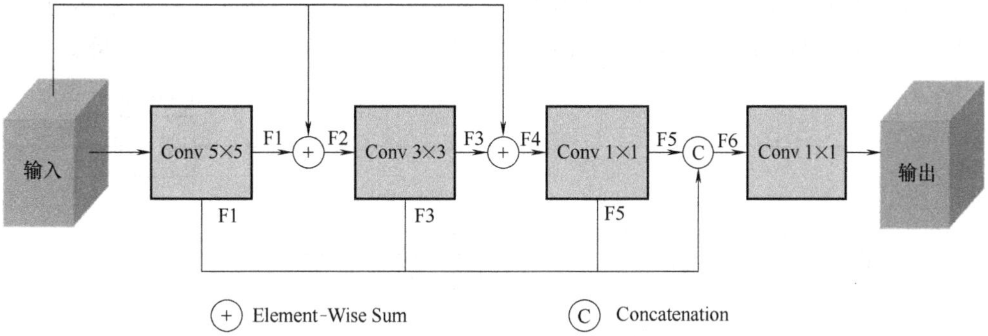

图 6.12　CMSC 模块

3. 跨空间学习的高效多尺度注意力机制

由于煤矿井下环境特征复杂，其中包含杂光、粉尘、水雾等多种噪声，这些因素影响了网络模型在煤矿激光束标靶分割任务中的稳定性。为增强编码器对煤矿井下激光束特征的提取能力，并抑制网络对于噪声等无关特征的提取，本章在 RU-Net 的编码器部分中的每一个基于残差结构的卷积块后引入一种跨空间学习的高效多尺度注意力 EMA 机制，以强化网络对于激光束特征的分割性能。相较于 CBAM（Convolutional Block Attention Module）、NAM（Normalization-based Attention Module）、SA（Shuffle Attention）、ECA（Efficient Channel Attention）及 CA（Coordinate Attention）注意力机制，跨空间学习的 EMA 机制能够减少计算开销的同时，高效且稳定地关注和利用输入特征的不同通道信息与空间信息，使模型提高目标特征的关注度。

传统注意力模块进行顺序计算时，会导致网络深度较大，模型计算复杂。在模块中进行卷积操作时，往往会导致特征图通道维数降低，从而无法有效地表征通道维度信息，对高阶特征的映射不能产生更好的像素级关注。因此，为了解决顺序计算带来的模块复杂及卷积带来的通道维数降低问题，EMA 机制将输入特征图 $X \in I^{C\times H\times W}$ 在通道维度 C 上切分为 G 个子特征图，即得到 $X_i \in I^{G//C\times H\times W}$，则此时 $X=(X_0, X_i, \cdots, X_{G-1})$，用以后续权重计算，其中，$C>>G$。在此基础上，EMA 设计了一种并行分支结构，将分组特征图通过两个不同的分支计算与融合以提高目标区域权重。其中，两个分支分别是从 CA 中提取的 1×1 卷积的共享分量而形成的 1×1 分支及新设计的 3×3 卷积核分支。

采用 CA 模块中提取的 1×1 卷积的共享分量能够准确地将位置信息嵌入在通道信息中，并在空间位置上实现远程交互，能够使卷积操作在不降低通道维数的情况下学习到有效的通道信息，以精确地将空间位置信息嵌入到通道注意力中。具体来说，该分支分别沿着两个空间维度 X、Y 设计了两个一维的全局平均池化层，通过全局平均池化对全局信息进行编码，并将全局空间位置信息压缩到通道注意力图中，增强了通道与空间信息的特征融合。CA 模块如图 6.13 所示，其中，C、H 和 W 分别指特征图的通道数、高度和宽度。“X Avg Pool”指一维水平全局平均池化，“Y Avg Pool”指一维垂直全局平均池化。“Re-weight”指调整后的权重矩阵。

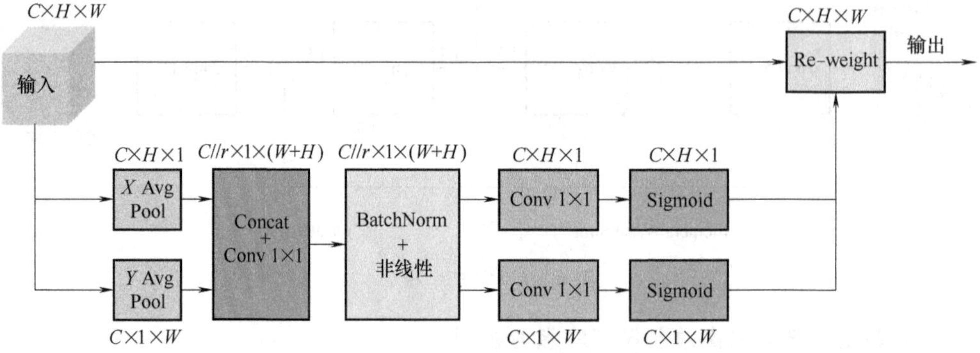

图 6.13　CA 模块

为了保证整个空间位置之间能够相互作用，融合多尺度下的空间特征信息，EMA 将 CA 的 1×1 分支分别在 X、Y 两个空间维度上平行计算，得到两条计算路径，同时，将两条路径与 3×3 分支并行放置，共得到三条计算路径。在 1×1 分支中，当输入特征图经过平均池化操作后，采用共享 1×1 卷积将其输出分解为两个矢量，然后利用两个 Sigmoid 非线性函数拟合卷积输出结果，最后利用乘法将 1×1

分支的两个路径得到的通道注意力图的信息进行融合。在 3×3 分支中，采用 3×3 卷积核捕捉特征图的多尺度信息，以增强局部的跨通道信息交互，促进不同尺度的上下文信息融合。通过上述跨通道信息交互与建模，EMA 有效地建立了不同通道的重要性分布，同时能够将空间信息与通道信息稳定结合。

为了更好地表征与融合更加丰富的特征，EMA 利用不同空间维度方向的跨空间融合方法对每个计算路径进行特征学习，增强跨纬度之间的交互关系。首先，利用全局平均池化对两个分别由 1×1 与 3×3 分支的输出进行全局空间信息编码，并利用 Softmax 自然非线性函数对其进行拟合，将每个分支上的输出进行矩阵点积相乘以分别得到两个空间注意力图。然后，利用两个空间注意力权重矩阵的集合及 Sigmoid 激活函数对每个分组的输出特征进行映射，得到像素级的对应关系，完成跨空间学习。对于激光束分割任务而言，EMA 能够在保证实时性的同时，有效调整目标位置权重，提高模型分割性能。EMA 模块如图 6.14 所示，“G” 表示分组，“X Avg Pool” 指一维水平方向全局平均池化，“Y Avg Pool ” 指一维垂直方向全局平均池化。

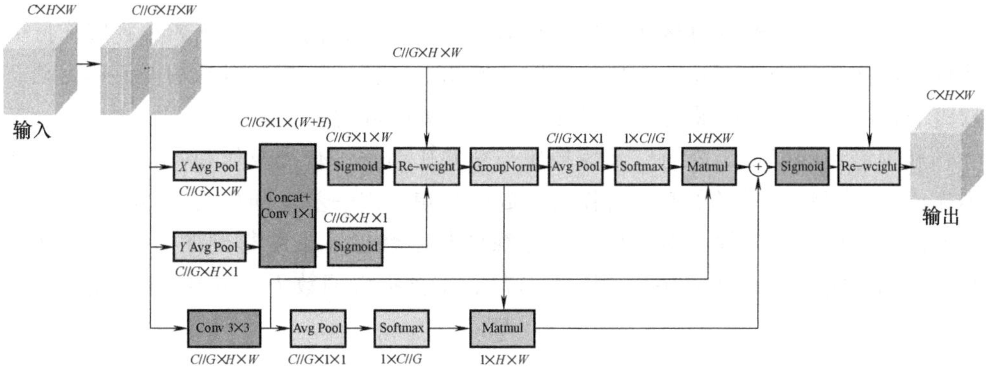

图 6.14　EMA 模块

4. 损失函数

损失函数用于度量分割模型的预测输出与真实标签之间的差异，能够指导网络训练，使模型的预测更接近真实标签，评估模型在验证集或测试集上的性能。在 U-Net 模型中，一般使用二值交叉熵损失函数（Binary Cross Entropy Loss，BCE-Loss）完成分割模型的训练，促使模型更加注重分割结果的精确度。但该损失函数只考虑了像素级别的信息，为保证模型在训练过程中对于激光束的全局特征及其边界位置具有更好的判别能力，引入 PraNet 损失函数部分，这样在二值交叉熵损失之外还结合了交并比损失（IoULoss），使损失函数能够量化模型在全局特征中对于激光束的分割结果与真实标签之间的差异，更加关注激光束分割的完整性，提高模型对于激光束边界的关注度，优化激光束细节分割效果，进一步提升微小激光束的检测性能。BCELoss 与 IoULoss 计算公式分别见式（6.14）、式（6.15）。

$$L_{\mathrm{BCE}}=-\sum_{(r,c)}[G(r,c)\log(S(r,c))+(1-G(r,c))\log(1-S(r,c))] \tag{6.14}$$

$$L_{\mathrm{IoU}}=1-\frac{\sum_{r=1}^{H}\sum_{c=1}^{W}S(r,c)G(r,c)}{\sum_{r=1}^{H}\sum_{c=1}^{W}[S(r,c)+G(r,c)-S(r,c)G(r,c)]} \tag{6.15}$$

式中，$G(r,c)\in\{0,1\}$，是像素点（r，c）处的真实标签；$S(r,c)$ 是目标的预测概率。

为增强损失函数的灵活性，在损失函数的设计中，摒弃了传统的全局权重统一的损失计算方式，对 BCELoss 与 IoULoss 分别采用加权的方式完成值计算。加权设计能够使模型更好地关注图像中的激光束区域，减少数据噪声对模型的影响。利用二值标签图经过平均池化后的结果与其自身相减得到的差异，来自适应衡量图像中像素的相对重要性，当差异较大时，表示标签图像与平均池化图之间有显著的不同，说明所计算区域包含了更为难以捕捉的信息，应给予更强的关注度；相反，当差异较小时，说明所计算区域的内容相对一致，其对分割任务影响较小，应降低关注度。因此，以平均池化的二值标签图与原始二值标签图相减得到的差值作为动态权重 ω，以强调目标区域的重要程度，抑制无关区域的关注度。

利用得到的权重矩阵对交叉熵损失与交并比损失进行加权作和，完成最终总体损失函数的搭建，减轻了噪声对损失函数的影响，进一步增强分割模型对于激光束边界的关注度，提升模型对微弱激光边缘的分割性能。最终得到的 RCEAU-Net 的总损失函数定义见式（6.16）、式（6.17），记该损失函数为 StructLoss

$$L_{\mathrm{total}}=L_{\mathrm{BCE}}^{\omega}+L_{\mathrm{IoU}}^{\omega} \tag{6.16}$$

$$\omega=X-X_{\mathrm{pool}} \tag{6.17}$$

式中，L_{total} 为总体损失函数；$L_{\mathrm{BCE}}^{\omega}$ 为加权交叉熵损失；$L_{\mathrm{IoU}}^{\omega}$ 为加权交并比损失；ω 为权重；X 为激光束实际标签图；X_{pool} 为对 X 进行全局平均池化后的图。

通过对多个煤矿掘进工作面的多激光束目标图像数据进行采集，得到原始数据。激光束图像采集采用 MV-EM510C 工业相机（HD514-MP2），镜头分辨率为 2048×2456，焦距为 5mm。矿用激光指向仪的波长为 658nm，该波长的优点是能在灰尘中产生良好的廷德尔效应，并能通过颜色分量的约束增强激光束在图像中的可见度。

激光束图像数据是通过安装在臂式掘进机机身上的相机采集机身后方巷道上方的激光束而获得的。由于非地面煤矿工作条件的复杂性，采集到的图像数据包含不同距离、不同粉尘浓度、不同光照条件等分布类型。同时，由于图像采集过程中会产生大量的相似帧，训练时会降低模型的泛化程度，造成过拟合现象。因此，首先建立了一个基于 ResNet50 的自动过滤网络，对采集到的原始数据进行过滤，目的是剔除相似图像、被大量忽略或激光束目标特征缺失的图像，使其无法进行标注。同时，为了进一步确保数据过滤的有效性，还采用了人工筛选的方法对过滤后的数据进行检查，最终将3406幅图像作为激光束目标数据集制作的图像数据。获得的部分图像数据如图6.15所示，右下方显示的是原始图像中激光束目标的局部放大图。

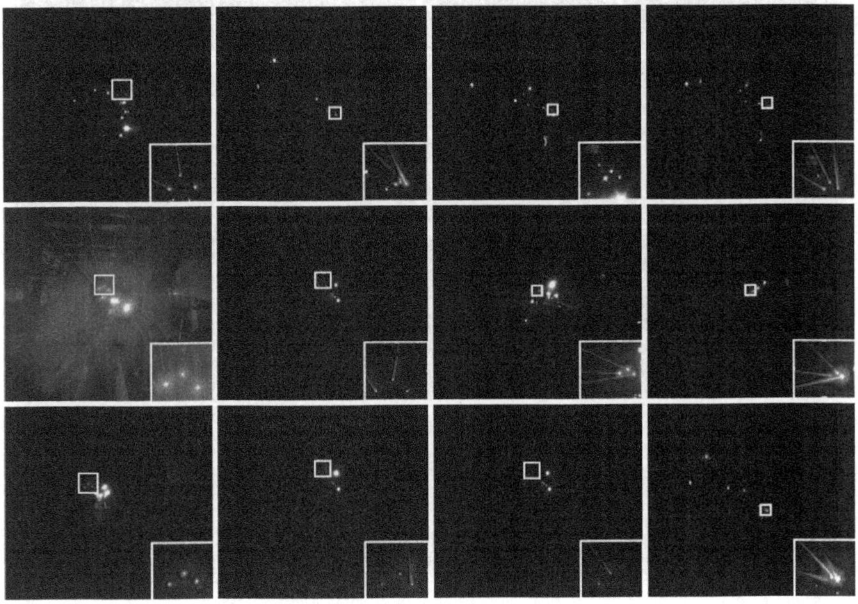

图6.15　激光束标靶图像

矿用激光指向仪发出的激光束依靠掘进机切割粉尘的扩散，利用丁达尔效应完成可见激光束在工业相机中成像。因此，截割粉尘的浓度会直接影响采集图像中激光束特征的质量。当掘进工作面停止掘进时，环境中的粉尘浓度降低，激光指向仪发射的激光束难以产生强烈的丁达尔效应，导致相机成像下的可见激光束特征减弱，增加了人工标注制作和激光束目标分割的难度。

结合煤矿井下掘进工作面的环境特征和激光指向仪的波长，提出了一种红色激光束特征增强模块，以提高人工标注的质量和效率。同时，作为网络分割前的图像预处理模块，它可以增强红色激光束的可见光特征和网络分割的稳定性。判断条件取决于激光光束图像中R、G、B三通道之间的颜色成分分布约束，将各通道中不满足条件的部分赋值为0，其余值保持不变，以进行噪声过滤。结合658nm波长的激光束特征，通过图像中同一像素在R通道下与其余两个通道下的差值大于0，作为噪声过滤的判断条件；如果大于0，则表示这是激光束目标特征，如果小于0，则表示这是噪声点。随后，对条件判断后的每个通道进行中值滤波，以减少噪声对图像质量的影响，并将滤波后的三个通道合并，得到滤波后的RGB图。利用自适应直方图均衡化调整亮度和对比度，得到激光束特征增强图像。部分增强图像如

图 6.16 所示。其中，Origin 表示用工业相机拍摄的原始图像。Enhanced 表示增强后的图像。

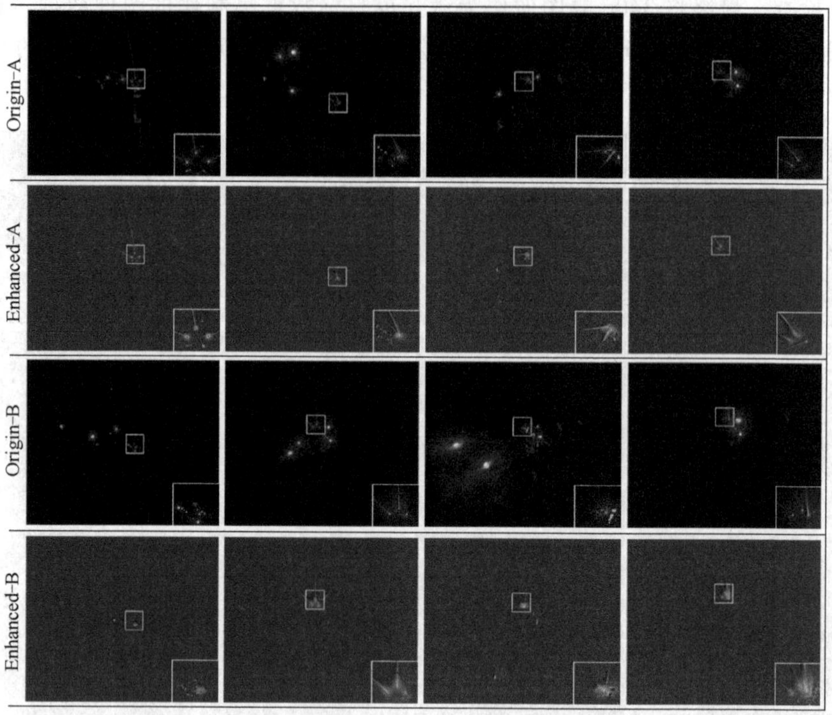

图 6.16 激光束图像特征增强

采用上述激光束特征增强方法对 3406 幅人工筛选的原始图像进行了增强。利用标注软件 Labelme tool 对激光束标靶进行人工标注，在标注过程中，按照 VOC 数据集格式对图像进行注释，得到 PNG 文件类型的可视化标签。随后，将图像数据和标注数据按照 8∶2 的比例进行分割，其中 2725 张作为训练集，681 张作为验证集。经构建的激光束标靶图像数据集被命名为 LBTD。此外，为了计算图像在不同条件下的分布情况，选取了三位在煤矿领域具有丰富工作经验的成员对 LBTD 数据集中的图像分布情况进行判别。其中，将 LBTD 数据集的图像按粉尘浓度划分，高粉尘浓度图像有 635 幅，低粉尘浓度图像有 128 幅，正常粉尘浓度图像有 2643 幅；将 LBTD 数据集的图像按光照强度划分，强光照图像有 101 幅，弱光照图像有 846 幅，正常光照图像有 2459 幅。

为验证 RCEAU-Net 模型在激光束分割任务上的可行性，以及其在不同掘进工作面场景中的自适应性与泛化性，采用前述数据采集方式，分别在两个实际煤矿工作场景及实验室模拟巷道环境中使用 MV-EM510C 工业相机重新采集了不同距离与不同环境下共计 615 张三激光束标靶图像，作为 LBTD 的测试集。其中，在实验室模拟巷道条件进行采集时，采用相同型号的视觉传感器，并将其安装在履带式移动机器人上，将激光指向仪安装在固定铁架上，分别利用烟雾制造机、无灯光照明条件模拟掘进工作面粉尘、低照度环境，设置图像采集频率为每2秒一帧，随履带机器人行走，从相机至激光指向仪发射距离约15m处开始采集，到距离约80m处结束。同时，采用Accuracy、Precision、Recall、mIoU几种较为常用分割任务指标对提取结果进行量化，以验证分割模型的鲁棒性，其计算公式分别见式（6.18）~式（6.21）。

$$\mathrm{Acc}=\frac{TP+TN}{TP+TN+FP+FN} \tag{6.18}$$

$$\mathrm{Pre}=\frac{TP}{TP+FP} \tag{6.19}$$

$$\mathrm{Rec}=\frac{TP}{TP+FN} \tag{6.20}$$

$$\mathrm{IoU}=\frac{TP}{TP+FP+FN} \tag{6.21}$$

式中，TP、TN、FP、FN分别代表分割模型预测结果的真阳性、真阴性、假阳性、假阴性四个指标。

在此处，TP表示模型正确预测的井下激光束像素的总数；TN表示模型正确预测的井下非激光束像素总数；FP表示模型预测的非井下激光束像素总数；FN表示模型预测的井下是激光束像素的总数。

本文结合上述四个量化指标，以U-Net模型为基准，采用五套改进策略构建网络，并在LBTD测试集上进行模型评估，以验证各模块的有效性。其中，改进策略1为U-Net+StructLoss，改进策略2为RU-Net+StructLoss，改进策略3为RU-Net+StructLoss+EMA，改进策略4为RU-Net+StructLoss+CMSC，改进策略5为RCEAU-Net。不同改进策略下的评估结果见表6.1。从表6.1中的数据可以看出，改进策略5在四组评价指标中都获得了最高分，是最优的改进方案，证明了引入各模块的有效性和必要性。

表6.1 不同改进策略下的评估结果

序号	网络模型	mAcc	mPre	mRec	mIoU	推理时间/ms	每时期训练时间/s
1	U-Net	0.9962	0.7091	0.6236	0.6014	5.6132	351
2	U-Net + StructLoss	0.9972	0.7115	0.8056	0.6707	5.5005	354
3	RU-Net + StructLoss	0.9974	0.7151	0.8196	0.6724	5.9147	243
4	RU-Net + StructLoss + EMA	0.9979	0.7251	0.8360	0.6746	6.9504	334
5	RU-Net + StructLoss + CMSC	0.9978	0.7191	0.8383	0.6768	7.1446	363
6	RCEAU-Net	0.9981	0.7344	0.8437	0.6862	8.1003	430

虽然模块的引入增加了模型的推理时间和训练时间，但从本研究的需求分析来看，对于煤矿井下激光束目标的特征提取任务，模型的推理速度保证在每帧 80ms 以内即可满足要求。从实时推理的角度来看，RCEAU-Net 的推理时间比 U-Net 约低 2.5ms，推理时间稍长并不影响模型的实时应用。图 6.17 显示了 RCEAU-Net 在 LBTD 上训练时的损失率及准确率随训练轮数变化的趋势，其中，黑色曲线表示损失，红色曲线表示准确率。

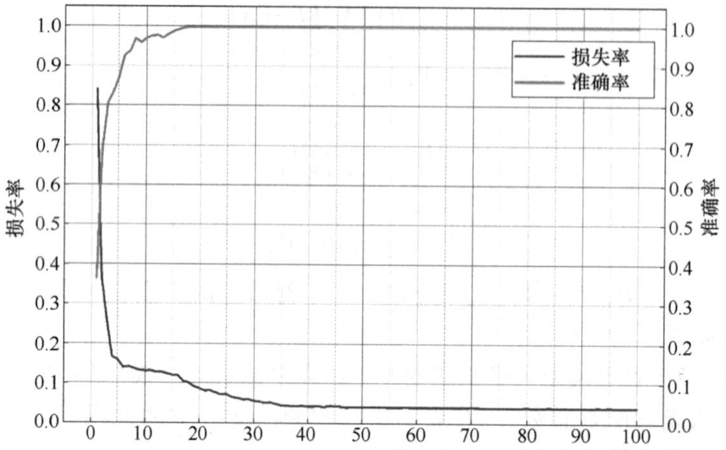

图 6.17 在 LBTD 数据集上训练的 RCEAU-Net 的损失和准确率曲线

从图 6.17 中可以得到，RCEAU-Net 的损失曲线和精度曲线均能稳定收敛，精度高、损失小，说明 RCEAU-Net 下的激光光束分割模型检测精度高，对训练数据的拟合度好，能够稳定地完成煤矿井下激光光束分割任务。

为了进一步验证 RCEAU-Net 的分割效果，使用目前比较流行的 U-Net 网络结构中的 Attention U-Net、U-Net3+ 、Swin-Unet 四个变体及目前业界广泛使用的 Deeplabv3+ 语义分割网络，完成了对 LBTD 的训练，并在测试集上进行了测试。

不同网络模型的性能评估结果见表 6.2。不同模型下的平均指标评估结果见表 6.3。从表 6.3 中的数据可以看出，RCEAU-Net 比 U-Net 及其更常用的变体能够获得更好、更稳定的性能。其中，准确率、精确度、召回率和 IoU 分别比传统的 U-Net 模型提高了 0.19%、2.53%、22.01% 和 8.48%。

表 6.2 不同模型下激光束目标和背景的评估结果

序号	网络模型	类别	Acc	Pre	Rec	IoU
1	U-Net	激光束目标	0.9945	0.5073	0.3459	0.2817
		背景	0.9979	0.9109	0.9013	0.9211
2	Attention U-Net	激光束目标	0.9977	0.5247	0.7301	0.4236
		背景	0.9981	0.9121	0.9033	0.9238

（续）

序号	网络模型	类别	Acc	Pre	Rec	IoU
3	Swin-Unet	激光束目标	0.9950	0.4969	0.3239	0.2758
		背景	0.9982	0.9095	0.9089	0.9244
4	U-Net3+	激光束目标	0.9970	0.5300	0.7665	0.4445
		背景	0.9986	0.9088	0.9101	0.9091
5	DeepLabv3+	激光束目标	0.9972	0.5281	0.7458	0.4337
		背景	0.9980	0.9101	0.9132	0.9163
6	RCEAU-Net	激光束目标	0.9979	0.5595	0.7767	0.4525
		背景	0.9983	0.9093	0.9107	0.9199

表 6.3 不同模型下的平均指标评估结果

序号	网络模型	mAcc	mPre	mRec	mIoU
1	U-Net	0.9962	0.7091	0.6236	0.6014
2	Attention U-Net	0.9979	0.7184	0.8167	0.6737
3	Swin-Unet	0.9966	0.7032	0.6164	0.6001
4	U-Net3+	0.9978	0.7194	0.8383	0.6768
5	DeepLabv3+	0.9976	0.7191	0.8295	0.6750
6	RCEAU-Net	0.9981	0.7344	0.8437	0.6862

为了更直观地观察激光束的分割结果，将不同模型得到的一些分割结果进行了可视化处理，整理后的结果如图 6.18 所示。

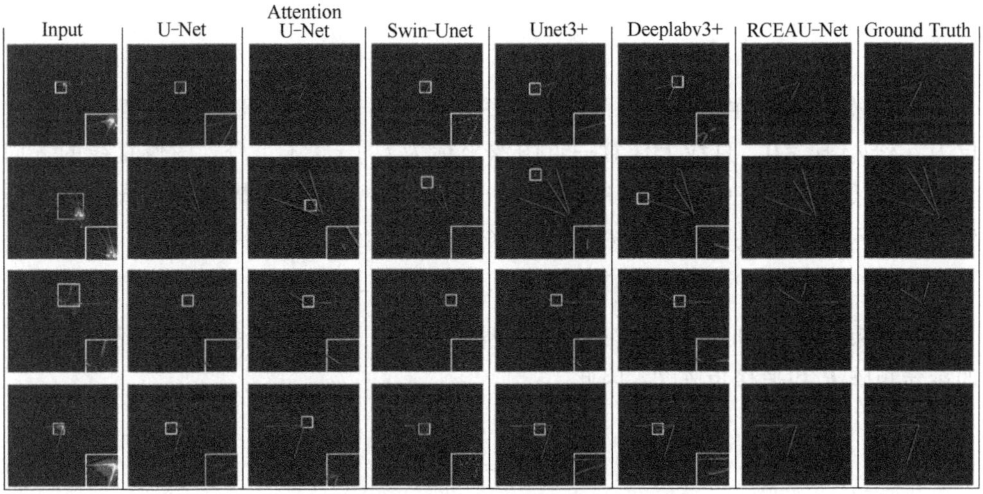

图 6.18 不同模型对激光束的分割效果

从图中可以看出，RCEAU-Net 对煤矿井下的激光束具有较好的分割效果，与其他模型相比，不仅对激光线的边缘细节具有较好的分割效果，而且在很大程度上减少了误分割和漏分割的情况，还能很好地提取低浓度截割粉尘下的微弱可见激光束，在一定程度上满足了井下工作面激光束目标特征分割和提取的要求，从而保证了煤矿掘进设备的稳定和精确定位。

6.3 三点三线透视投影位姿测量模型

如图 6.19 所示，L_1、L_2、L_3 为三条沿巷道掘进方向的激光束，三激光光斑中心分别为点 P_1、P_2、P_3，巷道坐标系为 $O_nX_nY_nZ_n$、标靶坐标系为 $O_dX_dY_dZ_d$、相机坐标系为 $O_cX_cY_cZ_c$。在相机坐标系下，点 P_1 在图像上的投影为 $p_1(x_1, y_1, f)$，点 P_2 在图像上的投影为 $p_2(x_2, y_2, f)$，点 P_3 在图像上的投影为 $p_3(x_3, y_3, f)$。在标靶坐标系下，L_i 的单位方向矢量为 $\boldsymbol{L}_i^{w}=(X_{vi}, Y_{vi}, Z_{vi})^{T}$，$L_i$ 上任意一点的三维空间坐标为 $P_i^{w}=(X_{wi}, Y_{wi}, Z_{wi})^{T}$。

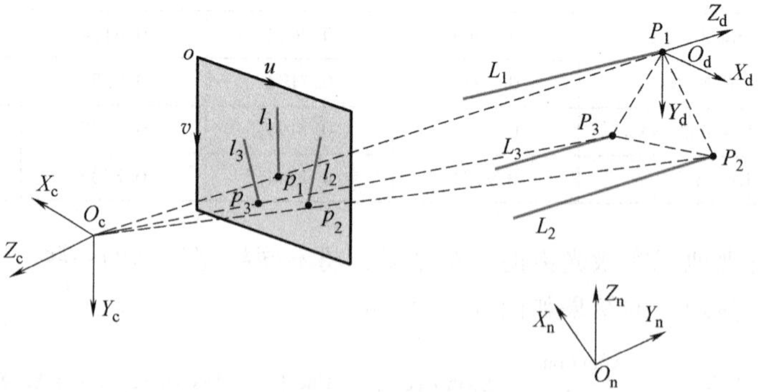

图 6.19 三点三线（3P3L）透视投影位姿测量模型

假设激光束 L_i 在图像平面的投影为图像直线 l_i 激光束在图像上投影直线方程设为 $a_ix+b_iy+c_i=0$，直线上任意一点图像坐标为 t_i（x_i，y_i，f），图像直线的方向矢量为 $\boldsymbol{v}_i$（$-b_i$，a_i，0），设激光束直线、图像投影直线和相机光心构成投影平面 S_i，投影平面 S_i 的法矢量 $\boldsymbol{n}_i^{c}$，根据上述条件，得到

$$\boldsymbol{n}_i^{c}=\overrightarrow{O_ct_i}\times\boldsymbol{v}_i=(-a_if, b_if, a_ix_i-b_iy_i) \tag{6.22}$$

激光束直线 L_i 和投影平面 S_i 的法矢量 $\boldsymbol{n}_i^{c}$ 垂直，设相机坐标系到全站仪坐标系的旋转矩阵 $\boldsymbol{R}$ 和平移矩阵 $\boldsymbol{T}$，因此

$$\boldsymbol{n}_i^{c}\boldsymbol{R}\boldsymbol{L}_i^{w}=0, i=1,2,3 \tag{6.23}$$

$$\boldsymbol{n}_i^{c}(\boldsymbol{R}\boldsymbol{P}_i^{w}+\boldsymbol{T})=0, i=1,2,3 \tag{6.24}$$

其中，

$$\boldsymbol{n}_i^{c}=(n_{i1}^{c}, n_{i2}^{c}, n_{i3}^{c}), \boldsymbol{L}_i^{w}=(X_{vi}, Y_{vi}, Z_{vi})^{T}, \boldsymbol{P}_i=(X_{wi}, Y_{wi}, Z_{wi})^{T}$$

激光点 P_1、P_2 构成虚拟激光束直线 L_{12}，激光点 P_1、P_3 构成虚拟激光束直线 L_{13}，激光点 P_2、P_3 构成虚拟激光束直线 L_{23}，L_{12} 在图像上的虚拟投影直线为 $l_{12}(x_1-x_2, y_1-y_2, f)$，$L_{23}$ 在图像上的虚拟投影直线 $l_{23}(x_2-x_3, y_2-y_3, f)$，$L_{13}$ 在图像上的虚拟投影直线为 $l_{13}(x_1-x_3, y_1-y_3, f)$。在标靶坐标系下，$L_{12}$ 的单位方向矢量 $\boldsymbol{L}_{12}^{\mathrm{w}}=(X_{\mathrm{v}12}, Y_{\mathrm{v}12}, Z_{\mathrm{v}12})^{\mathrm{T}}$，$L_{13}$ 的单位方向矢量 $\boldsymbol{L}_{13}^{\mathrm{w}}=(X_{\mathrm{v}13}, Y_{\mathrm{v}13}, Z_{\mathrm{v}13})^{\mathrm{T}}$，$L_{23}$ 的单位方向矢量 $\boldsymbol{L}_{23}^{\mathrm{w}}=(X_{\mathrm{v}23}, Y_{\mathrm{v}23}, Z_{\mathrm{v}23})^{\mathrm{T}}$。$L_{ij}$ 上任意一点的三维空间坐标 $\boldsymbol{P}_{ij}^{\mathrm{w}}=(X_{\mathrm{w}ij}, Y_{\mathrm{w}ij}, Z_{\mathrm{w}ij})^{\mathrm{T}}$。

假设投影直线 L_{ij} 方程为 $a_{ij}x+b_{ij}y+c_{ij}=0$，直线上任意一点图像坐标为 $t_{ij}(x_{ij}, y_{ij}, f)$，图像直线的方向矢量为 $\boldsymbol{v}_{ij}(-b_{ij}, a_{ij}, 0)$，设虚拟激光束直线、虚拟图像投影直线和相机光心构成投影平面 S_{ij}，投影平面 S_{ij} 的法矢量 $\boldsymbol{n}_{ij}^{\mathrm{c}}$，根据上述条件，得到

$$\boldsymbol{n}_{ij}^{\mathrm{c}}=\boldsymbol{O}_{\mathrm{c}}t_{ij}\times\boldsymbol{v}_{ij}=(-a_{ij}f, b_{ij}f, a_{ij}x_{ij}-b_{ij}y_{ij}) \tag{6.25}$$

根据激光点所构成虚拟激光束直线 L_{ij}，$(i, j=1, 2, 3; i\neq j)$ 与投影平面 S_{ij} 的法矢量 $\boldsymbol{n}_{ij}^{\mathrm{c}}$ 垂直的几何约束条件，因此，可以得到

$$\boldsymbol{n}_{12}^{\mathrm{c}}\boldsymbol{R}\boldsymbol{L}_{12}^{\mathrm{w}}=0, \boldsymbol{n}_{12}^{\mathrm{c}}(\boldsymbol{R}\boldsymbol{P}_{12}^{\mathrm{w}}+\boldsymbol{T})=0 \tag{6.26}$$

$$\boldsymbol{n}_{23}^{\mathrm{c}}\boldsymbol{R}\boldsymbol{L}_{23}^{\mathrm{w}}=0, \boldsymbol{n}_{23}^{\mathrm{c}}(\boldsymbol{R}\boldsymbol{P}_{23}^{\mathrm{w}}+\boldsymbol{T})=0 \tag{6.27}$$

$$\boldsymbol{n}_{13}^{\mathrm{c}}\boldsymbol{R}\boldsymbol{L}_{13}^{\mathrm{w}}=0, \boldsymbol{n}_{13}^{\mathrm{c}}(\boldsymbol{R}\boldsymbol{P}_{13}^{\mathrm{w}}+\boldsymbol{T})=0 \tag{6.28}$$

其中，

$$\boldsymbol{n}_{12}^{\mathrm{c}}=(n_{12}^{\mathrm{c}1}, n_{12}^{\mathrm{c}2}, n_{12}^{\mathrm{c}3}), \boldsymbol{L}_{12}^{\mathrm{w}}=(X_{\mathrm{v}12}, Y_{\mathrm{v}12}, Z_{\mathrm{v}12})^{\mathrm{T}}$$
$$\boldsymbol{P}_{12}^{\mathrm{w}}=(X_{\mathrm{w}12}, Y_{\mathrm{w}12}, Z_{\mathrm{w}12})^{\mathrm{T}}$$
$$\boldsymbol{n}_{23}^{\mathrm{c}}=(n_{23}^{\mathrm{c}1}, n_{23}^{\mathrm{c}2}, n_{23}^{\mathrm{c}3}), \boldsymbol{L}_{23}^{\mathrm{w}}=(X_{\mathrm{v}23}, Y_{\mathrm{v}23}, Z_{\mathrm{v}23})^{\mathrm{T}}$$
$$\boldsymbol{P}_{23}^{\mathrm{w}}=(X_{\mathrm{w}23}, Y_{\mathrm{w}23}, Z_{\mathrm{w}23})^{\mathrm{T}}$$
$$\boldsymbol{n}_{13}^{\mathrm{c}}=(n_{13}^{\mathrm{c}1}, n_{13}^{\mathrm{c}2}, n_{13}^{\mathrm{c}3}), \boldsymbol{L}_{13}^{\mathrm{w}}=(X_{\mathrm{v}13}, Y_{\mathrm{v}13}, Z_{\mathrm{v}13})^{\mathrm{T}}$$
$$\boldsymbol{P}_{13}^{\mathrm{w}}=(X_{\mathrm{w}13}, Y_{\mathrm{w}13}, Z_{\mathrm{w}13})^{\mathrm{T}}$$

假设 $\boldsymbol{E}=(q_0^2, q_1^2, q_2^2, q_3^2, q_0q_1, q_0q_2, q_0q_3, q_1q_2, q_1q_3, q_2q_3)^{\mathrm{T}}$，其中，$q_0$、$q_1$、$q_2$、$q_3$ 为旋转矩阵 $\boldsymbol{R}$ 的四元数参数，将式（6.24）~式（6.28）写成矩阵形式，则有

$$\boldsymbol{G}_{i,j}\boldsymbol{E}=\boldsymbol{D}_{i,j}^{\mathrm{c}}\boldsymbol{T}, i,j=1,2,3 \tag{6.29}$$

$$\boldsymbol{G}_{i,j}=\begin{pmatrix}\boldsymbol{A}_i^{\mathrm{T}} & \boldsymbol{B}_i^{\mathrm{T}}\\ \boldsymbol{A}_{ij}^{\mathrm{T}} & \boldsymbol{B}_{ij}^{\mathrm{T}}\end{pmatrix}, \boldsymbol{D}_{ij}^{\mathrm{c}}=\begin{pmatrix}0\\ \boldsymbol{N}_i^{\mathrm{c}}\\ 0\\ \boldsymbol{N}_{ij}^{\mathrm{c}}\end{pmatrix} \tag{6.30}$$

其中，

$$
\boldsymbol{A}_i=\begin{pmatrix}
n_{i1}^{c}X_{vi}+n_{i2}^{c}Y_{vi}+n_{i3}^{c}Z_{vi} & n_{i1}^{c}X_{wi}+n_{i2}^{c}Y_{wi}+n_{i3}^{c}Z_{wi}\\
n_{i1}^{c}X_{vi}-n_{i2}^{c}Y_{vi}-n_{i3}^{c}Z_{vi} & n_{i1}^{c}X_{wi}-n_{i2}^{c}Y_{wi}-n_{i3}^{c}Z_{wi}\\
n_{i2}^{c}Y_{vi}-n_{i1}^{c}X_{vi}-n_{i3}^{c}Z_{vi} & n_{i2}^{c}Y_{wi}-n_{i2}^{c}X_{wi}-n_{i3}^{c}Z_{wi}\\
n_{i3}^{c}Z_{vi}-n_{i1}^{c}X_{vi}-n_{i3}^{c}Y_{vi} & n_{i3}^{c}Z_{wi}-n_{i1}^{c}X_{wi}-n_{i2}^{c}Y_{wi}
\end{pmatrix}
$$

$$
\boldsymbol{A}_{ij}=\begin{pmatrix}
n_{ij}^{c1}X_{vij}+n_{ij}^{c2}Y_{vij}+n_{ij}^{c3}Z_{vij} & n_{ij}^{c1}X_{wi}-n_{ij}^{c2}Y_{wij}+n_{ij}^{c3}Z_{wij}\\
n_{i1}^{c1}X_{vij}-n_{ij}^{c2}Y_{vij}-n_{ij}^{c3}Z_{vij} & n_{ij}^{c1}X_{wij}-n_{ij}^{c2}Y_{wij}-n_{ij}^{c3}Z_{wij}\\
n_{ij}^{c2}Y_{vij}-n_{ij}^{c1}X_{vij}-n_{ij}^{c3}Z_{vij} & n_{ij}^{c2}Y_{wij}-n_{ij}^{c1}X_{wij}-n_{ij}^{c3}Z_{wij}\\
n_{ij}^{c3}Z_{vij}-n_{ij}^{c1}X_{vij}-n_{ij}^{c2}Y_{vi} & n_{ij}^{c3}Z_{wij}-n_{ij}^{c1}X_{wij}-n_{ij}^{c2}Y_{wij}
\end{pmatrix}
$$

$$
\boldsymbol{B}_i=\begin{pmatrix}
2n_{i3}^{c}Y_{vi}-2n_{i2}^{c}Z_{vi} & 2n_{i3}^{c}Y_{wi}-2n_{i2}^{c}Z_{wi}\\
2n_{i1}^{c}Z_{vi}-2n_{i3}^{c}X_{vi} & 2n_{i1}^{c}Z_{wi}-2n_{i3}^{c}X_{wi}\\
2n_{i2}^{c}X_{vi}-2n_{i1}^{c}Y_{vi} & 2n_{i2}^{c}X_{wi}-2n_{i1}^{c}Y_{wi}\\
2n_{i2}^{c}X_{vi}+2n_{i1}^{c}Y_{vi} & 2n_{i2}^{c}X_{wi}+2n_{i1}^{c}Y_{wi}\\
2n_{i3}^{c}X_{vi}+2n_{i1}^{c}Z_{vi} & 2n_{i3}^{c}X_{wi}+2n_{i1}^{c}Z_{wi}\\
2n_{i3}^{c}Y_{vi}+2n_{i2}^{c}Z_{vi} & 2n_{i3}^{c}Y_{wi}+2n_{i2}^{c}Z_{wi}
\end{pmatrix}
$$

$$
\boldsymbol{B}_{ij}=\begin{pmatrix}
2n_{ij}^{c3}Y_{vij}-2n_{ij}^{c2}Z_{vij} & 2n_{ij3}^{c3}Y_{wij}-2n_{ij}^{c2}Z_{wij}\\
2n_{ij}^{c1}Z_{vij}-2n_{ij}^{c2}X_{vij} & 2n_{ij}^{c1}Z_{wij}-2n_{ij}^{c3}X_{wij}\\
2n_{ij}^{c2}X_{vij}-2n_{ij}^{c1}Y_{vij} & 2n_{ij}^{c2}X_{wij}-2n_{ij}^{c1}Y_{wij}\\
2n_{ij}^{c2}X_{vij}+2n_{ij}^{c1}Y_{vij} & 2n_{ij}^{c2}X_{wij}+2n_{ij}^{c1}Y_{wij}\\
2n_{ij}^{c3}X_{vij}+2n_{ij}^{c1}Z_{vij} & 2n_{ij}^{c3}X_{wij}+2n_{ij}^{c1}Z_{wij}\\
2n_{ij}^{c3}Y_{vij}+2n_{ij}^{c2}Z_{vij} & 2n_{ij}^{c3}Y_{wij}+2n_{ij}^{c2}Z_{wij}
\end{pmatrix}
$$

由式（6.29）、式（6.30）可得到如下的掘进机机身三点三线位姿视觉测量模型的矩阵约束方程

$$
\boldsymbol{GE}=\boldsymbol{DT} \tag{6.31}
$$

其中，

$$
\boldsymbol{G}=(\boldsymbol{G}_{1,2}\quad \boldsymbol{G}_{1,3}\quad \cdots\quad \boldsymbol{G}_{i,j})^{\mathrm{T}}
$$

$$
\boldsymbol{D}=(\boldsymbol{D}_{1,2}^{c}\quad \boldsymbol{D}_{1,3}^{c}\quad \cdots\quad \boldsymbol{D}_{i,j}^{c})^{\mathrm{T}}
$$

假设 $\boldsymbol{D}^{+}=(\boldsymbol{D}^{\mathrm{T}}\boldsymbol{D})^{-1}\boldsymbol{D}^{\mathrm{T}}$ 为矩阵 $\boldsymbol{D}$ 的广义逆矩阵。将式（6.29）中的 $\boldsymbol{T}$ 替换为

$\boldsymbol{T}=\boldsymbol{D}^{+}\boldsymbol{GE}$，得到如下方程

$$\boldsymbol{G}_{i,j}\boldsymbol{E}=\boldsymbol{D}_{i,j}\boldsymbol{D}^{+}\boldsymbol{GE} \tag{6.32}$$

考虑到视觉测量系统不可避免地存在误差，根据式（6.32），可得到掘进机机身三点三线位姿视觉测量模型的最小二乘法损失函数如下

$$\varepsilon=\sum_{i,j=1}^{m,n}\eta_i^2=\boldsymbol{E}^{\mathrm{T}}\left(\sum_{i,j=1}^{m,n}\boldsymbol{H}_{i,j}^{\mathrm{T}}\boldsymbol{H}_{i,j}\right)\boldsymbol{E}=\boldsymbol{E}^{\mathrm{T}}\boldsymbol{KE} \tag{6.33}$$

$$\boldsymbol{\eta}_{i,j}=(\boldsymbol{G}_{i,j}^{\mathrm{T}}-\boldsymbol{D}_{i,j}\boldsymbol{D}^{+}G)\boldsymbol{E}=\boldsymbol{H}_{i,j}\boldsymbol{E} \tag{6.34}$$

式中，$\boldsymbol{E}$ 是包含四个待解未知数 q_0、q_1、q_2、q_3 的无约束极小化问题，$\boldsymbol{K}$ 为由 $\boldsymbol{n}_i^{\mathrm{c}}$、$\boldsymbol{n}_{ij}^{\mathrm{c}}$、$\boldsymbol{L}_i^{\mathrm{w}}$、$\boldsymbol{L}_{ij}^{\mathrm{w}}$、$\boldsymbol{P}_i$ 和 $\boldsymbol{P}_{ij}$ 构成的对称矩阵。利用迭代优化方法（如遗传算法或 Levenberg-Marquardt 算法）可以获得 $\boldsymbol{E}$ 的全局最优解，这两种迭代优化算法获得的解的准确性依赖于初始值。将式（6.33）所建立的最小二乘法损失函数 ε 分别对 q_0、q_1、q_2、q_3 求取一阶偏导并构建四阶方程系统，利用 GB 求解器进行求解，实现对所构建的方程系统进行非迭代全局最优解估计。

根据获得的旋转矩阵 $\boldsymbol{R}$ 的参数 q_0、q_1、q_2、q_3，结合式（6.34）可以获得相机坐标系到标靶坐标系的相对旋转矩阵 $\boldsymbol{R}$

$$\boldsymbol{R}=\begin{pmatrix} q_0^2+q_1^2-q_2^2-q_3^2 & 2(q_1q_2-q_0q_3) & 2(q_1q_3+q_0q_2) \\ 2(q_1q_2+q_0q_3) & q_0^2-q_1^2+q_2^2-q_3^2 & 2(q_2q_3-q_0q_1) \\ 2(q_1q_3-q_0q_2) & 2(q_2q_3+q_0q_1) & q_0^2-q_1^2-q_2^2+q_3^2 \end{pmatrix} \tag{6.35}$$

根据式（6.35）可获得相机坐标系到标靶坐标系的平移矩阵 $\boldsymbol{T}$

$$\boldsymbol{T}=\boldsymbol{D}^{+}\boldsymbol{GE} \tag{6.36}$$

建立的最小化重投影误差目标函数为

$$\sum_{i=1}^{n}\sum_{j=1}^{m}\| p_i-F(\boldsymbol{M}_0,\boldsymbol{R}_j,\boldsymbol{T}_j,p_i)\|^2 \tag{6.37}$$

$$F(\boldsymbol{M}_0,\boldsymbol{R}_j,\boldsymbol{T}_j,\boldsymbol{P}_i)=\boldsymbol{M}_0(\boldsymbol{R}_j\boldsymbol{P}_i+\boldsymbol{T}_j)/s \tag{6.38}$$

式中，p_i 为第 i 个激光点的像素坐标；$\boldsymbol{P}_i$ 为第 i 割激光点的空间三维坐标；$\boldsymbol{M}_0$ 为相机内参数矩阵；$\boldsymbol{R}_j$、$\boldsymbol{T}_j$ 分别为利用 GB 求解器获得的第 j 个旋转矩阵和平移矩阵；F 为将激光束上任意一点的空间三维坐标转化为图像投影像素点坐标的函数；s 为将投影像素点坐标转化为齐次坐标的系数。

最后结合全站仪标定获得的三激光束标靶坐标系与巷道坐标系的相对位姿转换关系，获得掘进机机身在巷道坐标系下的位置和姿态角信息。利用 3 条激光线及 3 个激光点构建的虚拟直线，通过相机光心与图像投影直线所构成投影平面的法矢量

和空间直线的垂直约束，构建了掘进机机身3P3L定位模型，建立测量模型的最小二乘法损失函数，最后结合最小化重投影误差实现掘进机机身位姿的非迭代全局最优解估计。

相比于2P3L模型，该模型无须激光束平行等位置约束，标定时只需借助全站仪获得激光束上的6个点坐标，解决了井下现场安装和标定难题，减少了误差产生环节，可有效提高掘进机机身的定位精度及稳定性。

6.4 悬臂式掘进机机身位姿视觉测量系统精度分析

视觉测量主要误差影响因素包括通过外参标定获得激光束点-线特征的三维空间先验信息、通过图像处理获取的激光光斑中心的像素坐标，以及激光束中心线直线方程等。

为分析多因素影响下掘进机机身位姿测量精度，本节采用Mento Carlo方法对多因素影响下的掘进机机身视觉测量精度和稳定性进行数值仿真测试。按照激光点-线特征的特性，设定激光光斑图像坐标中心定位误差服从均值为0，方差为0.1pixel的高斯分布噪声；三激光束标靶的三维空间位置外参数标定位置误差的均值为0，方差为1mm；激光束中心线定位的斜率误差的均值为0，方差为1°。

实验环境相关参数设定如下：相机与标靶距离设置为［20：20：200］/m；设置每一固定距离处截面由6×9阵列的坐标位置组成，相机坐标系与三激光标靶坐标系间旋转矩阵设置为（−30°：3°：30°）×（−10°：1°：10°），平移矢量设置为（−2：0.5：2）/m ×（−2：0.5：−1）/m。相机内参数设置为：$f_x = f_y = 5\text{mm}$，$u_0 = 1228$，$v_0 = 1029$，$k_1 = 0.012$，$k_2 = 0.014$，$p_1 = 0.001$，$p_2 = 0.002$。结合实际情况，三激光标靶的上方两激光指向仪间距大小设置为1.5m，置于三激光标靶下方的激光指向仪到上方两激光指向仪所在直线的距离设置为1m。

利用上述给定的平移矩阵与旋转矩阵，借助透视投影模型将标靶坐标系下的激光束特征点-线转换到相机坐标系，得到激光束标靶点-线特征在二维图像平面内的理想像素坐标，进而利用Mento Carlo仿真对位姿测量精度进行评估。激光光斑中心定位误差、激光束中心线斜率提取误差及外参数标定误差等因素对掘进机机身位置和姿态角测量精度的综合影响如图6.20、图6.21所示。可以看出，位置和姿态误差都随着测量距离的增大而增大，其中，X轴、Y轴两个方向具有较高的位置测量精度，Z轴方向的位置测量误差较大，绕X轴、Y轴的俯仰角和航向角具有较高角度测量精度，绕Z轴的翻滚角误差略大于绕X轴、Y轴的角度误差。相机与激光标靶间距离在100m范围内时，X轴、Y轴、Z轴方向的位置测量误差分别在4.994mm、5.608mm、127.113mm以内，俯仰角θ_x、偏航角θ_y、翻滚角θ_z的最大角度误差分别为0.048°、0.093°、0.282°，能够满足煤矿掘进工作面巷道施工允许的最大测量误差。

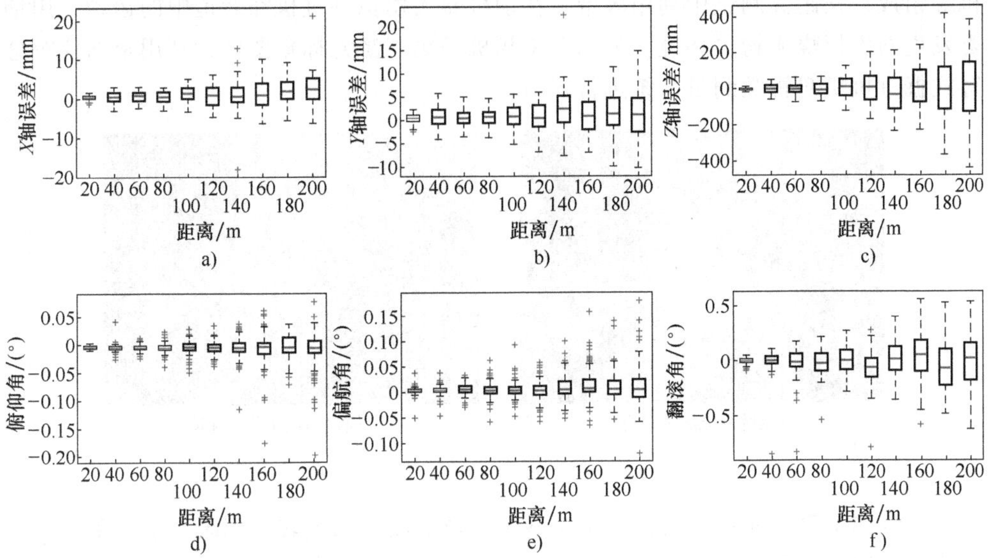

图 6.20　不同距离时掘进机机身位置和姿态角的视觉测量误差

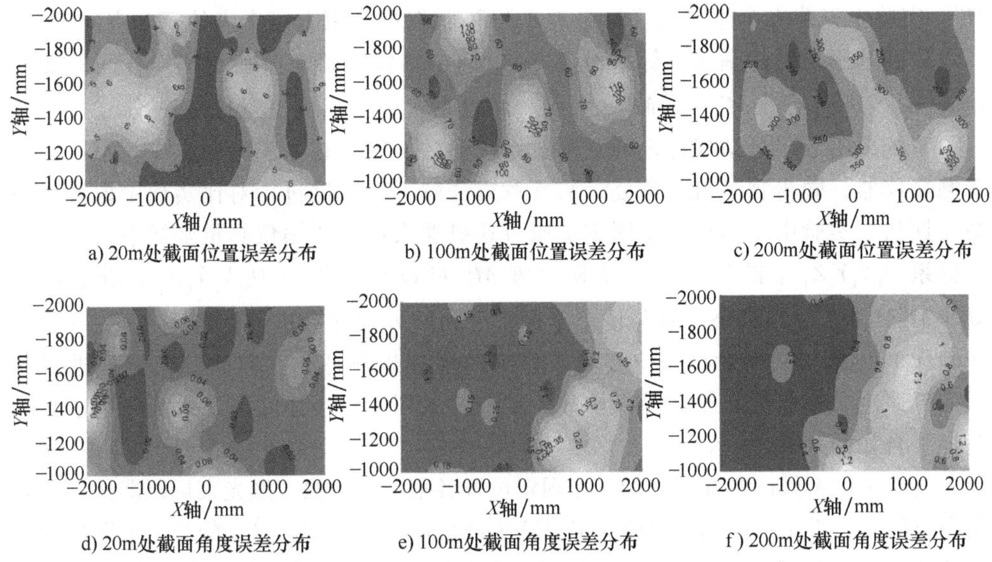

图 6.21　不同距离下的不同截面的位置和姿态角的误差分布

6.5　悬臂式掘进机机身位姿视觉测量精度测试

搭建悬臂式掘进机机身位姿视觉测量平台进行系统性能测试，如图 6.22 所示。测试系统由悬臂式掘进机（5∶1 缩比）、矿用激光指向仪、三激光标靶固定装置、工业相机（MV_ EM510C）、数字全站仪（SOKKIA IR1）、烟雾发生器、工业计算机等组成，长距离测试中利用履带式移动机器人模拟掘进机在巷道中的运动，用烟雾发生器模拟煤矿粉尘环境。采用矿用相机采集三激光标靶图像，利用全站仪对悬臂式掘进机机身视觉测量系统进行评估。

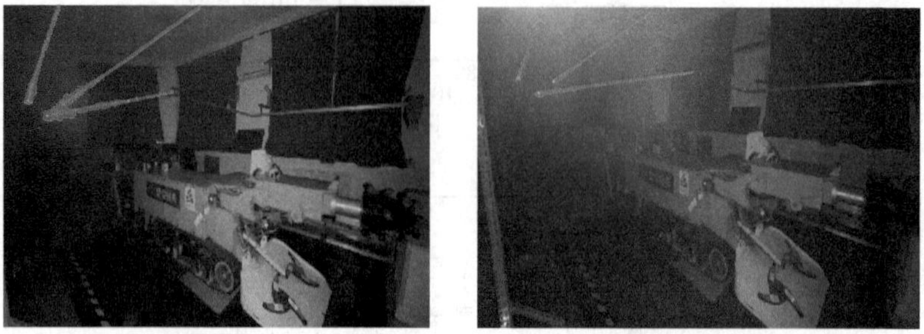

a) 系统性能测试平台　　b) 模拟的煤矿井下环境

图 6.22　悬臂式掘进机机身位姿视觉测量系统实验平台

视觉测量系统使用先要把全站仪系统和视觉测量系统转换到统一坐标系。设视觉测量系统的基坐标系置于激光标靶坐标系 $O_0X_0Y_0Z_0$，测量坐标系置于相机坐标系 $O_cX_cY_cZ_c$。利用本文方法可直接得到激光束标靶坐标系下相机的位姿变换矩阵 $\boldsymbol{M}_c^0$。实验中先建立全站仪基坐标系 $O_tX_tY_tZ_t$ 获取激光束上三个点的三维空间坐标，可以得到基于视觉的基础坐标系 $O_0X_0Y_0Z_0$ 与全站仪基础坐标系 $O_tX_tY_tZ_t$ 间的变换矩阵 $\boldsymbol{M}_0^t$，进而通过 $\boldsymbol{M}_c^t=\boldsymbol{M}_c^0\boldsymbol{M}_0^t$，得到全站仪系统下的相机位姿转换关系。

系统采用数字全站仪标定视觉测量系统参数，同时在本实验中也作为第三方位置测量仪器，同步测量机身位姿，与本章方法解算的数据进行对比实现定位方法的精度评估。实验中全站仪棱镜固定于履带式机器人作为全站仪测量坐标系，在基础坐标系 $O_tX_tY_tZ_t$ 中的棱镜位姿变换矩阵 $\boldsymbol{M}_t^p$ 可以直接给出 $O_pX_pY_pZ_p$。进而通过 $\boldsymbol{M}_c^p=\boldsymbol{M}_c^0\boldsymbol{M}_0^t\boldsymbol{M}_t^p$ 对相机坐标系与棱镜坐标系之间的外部参数进行标定，在此基础上，在 $O_tX_tY_tZ_t$ 坐标系下对机身位姿测量系统的性能进行评估。实验室模拟掘进工作面的低照度、高粉尘、杂光等煤矿井下复杂背景环境，搭建的测试系统环境适应性验证平台如图 6.22 所示。

实验中在不同位置和姿态的三处固定位置各采集 100 幅三激光束标靶图像，并利用本章提出的激光束分割、提取与定位算法进行重复性测试，采集的激光束图像及其处理结果如图 6.23 所示，a、b、c 分图分别表示 3 处相对固定位置的特征提取结果，从左到右表示不同粉尘浓度的激光标靶图像，每个位置上面一行为原始图像，对应的下面一行为激光束特征提取结果。结果表明，该方法能够在低照度、杂散光干扰的复杂背景下对激光标靶进行有效的分割、特征提取与定位，相比于 Hough、Steger 等算法，该方法获得的激光束中心线均方差较小，对激光束中心直线检测的准确性更高，如图 6.23 所示。

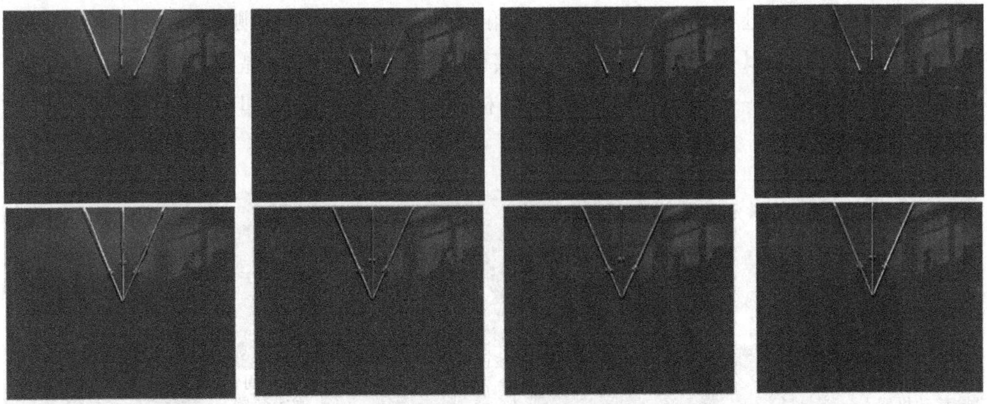

a) 位置1

b) 位置2

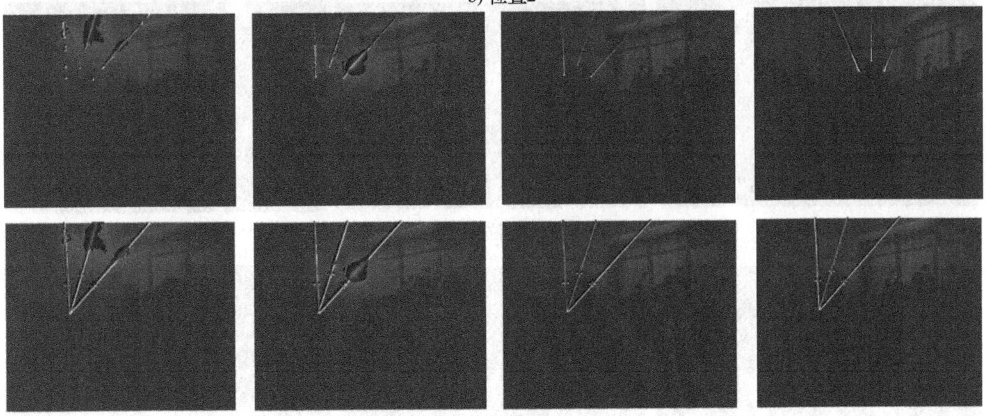

c) 位置3

图 6.23　三激光束标靶点-线特征提取与定位结果

为了对不同距离视觉测量系统性能进行测试与验证，搭建的测量系统实验平台如图 6.24 所示。实验中控制移动机器人在楼道移动，模拟掘进机在巷道的移动，使用矿用相机对三激光束标靶图像进行采集，对每一固定距离处采集 50 幅激光束图像，解算获得掘进机机身位置和姿态角信息，从而对视觉测量系统性能进行评估。实验过程中，以全站仪测量值为真实值，进而利用前面提出的外参标定方法，在构建的全站仪统一坐标系下，对掘进机机身位姿视觉测量系统性能进行对比评估。

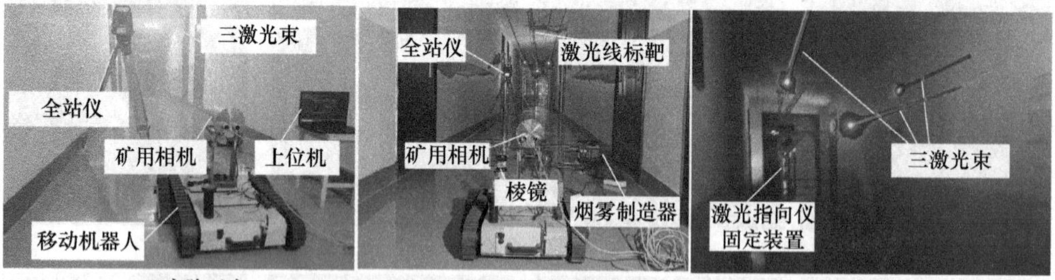

a) 实验平台　b) 机身位姿视觉测量系统　c) 实验室模拟井下环境

图 6.24　基于激光束标靶的掘进机机身位姿视觉测量系统实验平台

对于 6 处不同位置采集到的激光束图像及其处理结果如图 6.25 所示。结果表明，本章算法在 60m 测试范围内稳定性良好，具有较好的鲁棒性。履带式机器人在楼道移动时机身位姿测量数据与真实值（全站仪数据）对比结果见表 6.4，可见位置和姿态角误差随着测量距离的增大而增大，在测试距离范围内，利用本章提出的位姿估计方法的所测位置和姿态角结果接近于真实值，具有较好的定位精度。表 6.5 给出了移动机器人在模拟巷道 6 处不同距离时的位置和姿态角误差评估结果。

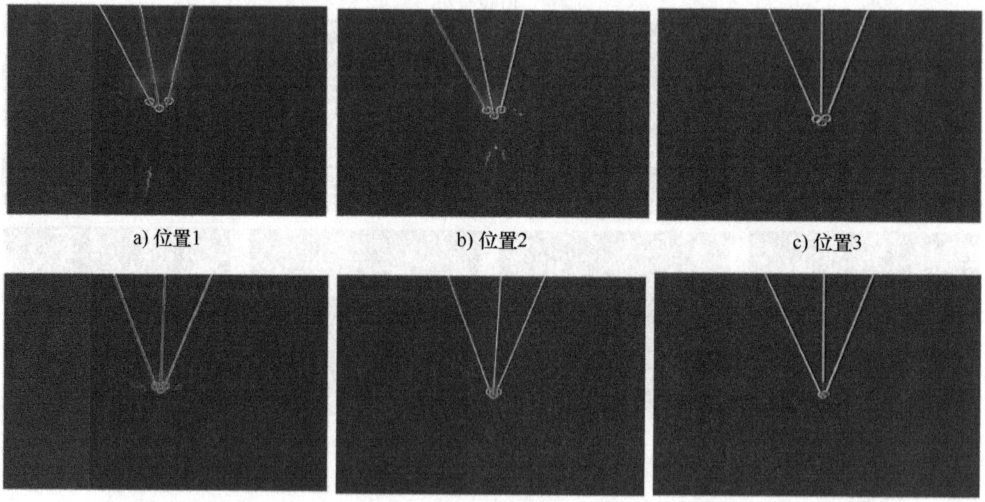

a) 位置1　b) 位置2　c) 位置3

d) 位置4　e) 位置5　f) 位置6

图 6.25　不同距离下的三激光束标靶点-线特征提取与定位结果

表 6.4 相机与激光标靶之间不同距离时的位置和姿态角对比结果

		X 轴/mm	Y 轴/mm	Z 轴/mm	俯仰角/(°)	偏航角/(°)	翻滚角/(°)
测量值	位置 1	-660.40	-261.60	1638.90	5.72	-1.83	3.17
	位置 2	-672.21	-259.13	5436.42	5.48	0.42	3.22
	位置 3	-470.32	-254.10	11239.05	5.66	-2.32	2.68
	位置 4	-434.44	-350.92	14615.81	5.45	0.54	2.56
	位置 5	-388.45	-364.30	20363.53	5.49	-2.23	2.49
	位置 6	-453.72	-288.21	35704.21	5.64	0.35	3.37
真实值	位置 1	-666.00	-230.55	1629.17	5.60	-1.95	3.12
	位置 2	-679.12	-287.42	5456.23	5.36	0.57	3.33
	位置 3	-477.01	-234.40	11269.05	5.81	-2.47	2.51
	位置 4	-426.23	-321.57	14653.45	5.25	0.34	2.27
	位置 5	-383.55	-390.43	20297.12	5.74	-2.52	2.15
	位置 6	-447.01	-308.70	35605.85	5.36	0.68	2.95

表 6.5 相机与激光标靶之间不同距离时的位置和姿态角误差（平均值±标准差）评估

	X 轴误差/mm	Y 轴误差/mm	Z 轴误差/mm	俯仰角误差/(°)	偏航角误差/(°)	翻滚角误差/(°)
位置 1	5.10±1.14	24.11±3.14	10.7±2.24	0.08±0.04	0.09±0.04	0.12±0.04
位置 2	6.20±2.25	25.23±3.15	15.94±4.01	0.10±0.05	0.12±0.05	0.15±0.05
位置 3	6.69±2.43	23.49±4.22	26.44±4.59	0.14±0.05	0.15±0.05	0.17±0.05
位置 4	7.21±2.27	27.55±2.45	32.95±5.02	0.20±0.08	0.20±0.07	0.26±0.14
位置 5	7.10±2.15	26.43±3.67	67.33±5.16	0.23±0.16	0.25±0.17	0.30±0.19
位置 6	8.02±2.26	27.62±3.59	95.32±5.17	0.26±0.12	0.27±0.15	0.32±0.17

表 6.5 结果显示，相比于 Z 轴方向，X 轴、Y 轴两个方向具有较高的位置测量精度，绕 X 轴、Y 轴、Z 轴的俯仰角和航向角都具有较高的角度测量精度。相机与激光标靶间距离在 50m 范围内时，沿 X 轴、Y 轴、Z 轴的位置最大测量误差分别为 8.02mm、27.62mm、95.32mm。俯仰角 θ_x、偏航角 θ_y、翻滚角 θ_z 最大测量误差分别为 0.26°、0.27°、0.32°。根据煤矿井下巷道施工规程允许的最大位姿估计误差，在测试距离范围内所提出的基于三激光标靶的视觉定位方法能够满足悬臂式掘进机机身位姿测量的要求。

基于三激光束的掘进机机身位姿测量技术——精度验证

悬臂式掘进机机身位姿视觉测量精度测试——实验室

6.6 小结

本章研究了基于多激光束标靶的悬臂式掘进机机身长距离动态精确定位方法，并构建了悬臂式掘进机机身位姿视觉测量系统。对煤矿杂光、遮挡等多干扰环境下的机身最优位姿测量方法、机身位姿估计误差建模等关键问题进行了研究，并通过数值仿真和实验测试，对理论成果进行了验证和评价。

1）设计了多激光束标靶应对煤矿井下特殊环境，提出了一种 RCEAU-Net 模型来高效稳定地分割激光束目标特征。利用多个不同煤矿掘进工作面场景采集到的图像构建激光束图像数据集 LBTD，该数据集包含 3406 幅图像和人工标注的激光束标靶标签。相较于 U-Net 等主流分割模型，所提出的 RCEAU-Net 模型性能有了显著提高，它能在复杂背景干扰、距离变化和煤尘浓度变化的条件下可靠地分割和精确提取激光束特征。

2）考虑到传统的分割模型难以获得稳定准确的多激光束目标特征，提出了一种新型的 RCEAU-Net 模型，可以有效解决激光束特征弱、不连续、易与背景混淆等导致的激光束目标图像分割错误或遗漏的问题。此外，虽然其推理速度比 U-Net 模型稍慢，但 RCEAU-Net 模型的推理速度可以满足井下激光束图像实时分割和提取的要求。利用 RCEAU-Net 模型在已建立的 LBTD 数据集上进行了验证。与传统的 U-Net 模型相比，准确率提高了 0.19%，精确度提高了 2.53%，召回率提高了 22.01%，IoU 提高了 8.48%。

3）提出基于单目视觉的煤矿掘进机机身及截割头位姿检测方案，对激光点-线标靶测量系统精度影响因素进行分析并提出解决方案，为有效解决煤矿井下低照度、高粉尘、强光干扰和遮挡等干扰下的掘进机全位姿测量奠定了基础。自主研发了基于 3P3L 的悬臂式掘进机机身视觉位姿测量与动态定位系统。研发高粉尘、低照度环境下矿用相机采集的激光束标靶图像分割、特征提取算法，构建 3P3L 测量模型解算得到掘进机相对巷道的全局位姿，建立测量误差传递函数模型获得机身位姿测量系统的误差传播规律。

4）建立了实验平台，对悬臂式掘进机视觉测量系统的精度及稳定性进行测试与评价。结果表明，所提出的基于点、线特征的掘进机机身及截割头位姿单目视觉测量模型，有效解决了煤矿井下现场低照度、高粉尘、强光干扰和遮挡等问题，满足煤矿井下悬臂式掘进机机身及截割头位姿测量的精度和稳定性方面的要求。

第 7 章

基于多点红外LED的悬臂式掘进机局部动态定位技术

悬臂式掘进机实现煤矿巷道成形截割，成形质量受机身和截割头的位姿测量精度影响。掘进作业时，获得截割头相对巷道设定点的位姿数据，加上考虑截割头的形状和尺寸参数，才能实现成形截割。上一章解决了掘进机机身相对巷道的全局定位问题，本章研究截割头相对机身的局部定位问题，机身和截割头位姿数据通过坐标变换即可获得截割头的全局定位结果。与倾角仪、编码器及油缸位移传感器等测量方式相比，基于合作标靶的视觉非接触测量方法能有效消除截割头振动影响，具有测量精度高、系统稳定等优势。

针对悬臂式掘进机截割头位姿检测问题，本章介绍一种基于红外点特征的截割头位姿视觉测量方法，以掘进机截割部安装的 LED 标靶上的红外点特征作为信息源，研究多点红外 LED 光斑特征提取与定位算法，对红外 LED 光斑进行分割、特征提取与定位，建立 P4P 解算模型求解获得 LED 点中心的空间坐标，最后建立基于误差模型的对偶四元数截割头位姿最优解算模型，求解获得掘进机截割头空间位姿。

7.1 基于多点红外 LED 的悬臂式掘进机截割头动态定位方法

以多点红外 LED 作为有源合作标靶，提出基于红外标靶的悬臂掘进机截割头局部位姿视觉测量方法，包括红外标靶的特征提取、基于共面特征点的空间点三维坐标解算、基于对偶四元数的红外标靶位姿解算和悬臂式掘进机机身坐标系下的截割头局部定位。图 7.1 为基于红外 LED 标靶的悬臂式掘进机截割头位姿测量原理图。

7.1.1 红外 LED 标靶特征点提取与光斑定位

系统采用多点红外 LED 作为标靶特征点，图 7.2 为实测的红外 LED 成像光斑及其灰度分布。结合自适应阈值与区域生长算法，基于正方形窗口提取红外 LED

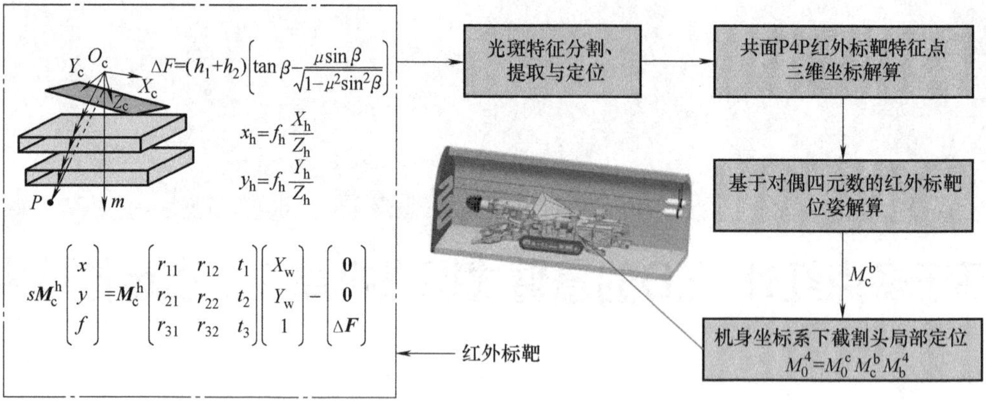

图 7.1　基于红外 LED 标靶的悬臂式掘进机截割头位姿测量原理

特征点成像光斑区域，光斑成像区域形状近似为圆形，特征点成像灰度值呈现出从中心到边缘对称递减分布，且特征点区域内像素灰度值明显高于背景灰度值。系统采用定参高斯曲面拟合算法对红外 LED 特征点光斑中心坐标进行提取，红外光斑中心定位结果如图 7.2a、b 所示。

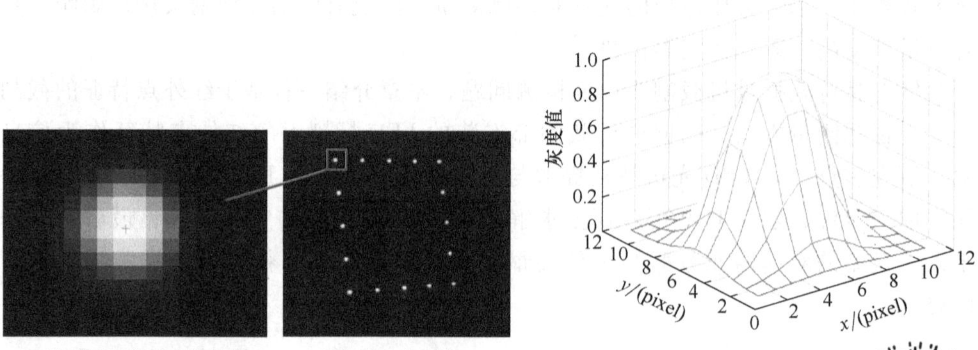

a) 红外光斑图像及定位结果　b) 红外标靶图像　c) 光斑灰度分布

图 7.2　实测的红外 LED 成像光斑及其灰度分布

彩图

红外 LED 光斑的像素点灰度值分布可以表示为

$$f(x_i,y_j)=\frac{I_0}{2\pi\sigma^2}\exp\left(-\frac{(x_i-x_0)^2}{2\sigma^2}\right)\exp\left(-\frac{(y_j-y_0)^2}{2\sigma^2}\right) \tag{7.1}$$

式中，I_0 表示光斑的总能量；(x_0，y_0) 为红外 LED 光斑中心坐标；$f(x_i,y_j)$ 表示像素灰度值；σ^2 为二维高斯分布的标准差。

对式 (7.1) 两边同时取对数得

$$-\frac{1}{2\sigma^2}(x_i^2+y_j^2)+\frac{x_0}{\sigma^2}x_i+\frac{y_0}{\sigma^2}y_j-\left(\frac{x_0^2+y_0^2}{2\sigma^2}-\ln\frac{I_0}{2\pi\sigma^2}\right)=\ln f(x_i,y_j) \tag{7.2}$$

设

$$a=-\frac{1}{2\sigma^2},b=\frac{x_0}{\sigma^2},c=\frac{y_0}{\sigma^2},d=\frac{x_0^2+y_0^2}{2\sigma^2}-\ln\frac{I_0}{2\pi\sigma^2} \tag{7.3}$$

$$\boldsymbol{A}=\begin{pmatrix} x_1^2+y_1^2 & x_1 & y_1 & -1 \\ x_1^2+y_2^2 & x_1 & y_2 & -1 \\ \vdots & \vdots & \vdots & \vdots \\ x_i^2+y_j^2 & x_i & y_j & -1 \\ \vdots & \vdots & \vdots & \vdots \\ x_n^2+y_n^2 & x_n & y_n & -1 \end{pmatrix},\boldsymbol{Y}=\begin{pmatrix} \ln f(x_1,y_1) \\ \ln f(x_1,y_2) \\ \vdots \\ \ln f(x_i,y_j) \\ \vdots \\ \ln f(x_n,y_n) \end{pmatrix},\boldsymbol{B}=\begin{pmatrix} a \\ b \\ c \\ d \end{pmatrix} \tag{7.4}$$

从而根据式（7.2）可得方程组

$$\boldsymbol{AB}=\boldsymbol{Y} \tag{7.5}$$

此方程组的最小二乘解

$$\overline{\boldsymbol{B}}=\begin{pmatrix} \overline{a} \\ \overline{b} \\ \overline{c} \\ \overline{d} \end{pmatrix}=\boldsymbol{A}^{+}\boldsymbol{Y} \tag{7.6}$$

式中，$\overline{\boldsymbol{B}}$ 为最小二乘解；$\boldsymbol{A}^{+}$表示广义逆矩阵，可以得到

$$\overline{x}_0=-\frac{\overline{b}}{2\overline{a}},\overline{y}_0=-\frac{\overline{c}}{2\overline{a}} \tag{7.7}$$

根据式（7.1）所示的红外 LED 光斑灰度值分布，光斑中心像素坐标可通过结合整像素及亚像素进行表征。假设（x'_0，y'_0）表示红外光斑中心坐标的整像素部分，（$\mathrm{d}x$，$\mathrm{d}y$）为红外光斑中心坐标的亚像素部分，则式（7.1）可表示为

$$f(x_i,y_j)=\frac{I_0}{2\pi\sigma^2}\exp\left(-\frac{(x_i-(x'_0+\mathrm{d}x))^2}{2\sigma^2}\right)\exp\left(-\frac{(y_j-(y'_0+\mathrm{d}y))^2}{2\sigma^2}\right) \tag{7.8}$$

因此，在大小为（$2N+1$）×（$2N+1$）的提取窗口内，光斑的整像素坐标（x'_0，y'_0）可以通过式（7.9）、式（7.10）进行计算。

$$x'_0=\underset{x_i}{\operatorname{argmax}}\left(\sum_{j=1}^{2N+1}f(x_i,y_j)\right),i=1,2,\cdots,2N+1 \tag{7.9}$$

$$y'_0=\underset{y_j}{\operatorname{argmax}}\left(\sum_{i=1}^{2N+1}f(x_i,y_j)\right),i=1,2,\cdots,2N+1 \tag{7.10}$$

对于以光斑整像素坐标为中心，大小为（$2N+1$）×（$2N+1$）的提取窗口，令中心像素（x'_0，y'_0）的坐标为（0，0），则提取窗口内红外光斑像素点的灰度分布函数转化为

$$f(i,j)=\frac{I_0}{2\pi\sigma^2}\exp\left(-\frac{(i-\mathrm{d}x)^2}{2\sigma^2}\right)\exp\left(-\frac{(j-\mathrm{d}y)^2}{2\sigma^2}\right),i\in(-N,N),j\in(-N,N) \tag{7.11}$$

对式（7.5）两边同时取对数可得

$$\ln f(i,j)+\frac{\mathrm{d}x^2+\mathrm{d}y^2}{2\sigma^2}-\ln\frac{I_0}{2\pi\sigma^2}=-(i^2+j^2)\frac{1}{2\sigma^2}+i\frac{\mathrm{d}x}{\sigma^2}+j\frac{\mathrm{d}y}{\sigma^2} \tag{7.12}$$

令

$$a=\frac{1}{2\sigma^2},b=\frac{\mathrm{d}x}{\sigma^2},c=\frac{\mathrm{d}y}{\sigma^2},d=\frac{\mathrm{d}x^2+\mathrm{d}y^2}{2\sigma^2}-\ln\frac{I_0}{2\pi\sigma^2} \tag{7.13}$$

则式（7.6）可表示为

$$\ln f(i,j)+d=(i^2+j^2)a+ib+jc \tag{7.14}$$

基于式（7.8），方程组（7.5）中的各项可以写为

$$\boldsymbol{Y}=\begin{pmatrix}\ln f(-N,-N)\\ \ln f(-N,-N+1)\\ \vdots\\ \ln f(i,j)\\ \vdots\\ \ln f(N,N)\end{pmatrix},\boldsymbol{B}=\begin{pmatrix}a\\ b\\ c\\ d\end{pmatrix},\boldsymbol{A}=\begin{pmatrix}(-N)^2+(-N)^2 & -N & -N & -1\\ (-N)^2+(-N+1)^2 & -N & -N+1 & -1\\ \vdots & \vdots & \vdots & \vdots\\ i^2+j^2 & i & j & -1\\ \vdots & \vdots & \vdots & \vdots\\ N^2+N^2 & N & N & -1\end{pmatrix} \tag{7.15}$$

则光斑中心像素坐标可以通过式（7.16）得到。

$$\overline{\boldsymbol{B}}=\boldsymbol{A}^{+}\boldsymbol{Y} \tag{7.16}$$

系数矩阵 $\boldsymbol{A}$ 和窗口大小 N 有关，广义逆矩阵 $\boldsymbol{A}^{+}$同样为关于 N 的常数矩阵，相比于传统的高斯曲面拟合算法，定参高斯曲面拟合法能够预先对广义逆矩阵 A^{+}进行计算，不必每次进行红外光斑定位时进行处理，该方法可以实现红外光斑中心快速检测与亚像素精确定位，通过存储广义逆矩阵可以提高红外光斑定位的运行效率，能够满足截割部标靶特征点快速定位和截割头姿态实时解算要求。

7.1.2 基于共面特征点的截割头位姿视觉测量

悬臂式掘进机截割头位姿视觉测量采用共面特征点解算模型，考虑到特征点可能会被水雾和密集粉尘遮挡，采用最小二乘拟合方法拟合像平面内的特征点所在各边的直线方程，通过相邻两条直线的交点计算标靶的四个拟合顶点像素坐标，基于P4P 解算模型获取四个拟合特征点的空间三维坐标，并通过引入对偶四元数建立误差目标函数优化问题获取标靶位姿的最优解。

如图 7.3 所示，图中标靶坐标系为 $O_bX_bY_bZ_b$，相机坐标系为 $O_cX_cY_cZ_c$，P_1 ~ P_4 为标靶上空间共面特征点，特征点在图像坐标系下形成的像点为 c_1 ~ c_4，通过精

确图像处理算法得到特征点的像素坐标（u，v），进而转换得到图像坐标（x，y）。根据单相机针孔投影模型和空间几何投影约束条件，基于P4P解算模型求解相机坐标系下的特征点空间三维坐标，假设点 P_i 在激光束标靶坐标系中的三维空间坐标为 P_{bi}（x_{bi}，y_{bi}，z_{bi}），则得到的点 P_i 在相机坐标系中的三维空间坐标为 P_{ci}（x_{ci}，y_{ci}，z_{ci}）。

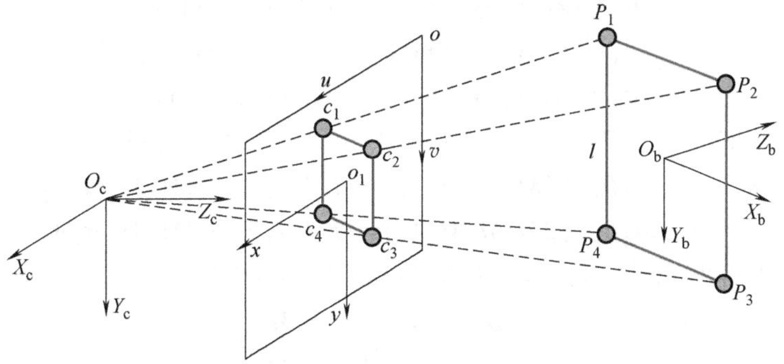

图 7.3　基于共面特征点 P4P 的位姿解算模型

$\triangle P_1P_2P_3$ 的面积 $S_{123}=\frac{1}{2}L_{12}L_{13}\sin\theta$，$\theta=\angle P_3P_1P_2$。由三角形余弦定理可知

$$\cos\theta=\frac{L_{12}^2+L_{13}^2-L_{23}^2}{2L_{12}+L_{13}},\sin\theta=\sqrt{1-\cos^2\theta}=\frac{\sqrt{(L_{12}^2+L_{13}^2+L_{23}^2)^2-2(L_{12}^4+L_{13}^4+L_{23}^4)}}{2L_{12}L_{13}} \tag{7.17}$$

因此，可知每三个点组成的三角形的面积如下

$$A_1=S_{123}=[(L_{12}^2+L_{13}^2+L_{23}^2)^2-2(L_{12}^4+L_{13}^4+L_{23}^4)]^{1/2}/4 \tag{7.18}$$

$$A_2=S_{124}=[(L_{12}^2+L_{14}^2+L_{24}^2)^2-2(L_{12}^4+L_{13}^4+L_{23}^4)]^{1/2}/4 \tag{7.19}$$

$$A_3=S_{134}=[(L_{13}^2+L_{14}^2+L_{34}^2)^2-2(L_{13}^4+L_{14}^4+L_{34}^4)]^{1/2}/4 \tag{7.20}$$

$$A_4=S_{234}=[(L_{23}^2+L_{24}^2+L_{34}^2)^2-2(L_{23}^4+L_{24}^4+L_{34}^4)]^{1/2}/4 \tag{7.21}$$

设 h 是相机坐标原点 O_c 到任意三个红外LED特征点所构成平面的垂直距离，则任意三个特征点所构成的三角形与投影中心所形成的四面体体积的表达式为

$$V_1=V(O_c,P_1,P_2,P_3)=A_1\mathrm{h}/3,V_2=V(O_c,P_1,P_2,P_4)=A_2\mathrm{h}/3 \tag{7.22}$$

$$V_3=V(O_c,P_1,P_3,P_4)=A_3\mathrm{h}/3,V_4=V(O_c,P_2,P_3,P_4)=A_4\mathrm{h}/3 \tag{7.23}$$

记点 O_c 到图像平面距离为焦距 f，相机坐标系下像点 c_i 坐标为（x_i，y_i，f），$\boldsymbol{P}_i$ 为点 O_c 指向点 P_i 的矢量，d_i 为点 O_c 到点 P_i 的距离。因此，

$$\boldsymbol{P}_i=\left(\frac{d_i}{\boldsymbol{M}_i}x_i,\frac{d_i}{\boldsymbol{M}_i}y_i,\frac{d_i}{\boldsymbol{M}_i}f\right),\boldsymbol{M}_i=(x_i^2,y_i^2,f^2)^{1/2} \tag{7.24}$$

任意三个红外LED特征点与相机坐标系原点构成的四面体体积表示如下

$$V_1=|\boldsymbol{P}_1\cdot(\boldsymbol{P}_2\times\boldsymbol{P}_3)|/6=fd_1d_2d_3B_1/(6\boldsymbol{M}_1\boldsymbol{M}_2\boldsymbol{M}_3) \tag{7.25}$$

$$V_2=|\boldsymbol{P}_1\cdot(\boldsymbol{P}_2\times\boldsymbol{P}_4)|/6=fd_1d_2d_4B_2/(6\boldsymbol{M}_1\boldsymbol{M}_2\boldsymbol{M}_4) \tag{7.26}$$

$$V_3=|\boldsymbol{P}_1\cdot(\boldsymbol{P}_3\times\boldsymbol{P}_4)|/6=fd_1d_3d_4B_3/(6\boldsymbol{M}_1\boldsymbol{M}_3\boldsymbol{M}_4) \tag{7.27}$$

$$V_4=|\boldsymbol{P}_2\cdot(\boldsymbol{P}_3\times\boldsymbol{P}_4)|/6=fd_2d_3d_4B_4/(6\boldsymbol{M}_2\boldsymbol{M}_3\boldsymbol{M}_4) \tag{7.28}$$

其中，

$$B_1=|x_1(y_3-y_2)+y_1(x_2-x_3)+y_2x_3-x_2y_3| \tag{7.29}$$

$$B_2=|x_1(y_4-y_2)+y_1(x_2-x_4)+y_2x_4-x_2y_4| \tag{7.30}$$

$$B_3=|x_1(y_3-y_4)+y_1(x_3-x_4)+y_3x_4-x_3y_4| \tag{7.31}$$

$$B_4=|x_2(y_4-y_3)+y_2(x_3-x_4)+y_3x_4-x_3y_4| \tag{7.32}$$

由式（7.22）~式（7.23）和式（7.29）~式（7.32）可得

$$\begin{aligned} h&=fd_1d_2d_3B_1/(2\boldsymbol{M}_1\boldsymbol{M}_2\boldsymbol{M}_3A_1)=fd_1d_2d_4B_2/(2\boldsymbol{M}_1\boldsymbol{M}_2\boldsymbol{M}_4A_2)\\ &=fd_1d_3d_4B_3/(2\boldsymbol{M}_1\boldsymbol{M}_3\boldsymbol{M}_4A_3)=fd_2d_3d_4B_1/(2\boldsymbol{M}_2\boldsymbol{M}_3\boldsymbol{M}_4A_4) \end{aligned} \tag{7.33}$$

从而可以得出 d_1 与 d_2、d_3、d_4 的关系，见式（7.34）~式（7.36）

$$d_2=\frac{B_3}{A_3}\frac{A_4}{B_4}\frac{\boldsymbol{M}_2}{\boldsymbol{M}_1}d_1=c_{12}\frac{\boldsymbol{M}_2}{\boldsymbol{M}_1}d_1 \tag{7.34}$$

$$d_3=\frac{B_2}{A_2}\frac{A_4}{B_4}\frac{\boldsymbol{M}_3}{\boldsymbol{M}_1}d_1=c_{13}\frac{\boldsymbol{M}_3}{\boldsymbol{M}_1}d_1 \tag{7.35}$$

$$d_4=\frac{B_1}{A_1}\frac{A_4}{B_4}\frac{\boldsymbol{M}_4}{\boldsymbol{M}_1}d_1=c_{14}\frac{\boldsymbol{M}_4}{\boldsymbol{M}_1}d_1 \tag{7.36}$$

特征点间空间距离可以表示为

$$L_{ij}^2=(x_{cj}-x_{ci})^2+(y_{cj}-y_{ci})2+(z_{cj}-z_{ci})^2 \tag{7.37}$$

其中，
$$x_{ci}=n_{ix}d_i=\frac{x_i}{\boldsymbol{M}_i}d_i,y_{ci}=n_{iy}d_i=\frac{y_i}{\boldsymbol{M}_i}d_i,z_{ci}=n_{iz}d_i=\frac{z_i}{\boldsymbol{M}_i}d_i \tag{7.38}$$

根据先验条件 L_{ij}

$$L_{ij}^2=d_i^2[(x_i-x_jC_{ij})^2+(y_i-y_jC_{ij})^2+f^2(1-C_{ij})^2]/M_i^2 \tag{7.39}$$

解得

$$d_1=\boldsymbol{M}_1\boldsymbol{L}_{12}\Big/\left[\left(x_1-\frac{B_3}{B_4}x_2\right)^2+\left(y_1-\frac{B_3}{B_4}y_2\right)^2+f^2\left(1-\frac{B_3}{B_4}\right)^2\right]^{1/2} \tag{7.40}$$

若能求出 d_1，则可以结合式（7.34）~式（7.36）解得 d_2、d_3、d_4，得到特征点 P_1、P_2、P_3、P_4 在相机坐标系中的空间三维坐标矢量为 $\boldsymbol{P}_{ci}=(x_{ci},\ y_{ci},\ z_{ci})$ $(i=1,\ 2,\ 3,\ 4)$。则标靶坐标系与相机坐标系的转换关系可定义为

$$\boldsymbol{P}_{ci}=\boldsymbol{R}_b^c\boldsymbol{P}_{bi}+\boldsymbol{T}_b^c(i=1,2,3,4) \tag{7.41}$$

旋转矩阵 $\boldsymbol{R}_b^c$ 和平移矩阵 $\boldsymbol{T}_b^c$ 可以分别用对偶四元数表示为

$$\begin{pmatrix}1&0\\0&\boldsymbol{R}_b^c\end{pmatrix}=\boldsymbol{Q}^{T}(\boldsymbol{r})\boldsymbol{W}(\boldsymbol{r}),\begin{pmatrix}0\\\boldsymbol{T}_b^c\end{pmatrix}=2\boldsymbol{Q}^{T}(\boldsymbol{r})\boldsymbol{s} \tag{7.42}$$

建立基于对偶四元数的误差目标函数可以得到旋转矩阵 $\boldsymbol{R}_b^c$ 和平移矩阵 $\boldsymbol{T}_b^c$。

$$F(\boldsymbol{r},\boldsymbol{s})=\min\frac{1}{N}(\boldsymbol{r}^{\mathrm{T}}\boldsymbol{G}_1\boldsymbol{r}+\boldsymbol{s}^{\mathrm{T}}\boldsymbol{G}_2\boldsymbol{r}+4N\boldsymbol{s}^{\mathrm{T}}\boldsymbol{s}+\boldsymbol{G}_3) \tag{7.43}$$

式中

$$\boldsymbol{G}_1=-\sum_{i=1}^{N}(\boldsymbol{Q}^{\mathrm{T}}(\boldsymbol{P}_{\mathrm{b}i})\boldsymbol{W}(\tilde{\boldsymbol{P}}_{\mathrm{c}i})+\boldsymbol{W}^{\mathrm{T}}(\tilde{\boldsymbol{P}}_{\mathrm{c}i})\boldsymbol{Q}(\boldsymbol{P}_{\mathrm{b}i})) \tag{7.44}$$

$$\boldsymbol{G}_2=4\sum_{i=1}^{N}(\boldsymbol{Q}(\boldsymbol{P}_{\mathrm{b}i})-\boldsymbol{W}^{\mathrm{T}}(\tilde{\boldsymbol{P}}_{\mathrm{c}i})) \tag{7.45}$$

$$\boldsymbol{G}_3=\sum_{i=1}^{N}(\boldsymbol{P}_{\mathrm{b}i}{}^{\mathrm{T}}\boldsymbol{P}_{\mathrm{b}i}+\tilde{\boldsymbol{P}}_{\mathrm{c}i}^{\mathrm{T}}\tilde{\boldsymbol{P}}_{\mathrm{c}i}) \tag{7.46}$$

7.1.3 悬臂式掘进机截割头局部定位

考虑到矿用相机的平面玻璃导致的图像折射畸变，本节提出引入平面玻璃折射的改进 P4P 空间点三维坐标解算模型。基于矿用相机模型的红外标靶的非单视点透视投影模型如图 7.4 所示。标靶坐标系 $O_{\mathrm{b}}X_{\mathrm{b}}Y_{\mathrm{b}}Z_{\mathrm{b}}$，相机坐标系 $O_{\mathrm{c}}X_{\mathrm{c}}Y_{\mathrm{c}}Z_{\mathrm{c}}$，$P_1 \sim P_4$ 为标靶上空间共面特征点，特征点在图像坐标系下形成的像点为 $p_1 \sim p_4$。假设空间点 P_i 在像平面上的投影点为 $p_i=(x_i,\ y_i,\ f)$。

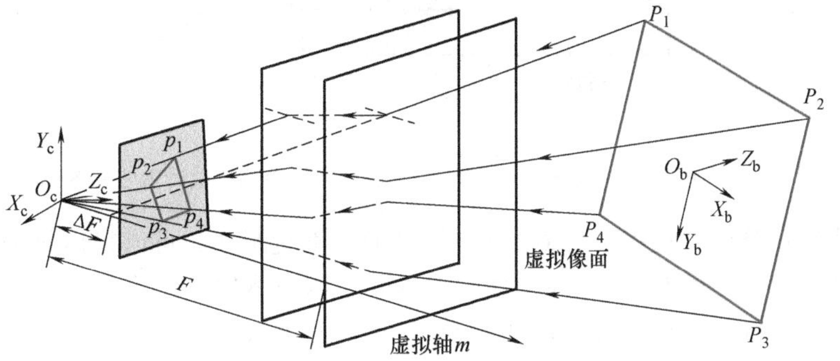

图 7.4　引入平面折射的基于共面特征点的位姿估计透视投影模型

该模型在矿用相机成像模型的基础上，通过标靶上空间共面特征点 $P_1 \sim P_4$ 获取不受折射畸变影响的红外 LED 标靶特征点空间三维坐标。假设虚拟成像坐标系统为 $c'x_{\mathrm{h}}y_{\mathrm{h}}z_{\mathrm{h}}$。其中，引入的虚拟成像坐标系统以点 c' 为虚拟透视中心、外层玻璃界面作为虚拟成像面，虚拟轴 m 通过相机透视中心且垂直于双层玻璃，内层玻璃的法线 l 平行于外层玻璃的法线 m，$F-\Delta F$ 为沿虚拟轴 m 方向的虚拟焦距。根据式(2.13)，引入双层平面玻璃折射的矿用相机成像模型可以表示为

$$s\boldsymbol{M}_{\mathrm{c}}^{\mathrm{h}}\begin{pmatrix}x\\y\\f\end{pmatrix}=\boldsymbol{M}_{\mathrm{c}}^{\mathrm{h}}\begin{pmatrix}r_{11}&r_{12}&r_{13}&t_1\\r_{21}&r_{22}&r_{23}&t_2\\r_{31}&r_{32}&r_{33}&t_3\end{pmatrix}\begin{pmatrix}X_{\mathrm{w}}\\Y_{\mathrm{w}}\\Z_{\mathrm{w}}\\1\end{pmatrix}-\begin{pmatrix}0\\0\\\Delta F\end{pmatrix} \tag{7.47}$$

$$s\boldsymbol{M}_{\mathrm{c}}^{\mathrm{h}}\begin{pmatrix}x\\y\\f\end{pmatrix}=\boldsymbol{M}_{\mathrm{c}}^{\mathrm{h}}\begin{pmatrix}X_{\mathrm{c}}\\Y_{\mathrm{c}}\\Z_{\mathrm{c}}\end{pmatrix}-\begin{pmatrix}0\\0\\\Delta F\end{pmatrix},(\boldsymbol{M}_{\mathrm{c}}^{\mathrm{h}})^{-1}=\begin{pmatrix}M_{11}&M_{12}&M_{13}\\M_{21}&M_{22}&M_{23}\\M_{31}&M_{32}&M_{33}\end{pmatrix} \tag{7.48}$$

如图7.5所示，根据式（2.6）的定义可知，当入射光线与虚拟轴夹角相等时，实际透视中心 O_{c} 到虚拟透视中心 O'_{c} 的偏移量 ΔF 相等，入射光线的延伸线都相交于虚拟透视中心 c'。因此，任意三个特征点与虚拟透视中心 c' 构成的四面体体积相等。

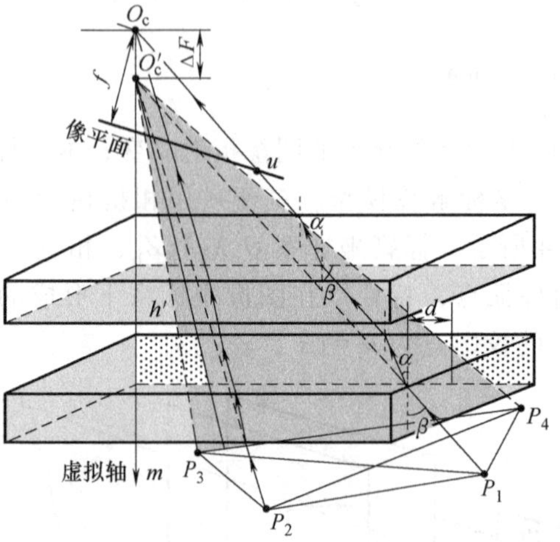

图7.5　当透视中心偏移量相等时引入平面折射的位姿估计透视投影模型

如果令 h' 是虚拟透视中心 O'_{c} 到标靶平面的垂直距离，可以得出每个三角形与虚拟透视中心 O'_{c} 所组成的椎体的体积表达式，四面体的体积计算如下

$$V'_1=V(O'_{\mathrm{c}},P_1,P_2,P_3)=A_1h'/3,\quad V'_2=V(O'_{\mathrm{c}},P_1,P_2,P_4)=A_2h'/3 \tag{7.49}$$

$$V'_3=V(O'_{\mathrm{c}},P_1,P_3,P_4)=A_3h'/3,\quad V'_4=V(O'_{\mathrm{c}},P_2,P_3,P_4)=A_4h'/3 \tag{7.50}$$

假设虚拟成像坐标系下像点 $p_{\mathrm{h}i}$ 坐标为（$x_{\mathrm{h}i}$，$y_{\mathrm{h}i}$，f_{h}），$\boldsymbol{P}_{\mathrm{h}i}$ 为虚拟透视中心 O'_{c} 指向点 P_i 的矢量，$d_{\mathrm{h}i}$ 为虚拟透视中心 O'_{c} 到点 P_i 的距离，则

$$\boldsymbol{P}_{\mathrm{h}i}=\left(\frac{d_{\mathrm{h}i}}{\boldsymbol{M}_{\mathrm{h}i}}x_{\mathrm{h}i},\frac{d_{\mathrm{h}i}}{\boldsymbol{M}_{\mathrm{h}i}}y_{\mathrm{h}i},\frac{d_{\mathrm{h}i}}{\boldsymbol{M}_{\mathrm{h}i}}f_{\mathrm{h}}\right),\boldsymbol{M}_{\mathrm{h}i}=(x_{\mathrm{h}i}^2,y_{\mathrm{h}i}^2,f_{\mathrm{h}}^2)^{1/2} \tag{7.51}$$

任意三个空间特征点与虚拟透视中心 O'_{c} 构成的四面体体积表示如下

$$V'_1=|\boldsymbol{P}_{\mathrm{h}1}\cdot(\boldsymbol{P}_{\mathrm{h}2}\times\boldsymbol{P}_{\mathrm{h}3})|/6=f_{\mathrm{h}}d_{\mathrm{h}1}d_{\mathrm{h}2}d_{\mathrm{h}3}B_{\mathrm{h}1}/(6\boldsymbol{M}_{\mathrm{h}1}\boldsymbol{M}_{\mathrm{h}2}\boldsymbol{M}_{\mathrm{h}3}) \tag{7.52}$$

$$V'_2=|\boldsymbol{P}_{\mathrm{h}1}\cdot(\boldsymbol{P}_{\mathrm{h}2}\times\boldsymbol{P}_{\mathrm{h}4})|/6=f_{\mathrm{h}}d_{\mathrm{h}1}d_{\mathrm{h}2}d_{\mathrm{h}4}B_{\mathrm{h}2}/(6\boldsymbol{M}_{\mathrm{h}1}\boldsymbol{M}_{\mathrm{h}2}\boldsymbol{M}_{\mathrm{h}4}) \tag{7.53}$$

$$V'_3=|\boldsymbol{P}_{\mathrm{h}1}\cdot(\boldsymbol{P}_{\mathrm{h}3}\times\boldsymbol{P}_{\mathrm{h}4})|/6=f_{\mathrm{h}}d_{\mathrm{h}1}d_{\mathrm{h}3}d_{\mathrm{h}4}B_{\mathrm{h}3}/(6\boldsymbol{M}_{\mathrm{h}1}\boldsymbol{M}_{\mathrm{h}3}\boldsymbol{M}_{\mathrm{h}4}) \tag{7.54}$$

$$V'_4=|\boldsymbol{P}_{\mathrm{h}2}\cdot(\boldsymbol{P}_{\mathrm{h}3}\times\boldsymbol{P}_{\mathrm{h}4})|/6=f_{\mathrm{h}}d_{\mathrm{h}2}d_{\mathrm{h}3}d_{\mathrm{h}4}B_{\mathrm{h}4}/(6\boldsymbol{M}_{\mathrm{h}2}\boldsymbol{M}_{\mathrm{h}3}\boldsymbol{M}_{\mathrm{h}4}) \tag{7.55}$$

其中，

$$B_{\mathrm{h}1}=|x_{\mathrm{h}1}(y_{\mathrm{h}3}-y_{\mathrm{h}2})+y_{\mathrm{h}1}(x_{\mathrm{h}2}-x_{\mathrm{h}3})+y_{\mathrm{h}2}x_{\mathrm{h}3}-x_{\mathrm{h}2}y_{\mathrm{h}3}| \tag{7.56}$$

$$B_{h2}=|x_{h1}(y_{h4}-y_{h2})+y_{h1}(x_{h2}-x_{h4})+y_{h2}x_{h4}-x_{h2}y_{h4}| \tag{7.57}$$

$$B_{h3}=|x_{h1}(y_{h3}-y_{h4})+y_{h1}(x_{h3}-x_{h4})+y_{h3}x_{h4}-x_{h3}y_{h4}| \tag{7.58}$$

$$B_{h4}=|x_{h2}(y_{h4}-y_{h3})+y_{h2}(x_{h3}-x_{h4})+y_{h3}x_{h4}-x_{h3}y_{h4}| \tag{7.59}$$

从式（7.49）~式（7.59）可得

$$\begin{aligned}h'&=f_h d_{h1}d_{h2}d_{h3}B_{h1}/(2\boldsymbol{M}_{h1}\boldsymbol{M}_{h2}\boldsymbol{M}_{h3}A_1)=f_h d_{h1}d_{h2}d_{h4}B_{h2}/(2\boldsymbol{M}_{h1}\boldsymbol{M}_{h2}\boldsymbol{M}_{h4}A_2)\\&=f_h d_{h1}d_{h3}d_{h4}B_{h3}/(2\boldsymbol{M}_{h1}\boldsymbol{M}_{h3}\boldsymbol{M}_{h4}A_3)=f_h d_{h2}d_{h3}d_{h4}B_{h4}/(2\boldsymbol{M}_{h2}\boldsymbol{M}_{h3}\boldsymbol{M}_{h4}A_4)\end{aligned} \tag{7.60}$$

从而可以得出 d_{h1} 与 d_{h2}、d_{h3}、d_{h4} 的关系，见式（7.61）~式（7.63）

$$d_{h2}=\frac{B_{h3}A_4\boldsymbol{M}_{h2}}{A_3B_{h4}\boldsymbol{M}_{h1}}d_{h1}=C'_{12}\frac{\boldsymbol{M}_{h2}}{\boldsymbol{M}_{h1}}d_{h1} \tag{7.61}$$

$$d_{h3}=\frac{B_{h2}A_4\boldsymbol{M}_{h3}}{A_2B_{h4}\boldsymbol{M}_{h1}}d_{h1}=C'_{13}\frac{\boldsymbol{M}_{h3}}{\boldsymbol{M}_{h1}}d_{h1} \tag{7.62}$$

$$d_{h4}=\frac{B_{h1}A_4\boldsymbol{M}_{h4}}{A_1B_{h4}\boldsymbol{M}_{h1}}d_{h1}=C'_{14}\frac{\boldsymbol{M}_{h4}}{\boldsymbol{M}_{h1}}d_{h1} \tag{7.63}$$

根据特征点间空间距离的先验条件 L_{ij}，可知

$$L_{ij}^2=d_{hi}^2[(x_{hi}-x_{hj}C'_{ij})^2+(y_{hi}-y_{hj}C'_{ij})^2+f_h^2(1-C'_{ij})^2]/\boldsymbol{M}_{hi}^2 \tag{7.64}$$

解得

$$d_{h1}=\boldsymbol{M}_{h1}\boldsymbol{L}'_{12}/\left[\left(x_{h1}-\frac{B_{h3}}{B_{h4}}x_{h2}\right)^2+\left(y_{h1}-\frac{B_{h3}}{B_{h4}}y_{h2}\right)^2+f_h{}^2\left(1-\frac{B_{h3}}{B_{h4}}\right)^2\right]^{1/2} \tag{7.65}$$

若能求出 d_{h1}，则可以根据式（7.61）~式（7.63）解得 d_{h2}、d_{h3} 和 d_{h4}。根据式（7.48）得到特征点 P_1、P_2、P_3、P_4 在相机坐标系下的坐标矢量 $\boldsymbol{P}_i$

$$\boldsymbol{P}_i=(\boldsymbol{M}_c^h)^{-1}\left(\begin{pmatrix}\frac{d_{hi}}{\boldsymbol{M}_{hi}}x_{hi} & \frac{d_{hi}}{\boldsymbol{M}_{hi}}y_{hi} & \frac{d_{hi}}{\boldsymbol{M}_{hi}}f_h\end{pmatrix}^T+(0\quad 0\quad \Delta F_i)^T\right) \tag{7.66}$$

当实际的透视中心 O_c 到虚拟透视中心 O'_c 的偏移量不同时，入射光线的延伸线相交于不同的虚拟透视中心 O'_c。引入平面折射的改进 P4P 位姿估计透视投影模型如图 7.6 所示。

设空间点 P_i 在像平面上的投影点为 $\boldsymbol{p}_i=(x_i,\ y_i,\ f)$，$\Delta F_i$ 为从实际的透视中心 O_c 到虚拟透视中心 O'_c 的偏移量。s_i 为虚拟成像坐标系统下为虚拟透视中心 O'_c 到空间点 P_i 的距离与相机光学中心 O_c 到像素点 p_i 的距离之比。因此，空间点 P_i（$i=1$，2，3，4）在相机坐标系下的三维空间坐标矢量可以分别表示为

$$\boldsymbol{P}_1=(s_1x_1+\boldsymbol{M}_{13}^{(1)}\Delta F_1,s_1y_1+\boldsymbol{M}_{23}^{(1)}\Delta F_1,s_1f+\boldsymbol{M}_{33}^{(1)}\Delta F_1) \tag{7.67}$$

$$\boldsymbol{P}_2=(s_2x_2+\boldsymbol{M}_{13}^{(2)}\Delta F_2,s_2y_2+\boldsymbol{M}_{23}^{(2)}\Delta F_2,s_2f+\boldsymbol{M}_{33}^{(2)}\Delta F_2) \tag{7.68}$$

$$\boldsymbol{P}_3=(s_3x_3+\boldsymbol{M}_{13}^{(3)}\Delta F_3,s_3y_3+\boldsymbol{M}_{23}^{(3)}\Delta F_3,s_3f+\boldsymbol{M}_{33}^{(3)}\Delta F_3) \tag{7.69}$$

$$\boldsymbol{P}_4=(s_4x_4+\boldsymbol{M}_{13}^{(4)}\Delta F_4,s_4y_4+\boldsymbol{M}_{23}^{(4)}\Delta F_4,s_4f+\boldsymbol{M}_{33}^{(4)}\Delta F_4) \tag{7.70}$$

任意三个空间特征点与相机光学中心构成的四面体体积表示如下：

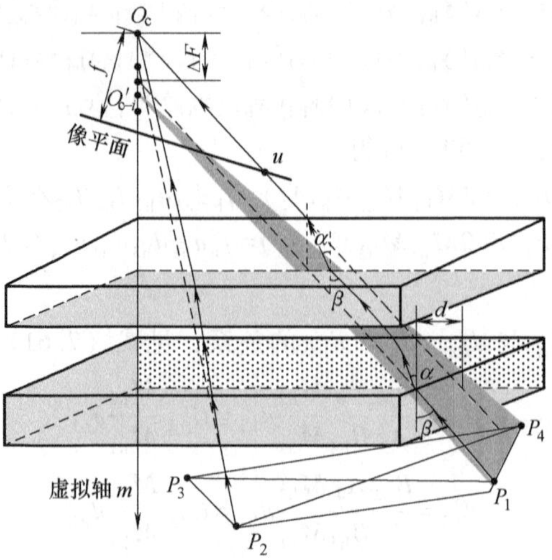

图 7.6　引入平面折射的改进 P4P 位姿估计透视投影广义模型

$$V_1=|\boldsymbol{P}_1\cdot(\boldsymbol{P}_2\times\boldsymbol{P}_3)|/6,V_2=|\boldsymbol{P}_1\cdot(\boldsymbol{P}_2\times\boldsymbol{P}_4)|/6 \tag{7.71}$$

$$V_3=|\boldsymbol{P}_1\cdot(\boldsymbol{P}_3\times\boldsymbol{P}_4)|/6,V_4=|\boldsymbol{P}_2\cdot(\boldsymbol{P}_3\times\boldsymbol{P}_4)|/6 \tag{7.72}$$

因此，代入式（7.67）~式（7.70），得到

$$\boldsymbol{P}_1\cdot(\boldsymbol{P}_2\times\boldsymbol{P}_3)=\begin{pmatrix}s_1x_1+\boldsymbol{M}_{13}^{(1)}\Delta F_1\\ s_1y_1+\boldsymbol{M}_{23}^{(1)}\Delta F_1\\ s_1f+\boldsymbol{M}_{33}^{(1)}\Delta F_1\end{pmatrix}\cdot\left(\begin{pmatrix}s_2x_2+\boldsymbol{M}_{13}^{(2)}\Delta F_2\\ s_2y_2+\boldsymbol{M}_{23}^{(2)}\Delta F_2\\ s_2f+\boldsymbol{M}_{33}^{(2)}\Delta F_2\end{pmatrix}\times\begin{pmatrix}s_3x_3+\boldsymbol{M}_{13}^{(3)}\Delta F_3\\ s_3y_3+\boldsymbol{M}_{23}^{(3)}\Delta F_3\\ s_3f+\boldsymbol{M}_{33}^{(3)}\Delta F_3\end{pmatrix}\right) \tag{7.73}$$

$$\boldsymbol{P}_1\cdot(\boldsymbol{P}_2\times\boldsymbol{P}_4)=\begin{pmatrix}s_1x_1+\boldsymbol{M}_{13}^{(1)}\Delta F_1\\ s_1y_1+\boldsymbol{M}_{23}^{(1)}\Delta F_1\\ s_1f+\boldsymbol{M}_{33}^{(1)}\Delta F_1\end{pmatrix}\cdot\left(\begin{pmatrix}s_2x_2+\boldsymbol{M}_{13}^{(2)}\Delta F_2\\ s_2y_2+\boldsymbol{M}_{23}^{(2)}\Delta F_2\\ s_2f+\boldsymbol{M}_{33}^{(2)}\Delta F_2\end{pmatrix}\times\begin{pmatrix}s_4x_4+\boldsymbol{M}_{13}^{(4)}\Delta F_4\\ s_4y_4+\boldsymbol{M}_{23}^{(4)}\Delta F_4\\ s_4f+\boldsymbol{M}_{33}^{(4)}\Delta F_4\end{pmatrix}\right) \tag{7.74}$$

$$\boldsymbol{P}_1\cdot(\boldsymbol{P}_3\times\boldsymbol{P}_4)=\begin{pmatrix}s_1x_1+\boldsymbol{M}_{13}^{(1)}\Delta F_1\\ s_1y_1+\boldsymbol{M}_{23}^{(1)}\Delta F_1\\ s_1f+\boldsymbol{M}_{33}^{(1)}\Delta F_1\end{pmatrix}\cdot\left(\begin{pmatrix}s_3x_3+\boldsymbol{M}_{13}^{(3)}\Delta F_3\\ s_3y_3+\boldsymbol{M}_{23}^{(3)}\Delta F_3\\ s_3f+\boldsymbol{M}_{33}^{(3)}\Delta F_3\end{pmatrix}\times\begin{pmatrix}s_4x_4+\boldsymbol{M}_{13}^{(4)}\Delta F_4\\ s_4y_4+\boldsymbol{M}_{23}^{(4)}\Delta F_4\\ s_4f+\boldsymbol{M}_{33}^{(4)}\Delta F_4\end{pmatrix}\right) \tag{7.75}$$

$$\boldsymbol{P}_2\cdot(\boldsymbol{P}_3\times\boldsymbol{P}_4)=\begin{pmatrix}s_2x_2+\boldsymbol{M}_{13}^{(2)}\Delta F_2\\ s_2y_2+\boldsymbol{M}_{23}^{(2)}\Delta F_2\\ s_2f+\boldsymbol{M}_{33}^{(2)}\Delta F_2\end{pmatrix}\cdot\left(\begin{pmatrix}s_3x_3+\boldsymbol{M}_{13}^{(3)}\Delta F_3\\ s_3y_3+\boldsymbol{M}_{23}^{(3)}\Delta F_3\\ s_3f+\boldsymbol{M}_{33}^{(3)}\Delta F_3\end{pmatrix}\times\begin{pmatrix}s_4x_4+\boldsymbol{M}_{13}^{(4)}\Delta F_4\\ s_4y_4+\boldsymbol{M}_{23}^{(4)}\Delta F_4\\ s_4f+\boldsymbol{M}_{33}^{(4)}\Delta F_4\end{pmatrix}\right) \tag{7.76}$$

根据任意三个空间特征点与相机中心 c 构成的四面体体积相等的约束关系

$$\boldsymbol{P}_1(\boldsymbol{P}_2\times\boldsymbol{P}_3)=\boldsymbol{P}_1(\boldsymbol{P}_2\times\boldsymbol{P}_4)=\boldsymbol{P}_1(\boldsymbol{P}_3\times\boldsymbol{P}_4)=\boldsymbol{P}_2(\boldsymbol{P}_3\times\boldsymbol{P}_4) \tag{7.77}$$

结合 P_1 和 P_2 在相机坐标系中的距离约束关系

$$(s_1x_1+\boldsymbol{M}_{13}^{(1)}\Delta F_1-s_2x_2-\boldsymbol{M}_{13}^{(2)}\Delta F_2)^2+(s_1y_1+\boldsymbol{M}_{23}^{(1)}\Delta F_1-s_2y_2-\boldsymbol{M}_{23}^{(2)}\Delta F_2)^2+$$
$$(s_1f+\boldsymbol{M}_{33}^{(1)}\Delta F_1-s_2f-\boldsymbol{M}_{33}^{(2)}\Delta F_2)^2=a^2 \tag{7.78}$$

结合式（7.71）~式（7.78）得到 s_1、s_2、s_3、s_4，并代入式（7.67）~式（7.70）可以计算出 P_1、P_2、P_3、P_4 在相机坐标系中的三维坐标。同样的，进一步根据式（7.41）~式（7.46）可以得到标靶与相机的位姿转换关系。

截割头局部定位问题通过基于红外 LED 标靶的位姿估计算法获取。局部定位问题涉及标靶坐标系、相机坐标系、机身坐标系及截割头坐标系（见图 4.8b）。机身坐标系与截割头坐标系的转换矩阵可以通过下式进行计算：

$$\boldsymbol{M}_0^4=\boldsymbol{M}_0^{\mathrm{c}}\boldsymbol{M}_{\mathrm{c}}^{\mathrm{b}}\boldsymbol{M}_{\mathrm{b}}^4 \tag{7.79}$$

式中，标靶坐标系与相机坐标系间的转换矩阵 $\boldsymbol{M}_{\mathrm{c}}^{\mathrm{b}}$ 通过本章给出的基于共面特征点的视觉位姿解算模型获取。相机坐标系和机身坐标系间的固定转换矩阵 $\boldsymbol{M}_0^{\mathrm{c}}$，以及标靶坐标系与截割头坐标系间的固定转换矩阵 $\boldsymbol{M}_{\mathrm{b}}^4$ 通过预标定获取。

将截割头调整到零初始位置，结合截割臂运动学正解获得 $\boldsymbol{M}_0^4$，机体坐标系与标靶坐标系之间的转换矩阵 $\boldsymbol{M}_0^{\mathrm{b}}$ 可以通过全站仪或 Vicon 视觉跟踪系统进行校准。因此，标靶坐标系与截割头中心坐标系之间的固定转换矩阵 $\boldsymbol{M}_{\mathrm{b}}^4$ 可通过下式得到

$$\boldsymbol{M}_{\mathrm{b}}^4=(\boldsymbol{M}_0^{\mathrm{b}})^{-1}\cdot\boldsymbol{M}_0^4 \tag{7.80}$$

相机坐标系和机身坐标系间转换矩阵 $\boldsymbol{M}_0^{\mathrm{c}}$ 可通过下式得到

$$\boldsymbol{M}_0^{\mathrm{c}}=\boldsymbol{M}_0^4\cdot(\boldsymbol{M}_{\mathrm{b}}^4)^{-1}\cdot(\boldsymbol{M}_{\mathrm{c}}^{\mathrm{b}})^{-1} \tag{7.81}$$

因此，根据截割头零初始位置下通过预标定获得的相机和机身坐标系间的转换矩阵 $\boldsymbol{M}_0^{\mathrm{c}}$、标靶与截割头坐标系间的转换矩阵 $\boldsymbol{M}_{\mathrm{b}}^4$，结合本章视觉测量获取的标靶与相机坐标系间的转换矩阵 $\boldsymbol{M}_{\mathrm{c}}^{\mathrm{b}}$，代入式（7.79），可实现悬臂式掘进机截割头的局部视觉定位。

7.2 基于视觉测量的截割头位姿测量误差模型

为了保证截割头位姿视觉测量精度，本节对截割头位姿测量误差进行分析，为掘进机截割头位姿视觉测量误差估计提供理论依据，对位姿视觉测量误差进行建模和数值仿真分析，验证算法的有效性。

截割头位姿测量误差主要来源于红外 LED 特征点中心定位误差、相机外部参数标定误差及特征点非共面性误差。下面分别构建各输入参数与掘进机截割头位姿间的误差传递函数。

7.2.1 红外 LED 特征点中心定位误差

根据截割头位姿测量模型，截割头位姿参数只与红外 LED 特征点的三维坐标有关，因此，特征点中心定位误差对截割头位姿解算的影响较大。根据本章提出的截割头位姿解算模型，首先建立红外 LED 特征点中心定位与特征点三维坐标之间的误差传递函数，对式（7.38）中红外 LED 特征点中心坐标进行求导，进行泰勒级数展开，忽略展开式中的高次项，取一次式得到红外 LED 特征点三维坐标测量误差

$$\delta X_{\mathrm{w}i}=\frac{\partial X_{\mathrm{w}i}}{\partial u}\delta u_i+\frac{\partial X_{\mathrm{w}i}}{\partial v}\delta v_i \tag{7.82}$$

$$\delta Y_{\mathrm{w}i}=\frac{\partial Y_{\mathrm{w}i}}{\partial u}\delta u_i+\frac{\partial Y_{\mathrm{w}i}}{\partial v}\delta v_i \tag{7.83}$$

式中，δu_i、δv_i 为红外 LED 光斑图像中心坐标提取误差；i 表示红外 LED 光斑特征点，建立红外 LED 光斑中心定位与特征点三维坐标之间的误差传递函数

$$\delta \boldsymbol{W}_1^{(\mathrm{c})}=\boldsymbol{E}_{\mathrm{w}p1}^{(\mathrm{c})}\delta \boldsymbol{P}_1^{(\mathrm{c})} \tag{7.84}$$

式中，红外 LED 光斑特征点图像坐标与三维坐标之间的误差传递模型为

$$\boldsymbol{E}_{\mathrm{w}p1}^{(\mathrm{c})}=\begin{pmatrix} \dfrac{\partial X_{\mathrm{w}1}}{\partial u_1} & \dfrac{\partial X_{\mathrm{w}1}}{\partial v_1} & \cdots & \dfrac{\partial X_{\mathrm{w}1}}{\partial u_4} & \dfrac{\partial X_{\mathrm{w}1}}{\partial v_4} \\ \vdots & \vdots & \vdots & \vdots & \vdots \\ \dfrac{\partial Y_{\mathrm{w}4}}{\partial u_1} & \dfrac{\partial Y_{\mathrm{w}4}}{\partial v_1} & \cdots & \dfrac{\partial Y_{\mathrm{w}4}}{\partial u_4} & \dfrac{\partial Y_{\mathrm{w}4}}{\partial v_4} \end{pmatrix} \tag{7.85}$$

红外 LED 光斑特征点中心定位误差为

$$\delta \boldsymbol{P}_1^{(\mathrm{c})}=(\delta u_1,\delta v_1,\delta u_2,\delta v_2,\delta u_3,\delta v_3,\delta u_4,\delta v_4)^{\mathrm{T}} \tag{7.86}$$

红外 LED 光斑特征点三维坐标误差为

$$\delta \boldsymbol{W}_1^{(\mathrm{c})}=(\delta X_{\mathrm{w}1},\delta Y_{\mathrm{w}1},\delta X_{\mathrm{w}2},\delta Y_{\mathrm{w}2},\delta X_{\mathrm{w}3},\delta Y_{\mathrm{w}3},\delta X_{\mathrm{w}4},\delta Y_{\mathrm{w}4})^{\mathrm{T}} \tag{7.87}$$

根据截割头位姿解算模型，截割头姿态参数与四个特征点的三维坐标间关系可以表示为

$$f(\mathrm{pitch},\mathrm{rotate},X_{\mathrm{w}1},Y_{\mathrm{w}1},Z_{\mathrm{w}1},X_{\mathrm{w}2},Y_{\mathrm{w}2},Z_{\mathrm{w}2},X_{\mathrm{w}3},Y_{\mathrm{w}3},Z_{\mathrm{w}3},X_{\mathrm{w}4},Y_{\mathrm{w}4},Z_{\mathrm{w}4})=0 \tag{7.88}$$

式中，（pitch，rotate）为截割头姿态参数。

设 $\boldsymbol{J}_{f1}$ 为式（7.88）的雅克比矩阵，则

$$\boldsymbol{J}_{f1}=\begin{pmatrix} \dfrac{\partial(\mathrm{pitch})}{\partial X_{\mathrm{w}1}} & \dfrac{\partial(\mathrm{pitch})}{\partial Y_{\mathrm{w}1}} & \dfrac{\partial(\mathrm{pitch})}{\partial Z_{\mathrm{w}1}} & \cdots & \dfrac{\partial(\mathrm{pitch})}{\partial Y_{\mathrm{w}4}} & \dfrac{\partial(\mathrm{pitch})}{\partial Z_{\mathrm{w}4}} \\ \dfrac{\partial(\mathrm{rotate})}{\partial X_{\mathrm{w}1}} & \dfrac{\partial(\mathrm{rotate})}{\partial Y_{\mathrm{w}1}} & \dfrac{\partial(\mathrm{rotate})}{\partial Z_{\mathrm{w}1}} & \cdots & \dfrac{\partial(\mathrm{rotate})}{\partial Y_{\mathrm{w}4}} & \dfrac{\partial(\mathrm{rotate})}{\partial Z_{\mathrm{w}4}} \end{pmatrix} \tag{7.89}$$

则截割头姿态测量误差与特征点三维坐标测量误差之间的误差传递模型可表示为

$$\boldsymbol{E}_{p1}^{(c)} = (\boldsymbol{J}_{f1}^{T}\boldsymbol{J}_{f1})^{-1}\boldsymbol{J}_{f1}^{T} \tag{7.90}$$

设截割头姿态测量误差 $\delta\boldsymbol{A}_1^{(c)} = (\delta(\text{pitch}), \delta(\text{rotate}))$，可得

$$\delta\boldsymbol{A}_1^{(c)} = \boldsymbol{E}_{p1}^{(c)}\delta\boldsymbol{W}_1^{(c)} \tag{7.91}$$

根据截割头位姿解算模型，截割头位置参数只与掘进机截割头姿态角有关，因此可以表示为

$$f(\text{pitch},\text{rotate},X,Y,Z) = 0 \tag{7.92}$$

式中，(X, Y, Z) 为截割头中心点位置坐标。

设 $\boldsymbol{J}_{f2}$ 为式（7.92）的雅克比矩阵

$$\boldsymbol{J}_{f2} = \begin{pmatrix} \dfrac{\partial(X)}{\partial(\text{pitch})} & \dfrac{\partial(X)}{\partial(\text{rotate})} \\ \dfrac{\partial(Y)}{\partial(\text{pitch})} & \dfrac{\partial(Y)}{\partial(\text{rotate})} \\ \dfrac{\partial(Z)}{\partial(\text{pitch})} & \dfrac{\partial(Z)}{\partial(\text{rotate})} \end{pmatrix} \tag{7.93}$$

则截割头位置测量误差与截割头姿态角测量误差之间的误差传递模型可表示为

$$\boldsymbol{E}_{p2}^{(c)} = (\boldsymbol{J}_{f2}^{T}\boldsymbol{J}_{f2})^{-1}\boldsymbol{J}_{f2}^{T} \tag{7.94}$$

设截割头位置测量误差 $\delta\boldsymbol{T}_1^{(c)} = (\delta(X),\delta(Y),\delta(Z))$，结合式（7.94）所示的截割头位置测量误差与截割头姿态角测量误差之间的误差传递模型，可得红外LED特征点中心定位误差对截割头位姿测量精度的影响为

$$\delta\boldsymbol{T}_1^{(c)} = \boldsymbol{E}_{p2}^{(c)}\delta\boldsymbol{A}_1^{(c)} \tag{7.95}$$

7.2.2　相机外部参数标定误差

相机外部参数标定误差主要考虑标靶与截割头坐标系之间转换关系的参数误差，根据截割头位姿解算模型，在图像坐标误差一定的情况下，建立掘进机截割头姿态角与相机外部参数误差传递函数

$$\delta(\text{pitch}) = \frac{\partial(\text{pitch})}{\partial\theta_x}\delta\theta_x + \frac{\partial(\text{pitch})}{\partial\theta_y}\delta\theta_y + \frac{\partial(\text{pitch})}{\partial\theta_z}\delta\theta_z \tag{7.96}$$

$$\delta(\text{rotate}) = \frac{\partial(\text{rotate})}{\partial\theta_x}\delta\theta_x + \frac{\partial(\text{rotate})}{\partial\theta_y}\delta\theta_y + \frac{\partial(\text{rotate})}{\partial\theta_z}\delta\theta_z \tag{7.97}$$

式中，$\delta\theta_x$、$\delta\theta_y$、$\delta\theta_z$ 为相机外部参数标定误差。

截割头姿态角误差与相机外部参数之间的误差传递模型为

$$\boldsymbol{E}_{p3}^{(c)} = \begin{pmatrix} \dfrac{\partial(\text{pitch})}{\partial(\theta_x)} & \dfrac{\partial(\text{pitch})}{\partial(\theta_y)} & \dfrac{\partial(\text{pitch})}{\partial(\theta_z)} \\ \dfrac{\partial(\text{rotate})}{\partial(\theta_x)} & \dfrac{\partial(\text{rotate})}{\partial(\theta_y)} & \dfrac{\partial(\text{rotate})}{\partial(\theta_z)} \end{pmatrix} \tag{7.98}$$

截割头姿态角误差 $\delta \boldsymbol{A}_2^{(c)}=(\delta(\text{pitch}),\delta(\text{rotate}))^{\mathrm{T}}$ 为

$$\delta \boldsymbol{A}_2^{(c)}=\boldsymbol{E}_{p3}^{(c)}\delta \boldsymbol{E} \tag{7.99}$$

其中，相机外部参数误差矢量为

$$\delta \boldsymbol{E}=(\delta\theta_x,\delta\theta_y,\delta\theta_z)^{\mathrm{T}} \tag{7.100}$$

结合式（7.94）所示的截割头位置测量误差与截割头姿态角测量误差之间的误差传递模型，可得相机外部参数标定误差对截割头位姿测量精度的影响

$$\delta \boldsymbol{T}_2^{(c)}=\boldsymbol{E}_{p2}^{(c)}\delta \boldsymbol{A}_2^{(c)} \tag{7.101}$$

7.2.3 红外标靶特征点非共面性误差

红外标靶 LED 特征点安装过程中会不可避免地引入非共面误差，下面对非共面特征点对截割头位姿测量的影响进行分析。如图 7.7 所示，P_i 为红外标靶的理想特征点位置，假设只有 P_4 特征点存在垂直于标靶平面的误差，P'_4 为红外标靶非共面特征点的实际位置，P''_4 为红外标靶的非共面特征点为满足特征点共面性的实际成像位置，l 为两个相邻特征点的距离，Δl 是 P'_4 到 P_4 的非共面性距离。

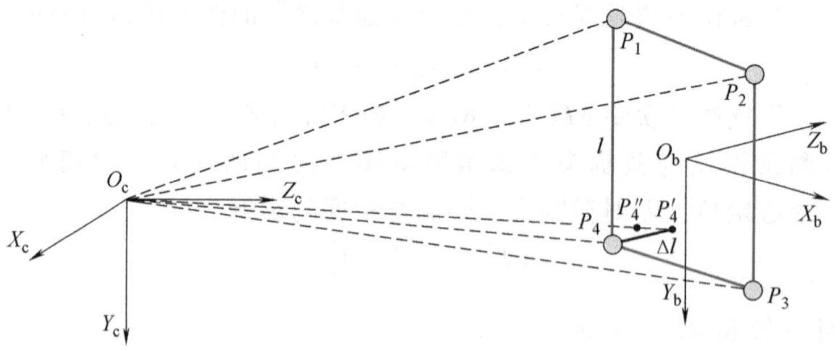

图 7.7 红外标靶特征点非共面性误差对截割头位姿解算的影响

为了确定 P'_4 在特征点 P_1、P_2、P_3 组成平面上的实际成像位置，根据特征点 P_1、P_2、P_3 的三维空间坐标建立标靶坐标系 $O_bX_bY_bZ_b$，设 O_b 为标靶坐标系原点，则标靶坐标系下相机原点 O'_c 的三维空间坐标可以表示为

$$O'_c=\boldsymbol{R}_b^c\cdot O_b+\boldsymbol{T}_b^c \tag{7.102}$$

式中，$\boldsymbol{R}_b^c$、$\boldsymbol{T}_b^c$ 分别表示标靶与相机坐标系间的旋转和平移矩阵，可以由式（7.103）解算获得

$$\boldsymbol{M}_b^c=((\boldsymbol{M}_0^c)^{-1}\boldsymbol{M}_0^4(\boldsymbol{M}_b^4)^{-1})^{-1},\boldsymbol{M}_b^c=\begin{pmatrix}\boldsymbol{R}_b^c & \boldsymbol{T}_b^c\\ 0 & 1\end{pmatrix} \tag{7.103}$$

式中，$\boldsymbol{M}_0^c$、$\boldsymbol{M}_b^4$ 和 $\boldsymbol{M}_0^4$ 可通过 D-H 运动链并结合式（7.80）和式（7.81）获得。

设 P'_4 在标靶坐标系下的三维空间坐标为 $P'_4=(-l/2,\ l/2,\ \Delta l)$，则 O'_cP_{b4} 空间直线方程为

$$\frac{X-O'_{c}(1)}{P'_{b4}(1)-O'_{c}(1)}=\frac{Y-O'_{c}(2)}{P'_{b4}(2)-O'_{c}(2)}=\frac{Z-O'_{c}(3)}{P'_{b4}(3)-O'_{c}(3)} \tag{7.104}$$

设非共面特征点在标靶坐标系下的理想位置为 P_{b4}（X_{b4}，Y_{b4}，Z_{b4}），结合式（7.102）~式（7.104）得到非共面特征点在标靶坐标系下的实际成像位置 P''_{b4}（X''_{b4}，Y''_{b4}，Z''_{b4}）

$$\delta X_{b4}=(\boldsymbol{R}_{b}^{c}\cdot X''_{b4})-(\boldsymbol{R}_{b}^{c}\cdot X_{b4}) \tag{7.105}$$

$$\delta Y_{b4}=(\boldsymbol{R}_{b}^{c}\cdot Y''_{b4})-(\boldsymbol{R}_{b}^{c}\cdot Y_{b4}),\delta Z_{b4}=0 \tag{7.106}$$

因此标靶特征点的三维空间非共面误差可以表示为

$$\delta\boldsymbol{W}=(0,0,0,0,0,0,0,0,0,\delta X_{b4},\delta Y_{b4},0)^{\mathrm{T}} \tag{7.107}$$

结合式（7.90）所示的截割头姿态测量误差与特征点三维坐标测量误差之间的误差传递模型，以及式（7.94）所示的截割头位置测量误差与截割头姿态角测量误差之间的误差传递模型，可得到红外标靶特征点非共面误差对截割头位姿测量精度的影响。

7.3 截割头位姿视觉测量精度与稳定性测试

本节对截割头位姿视觉测量精度与稳定性进行数值仿真分析，数值仿真时，机身与相机坐标系之间的旋转和平移矩阵分别设为 $\boldsymbol{R}_{0}^{c}$=(−90°，0°，−90°) 和 $\boldsymbol{T}_{0}^{c}$=(−1750，0，0)。标靶与截割头坐标系之间的旋转和平移矩阵分别设为 $\boldsymbol{R}_{b}^{4}$=(0°，0°，−90°) 和 $\boldsymbol{T}_{b}^{4}$=(0，0，2000)。俯仰角和旋转角的变化范围分别设置为［−30°：3°：30°］和［−30°：3°：30°］。通过 D-H 运动链计算得到截割面，截割面由 21×21 的位置坐标组成。标靶的相邻顶点之间的距离设置为 250mm。

结合 D-H 运动学和基于视觉的位姿测量模型，计算出相机坐标系与目标坐标系之间的 21×21 变换矩阵 $\boldsymbol{M}_{c}^{b}$。利用透视投影模型计算红外 LED 的理想图像坐标。掘进机截割部关节变量取值范围见表 7.1，数值仿真分析中的相机参数见表 7.2。

表 7.1 EBZ160 型掘进机截割部各关节参数范围

a_1	a_2	a_3	a_4	a_5	b_1	θ_1	θ_2
600mm	2097mm	500mm	1750mm	2000mm	150mm	−30°~30°	−30°~30°

表 7.2 数值仿真分析中模拟相机参数设置

f	u_0	v_0	d_x	d_y	C_1	C_2
5mm	640pixel	480pixel	0.00375mm	0.00375mm	1280pixel	960pixel

7.3.1 截割头位姿视觉测量算法精度验证

对截割头位姿视觉测量算法的精度和稳定性进行仿真测试，并与 HOMO、

LHM、EPNP 和 P4P 等算法的位姿估计精度对比分析。根据实际设计的 16 点红外 LED 矩形标靶，特征点共面且分布在［-125：62.5：125］×［-125：62.5：125］×［0，0］范围内，利用变换矩阵 $\boldsymbol{M}_{c}^{b}$ 将标靶坐标系中的共面特征点转化到相机坐标系下，得到特征点在二维图像平面内的像素坐标，在此基础上添加标准差 σ 在［0.01：0.01：0.1］范围内的高斯噪声。图 7.8 为截割头位姿视觉测量数值仿真结果（proposed 代表本章方法）。

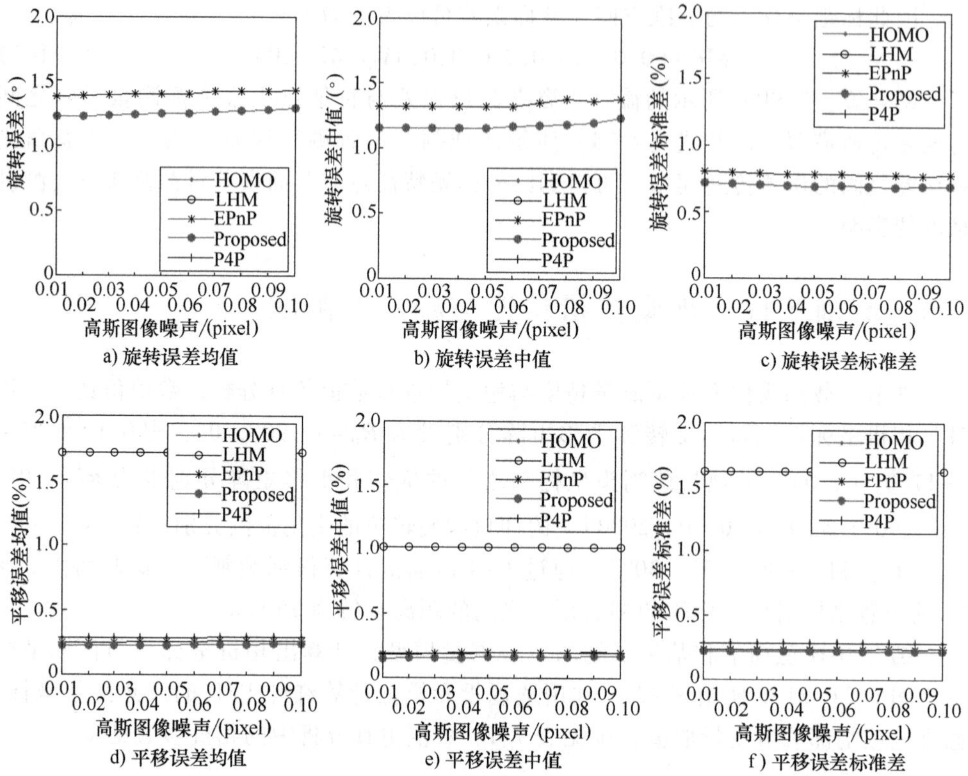

图 7.8　误差平均值、误差中值及误差标准差

考虑到特征点可能会被水雾和密集粉尘遮挡，本章提出的截割头位姿视觉测量算法采用最小二乘拟合方法拟合像平面内的特征点所在各边的直线方程，通过相邻两条直线的交点计算标靶的四个拟合顶点像素坐标，引入对偶四元数将 P4P 问题转化为优化问题，获取标靶位姿的最优解，对于 HOMO、LHM 和 EPnP 算法，直接取四个顶点特征点的像素坐标进行位姿解算。图 7.8 数值仿真结果表明，与 HOMO、LHM、EPnP 和 P4P 相比，本章提出的截割头位姿视觉测量算法具有更高的位姿估计精度和稳定性。

7.3.2 截割头视觉定位误差数值仿真

对截割头视觉定位精度影响因素进行仿真分析。设红外 LED 光斑中心定位误差、外部参数标定误差和非共面误差三个参数分别设置为 0.03pixel、1mm 和 0.1°，位置误差分布如图 7.9 所示，截割面由 21×21 个位置坐标数据点组成。三维曲面表示悬臂式掘进机的理想截割位置，箭头和颜色条表示误差方向和误差值。图 7.9a 为当光斑中心定位误差为 0.03pixel 时的截割头位置误差分布，图 7.9 b 为当外部参数标定误差为 0.1°时截割头的位置误差分布，图 7.9c 为当非共面误差为 1mm 时截割头的位置误差分布，图 7.9d 为上述三个参数综合影响下的截割头位置误差分布。

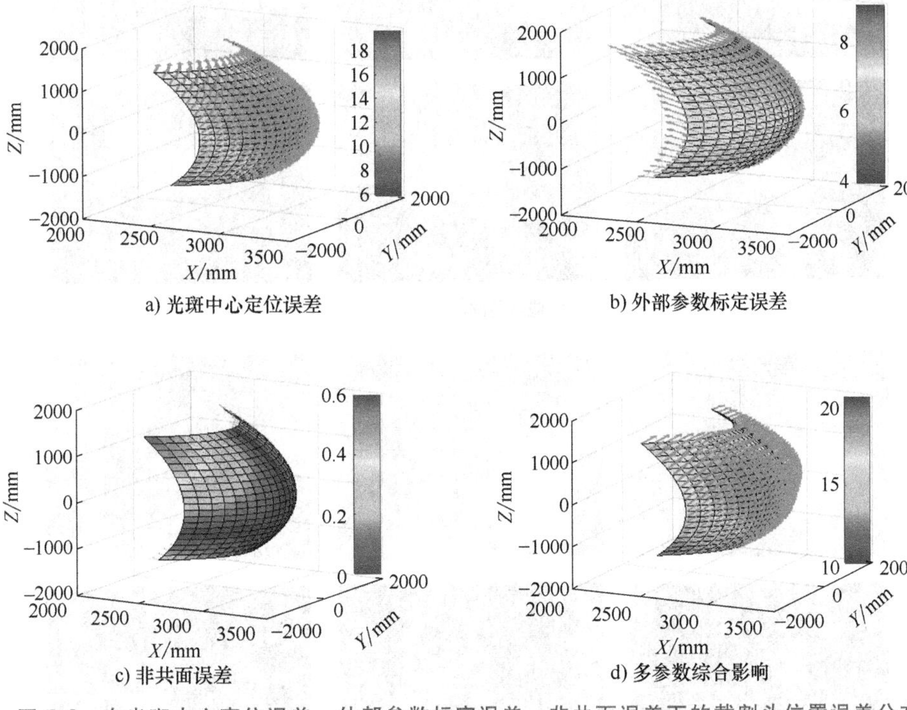

a) 光斑中心定位误差　b) 外部参数标定误差　c) 非共面误差　d) 多参数综合影响

图 7.9 在光斑中心定位误差、外部参数标定误差、非共面误差下的截割头位置误差分布

数值仿真分析结果得到非共面安装误差引起的最大位置误差为 0.56mm，外部参数标定误差引起的最大位置误差为 9.06mm，光斑中心定位误差引起的最大位置误差是 19.66mm，上述三个参数综合影响下的最大位置误差是 20.72mm。根据煤矿井下巷道施工规程要求允许的截割头位置最大测量误差在±50mm 以内的，所提出的视觉测量方法能够满足悬臂式掘进机截割头位置测量的要求。

7.3.3 红外 LED 光斑中心定位的环境适应性

掘进工作面环境有低照度、高粉尘的特点且存在矿工头灯、矿用照明灯等杂散光源干扰。为了保证标靶特征点信息提取的完整性和中心点定位的准确性，标靶特征点选用 SE3470 型红外 LED，波长为 880nm，通过在防爆相机镜头前安装窄带滤光片滤除工作面杂光。实验室模拟掘进工作面环境，使用矿用防爆相机采集红外 LED 标靶图像，图像滤光前后的对比结果如图 7.10 所示。可见滤镜消除了可见光光源、激光指向仪等杂散光源的干扰，这对简化井下复杂光照条件下图像处理过程意义重大。

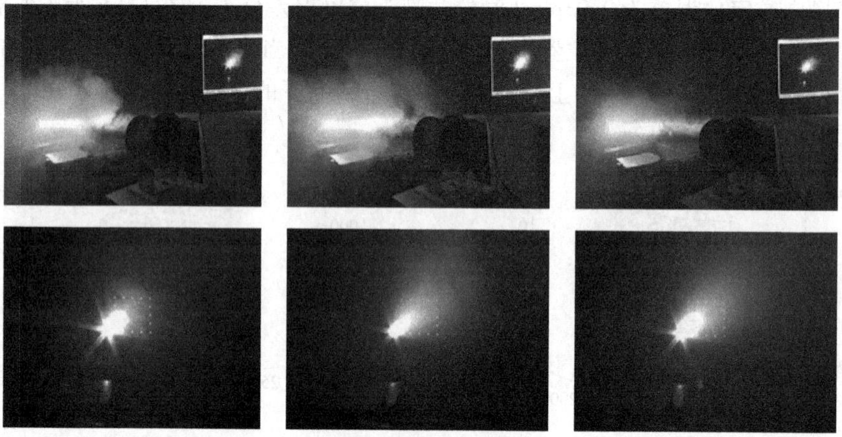

a) 滤波前的图像

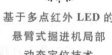

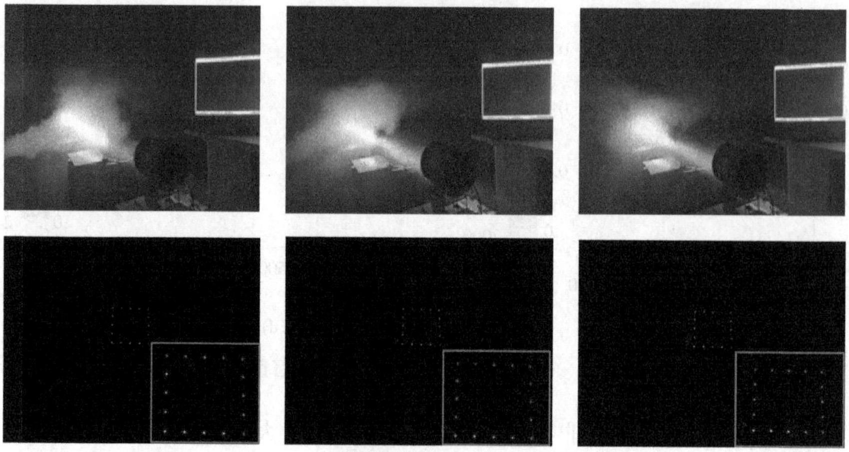

b) 滤波后的图像

图 7.10 低照度、粉尘条件下的红外标靶滤波结果

在光斑中心定位精度实验中，为了对光斑中心定位精度进行评估，对定位算法进行了重复性测试。对于采集的 100 幅图像中相同的特征点，分别计算光斑中心点在 X 轴和 Y 轴方向上的位置偏差，重复性实验结果如图 7.11 所示。可以看出，特征点在 X 轴和 Y 轴两个方向上定位精度均在 0.03pixel 以内。

基于多点红外 LED 的悬臂式掘进机局部动态定位技术

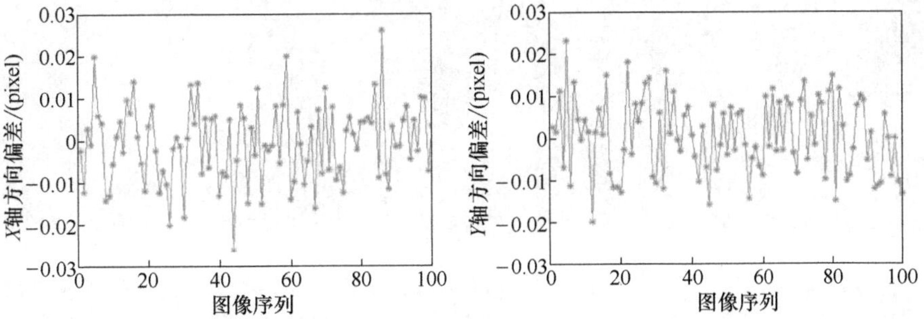

a) X轴方向定位偏差　　b) Y轴方向定位偏差

图 7.11　红外 LED 光斑中心定位偏差

7.4　小结

本章研究了基于红外标靶的悬臂式掘进机截割头动态精确定位方法，并构建了截割头位姿视觉测量系统。对煤矿杂光、遮挡等多干扰环境下的截割头最优位姿测量方法、截割头位姿估计误差建模等关键问题进行了研究，并通过数值仿真和实验测试，对理论成果进行了验证和评价。

1）设计了 16 点红外 LED 标靶应对煤矿井下特殊环境，通过添加窄带滤镜消除了掘进工作面的杂光等干扰，在低照度、高粉尘煤矿环境中具有较强的辨识能力，且在复杂背景下特征点的提取和定位可靠、高效。光斑中心定位精度的重复性实验表明，在像素坐标系中特征点在 X 轴和 Y 轴两个方向上的定位精度均在 0.03pixel 以内。

2）提出了基于共面特征点的截割头位姿视觉测量方法，采用最小二乘拟合方法拟合像平面内的特征点所在各边的直线方程，通过相邻两条直线的交点计算标靶的四个拟合顶点像素坐标，建立基于改进 P4P 模型的截割头位姿最优解算模型求取标靶位姿。结果表明，与 HOMO、LHM、EPnP 和 P4P 算法相比，本章提出的算法具有更高的位姿估计精度和稳定性。另外，本章所提算法在部分特征点因被水雾和密集粉尘遮挡的情况下仍然有效、鲁棒。

3）截割头的位姿测量误差主要来源于红外 LED 光斑中心定位误差、相机外部参数标定误差及特征点非共面性误差，建立了三个因素与截割头位姿解算结果之间的误差传递函数。仿真结果表明，非共面安装误差引起的最大位置误差是 0.56mm，外部参数标定误差引起的最大位置误差为 9.06mm，光斑中心定位误差引起的最大位置误差是 19.66mm，上述三个参数综合影响下的最大位置误差是 20.72mm，在煤矿井下巷道施工规程要求误差范围内。

多点红外 LED 标靶单目视觉位姿测量系统性能测试与工程应用——阳煤二矿

第 8 章

掘进机位姿视觉测量系统性能测试与工程应用

建立测试实验平台的主要目的是验证书中提出的部分理论和模型，测试系统的性能指标和参数，为进一步研究提出要求和参考，验证系统设计正确性。

本章搭建悬臂式掘进机机身及截割头位姿视觉测量系统测试实验平台，分别对截割头位姿视觉测量、掘进机机身位姿视觉测量，以及悬臂式掘进机定位、定向和定形截割等精度指标进行实验和测试。

8.1 悬臂式掘进机位姿视觉测量系统实验平台

实验主要包括悬臂式掘进机截割头位姿视觉测量、悬臂式掘进机机身位姿视觉测量、煤矿井下悬臂式掘进机位姿视觉测量工业试验等。在实验室环境中搭建的悬臂式掘进机位姿视觉测量系统实验平台，由激光标靶、防爆标靶、前置防爆工业相机 1、后置防爆工业相机 2、悬臂式掘进机 EBZ160 等组成，如图 8.1 所示。

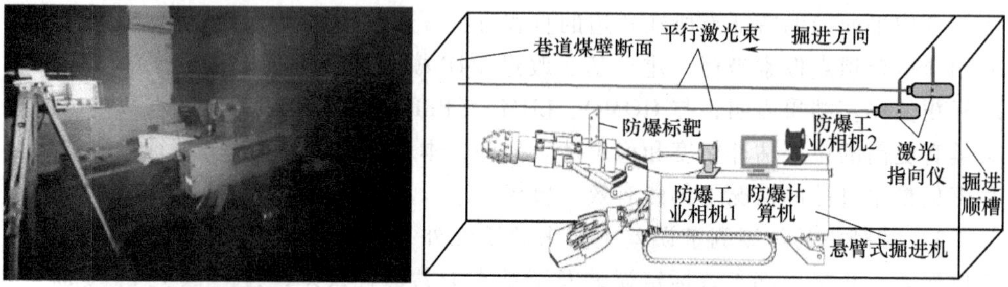

a) 系统实验平台环境　　b) 视觉测量系统实验平台

图 8.1　悬臂式掘进机位姿视觉测量系统实验平台

彩图

1. 悬臂式掘进机截割头位姿视觉测量实验

悬臂式掘进机截割头位姿视觉测量系统平台如图 8.2 所示，该系统主要由悬臂式掘进机 EBZ160、红外 LED SE3470、250mm×250mm 矩形标靶、矿用防爆相机 MV_EM130M、计算机等组成。如图 8.2b 所示，Vicon 系统是由相机、基准标尺、标记球和 Vicon 运动跟踪软件构成。如图 8.2c 所示，Vicon 系统标记球置于掘进机截割头上的形成截割头坐标系。如图 8.2d 所示，Vicon 系统基准标尺置于机身坐标系中形成基础坐标系。

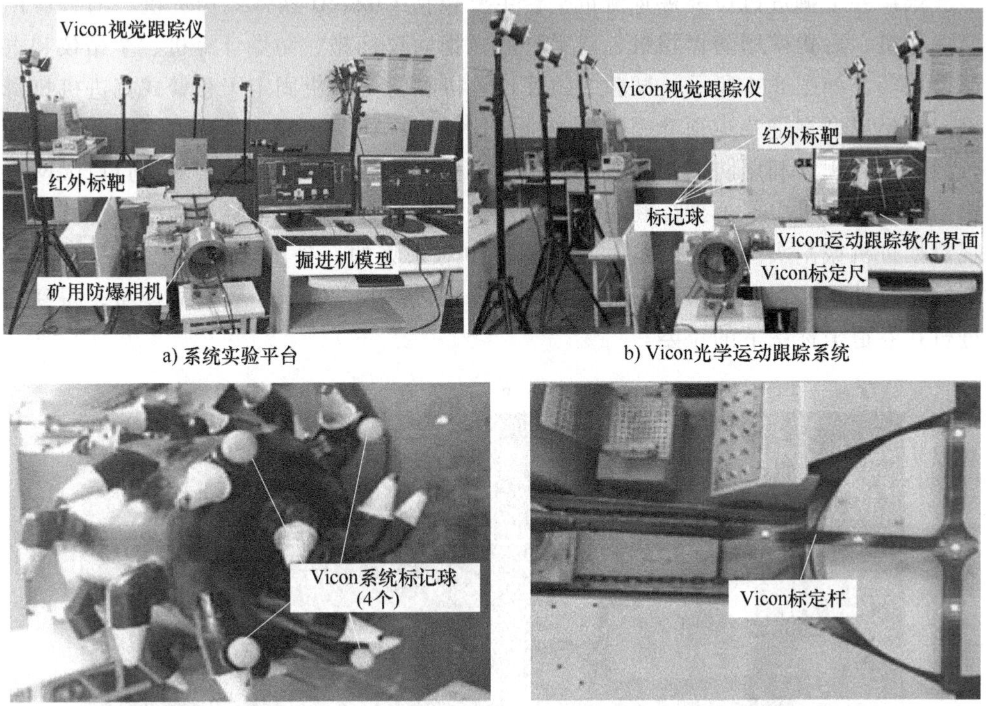

a) 系统实验平台　　b) Vicon光学运动跟踪系统

c) 标记球　　d) 基准标尺

图 8.2　悬臂式掘进机截割头位姿视觉测量系统实验平台

2. 悬臂式掘进机机身位姿视觉测量实验

悬臂式掘进机机身位姿视觉测量系统平台由移动机器人、激光束标靶、矿用防爆相机 MV_EM510C、全站仪、烟雾发生器、计算机等组成，如图 8.3 所示。固定于移动机器人机身上的棱镜作为全站仪测量坐标系。

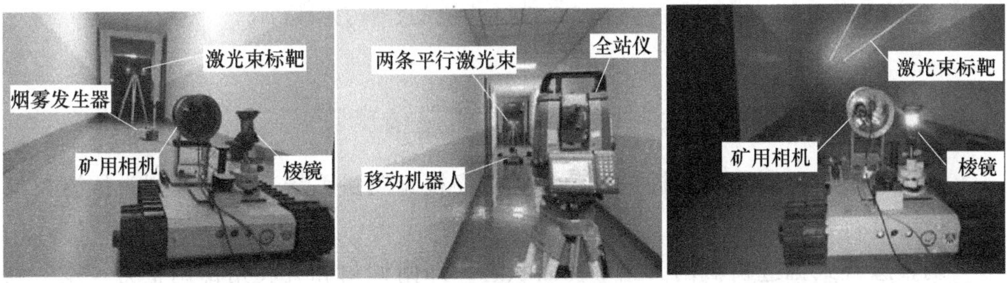

a) 实验平台　　b) 机身位姿视觉测量系统　　c) 实验室模拟井下环境

图 8.3　基于激光束标靶的悬臂式掘进机机身位姿视觉测量系统实验平台

3. 煤矿井下掘进机位姿视觉测量工业试验

为了进一步验证所搭建的悬臂式掘进机机身及截割头视觉测量系统在煤矿井下环境中的位姿测量精度和稳定性，在山西某矿井下顺槽回风巷掘进工作面行了工业性试验。

煤矿井下掘进机位姿视觉测量平台主要包括 EBZ160 悬臂式掘进机、前置矿用防爆相机、后置矿用防爆相机、双平行激光指向仪标靶、防爆计算机、全站仪和电源模块等，如图 8.4 所示。试验中防爆计算机和防爆相机固定于悬臂式掘进机机身上，在已成型掘进巷道顶部固定激光指向仪标靶，使两个激光指向仪发射并形成平行激光束标靶。利用防爆相机实时采集激光指向仪激光图像，将图像通过以太网传输至防爆计算机中。另外，利用前置防爆工业相机、红外防爆标靶和防爆计算机实现对掘进机截割头位姿的测量。在计算机中对采集的红外 LED 光斑图像及激光束图像进行处理，通过本书提出的悬臂式掘进机机身及截割头位姿解算模型，得到掘进机在巷道坐标系下的位姿。

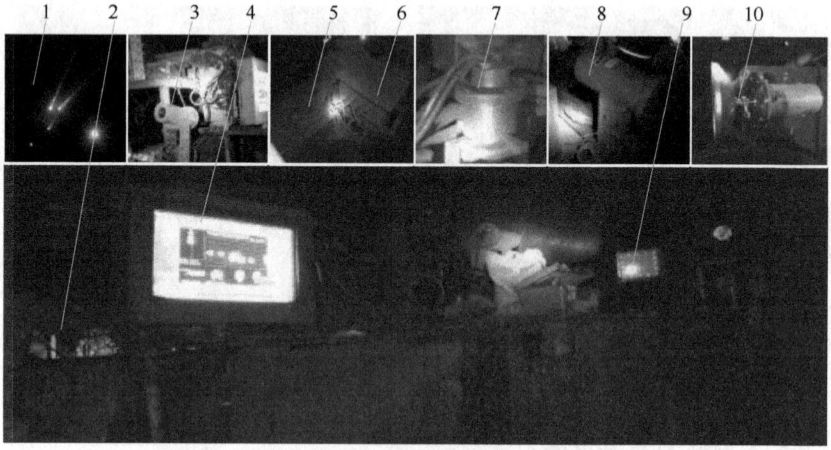

图 8.4 煤矿井下掘进机位姿测量工业试验平台

1—激光指向仪 2—EBZ160 型悬臂式掘进机 3—后置防爆工业相机 4—防爆计算机 5—系统电源模块 6—防爆计算机主机 7—捷联惯导 8—前置防爆工业相机 9—红外标靶 10—毫米波雷达传感器

8.2 悬臂式掘进机位姿视觉测量系统精度测试

8.2.1 悬臂式掘进机截割头位姿视觉测量精度测试

利用 8.1 节中的悬臂式掘进机截割头位姿视觉测量系统平台对截割头位姿视觉测量精度进行验证。

调整悬臂式掘进机截割头至零初始状态，即俯仰角和旋转角都调整为零度。利用基准标尺建立基坐标系，通过置于红外标靶上的四颗标记球建立测量坐标系。其中，基坐标系置于机体坐标系 $O_0X_0Y_0Z_0$ 中，测量坐标系置于标靶坐标系 $O_bX_bY_bZ_b$。

因此，变换矩阵 $\boldsymbol{M}_0^{\mathrm{b}}$ 可以直接从 Vicon 运动跟踪分析系统中获取。

将截割头调整到其他指定状态，通过多次测量取平均值即可得到精确的 $\boldsymbol{M}_0^{\mathrm{b}}$ 变换矩阵。然后取下标记球，利用矿用防爆相机采集红外 LED 标靶图像，结合式 (7.80)、式 (7.81) 进行系统标定得到 $\boldsymbol{M}_{\mathrm{b}}^4$ 和 $\boldsymbol{M}_0^{\mathrm{c}}$ 的变换矩阵。在系统标定的基础上对悬臂式掘进机截割头位姿视觉测量精度进行验证，以 Vicon 跟踪器测量得到的截割头在机体坐标系中的位置作为真实值。

利用本书提出的位姿视觉估计系统和 Vicon 光学跟踪系统同时获取截割头轨迹。实验时控制掘进机截割头沿 S 形运动路径移动。图 8.5 和图 8.6 分别为带折射校准和不带折射校准的截割头轨迹对比图。结果表明，本书方法得到的测量轨迹与 Vicon 跟踪器得到的真实轨迹具有较高的一致性。未进行折射校准的最大位置估计误差为 56.61mm，而本书标定算法进行折射校准后的最大位置估计误差为 25.06mm。结果表明，截割头位姿估计精度提高了 55.73%，矿用相机标定算法有效降低了双层玻璃引入的折射误差。

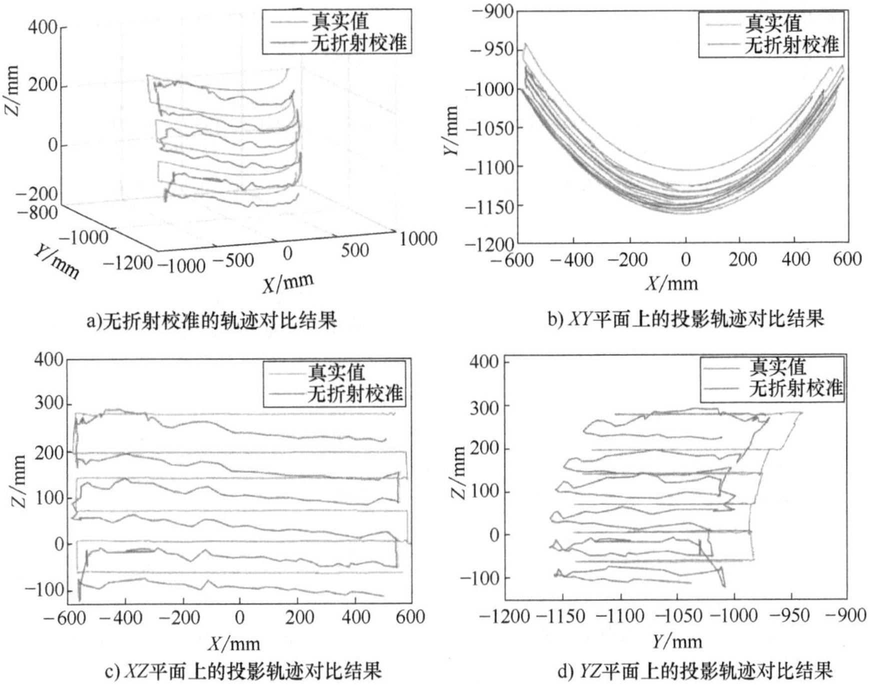

图 8.5　无折射校准的截割头轨迹对比结果

此外，通过下面几组轨迹对比对截割头位姿视觉测量的精度与稳定性进行了测试与评价。包括截割头绕旋转关节坐标系中的轴 Z_1 运动、绕抬升关节坐标系中的轴 Z_2 运动，沿对角线运动路径及沿 S 形运动路径。

控制截割头绕旋转关节坐标系中的轴 Z_1 运动和绕抬升关节坐标系中的轴 Z_2 运动。利用本书提出的截割头位姿视觉测量系统和 Vicon 运动跟踪系统同时测量截割头的位置，截割头位置测量对比结果如图 8.7 所示。

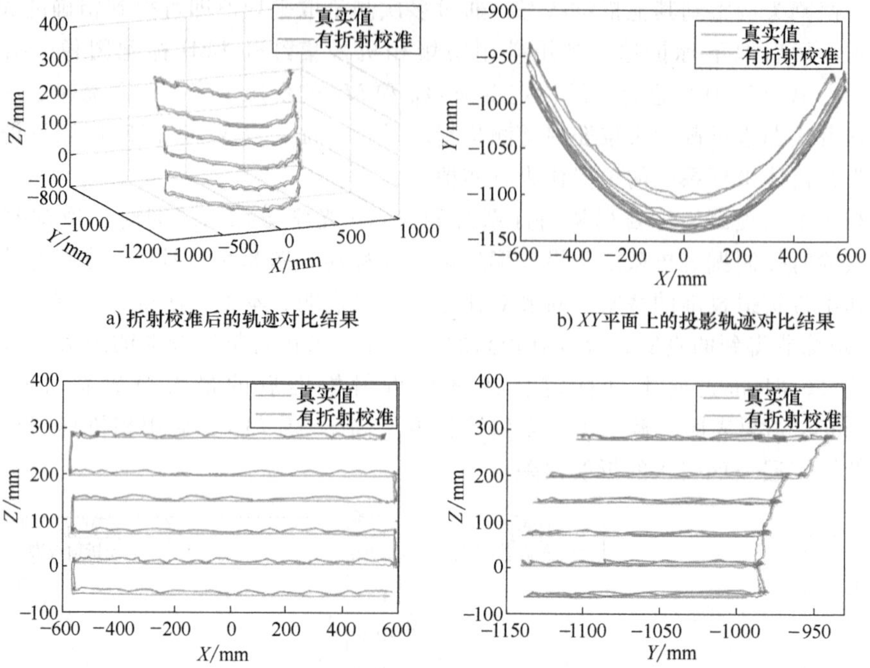

a) 折射校准后的轨迹对比结果

b) XY平面上的投影轨迹对比结果

c) XZ平面上的投影轨迹对比结果

d) YZ平面上的投影轨迹对比结果

图 8.6　折射校准后的截割头轨迹对比结果

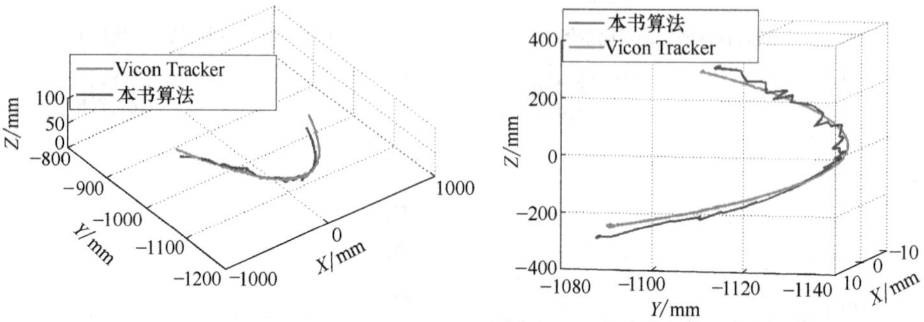

a) 绕轴Z_1运动时的位置对比结果

b) 绕轴Z_2运动时的位置对比结果

图 8.7　截割头位置测量对比结果

截割头绕旋转关节坐标系中的轴 Z_1 运动和绕抬升关节坐标系中的轴 Z_2 运动的位置测量对比结果表明，本书方法获得的截割头测量轨迹逼近于用 Vicon 运动跟踪系统获得的测量轨迹。图 8.8 和图 8.9 分别为截割头在旋转关节坐标系和抬升关节坐标系中绕轴 Z_1、Z_2 运动时的位置测量误差曲线。实验结果可见最大位置测量误差为 26.01mm。

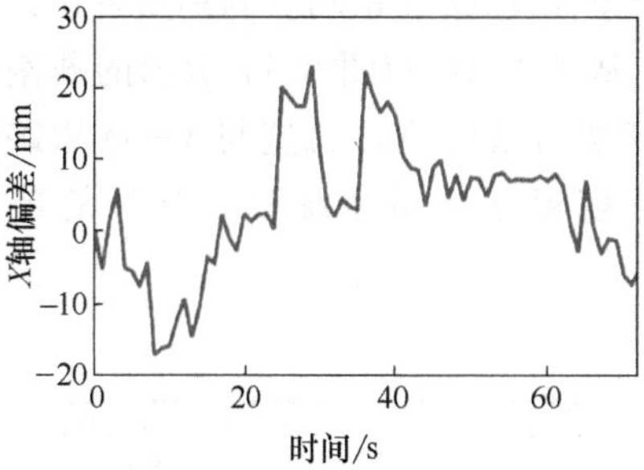

a) X轴方向的位置测量偏差

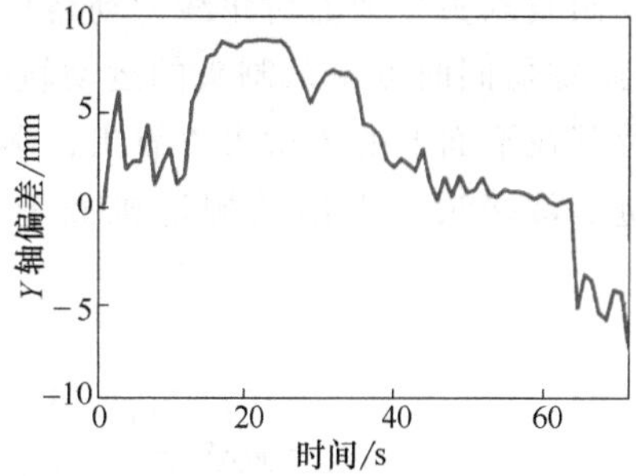

b) Y轴方向的位置测量偏差

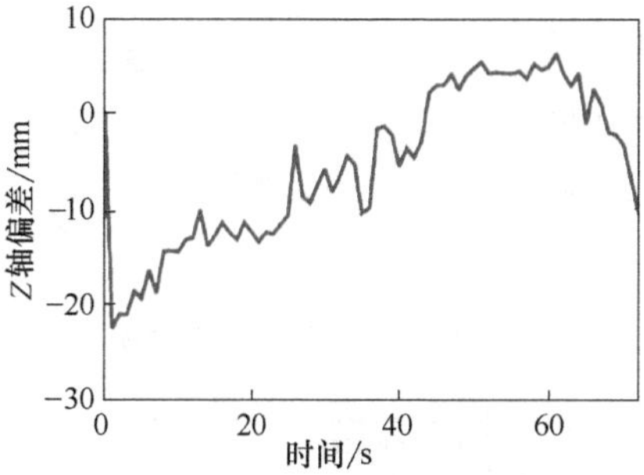

c) Z轴方向的位置测量偏差

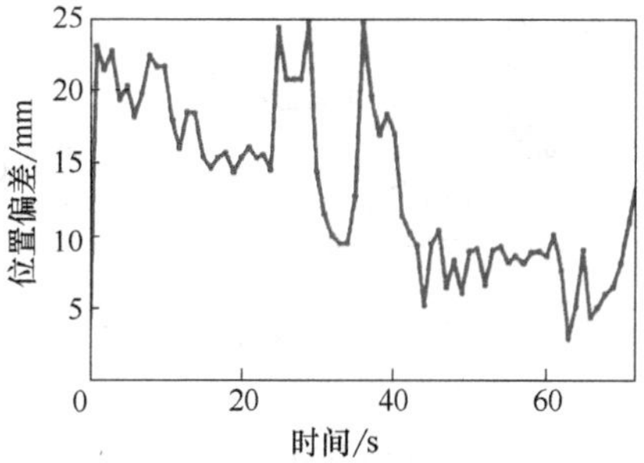

d) 位置测量偏差$\sqrt{X^2+Y^2+Z^2}$

图 8.8　截割头在旋转关节坐标系中绕轴 Z_1 运动时的位置测量误差

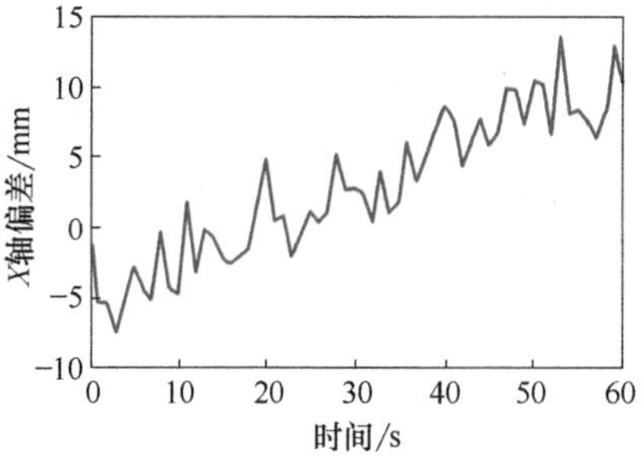

a) X轴方向的位置测量偏差

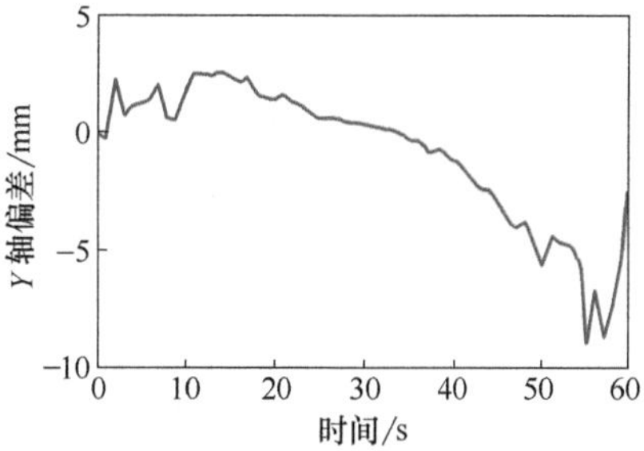

b) Y轴方向的位置测量偏差

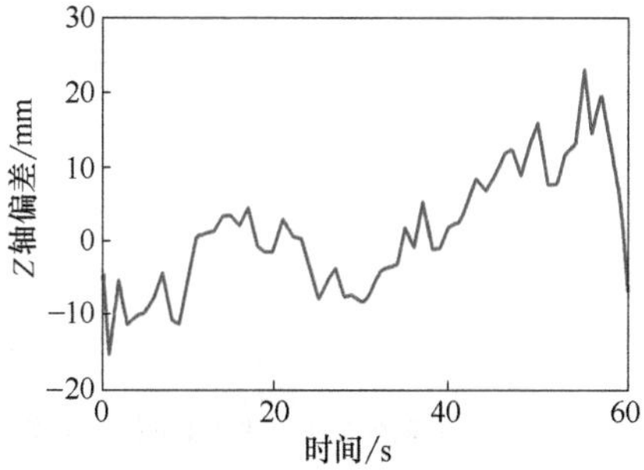

c) Z轴方向的位置测量偏差

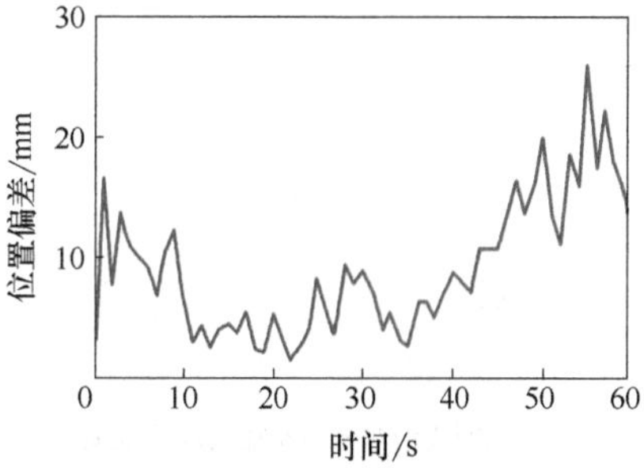

d) 位置测量偏差$\sqrt{X^2+Y^2+Z^2}$

图 8.9　截割头在抬升关节坐标系中绕轴 Z_2 运动时的位置测量误差

控制截割头分别沿对角线运动路径和S形运动路径运动。利用所提出的方法和Vicon跟踪器同时测量截割头的运动轨迹，从图8.10和图8.11所示的截割头运动轨迹及其在平面上的投影可以看出，本书所提方法的测量轨迹与Vicon跟踪器的测量轨迹非常接近，提出的掘进机截割头位姿视觉测量系统具有良好的精度和稳定性。

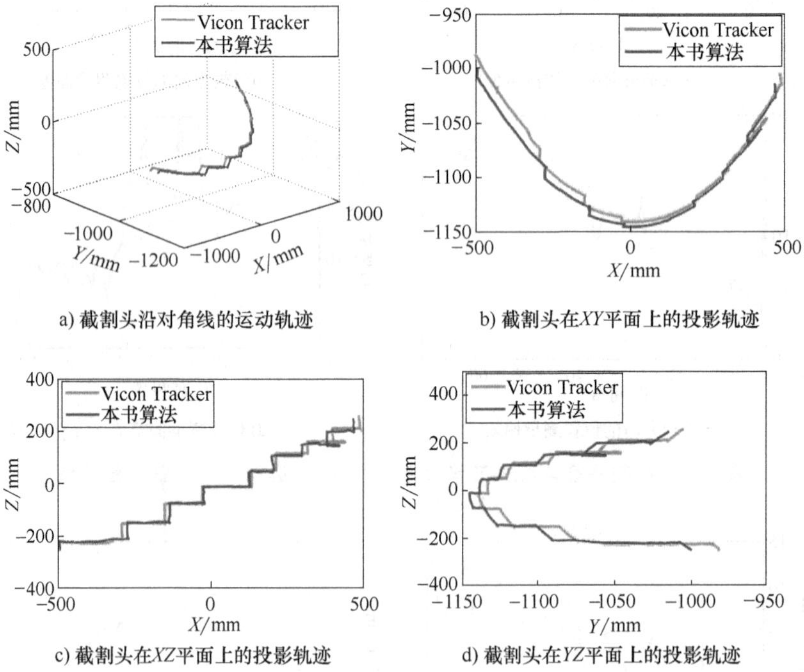

a) 截割头沿对角线的运动轨迹

b) 截割头在XY平面上的投影轨迹

c) 截割头在XZ平面上的投影轨迹

d) 截割头在YZ平面上的投影轨迹

图8.10　截割头沿对角线路径的运动轨迹及其在平面上的投影

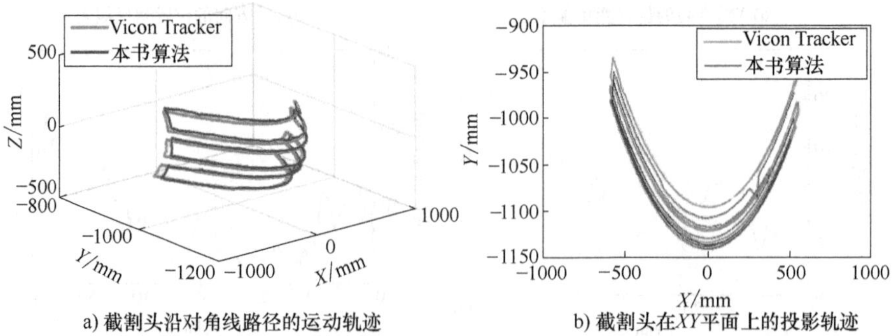

a) 截割头沿对角线路径的运动轨迹

b) 截割头在XY平面上的投影轨迹

图8.11　截割头沿S形路径的运动轨迹及其在平面上的投影

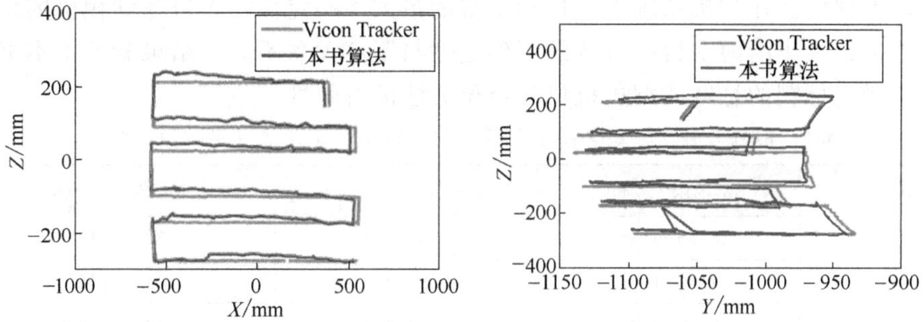

c) 截割头在XZ平面上的投影轨迹　　d) 截割头在YZ平面上的投影轨迹

图 8.11　截割头沿 S 形路径的运动轨迹及其在平面上的投影（续）

从图 8.7、图 8.10、图 8.11 可以看出，本书算法的测量轨迹与 Vicon 跟踪器的测量轨迹非常接近。从图 8.8 和图 8.9 还可以看出，截割头位置测量的最大误差为 26.01mm。根据煤矿井下巷道施工规程允许的掘进头位置测量最大误差为±50mm，因此所提出的视觉测量方法能够满足煤矿井下悬臂式掘进机精确定位需求。

8.2.2　悬臂式掘进机机身位姿视觉测量精度测试

利用 8.1 节中介绍的悬臂式掘进机机身位姿视觉测量系统平台完成机身位姿视觉测量精度实验。利用移动机器人模拟悬臂式掘进机在巷道中的运动，用烟雾发生器模拟煤矿的粉尘环境。

在悬臂式掘进机机身视觉测量系统中，视觉测量的基坐标系置于激光标靶坐标系 $O_0X_0Y_0Z_0$，测量坐标系置于相机坐标系 $O_cX_cY_cZ_c$。通过第 4 章提出的机身视觉定位方法，可以直接得到激光束标靶坐标系下相机的位姿变换矩阵 $\boldsymbol{M}_c^0$，并采用全站仪对所提出的机身视觉测量系统进行位姿定位精度评估。

建立全站仪基坐标系 $O_tX_tY_tZ_t$，在全站仪坐标系中获取激光束上多个点的三维空间坐标。设视觉基础坐标系中多个点的三维坐标为 $P_{0i}(x_{0i}, y_{0i}, z_{0i})$，全站仪坐标系中多个点的三维坐标为 $P_{ti}(x_{ti}, y_{ti}, z_{ti})$。因此，利用对偶四元数可求出基于视觉的基础坐标系 $O_0X_0Y_0Z_0$ 与全站仪基础坐标系 $O_tX_tY_tZ_t$ 间的变换矩阵 $\boldsymbol{M}_t^0$。通过 $\boldsymbol{M}_c^t=\boldsymbol{M}_c^0\boldsymbol{M}_0^t$，根据视觉系统基础坐标系下的相机位姿转换关系 $\boldsymbol{M}_c^0$，得到全站仪系统下的相机位姿转换关系。在 $O_tX_tY_tZ_t$ 统一坐标系下通过与全站仪系统的性能进行对比，对基于视觉的机身位姿定位系统的性能进行评估。

在基础坐标系 $O_tX_tY_tZ_t$ 中的棱镜位姿变换矩阵 $\boldsymbol{M}_t^p$ 可以直接给出，并将其作为真实值。因此，可以采用 $\boldsymbol{M}_c^p=\boldsymbol{M}_c^0\boldsymbol{M}_0^t\boldsymbol{M}_t^p$ 对相机坐标系与棱镜坐标系之间的外部参数进行校准，在此基础上，根据基础坐标系 $O_tX_tY_tZ_t$ 对位姿估计精度进行评估。

实验中控制移动机器人在模拟巷道中移动。在不同距离下进行 100 次重复测试得到基于视觉的位姿估计。表 8.1 中的结果给出了相机与激光标靶在不同距离下的位置误差评估。在相机系统中，目标位置的最大不确定性随着目标到相机的距离增大而增大，最小的两个目标位置的不确定性与距离关系不大。结果验证了本书提出的基于激光标靶的悬臂式掘进机机身定位方法的有效性。

表 8.1　相机与激光标靶之间不同距离时的位置误差评估（平均值± 标准差）

图 8.12	X 轴误差/mm	Y 轴误差/mm	Z 轴误差/mm
a	8.53±4.46	13.47±5.10	52.61±17.87
b	2.86±1.18	13.52±5.50	45.97±16.13
c	9.79±5.08	14.12±6.89	39.26±15.84
d	2.32±1.09	14.34±5.08	37.79±15.45
e	2.87±1.28	13.76±3.23	35.50±15.76
f	8.75±5.37	13.41±4.33	29.57±14.45
g	13.38±6.38	13.13±5.81	24.45±11.71
h	14.47±5.47	13.98±4.43	19.60±9.15
i	6.84±3.11	14.29±2.14	16.66±8.23

图 8.12 所示的 95%置信区间的误差椭球给出了模拟巷道中相机与激光束标靶

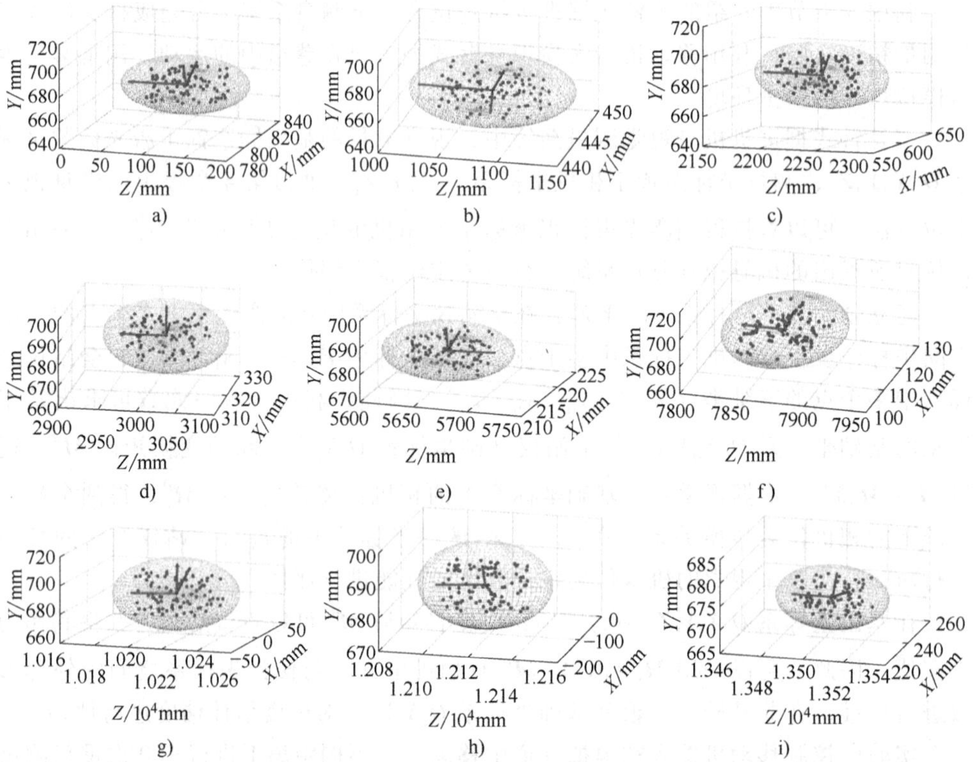

图 8.12　视觉位姿测量系统的 95%置信区间误差椭球体以及位置误差方向实验结果

在不同距离下的位置不确定性。另外，利用在椭球线框中获得的定位结果计算了位置误差方向。可以看出，目标位置在接近平行于 Z 轴方向上的不确定性最大，用红色实线表示。在不同距离下，各误差椭球面上也有相似的结果。图 8.12 为不同距离目标的 95%置信区间误差椭球及位置误差分布与位置误差方向。

本书提出的视觉测量系统和全站仪同时进行位姿估计。测量对比结果如图 8.13~图 8.15 所示。图 8.13 为移动机器人在模拟巷道中的轨迹及其在平面上的投影。从图 8.14 可以看出，本书提出的位姿估计方法具有较好的性能，其所测轨迹逼近于全站仪的轨迹。从图 8.14、图 8.15 所示的位置和方位测量误差可知，沿 X 轴、Y 轴、Z 轴的位置平均相对误差分别为 14.62mm、15.08mm、36.67mm。俯仰角 θ_x、偏航角 θ_y、翻滚角 θ_z 的平均相对误差分别为 0.24°、0.19°、0.21°。根据煤矿井下巷道施工规程允许的最大位姿估计误差为±50mm，所提出的基于激光标靶的视觉定位方法能够满足悬臂式掘进机机身位姿测量的要求。

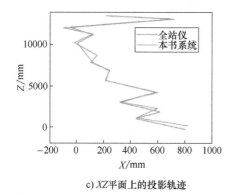

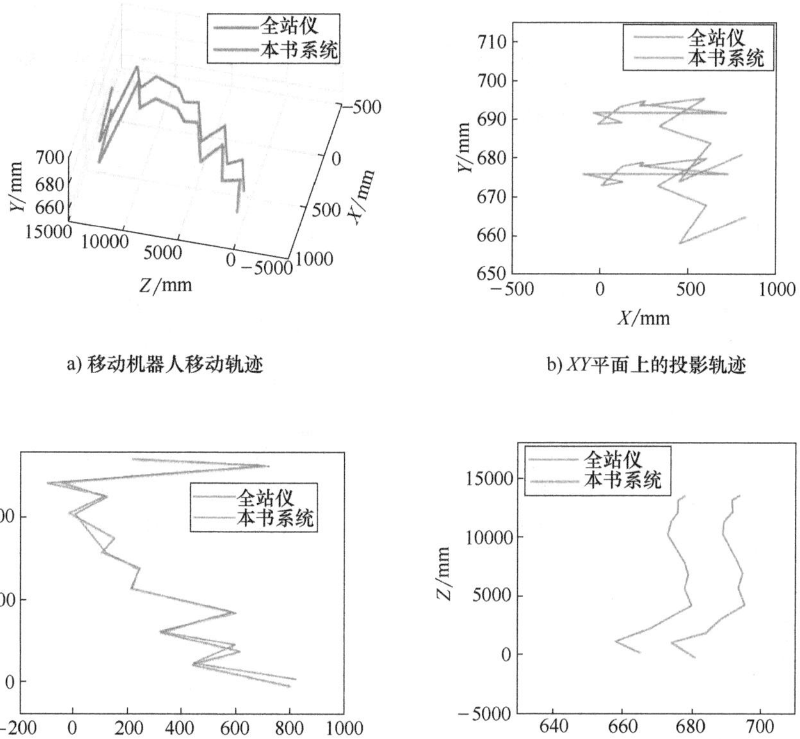

a) 移动机器人移动轨迹　b) *XY*平面上的投影轨迹

c) *XZ*平面上的投影轨迹　d) *YZ*平面上的投影轨迹

图 8.13　移动机器人沿模拟巷道运动时的轨迹及其在平面上的投影

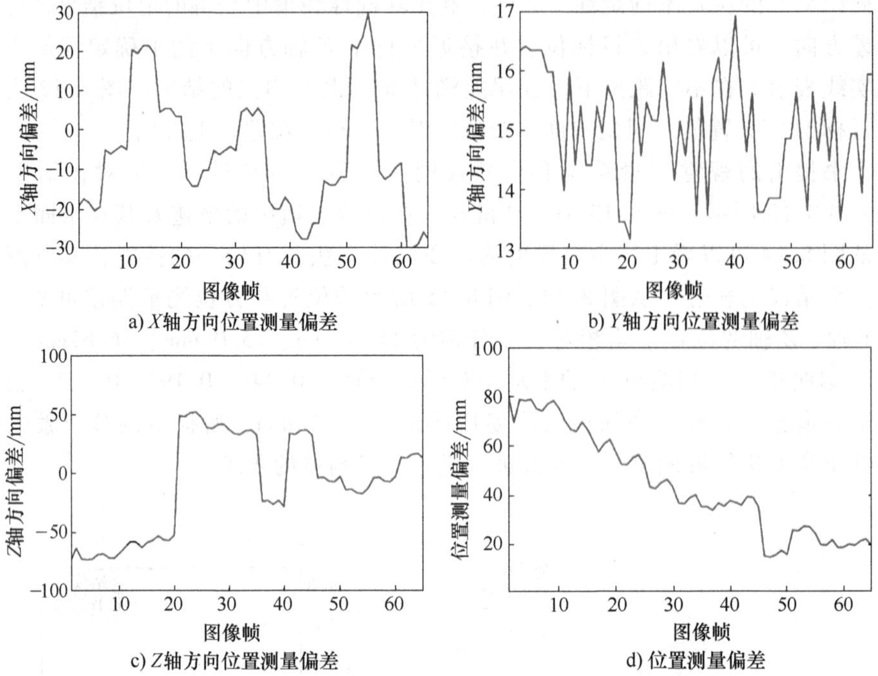

图 8.14　移动机器人沿模拟巷道移动时的位置测量误差

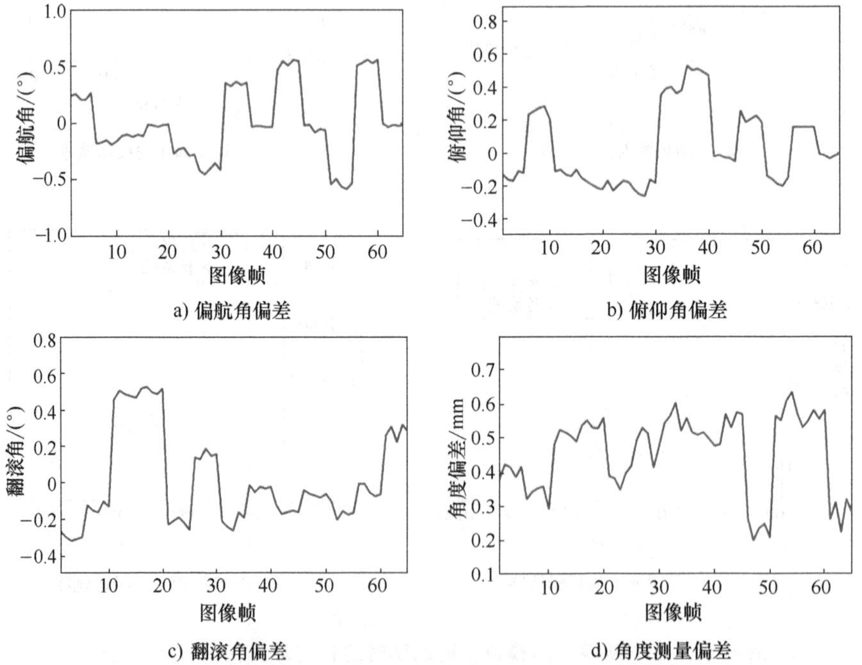

图 8.15　移动机器人沿模拟巷道移动时的角度测量误差

8.3　煤矿井下掘进机位姿视觉测量工程应用

单目视觉测量在井下低照度、高粉尘环境运行效果——标靶清晰、测量结果稳定

聚焦巷道近程或地面远程智能掘进场景控制需求，课题组持续探索智能掘进瓶颈技术难题，在煤矿采掘工作面精确定位与导航技术、智能截割技术、虚拟数字工作面构建及远程控制、智能采掘装备研发方面突破了一系列核心技术。依托全国多家掘进装备生产厂家和煤矿企业开展工程应用，取得良好的预期效果，为煤矿巷道掘进智能化相关理论与技术攻关研究奠定了基础。

8.3.1　掘锚一体机机身位姿视觉测量应用

掘进机如图 8.16 所示，主要由掘锚一体机、防爆工业相机、三激光指向仪标靶、防爆计算机、光纤惯导、全站仪、棱镜组成。三激光指向仪标靶通过安装架固定连接并安装在掘进机后方巷道顶板上朝向巷道掘进方向；防爆工业相机与掘进机机身刚性连接朝向后方拍摄三激光指向仪标靶；防爆计算机用来图像处理及数据解算。

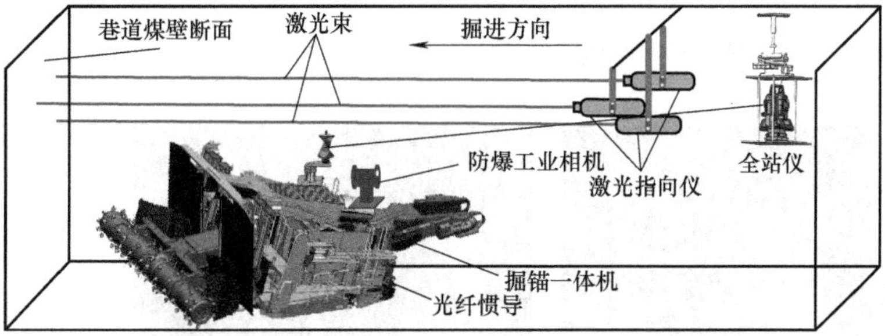

图 8.16　掘锚一体机机身位姿视觉测量示意图

掘进机位姿视觉测量系统应用测试——力拓自动截割控制现场

掘锚一体机位姿测量原理如图 8.17 所示，利用数字全站仪采集棱镜的位置信息，同时，将全站仪的位姿参数发送至光纤惯导中对惯导的累计误差进行校正，再根据位姿解算模型实现掘锚一体机的位姿参数求解，并与视觉测量方法检测到的掘进装备位姿信息进行融合，输出最终掘锚一体机位置和姿态信息。图 8.18 所示为系统部分硬件及安装位置，图 8.19 为掘锚一体机定位系统软件界面。

8.3.2　悬臂式掘进机机身位姿视觉测量应用

悬臂式掘进机机身位姿视觉测量示意图如图 8.20 所示，主要由悬臂式掘进机、防爆工业相机、三激光指向仪标靶、光纤惯导和防爆计算机安装在导航控制箱内。三激光指向仪标靶通过安装架固定连接构成三角形，并安装在掘进机后方巷道顶板上朝向巷道掘进方向；防爆工业相机与掘进机机身刚性连接朝向后方拍摄三激光指向仪标靶；光纤惯导安装在防爆电控箱内，用来获得掘进机相对于地理坐标系的姿

态角，用于视觉定位系统被遮挡时提供临时位姿数据；防爆计算机固定在掘进机防爆壳，用来进行图像处理及数据解算。

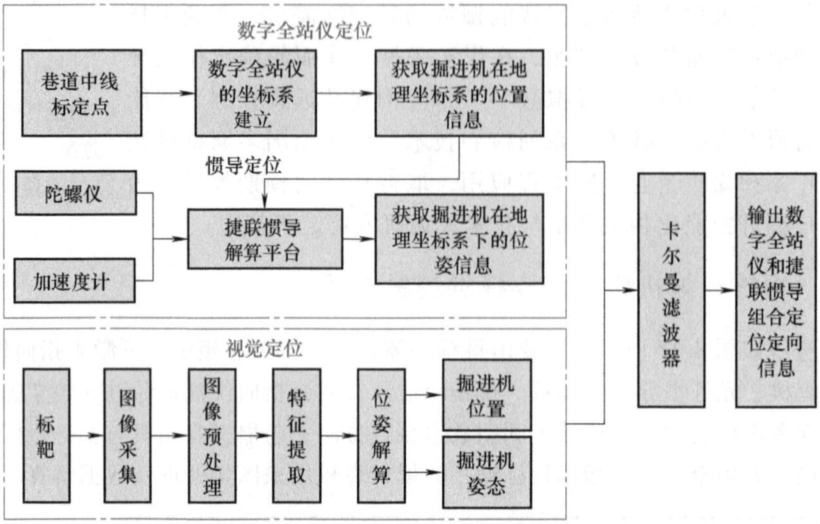

图 8.17　掘锚一体机位姿测量原理

a) 三激光指向仪标靶　　b) 防爆工业相机　　c) 全站仪　　d) 棱镜

图 8.18　系统硬件及安装

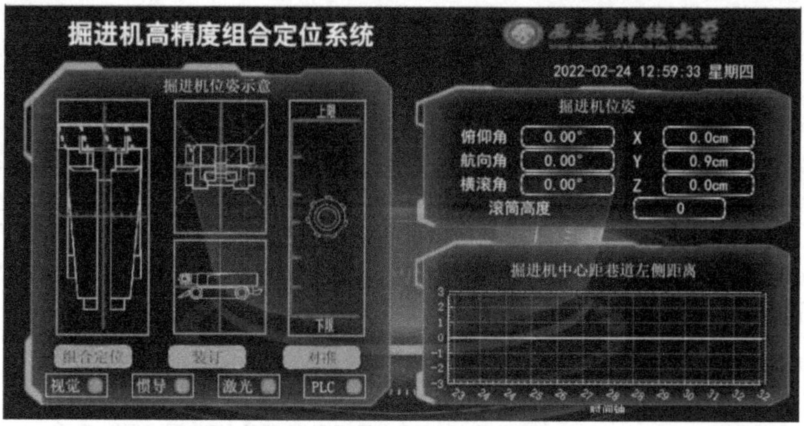

图 8.19　掘锚一体机定位系统软件界面

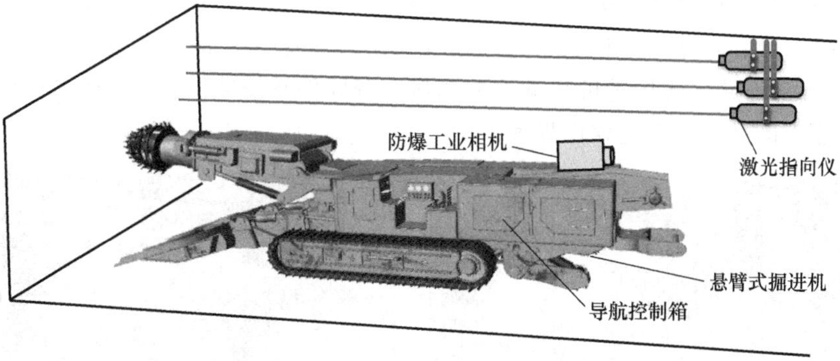

图 8.20　悬臂式掘进机机身位姿视觉测量示意图

悬臂式掘进机位姿测量原理如图 8.21 所示，视觉测量系统采用单目视觉测量方法，利用固定在机身上的防爆工业相机采集三激光标靶图像，通过图像预处理、形态学变换、特征点提取得到相机坐标系下三个激光光斑的中心坐标，建立基于三点特征的掘进机位姿测量模型，结合矿用全站仪外参标定结果，得到掘进机机身位姿绝对坐标。

光纤惯导通过自身的数学解算平台实时获取陀螺仪和加速度计采集的地球自转角速度分量、重力加速度分量，以惯性坐标系为参考坐标系，在惯性坐标系中测量出载体的角运动和线运动历程，以及重力加速度的方向变化情况，初始标定对准后精确估算出载体坐标系相对导航坐标系的初始姿态矩阵，完成航向、姿态解算，通过积分运算得到掘进机三维线速度和位置。

采用卡尔曼滤波算法对这两组数据进行融合，实时输出掘进机的精准位姿信息，实现掘进机的精确定位定向，并通过融合后的掘进机位姿对惯导进行校正。

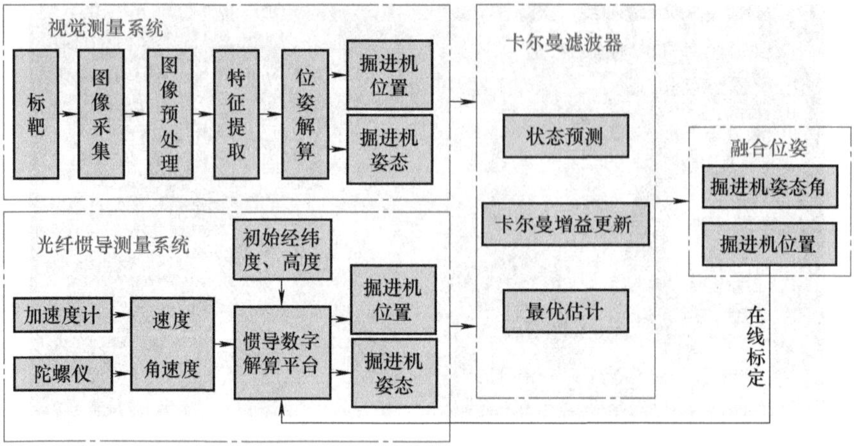

图 8.21　悬臂式掘进机位姿测量原理

在井下胶带运输巷掘进工作面进行了机身定位试验。试验平台包括 EBZ260 型悬臂式掘进机、防爆工业相机、光纤惯导系统、防爆计算机、三激光指向仪标靶。图 8.22 所示为悬臂式掘进机视觉位姿测量系统硬件及安装位置，图 8.23 所示为悬臂式掘进机机身定位系统软件界面。

a) 三激光指向仪标靶　b) 防爆工业相机

c) 光纤惯导系统　d) 地面远程监控

图 8.22　系统硬件及安装位置

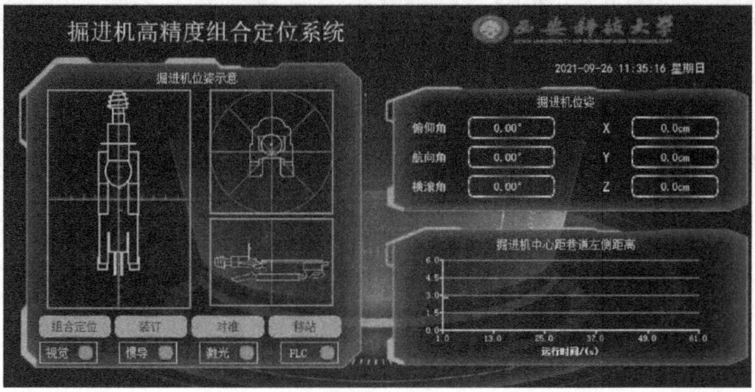

图 8.23　悬臂式掘进机机身定位系统软件界面

掘进机位姿视觉测量系统应用测试——榆林大海则煤矿

掘进机位姿视觉测量系统应用测试——中煤王家岭矿

8.4　小结

本章介绍了悬臂式掘进机位姿视觉测量系统实验平台，验证了所提出的相关理论和方法，在实验室模拟井下工作环境搭建了测试实验平台，对基于激光点-线特征的悬臂式掘进机机身及截割头视觉测量系统主要性能指标进行测试。该系统已在全国 20 余家煤矿进行应用推广，煤矿井下环境中该系统的测量精度、稳定性和性价比达到预期效果。

虚拟调试与智能决策技术——含视觉测量方案虚拟验证

第 9 章

基于双目视觉的悬臂式掘进机位姿测量方法

前述章节重点介绍了基于合作标靶的单目视觉定位技术，主要包括基于点-线特征的单目视觉动态定位方法和基于多点红外 LED 的局部动态定位方法。

相比于单目视觉，双目立体视觉比较容易获得特征的深度信息。煤矿井下巷道掘进过程中，高粉尘、低照度、背景复杂的工况环境对视觉特征稳定提取造成了一定的困难，本章介绍基于双目视觉的悬臂式掘进机位姿测量方法，合作标靶采用单目视觉方案中稳定性和穿透性好的红外 LED 光源。

9.1 悬臂式掘进机双目视觉机身位姿测量方案

9.1.1 双目视觉测量原理

图 9.1 所示是理想情况下双目视觉空间点坐标测量原理。双目相机左右视图的成像原点一致，两相机光轴平行及成像平面的极线行对齐。

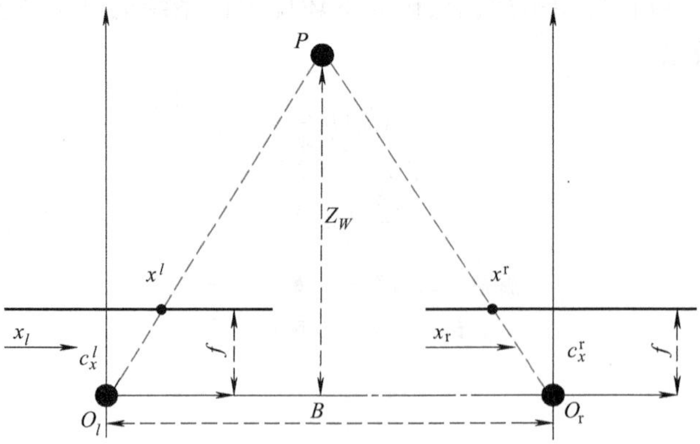

图 9.1 双目视觉测量原理

以左相机坐标系为世界坐标系，在空间中有一点 P，相对于双目相机的中心的世界坐标为（X_W，Y_W，Z_W）。双目相机中左右相机光心分别是 O_l，O_r，焦距为 f，基线距离为 B。点 P 在左右相机成像平面中的成像点为 x^l（x_l，y_l）、x^r（x_r，y_r）。在理想状态下左右相机的光心一致，即

$$c_x^l = c_x^r = c_x, c_y^l = c_y^r = c_y \tag{9.1}$$

式中，（c_x^l，c_y^l）、（c_x^r，c_y^r）分别是左、右相机主像素坐标，（c_x，c_y）是理想情况下左右相机主像素坐标。

根据相似三角形原理可得

$$\frac{X_W}{x_l - c_x} = \frac{B - X_W}{-(x_r - c_x)} = \frac{Z_W}{f} \tag{9.2}$$

$$\frac{Z_W}{f} = \frac{Y_W}{y_l - c_y} = \frac{Y_W}{y_r - c_y} \tag{9.3}$$

联立式（9.2）和式（9.3）可以得到

$$\begin{cases} Z_W = \dfrac{fB}{x_l - x_r} \\ X_W = \dfrac{(x_l - c_x)B}{x_l - x_r} \\ Y_W = \dfrac{(y_l - c_y)B}{x_l - x_r} \end{cases} \tag{9.4}$$

为了保证测量符合测量原理，开展测量的第一步工作应该是利用双目相机标定原理获得双目相机各自的内参数，根据双目立体校正技术对双目视觉进行校正。

9.1.2　悬臂式掘进机双目视觉位姿测量方案

图 9.2 所示是悬臂式掘进机双目视觉测量系统结构。为了便于表示，将掘进机简化为长方体模型。将双目相机固定在机身上，镜头朝向机尾方向，拍摄后方的图像特征。

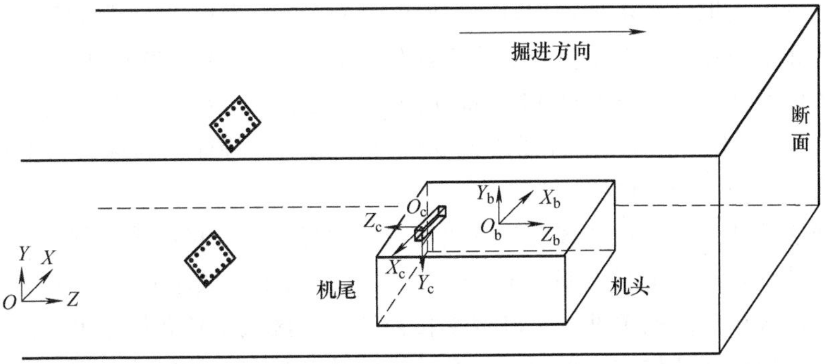

图 9.2　悬臂式掘进机双目视觉测量系统结构

在掘进机机身重心处建立机身坐标系 $O_bX_bY_bZ_b$，其中 X 方向指向掘进机左侧并垂直于前进方向，Y 方向垂直向上，Z 方向与前进方向一致；建立双目视觉测量坐标系 $O_cX_cY_cZ_c$，三个方向均与机身坐标系各方向平行但方向相反。

图 9.3 所示是悬臂式掘进机双目视觉位姿测量方案。首先采用 Zhang 算法对双目相机进行内参数标定，获得两相机内参数和两相机之间的变换矩阵。

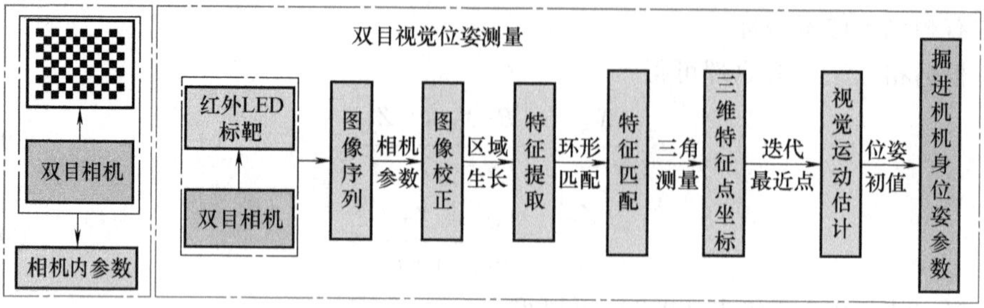

图 9.3　悬臂式掘进机双目视觉位姿测量方案

利用双目相机采集双目图像获得双目图像序列，根据标定得到的参数，利用双目校正技术实现双目图像的立体校正，随后利用区域生长算法实现图像特征分割，并采用高斯拟合的方式实现特征的快速精确提取。将前后两帧双目图像进行环形匹配，实现双目图像的时域特征匹配，获得四组匹配好的特征点组，即两组相邻时刻双目图像特征点。根据前述三角测量原理，结合相机内参数，计算得到两组三维点坐标，最后利用运动估计方法求解机身的运动参数。

9.2　基于红外 LED 标靶的悬臂式掘进机双目视觉定位

9.2.1　基于红外 LED 的特征点提取与环形匹配策略

1. 特征提取

图像特征提取即准确地提取红外 LED 光斑中心。光斑中心精确定位分为光斑区域分割和中心点定位两个步骤。采用红外发光二极管 SE3470 构建的红外 LED 标靶作为图像特征，在基于红外 LED 特征的双目图像中，每个光斑区域具有很强的连通性。红外 LED 灯的图像特征成像如图 9.4 所示，特征点成像近似椭圆，且其灰度值从光斑中心向边缘减小。

根据这种特性，采用区域生长算法对双目图像进行光斑区域分割。区域生长算法的思想是将具有相似性的像素点合并到一起。利用区域生长算法实现红外 LED 特征点光斑区域分割的关键在于确定生长种子点、区域生长和停止生长的条件。在双目图像中光斑区域较多，采用一种自动确定种子生长点的区域分割方法。具体实现步骤如下：

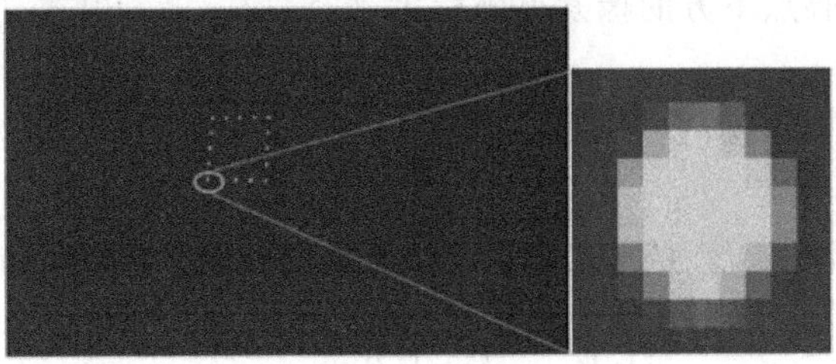

图 9.4 红外 LED 光源成像及放大图

1）创建一个全黑的空白图像 $\boldsymbol{J}$，即灰度值 $\boldsymbol{J}(x,y)=0$。

2）以原图像 $\boldsymbol{I}(x,y)>T\&\&\boldsymbol{J}(x,y)=0$ 为种子的自动判定条件，确定多种子点起始生长点坐标，其中 T 是阈值，(x, y) 是像素坐标。

3）判断种子点 (x_0, y_0) 周围 8 邻域像素 (x, y) 与种子像素灰度值之差的绝对值小于某个阈值，如果满足条件，将 (x, y) 与 (x_0, y_0) 合并为统一区域，并将其灰度值写入图像 $\boldsymbol{J}$，并压入堆栈。

4）从堆栈中取出一个像素，把它当作新的种子点 (x_0, y_0) 返回到步骤 2)，直到堆栈为空，此时一个光斑区域分割结束；

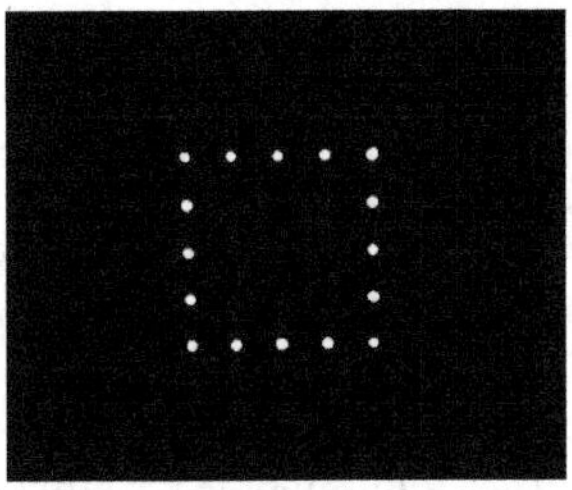

图 9.5 左图像光斑区域分割

5）重复步骤 1)～4)，直到图像中每个点都有归属，生长结束。图 9.5 所示是利用区域生长算法实现的双目左图像区域分割结果。

通过区域生长算法实现了特征点光斑区域分割，获得了各个区域的所有像素坐标。一个光斑图像的灰度分布如图 9.6 所示，近似于二维高斯分布，其模型是

$$\boldsymbol{I}(x,y)=\frac{I_0}{2\pi\sigma_{\text{psf}}^2}\exp\left[\frac{(x-x_0)^2}{2\sigma_{\text{psf}}^2}\right]\exp\left[-\frac{(y-y_0)^2}{2\sigma_{\text{psf}}^2}\right] \tag{9.5}$$

式中，I_0 为红外 LED 的总能量；(x, y) 表示高斯分布函数区域内一点坐标；(x_0, y_0) 表示光斑的成像中心坐标；σ_{psf} 为高斯函数的均方差。

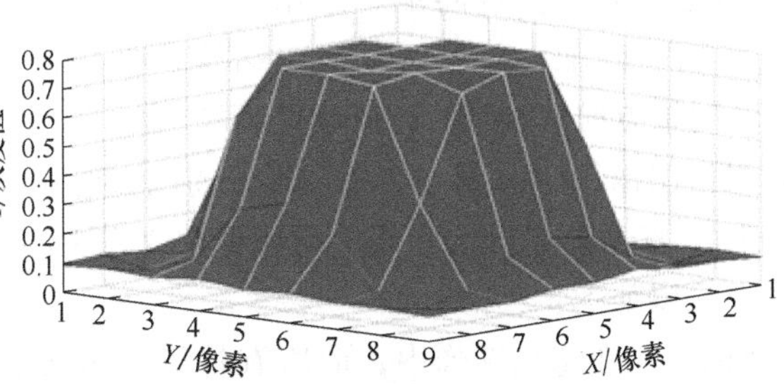

图 9.6 光斑图像的灰度分布情况

采用粗提取的方法提取光斑的中心点 (x', y')，记粗提取中心点左边的像素点坐标为 (x_l, y')，中心点右侧的像素坐标 (x_r, y')，中心点上方的像素点坐标

为（x'，y_{up}），中心点下方的像素点坐标为（x'，y_{down}）。由式（9.5）可知

$$\ln I(x,y)=\ln\frac{I_0}{2\pi\sigma_{psf}^2}-\frac{(x-x_0)^2}{2\sigma_{psf}^2}-\frac{(y-y_0)^2}{2\sigma_{psf}^2} \tag{9.6}$$

对于（x_l，y'）、（x'，y'）、（x_r，y'）三点，可以得出以下方程组

$$\begin{cases}\ln I(x_l,y')=\ln C-\dfrac{(x_l-x_0)^2}{2\sigma_{psf}^2}\\ \ln I(x',y')=\ln C-\dfrac{(x'-x_0)^2}{2\sigma_{psf}^2}\\ \ln I(x_r,y')=\ln C-\dfrac{(x_r-x_0)^2}{2\sigma_{psf}^2}\end{cases} \tag{9.7}$$

式中，$\ln C=\ln\dfrac{I_0}{2\pi\sigma_{psf}^2}-\dfrac{(y-y_0)^2}{2\sigma_{psf}^2}$。

由此可计算出光斑中心点坐标为

$$\begin{cases}x_0=\dfrac{1}{2}\cdot\dfrac{(x_r{}^2-x'^2)\ln I(x_l,y')+(x_l{}^2-x_r{}^2)\ln I(x_l,y')+(x'^2-x_l{}^2)\ln I(x_l,y')}{(x_r-x')\ln I(x_l,y')+(x_l-x_r)\ln I(x_l,y')+(x'-x_l)\ln I(x_r,y')}\\ y_0=\dfrac{1}{2}\cdot\dfrac{(y_r{}^2-y'^2)\ln I(x',y_l)+(y_l{}^2-y_r{}^2)\ln I(x',y')+(y'^2-y_l{}^2)\ln I(x',y_r)}{(y_r-y')\ln I(x',y_l)+(y_l-y_r)\ln I(x',y')+(y'-y_l)\ln I(x',y_r)}\end{cases} \tag{9.8}$$

由此，光斑中心点（x_0，y_0）可以快速计算得出。光斑中心点定位结果如图 9.7 所示。

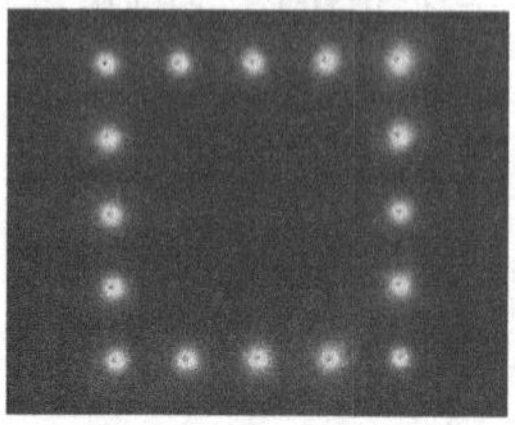

图 9.7　光斑中心定位结果

2. 特征点匹配

悬臂式掘进机双目视觉位姿测量方法中的特征点匹配是时域特征点匹配，即同一帧左右图像的特征点匹配和相邻两帧之间的特征点匹配。采用环形匹配策略实现特征点精确匹配，环形匹配策略结构如图 9.8 所示。沿时间轴方向选择 t_1、t_2 时刻两帧图像，截取前后两帧双目图像，t_1 时刻左、右图像分别是 P_{l1} 和 P_{r1}，t_2 时刻左、右图像分别是 P_{l2} 和 P_{r2}。根据前述方法实现双目图像中光斑中心的精确定位。

环形匹配的实现步骤如下：

1）建立匹配坐标系。在每幅图像中，取所有特征点像素坐标中 x 和 y 方向坐标值的最大和最小值，计算各自的平均值组成新的坐标 $A(x_{av}, y_{av})$，以此为原点，x 和 y 方向不变建立匹配坐标系。并求取每个特征点与坐标 $A(x_{av}, y_{av})$ 的特征矢量。

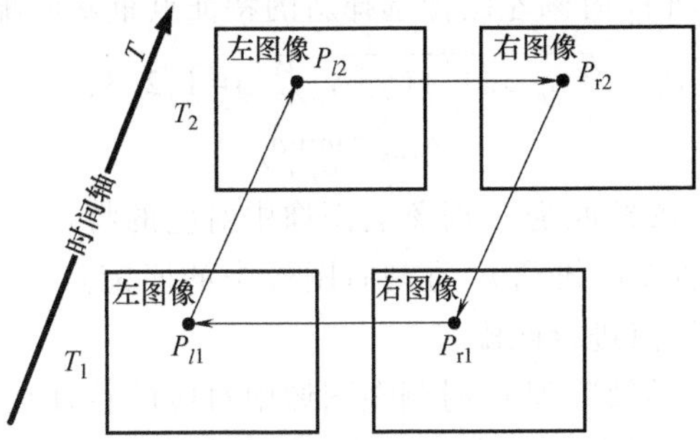

图 9.8　特征点环形匹配策略

以 P_{l1} 图像中为例，假设特征点 P_i 坐标为（x_i，y_i），其中（$i=1, 2, 3, \cdots, n$）。计算 x_i 中的最大值 x_{max} 和最小值 x_{min}［见式（9.9）、式（9.10）］，并计算两者的平均值 x_{av}［见式（9.11）］；同理计算出 y_i 中的最大值 y_{max} 和最小值 y_{min}［见式（9.12）、式（9.13）］，并计算两者的平均值 y_{av}［见式（9.14）］。组成新的坐标点 A（x_{av}，y_{av}）。

$$x_{max}=\max_{0<i<n} x_i \tag{9.9}$$

$$x_{min}=\min_{0<i<n} x_i \tag{9.10}$$

其平均值为

$$x_{av}=\frac{1}{2}(x_{max}+x_{min}) \tag{9.11}$$

同理

$$y_{max}=\max_{0<i<n} y_i \tag{9.12}$$

$$y_{min}=\min_{0<i<n} y_i \tag{9.13}$$

其平均值为

$$y_{av}=\frac{1}{2}(y_{max}+y_{min}) \tag{9.14}$$

计算每一特征点的方向矢量 $\overrightarrow{P_iA}$。

$$\overrightarrow{P_iA}=((x_i-x_{av}),(y_i-y_{av}))=\left(\frac{2x_i-(x_{max}+x_{min})}{2},\frac{2y_i-(y_{max}+y_{min})}{2}\right) \tag{9.15}$$

2）以 t_2 时刻左图像第一个特征点 $P_0(x_0, y_0)$ 为匹配起点，计算特征矢量 $\overrightarrow{P_0A}$ 与 t_2 时刻右图像中所有特征点 $P_j(x_j, y_j)$，$j=1, 2, 3, \cdots, n$ 的特征矢量之间的欧式距离 d_j［见式（9.16）］，并求解欧式距离中的最小值 d_{min}［见式（9.17）］，并满足其对应的点为 $P_{d_{min}}$，以 A'表示 t_2 时刻右图像的匹配中心点坐标，则 t_2 时刻右图像疑似对应点的方向矢量为 $\overrightarrow{P_{d_{min}}A'}$，并满足 $|\overrightarrow{P_0A}-\overrightarrow{P_{d_{min}}A'}|<\mu$，其中 μ 是设定的阈值。那么 $P_{d_{min}}$ 就是与 t_2 时刻左图像匹配成功的 t_2 时刻右图像中对应

的特征点，否则就返回 t_2 时刻左图像选择新的特征点重新匹配。

$$d_j=\sqrt{(x_j-x_0)^2+(y_j-y_0)^2},j=1,2,3,\cdots,i \tag{9.16}$$

$$d_{\min}=\min_{0<j<i} d_j \tag{9.17}$$

3）匹配成功后，继续匹配 t_1 时刻右图像中对应的特征点。t_2 时刻右图像中匹配成功的特征点按步骤 2）找到 t_1 时刻右图像中的匹配点，若不满足，返回 t_2 时刻左图像选择新的特征点进行匹配。

4）匹配成功后，继续匹配 t_1 时刻左图像中对应的特征点。t_1 时刻右图像中的匹配成功的特征点按步骤 2）找到 t_1 时刻左图像中的匹配点，若不满足，返回匹配 t_2 时刻左图像选择新的特征点进行匹配。

5）匹配成功后，继续匹配 t_2 时刻左图像中对应的特征点。将 t_1 时刻左图像中的匹配得到的特征点对应的特征矢量按照步骤 2）对 t_2 时刻左图像进行匹配，若匹配得到的特征点与起始匹配点一致，匹配成功；否则匹配失败。

6）选择 t_2 时刻左图像新的特征点按步骤 2）~5）循环执行，直至 t_2 时刻左图像中所有特征点已执行匹配过程。

特征点环形匹配结果如图 9.9 所示。

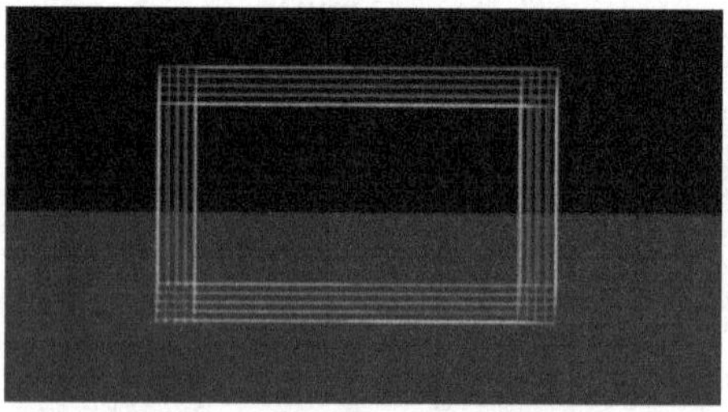

图 9.9　特征点环形匹配结果

9.2.2　基于帧间特征的双目视觉运动估计方法

利用特征点环形匹配结果，结合双目视觉测量原理就可以计算出相机坐标系的两组三维空间点坐标。那么基于双目视觉的悬臂式掘进机运动估计问题就变成了已知两组匹配好的三维空间点坐标，求解相邻时刻的运动变换参数。

假设两组三维空间点表示为

$$\boldsymbol{P}=(\boldsymbol{p}_1,\cdots,\boldsymbol{p}_n),\boldsymbol{P}'=(\boldsymbol{p}'_1,\cdots,\boldsymbol{p}'_n) \tag{9.18}$$

求解变换矩阵 $\boldsymbol{R}$、$\boldsymbol{t}$ 满足

$$\forall i,\boldsymbol{p}_i=\boldsymbol{R}\boldsymbol{p}'_i+\boldsymbol{t} \tag{9.19}$$

得到的 $\boldsymbol{R}$ 和 $\boldsymbol{t}$ 就是相机运动的变换矩阵。采用线性代数方法求解（SVD）该问题。

定义第 i 对点的误差项为

$$\boldsymbol{e}_i=\boldsymbol{p}_i-\boldsymbol{R}\boldsymbol{p}'_i+\boldsymbol{t} \tag{9.20}$$

则构建其最小二乘问题，求解 $\boldsymbol{R}$ 和 $\boldsymbol{t}$ 使得误差平方和达到极小

$$\min_{\boldsymbol{R},\boldsymbol{t}} J=\frac{1}{2}\sum_{i=1}^{n}\|\boldsymbol{p}_i-(\boldsymbol{R}\boldsymbol{p}'_i+\boldsymbol{t})\|_2^2 \tag{9.21}$$

首先定义两组点的质心

$$p=\frac{1}{n}\sum_{i=1}^{n}(p_i),p'=\frac{1}{n}\sum_{i=1}^{n}(p'_i) \tag{9.22}$$

将式（9.21）中的最小二乘函数可化简为

$$\frac{1}{2}\sum_{i=1}^{n}\|\boldsymbol{p}_i-(\boldsymbol{R}\boldsymbol{p}'_i+\boldsymbol{t})\|_2^2=\frac{1}{2}\sum_{i=1}^{n}\|\boldsymbol{p}_i-\boldsymbol{R}\boldsymbol{p}'_i-\boldsymbol{t}-\boldsymbol{p}+\boldsymbol{R}\boldsymbol{p}'+\boldsymbol{p}-\boldsymbol{R}\boldsymbol{p}'_i\|^2$$

$$=\frac{1}{2}\sum_{i=1}^{n}\|\boldsymbol{p}_i-\boldsymbol{p}-\boldsymbol{R}(\boldsymbol{p}'_i-\boldsymbol{p})+\boldsymbol{p}-\boldsymbol{R}\boldsymbol{p}'-\boldsymbol{t}\|^2$$

$$=\frac{1}{2}\sum_{i=1}^{n}\|\boldsymbol{p}_i-\boldsymbol{p}-\boldsymbol{R}(\boldsymbol{p}'_i-\boldsymbol{p})\|^2+\|\boldsymbol{p}-\boldsymbol{R}\boldsymbol{p}'-\boldsymbol{t}\|^2+2(\boldsymbol{p}_i-\boldsymbol{p}-\boldsymbol{R}(\boldsymbol{p}'_i-\boldsymbol{p}))^{\mathrm{T}}(\boldsymbol{p}-\boldsymbol{R}\boldsymbol{p}'-\boldsymbol{t}) \tag{9.23}$$

交叉项中 $\boldsymbol{p}_i-\boldsymbol{p}-\boldsymbol{R}(\boldsymbol{p}'_i-\boldsymbol{p})$ 在求和之后为0，因此目标函数可以优化为

$$\min_{\boldsymbol{R},\boldsymbol{t}} J=\frac{1}{2}\sum_{i=1}^{n}\|\boldsymbol{p}_i-\boldsymbol{p}-\boldsymbol{R}(\boldsymbol{p}'_i-\boldsymbol{p})\|^2+\|\boldsymbol{p}-\boldsymbol{R}\boldsymbol{p}'-\boldsymbol{t}\|^2 \tag{9.24}$$

由式（9.24）可以发现，$\|\boldsymbol{p}_i-\boldsymbol{p}-\boldsymbol{R}(\boldsymbol{p}'_i-\boldsymbol{p})\|^2$ 只和旋转矩阵有关，$\|\boldsymbol{p}-\boldsymbol{R}\boldsymbol{p}'-\boldsymbol{t}\|^2$ 中既有 $\boldsymbol{R}$ 也有 $\boldsymbol{t}$，但只与质心有关。因此只要计算出 $\boldsymbol{R}$，令第二项为零就能得到 $\boldsymbol{t}$。因此，求解可以分为以下三个步骤：

1）计算两组点的质心位置矢量 $\boldsymbol{p}$、$\boldsymbol{p}'$，然后计算每个点的去质心坐标

$$\boldsymbol{q}_i=\boldsymbol{p}_i-\boldsymbol{p}\boldsymbol{q}'_i=\boldsymbol{p}'_i-\boldsymbol{p}' \tag{9.25}$$

2）根据以下优化问题计算旋转矩阵

$$\boldsymbol{R}^*=\underset{\boldsymbol{R}}{\operatorname{argmin}}\frac{1}{2}\sum_{i=1}^{n}\|\boldsymbol{q}_i-\boldsymbol{R}\boldsymbol{q}'_i\|_2^2 \tag{9.26}$$

3）根据步骤2）的计算结果 $\boldsymbol{R}$，求得 $\boldsymbol{t}$。

展开 $\boldsymbol{R}$ 的误差项

$$\frac{1}{2}\sum_{i=1}^{n}\|\boldsymbol{q}_i-\boldsymbol{R}\boldsymbol{q}'_i\|_2^2=\frac{1}{2}\sum_{i=1}^{n}\boldsymbol{q}_i^{\mathrm{T}}\boldsymbol{q}_i+\boldsymbol{q}'^{\mathrm{T}}_i\boldsymbol{R}^{\mathrm{T}}\boldsymbol{q}'_i-2\boldsymbol{q}'^{\mathrm{T}}_i\boldsymbol{R}\boldsymbol{q}'_i \tag{9.27}$$

显然第一项与 $\boldsymbol{R}$ 无关，$\boldsymbol{R}^{\mathrm{T}}\boldsymbol{R}=\boldsymbol{I}$，第二项也与 $\boldsymbol{R}$ 无关，所以目标函数简化为

$$\sum_{i=1}^{n}-\boldsymbol{q}'^{\mathrm{T}}_i\boldsymbol{R}^{\mathrm{T}}\boldsymbol{q}'_i=\sum_{i=1}^{n}-\operatorname{tr}(\boldsymbol{R}\boldsymbol{q}'^{\mathrm{T}}_i\boldsymbol{q}'_i)=-\operatorname{tr}(\boldsymbol{R}\sum_{i=1}^{n}\boldsymbol{q}'^{\mathrm{T}}_i\boldsymbol{q}'_i) \tag{9.28}$$

定义矩阵

$$\boldsymbol{W}=\sum_{i=1}^{n}\boldsymbol{q}'^{\mathrm{T}}_i\boldsymbol{q}'_i \tag{9.29}$$

所以 $\boldsymbol{W}$ 是一个3×3的矩阵，对其进行SVD分解得到

$$W = U \Sigma V^{\mathrm{T}} \tag{9.30}$$

当 $\boldsymbol{W}$ 满秩时，$\boldsymbol{R}$ 为

$$R = UV^{\mathrm{T}} \tag{9.31}$$

解得 $\boldsymbol{R}$ 后，代入式（9.24）即可求出 $\boldsymbol{t}$。式中，$\boldsymbol{R}$ 是一个 3×3 的矩阵，表示两帧图像之间姿态的旋转矩阵，t 是一个平移矢量，表示两帧图像之间的位移变化量。

将采集的第一帧图像时的载体位姿作为初始姿态，记为 $\boldsymbol{P}_0$，包括旋转矩阵 $\boldsymbol{R}_0$ 和平移矩阵 $\boldsymbol{T}_0$，则

$$\boldsymbol{P}_0 = \begin{pmatrix} \boldsymbol{R}_0 & \boldsymbol{T}_0 \\ 0 & 1 \end{pmatrix} \tag{9.32}$$

通常初始位姿 $\boldsymbol{P}_0$ 由煤矿地测科利用全站仪测量得到。设 $\boldsymbol{P}_k$ 为第 k 个位姿，$\boldsymbol{R}_k$，$\boldsymbol{T}_k$（$k=0$，1，2，…，k）表示每一帧的旋转矩阵和平移矩阵，则具体每个时刻的位姿计算如下

$$\begin{cases} \boldsymbol{P}_1 = f_0^1(\boldsymbol{R}_0, \boldsymbol{T}_0)\boldsymbol{P}_0 \\ \boldsymbol{P}_2 = f_1^2(\boldsymbol{R}_1, \boldsymbol{T}_1)\boldsymbol{P}_1 \\ \quad\vdots \\ \boldsymbol{P}_k = f_{k-1}^k(\boldsymbol{R}_{k-1}, \boldsymbol{T}_{k-1})\boldsymbol{P}_k \end{cases} \tag{9.33}$$

由相邻两帧即可得到位移量和姿态角的变化量，将一小段离散化的位移按照时间顺序进行迭代计算，便可得到悬臂式掘进机连续的运动轨迹，如图 9.10 所示。

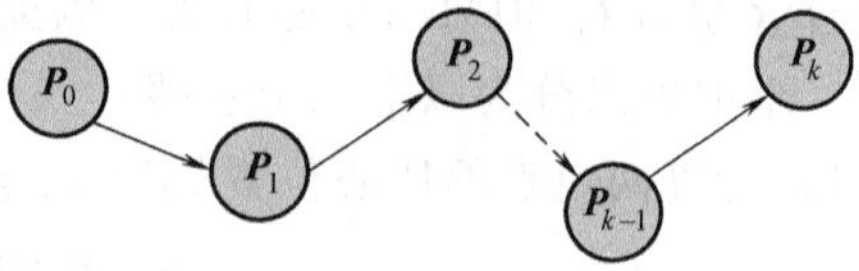

图 9.10　悬臂式掘进机运动轨迹推算

9.2.3　双红外标靶交叉移动的连续测量方法

由于双目视觉测量原理自身的不足导致测量距离有限，考虑基于双目立体视觉的悬臂式掘进机位姿测量方法在实际使用中存在标靶移动问题，提出了一种双标靶交叉移动的悬臂式掘进机双目视觉位姿测量使用策略。

如图 9.11 所示，将双目相机固定在悬臂式掘进机上，通过采集布置在后方的双红外 LED 标靶 A 和标靶 B 的图像实现机身位姿检测的目的。

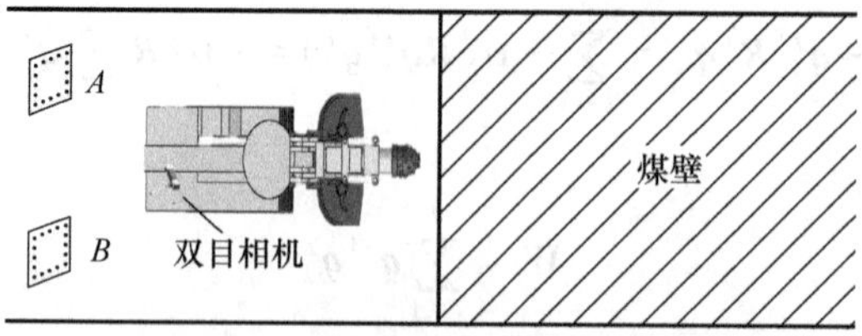

图 9.11　双标靶双目测量初始状态

在实际工作中，随着掘进效率的提升，掘进机前进的速度越来越快，双目视觉测量距离很难保证长距离或超长距离测量，此时可以通过交叉移动的方式，既保证测量的精度，也能保证测量的连续性。如图 9.12 所示，在标靶和相机之间的距离超过双目视觉测量距离而不能满足测量精度时，保证标靶 *B* 保持不动正常工作，同时切断标靶 *A* 的供电使其前移至双目位姿测量的最小测量距离处，打开电源使其正常工作。移动期间，双目视觉位姿检测连续工作没有中断，这样就保证了测量的连续性。

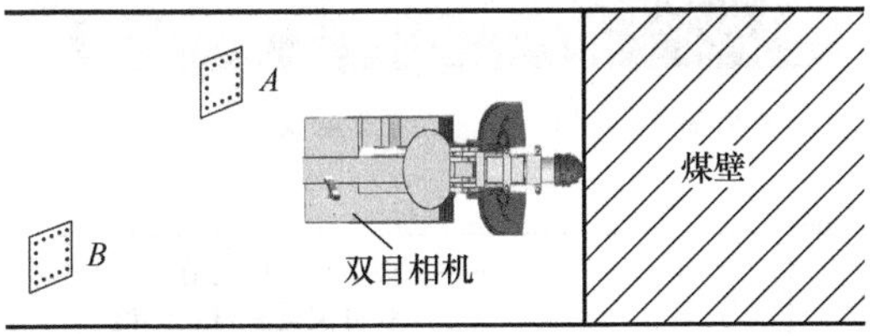

图 9.12　标靶 *A* 断电前移

将 *A* 移动至前方后，再按照同样的方法移动 *B* 至前侧，如图 9.13 所示。如此循环交替移动即可实现连续测量，弥补了其测量距离不足的缺陷。

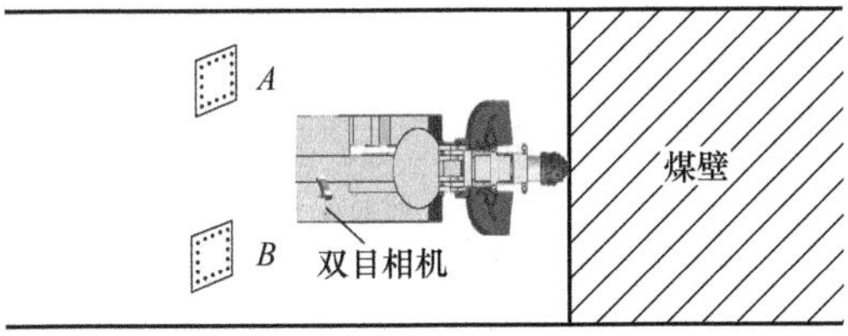

图 9.13　标靶 *B* 断电前移

9.3　实验验证

为了有效地验证基于双目视觉的悬臂式掘进机位姿测量性能，本节分别从位置和姿态测量两个方面进行验证。

1. 双目视觉位置测量精度实验

采用 MYNTEYE 的 D1000-IR-120/Color 双目相机和 SE347-003 880nm 红外 LED 灯组成的被测标靶构成双目视觉位姿测量系统。将加装了红外滤镜的双目相机固定在精度为 0.1mm 的高精度移动平台，并将红外 LED 光源组成的被测标靶固定于机身后方一定距离处。图 9.14 所示是搭建的双目视觉位置测量动态实验平台。

通过调整相机横向位移，每次移动 5cm，并利用双目图像采集软件采集固定于机身后方 2m 处的红外 LED 标靶图像。以初始位置（0mm，0mm，0mm）和初始姿态（0°，0°，0°）为起始位姿，得到连续的位姿测量结果。图 9.15 所示是测量距离为 2m 时，双目视觉测量方法在 *X* 方向的测量结果。

从图 9.15 中可以得到，双目视觉在 *X* 方向的位移变换情况与高精度的位移变

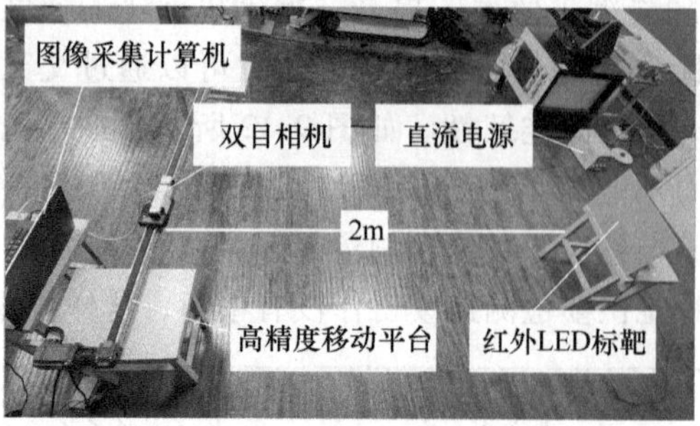

图 9.14　双目视觉位置测量实验验证平台

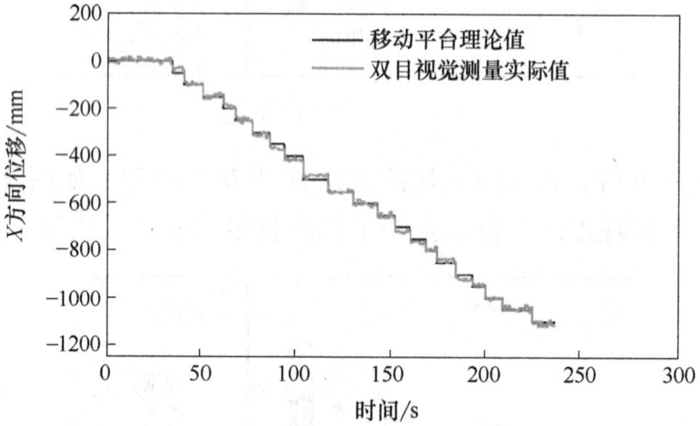

图 9.15　测量距离为 2m 时 X 方向实际位移

化情况完全吻合，但是由于存在测量误差的情况，出现了小幅的偏差。图 9.16 所示是与双目相机保持同步运动时高精度移动平台位移数据。

图 9.16 所示是 X 方向位移测量误差，可以看出误差在±30mm 以内。图 9.17 和图 9.18 是在移动过程中双目视觉位姿测量得到的 Y 和 Z 方向的位移变化情况。其中 Y 方向的测量误差为（-20mm，0mm），Z 方向测量误差在±10mm 以内。

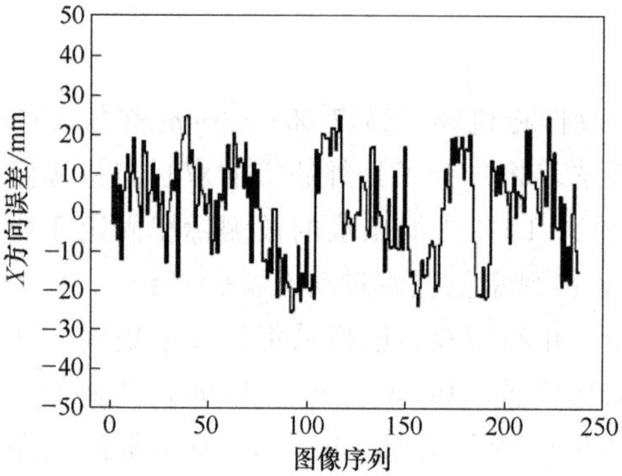

图 9.16　X 方向位移误差

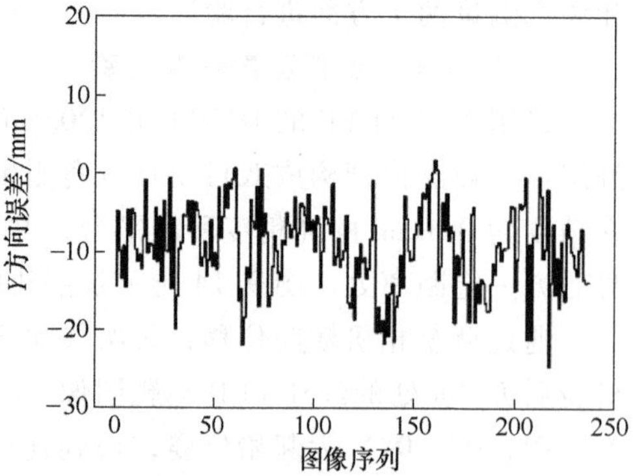

图 9.17　Y 方向的位移变化

图 9.19~图 9.21 所示分别是通过双目视觉位姿测量方法计算得到的横滚角、航向角和俯仰角姿态值。其中，横滚角测量误差在±0.2°以内，航向角在（−0.5，0.3）变化，俯仰角在（−0.72°，0°）变化。从总体上来说，姿态的变化相对稳定且精度高。

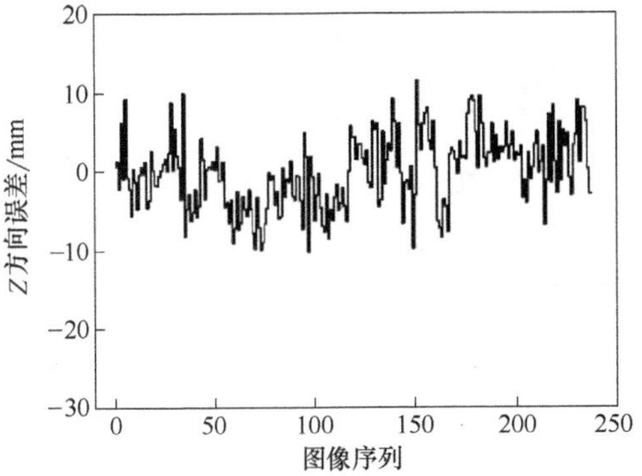

图 9.18　Z 方向的位移变化

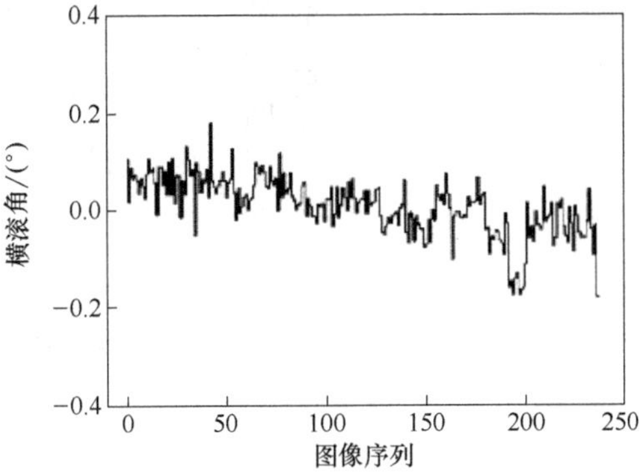

图 9.19　横滚角变化情况

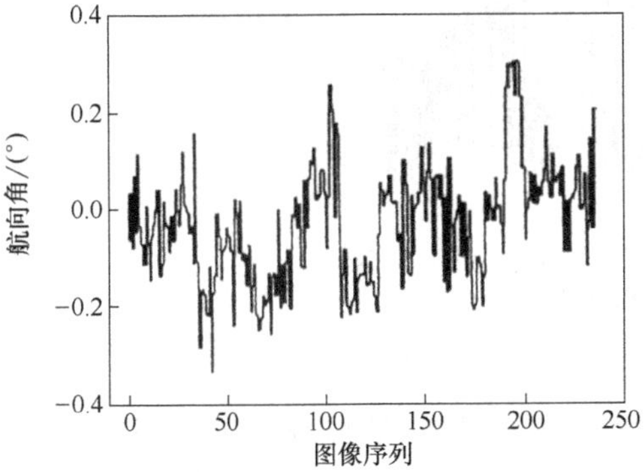

图 9.20　航向角变化情况

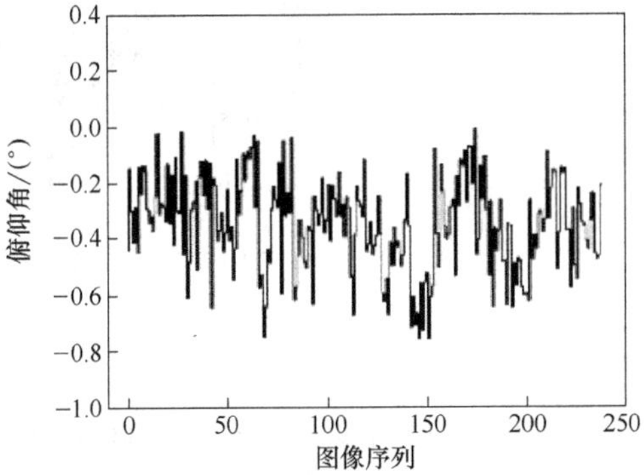

图 9.21　俯仰角变化情况

2. 双目视觉测量姿态测量实验

实验器材包括 MYEYEN120 双目相机、红外 LED 标靶、精度为 0.01°的高精度三轴转台。为了便于研究，将双目相机固定在高精度三轴转台，如图 9.22 所示。

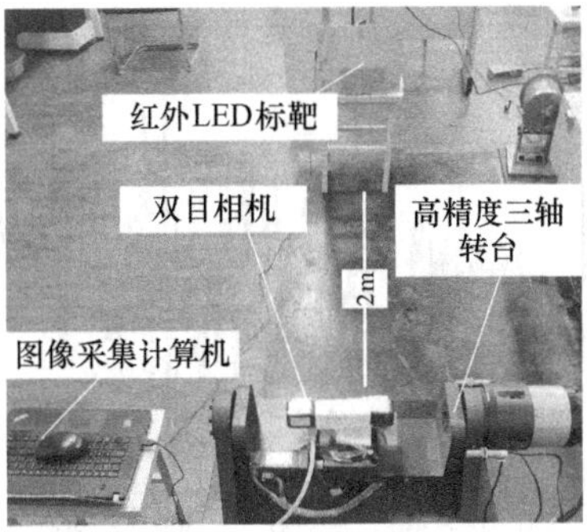

图 9.22　双目视觉位姿测量实验验证平台

通过旋转双目相机并利用双目图像采集软件，采集固定于机身后方 2m 处的红外 LED 标靶图像。图 9.23 所示是双目视觉相机测量航向角和高精度三轴转台回转角对比，图 9.24 是通过双目视觉计算得到的航向角误差，可以得到航向角的误差在±1°以内。

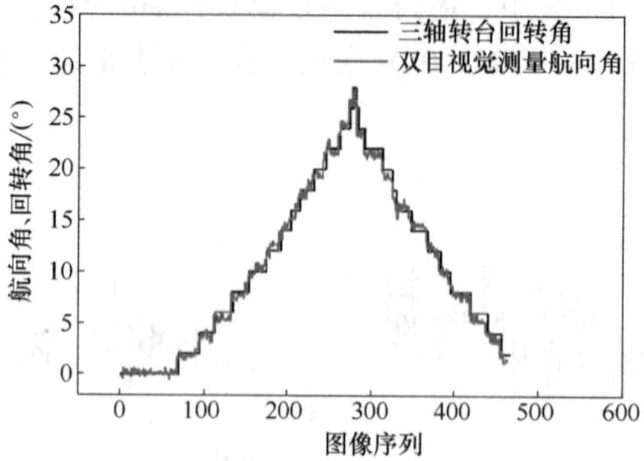

图 9.23　双目视觉相机测量航向角与高精度三轴转台回转角对比

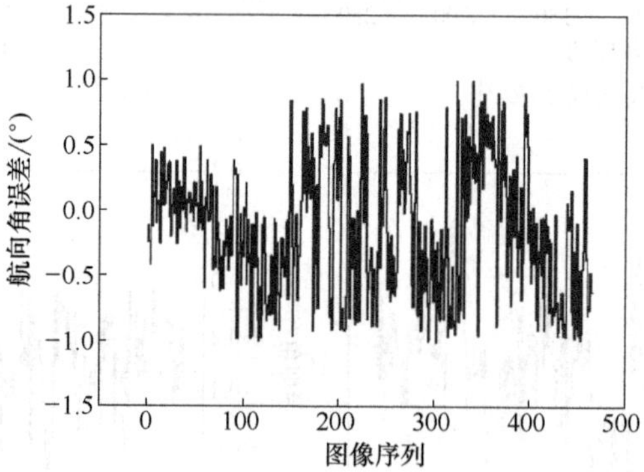

图 9.24　双目视觉测量航向角误差值

图 9.25 和图 9.26 分别是俯仰角和横滚角姿态测量情况，可以看出其在（-1.2°，1°）变化。双目视觉位姿检测的横滚角在 0.1°以内变化，但是由于安装过程相机不是绝对水平的，横滚角出现了小幅的降低。

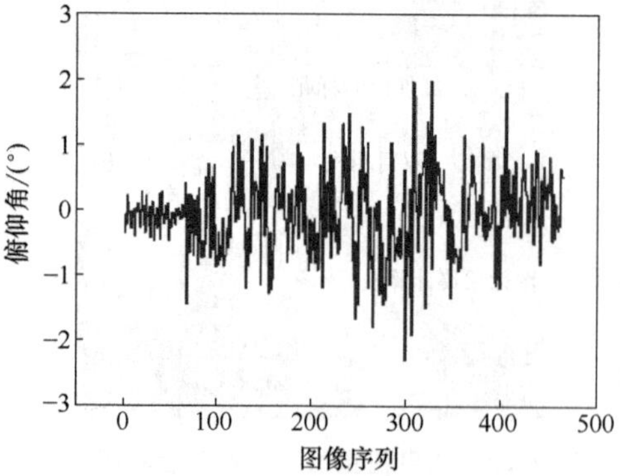

图 9.25　俯仰角误差值

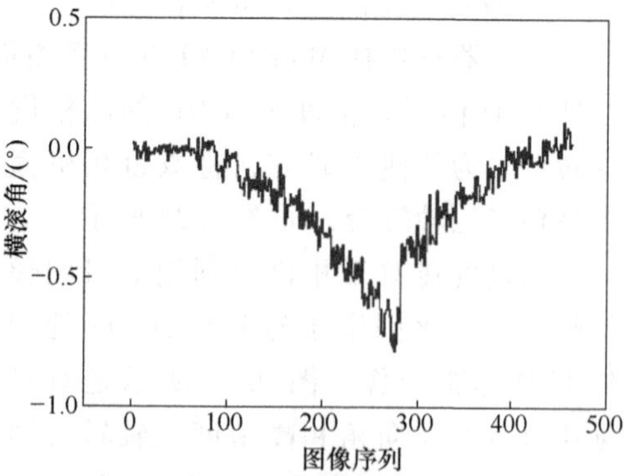

图 9.26　双目视觉测量横滚角

9.4 小结

本章介绍了双目视觉位姿测量方法，以高斯拟合法快速精确提取光斑中心点，提出基于时域图像序列的特征点环形匹配方法，引入基于双目视觉的 3D 空间点对齐方法，采用 SVD 线性代数求解方法，实现了位姿参数求解。针对双目视觉测量距离受限的问题，设计了一种双标靶交替移动测量策略，确保测量过程的连续性和稳定性。实验测试结果表明，该测量方法在 X 方向即横向位移的测量误差在 ±30mm，航向角的测量误差在 ±1°以内。

第10章

基于非合作标靶的井下视觉动态定位技术

前面章节从合作标靶的角度出发，从测量原理、方案设计、实验验证和实际应用等方面详细介绍了基于红外 LED 特征的单目视觉定位技术、基于多激光束为特征的单目视觉定位技术和基于两个红外 LED 特征的双目视觉定位技术。对于基于合作标靶的视觉定位技术，需要人为构造一个已知结构的特征，这对于某些应用场合来说不太适用。

本章借鉴视觉 SLAM 技术框架，从煤矿井下应用角度分析，阐述非合作标靶的井下视觉动态定位技术机理，结合团队前期关于非合作标靶视觉定位研究工作，介绍基于单目视觉的非合作标靶定位技术、基于 RGBD 的非合作标靶定位技术，为无合作标靶视觉定位技术提供一种新的思路。

10.1 基于非合作标靶的井下视觉动态定位技术机理

本书前面介绍的定位方案均依赖于固定的合作标靶。在矿井环境中，安装合作标靶在部署和维护阶段需要投入不少人员和精力。因此，以环境特征为视觉信息，研究基于非合作标靶的视觉定位方法，以降低对人工维护的依赖。

介绍基于非合作标靶的井下视觉动态定位技术之前，先回顾一下视觉 SLAM 技术的框架。如图 10.1 所示，一个 SLAM 过程包含如下五部分：

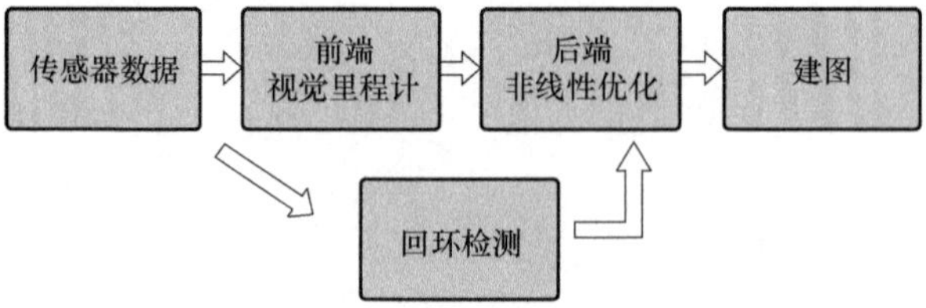

图 10.1 基本 SLAM 框架

（1）传感器数据 视觉传感器指采集图像信息的传感器，一般为相机传感器：对图像信息的读取和预处理。按照相机的类型，视觉传感器可以分为单目相机、双目相机和深度相机等。

(2) 视觉里程计（VO） 从读取的图像信息中，根据相邻时间的图像信息计算相机的运动，构建局部地图。相机的运动在视觉里程计中用相机位姿描述。

(3) 后端（非线性）优化 后端接受不同时刻视觉里程计测量的相机位姿，以及回环检测的信息，因为图像信息具有噪声或者匹配过程中的误差，所以需要对它们进行优化，得到全局一致的轨迹和地图。由于接在视觉里程计之后，又称为后端（Back-End）。

(4) 回环检测 回环检测判断机器人是否到达过先前的位置。如果检测到回环，它会把信息提供给后端进行处理。

(5) 建图 根据轨迹信息，建立地图。

参考上述 SLAM 技术框架，下面介绍一种非合作标靶视觉动态定位技术方案，如图 10.2 所示。

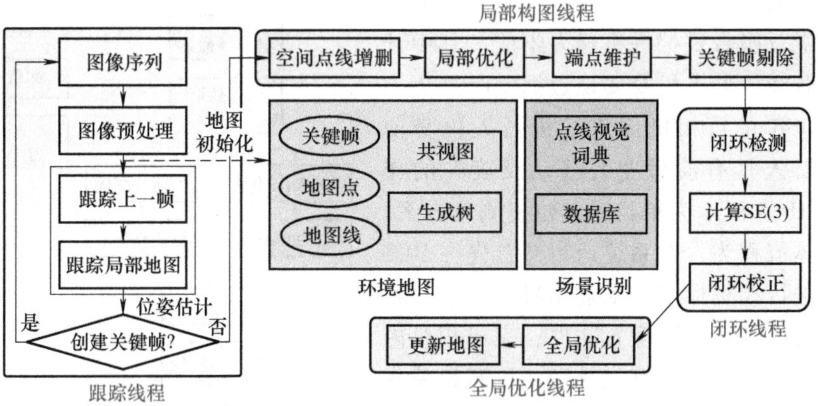

图 10.2 非合作标靶视觉动态定位技术方案

该方案包括跟踪线程、局部构图线程和闭环线程 3 个并行线程，以及附加的全局优化线程，全局优化线程仅仅在进行闭环线程的时候才创建。

(1) 跟踪线程 输入为相机采集到的图像序列。图像预处理部分包括图像的畸变校正、特征点的检测和描述、图像匹配。跟踪分为两个阶段，一是对相邻帧间进行跟踪，二是对局部地图进行跟踪，通过最小化重投影误差得到相机的位姿。最后对当前帧进行关键帧的判断。考虑煤矿井下特殊的工况环境，必要情况下还需进行低照度增强。

(2) 局部构图线程 在跟踪线程插入关键帧后，优化局部地图中的点和位姿。同时根据统计信息对地图中的空间点进行剔除，保留稳定跟踪的部分，对地图中的具有冗余信息的关键帧进行剔除。在关键帧插入后，会结合局部地图内的另一帧创建新的地图点。

(3) 闭环线程 一般通过字典树进行闭环检测，当检测到闭环时，计算闭环帧与当前帧的 SE（3）变换，并通过位姿图的优化纠正累计误差和地图点的位置。对于巷道掘进工作，是一种未知的直线掘进过程，这个过程中很难实现闭环。

（4）全局优化线程　在闭环线程中，采用先优化相机位姿、再调整空间点位姿的方式并不能保证全局最优，需要进行全局优化。

综上所述，非合作标靶视觉动态定位技术方案与一般意义上的 SLAM 方案是一致的，但是也需针对具体的情况进行适应性调整。

10.2　基于单目视觉的非合作标靶定位技术

10.2.1　技术方案

掘进机器人单目视觉位姿测量方案以巷道为特征点，实现掘进机器人相对巷道的位姿测量。单目视觉测量由计算机、USB 单目相机及履带式掘进机器人组成，其中计算机搭载在机器人机身实现数据实时采集与解算，USB 单目相机固定于机器人机身前侧，机器人具有前后左右移动及旋转的作用。图 10.3 所示为单目视觉位姿测量方案。

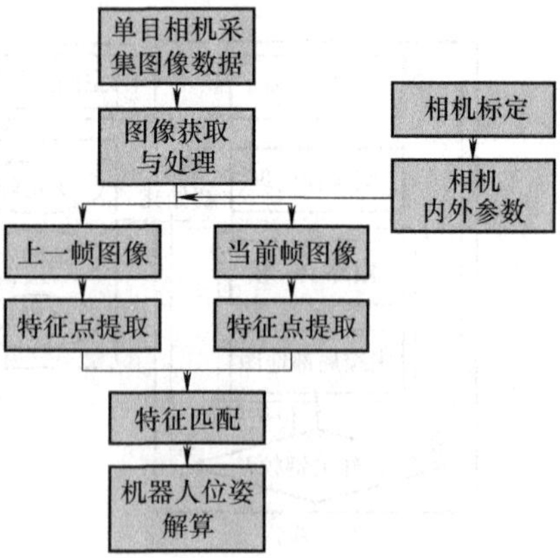

图 10.3　单目视觉位姿测量方案

具体流程为：在系统运行前首先在 ROS 系统中进行相机标定，求解相机内参数，将所得相机内参数写入配置文件，完成相机内外参数标定。通过计算机触发相机开始采集巷道图像数据，在计算机上进行图像预处理，然后按图 10.2 所述流程，依次将图片序列进行图像特征点提取及匹配，匹配完成之后实现基于帧间图片的相机位姿估计，采用 PNP 方法实现对相机位姿的求解，进一步结合标定所得参数完成对掘进机器人位姿的解算。

10.2.2　技术实现

1. 图像特征提取与匹配

对巷道特征进行特征点提取与匹配是实现掘进机器人位姿解算的关键环节。为实现所拍摄巷道环境中稳定准确的特征点提取，需进行采集图像预处理及快速稳定的图像特征点提取算法。

特征点匹配解决视觉位姿测量中的数据关联问题，通过相邻帧图像之间特征点描述进行准确匹配，为视觉里程计解算减轻负担。同时，由于巷道中复杂环境，存在大量重复纹理而导致特征描述的相似性，因此还存在误匹配的情况。

采用 ORB 特征提取方法可实现稳定快速的图像特征提取，并进行帧间特征匹配，完成各图像数据之间关联，最终借助 RANSAC 算法消除图像匹配过程中的误匹配点对。

由于直接从矩阵变化中估计相机运动比较困难，因此，选取合适的特征提取算法对于图像匹配及位姿解算的作用十分关键。特征点包括角点、区块和边缘等。ORB 特征提取属于对角点的特征提取，通过改进 FAST 特征提取和 BRIEF 描述子算法进行特征点描述。研究证明，ORB 的性能比 BRIEF 与 SURF 方法好，可实现快速特征提取和描述，因此，采用 ORB 特征提取方法。

特征匹配过程中不可避免地存在误匹配的情况，因此有必要进行特征点对的优化，采用 RANSAC 算法实现误匹配的剔除。如图 10.4 所示，所拍摄楼道图片具有丰富的 ORB 特征点。如图 10.5 所示，ORB 粗匹配特征点数量过多，容易出现误匹配，较多特征点造成算法耗时较长。图 10.6 使用 RANSAC 进行误匹配剔除，保证了特征点提取的准确高效。

彩图

图 10.4 ORB 角点提取

综上分析，ORB 角点可实现较好的特征匹配，采用其作为特征提取算法是可行的，快速提取特征点坐标，可以为后续掘进机器人位姿解算提供初始值。

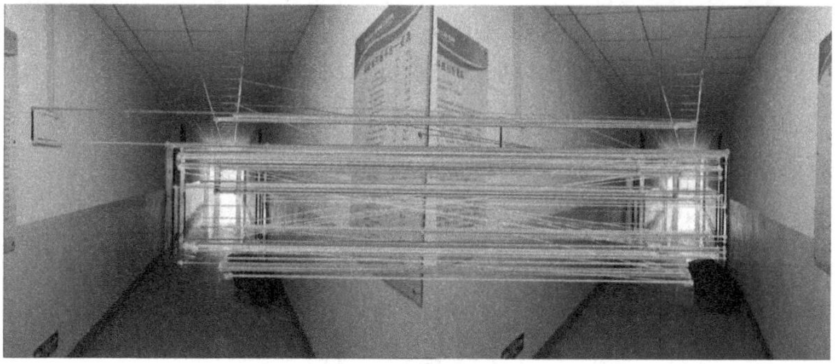

图 10.5 ORB 粗匹配

2. 基于深度恢复的位姿估计

根据提取匹配点对进行相机位姿估计，如图 10.7 所示，从两张图片中已经得到配对好的特征点，根据多对这样的特征点在二维图像点中的对应关系，恢复出相机的图片帧间位姿，初步完成相机位姿解算，为实现基于特征点深度的单目视觉位姿测量奠定基础。

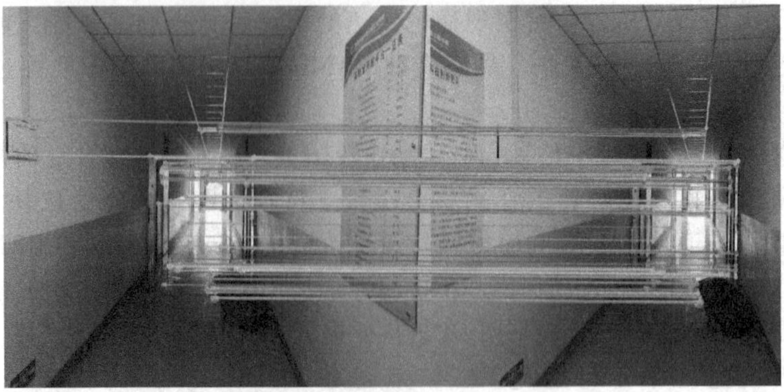

图 10.6 ORB RANSAC 误匹配剔除

假设相机运动过程中两帧图像 C_1 和 C_2，从图像 C_1 到 C_2 相机运动的旋转矩阵和平移矩阵为 $\boldsymbol{R}$、$\boldsymbol{t}$。两相机中心分别为 O_1 和 O_2，p_1 和 p_2 分别为 P 点在两幅图像间匹配得到的对应特征点，并连接 O_1p_1 和 O_2p_2，得到相交于点 P 的射线 $\overrightarrow{O_1p_1}$、$\overrightarrow{O_2p_2}$。其中 O_1、O_2、P 三点组成的平面称为极平面，O_1、O_2 连线与像平面 C_1、C_2 的交点分别为 e_1、e_2，点 e_1、e_2 为极点，O_1O_2 为基线。其中极平面与两像平面 C_1、C_2 之间的相交线 l_1、l_2 为极线。

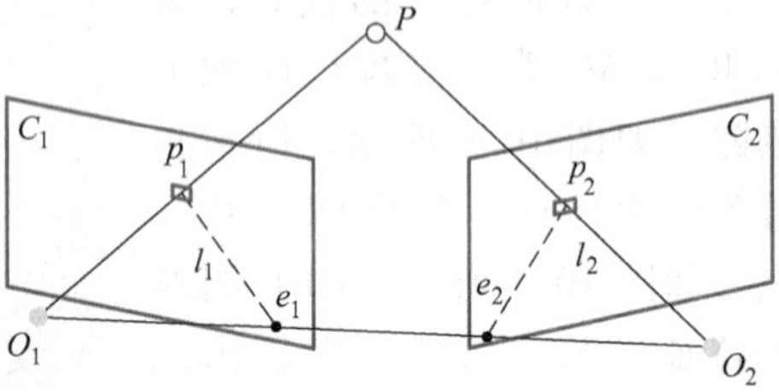

图 10.7 对极几何约束

由此空间点 P 的坐标矢量可以表示为

$$\boldsymbol{P}=(x,y,z)^{\mathrm{T}} \tag{10.1}$$

根据相机成像模型，可得两像素点 p_1、p_2 的位置

$$s_1\boldsymbol{p}_1=\boldsymbol{k}_2\boldsymbol{P},s_2\boldsymbol{p}_2=\boldsymbol{k}_2(\boldsymbol{RP}+\boldsymbol{t}) \tag{10.2}$$

式中，$\boldsymbol{k}_2$ 为相机内参数矩阵，$\boldsymbol{p}_1$、$\boldsymbol{p}_2$ 为像素点 p_1、p_2 的坐标矢量；$\boldsymbol{R}$、$\boldsymbol{t}$ 为相机运动的旋转矩阵和平移矩阵，乘以非零常数可简化为

$$\boldsymbol{p}_1=\boldsymbol{k}_2\boldsymbol{P},\boldsymbol{p}_2=\boldsymbol{k}_2(\boldsymbol{RP}+\boldsymbol{t}) \tag{10.3}$$

设像素点归一化平面坐标 $\boldsymbol{x}_1=\boldsymbol{k}_2^{-1}\boldsymbol{p}_1$、$\boldsymbol{x}_2=\boldsymbol{k}_2^{-1}\boldsymbol{p}_2$，将$\boldsymbol{x}_1$、$\boldsymbol{x}_2$ 代入式（10.3）并在两侧左乘 $\boldsymbol{x}_2^{\mathrm{T}}\boldsymbol{t}^{\wedge}$（运算符号“∧”为对应的反对称矩阵），得

$$\boldsymbol{x}_2^{\mathrm{T}}\boldsymbol{t}^{\wedge}\boldsymbol{x}_2=\boldsymbol{x}_2^{\mathrm{T}}\boldsymbol{t}^{\wedge}\boldsymbol{R}\boldsymbol{x}_1 \tag{10.4}$$

式（10.4）中 $\boldsymbol{t}^{\wedge}\boldsymbol{x}_2$ 矢量垂直于 $\boldsymbol{t}$ 和 $\boldsymbol{x}_2$，因此为 0，则有

$$\boldsymbol{x}_2^{\mathrm{T}}\boldsymbol{t}^{\wedge}\boldsymbol{R}\boldsymbol{x}_1=0 \tag{10.5}$$

将 $\boldsymbol{p}_1$ 与 $\boldsymbol{p}_1$ 重新代入，则有

$$\boldsymbol{p}_2^{\mathrm{T}}\boldsymbol{k}_2^{-\mathrm{T}}\boldsymbol{t}^{\wedge}\boldsymbol{R}\boldsymbol{k}_2^{-1}\boldsymbol{p}_1=0 \tag{10.6}$$

式（10.5）和式（10.6）统称为对极约束，表示几何意义为 O_1、P、O_2 三点共面，式中包含旋转矩阵 $\boldsymbol{R}$ 和平移矩阵 $\boldsymbol{t}$，将公式整理可得

$$x_2^{\mathrm{T}}Ex_1=p_2^{\mathrm{T}}Fp_1=0 \tag{10.7}$$

式中，$E=t^{\wedge}R$，即本质矩阵，$F=k_2^{-\mathrm{T}}t^{\wedge}Rk_2^{-1}$ 为基础矩阵，因此可将相机位姿解算简化为：根据配对点的像素位置对本质矩阵 E 或者基础矩阵 F 进行求解，然后结合求解出的 E 或 F 代入式（10.5），求出相机位姿的 R 和 t。

上述由所提取特征点初步实现相机的位姿估计，根据单目视觉测量原理分析，仅通过单张图片无法获得像素深度信息，需通过三角测量方式，根据已求出的帧间位姿，进行所提取巷道特征点深度估计，三角化即在两个视角观察一点的夹角，由此实现到该点距离的计算，其测量原理如图 10.8 所示。

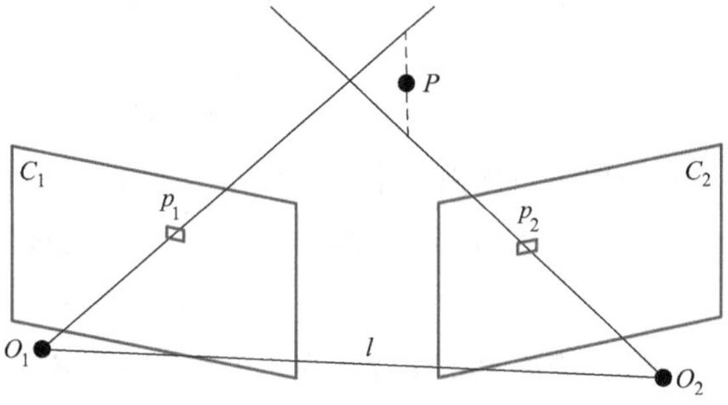

图 10.8　三角化深度恢复示意图

根据图 10.8 中两帧图像的关系示意，以左图像 C_1 为前一时刻，右图像 C_2 为后一时刻，点 p_1 与 p_2 分别为 P 点在前一时刻与后一时刻在像素坐标中的投影点，点 O_1 和 O_2 是相机中心，根据视觉里程计已经求得两图片相机姿态间的变换矩阵 R 和 t，经标定所得相机内参数矩阵为 k_2。根据对极几何的定义，归一化平面的 p_1 与 p_1 两点可满足如下关系

$$d_1p_1=d_2Rp_2+t \tag{10.8}$$

式中，d_1 和 d_2 代表 P 点分别在前一时刻和后一时刻下的相机深度值，由于 R 和 t 已经根据视觉里程计求解得到，将式（10.8）写成矩阵形式

$$\begin{pmatrix}-Rp_1 & p_2\end{pmatrix}\begin{pmatrix}d_1\\ d_2\end{pmatrix}=t \tag{10.9}$$

进一步的，将式（10.9）写成线性方程组的形式如下

$$Ax=b \tag{10.10}$$

式中 $A=(-R\cdot p_1 \quad p_2)$，$x=(d_1 \quad d_2)^{\mathrm{T}}$，$b=t$。

可构建优化函数对深度进行求解

$$f(x)=\|Ax-b\| \tag{10.11}$$

根据上式可求得 x 如下

$$x=(A^{\mathrm{T}}A)^{-1}A^{\mathrm{T}}b \tag{10.12}$$

式中，矩阵 $A^{\mathrm{T}}A$ 为非奇异矩阵，即可结合视觉里程计计算得到的 R 和 t 实现对所提取巷道图像的特征点深度求解，另外，当（$A^{\mathrm{T}}A$）为奇异矩阵时，利用 LM 算法将 $A^{\mathrm{T}}A$ 转换为非奇异矩阵之后再求解。实现深度值求解之后，便可通过 3D-2D（3D-to-2D Registration，三维数据到二维数据的配准）的方式，实现基于深度恢复的掘进机器人位姿解算。

单目视觉里程计通过匹配特征之间的对应关系解算相机位姿，即旋转矩阵 R 和平移矩阵 $\boldsymbol{t}$。一般的求解方法有 2D-2D（2D-to-2D Registration，二维数据到二维数据的配准）及 2D-3D（2D-to-3D Registration，二维数据到三维数据的配准）等方法。由于已根据三角化深度的方法求出特征点空间坐标，因此采用 3D-2D 的方式，即 PNP 算法，利用所恢复出的特征点三维点坐标和图像特征点的匹配关系，优化并根据重投影误差最小化求解相机姿态。

定义两帧图片的同一特征点 X_i^k 与 X_i^{k-1} 在 c_k 与 c_{k-1} 时刻相机坐标系下的空间坐标，其中旋转矩阵为 $\boldsymbol{R}$，平移矩阵为 $\boldsymbol{t}$。根据不同帧图像的运动关系，建立如下方程

$$\boldsymbol{X}_i^k = \boldsymbol{R} * \boldsymbol{X}_i^{k-1} + \boldsymbol{t} \tag{10.13}$$

对于用三角化恢复出的特征点，将 $\boldsymbol{X}_i^k$ 进行归一化，其中 $\overline{\boldsymbol{X}}_i^k$ 为 $\boldsymbol{X}_i^k$ 的归一化坐标矩阵，z_i^k 为 $\boldsymbol{X}_i^k$ 在 z 轴方向的模长，由此可根据上式得

$$z_i^k \overline{\boldsymbol{X}}_i^k = \boldsymbol{R}\boldsymbol{X}_i^{k-1} + \boldsymbol{t} \tag{10.14}$$

将转换矩阵 $\boldsymbol{R}$ 和 $\boldsymbol{t}$ 分解为三个行矢量，$\boldsymbol{R}_h$ 和 $\boldsymbol{t}_h$，其中 $h \in \{1, 2, 3\}$，代入上式，利用消元法消去式中的 z_i^k，可得如下方程组

$$\begin{cases} (\boldsymbol{R}_1 - \overline{\boldsymbol{X}}_i^k \boldsymbol{R}_1)\boldsymbol{X}_i^{k-1} + \boldsymbol{t}_1 - \overline{\boldsymbol{X}}_i^k \boldsymbol{t}_3 = 0 \\ (\boldsymbol{R}_2 - \overline{\boldsymbol{X}}_i^k \boldsymbol{R}_3)\boldsymbol{X}_i^{k-1} + \boldsymbol{t}_1 - \overline{\boldsymbol{X}}_i^k \boldsymbol{t}_3 = 0 \end{cases} \tag{10.15}$$

由式（10.15）知，通过至少六对匹配点，可实现位姿转换矩阵 T 的线性求解，即直接线性变换法。

10.2.3 实验验证

搭建单目视觉 SLAM 位姿测量实验平台，如图 10.9 所示。为了模拟掘进机动态移动过程中视觉定位性能，采用履带式机器人模拟掘进机器人运动。采用 Vicon 运动跟踪系统作为独立第三方测量履带式机器人移动过程中的轨迹，与视觉测量系统测量结果进行对比分析，得到视觉定位误差。

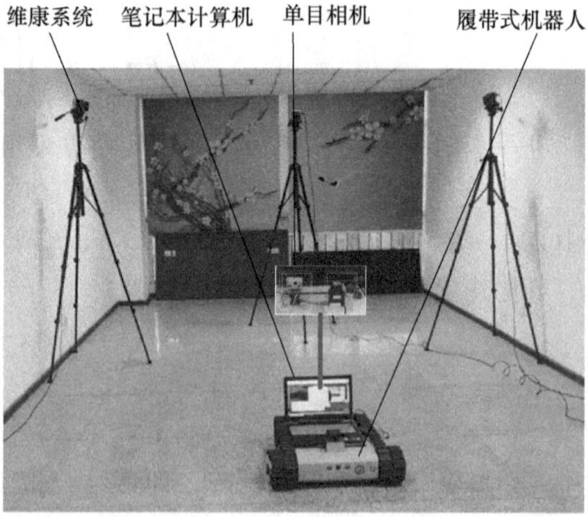

图 10.9 掘进机器人单目视觉位姿测量精度验证平台

实验中，将 USB 单目相机固定于掘进机器人机身，掘进机器人放置于维康系统视觉测量范围内，利用单目视觉实时采集环境图片，并进行特征提

取及匹配，完成单目视觉位姿解算；同时采用维康系统采集掘进机器人实际运动位姿，实现掘进机器人位姿测量精度验证。为单目视觉位姿测量精度验证平台。

如图 10.10 所示为单目视觉所测位姿与维康系统所测位姿对比示意图，主要选取所测航向角、x 方向位移、y 方向位移进行分析，如图 10.10a、c、e 所示，红色

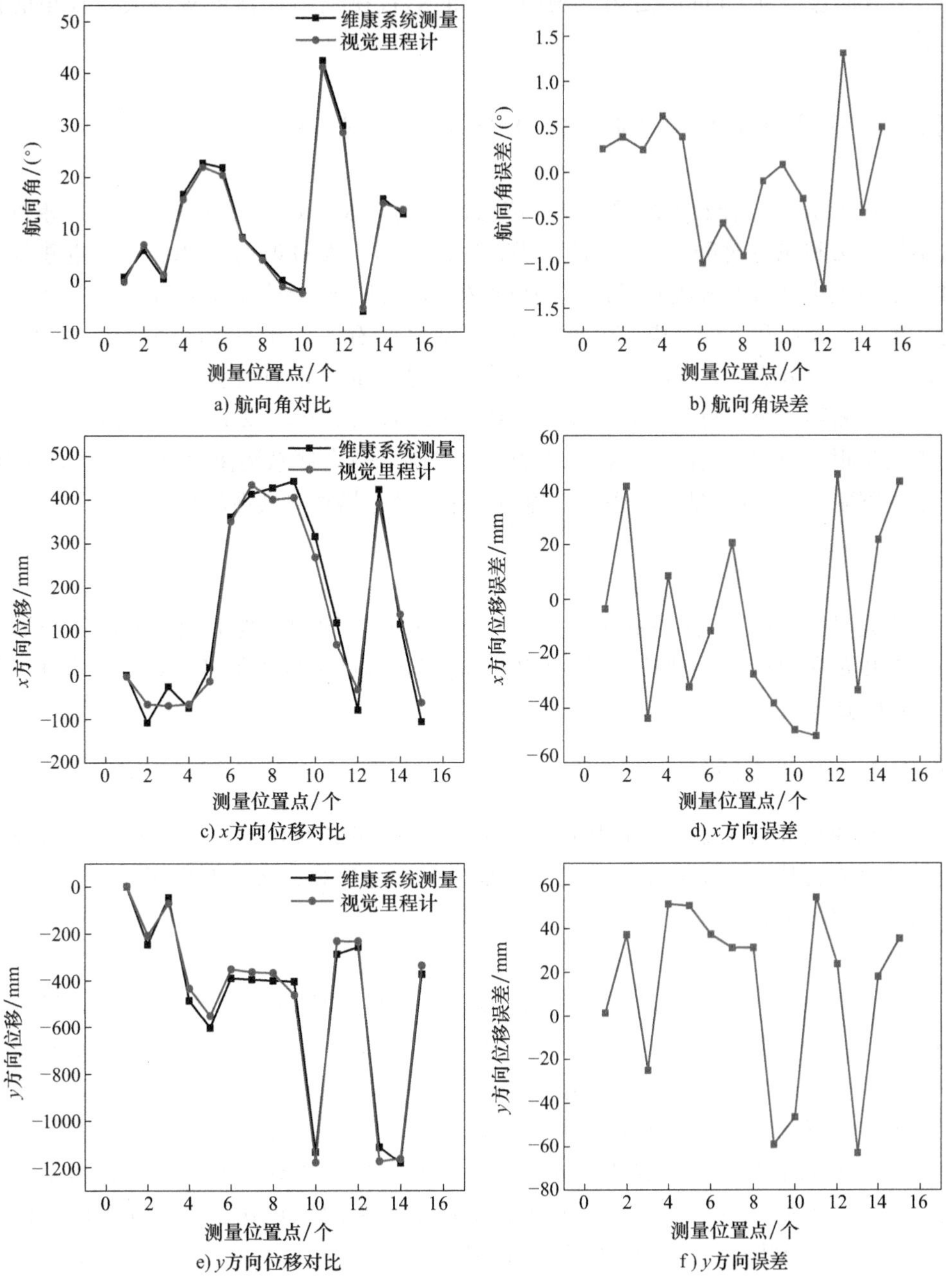

a) 航向角对比　b) 航向角误差　c) x方向位移对比　d) x方向误差　e) y方向位移对比　f) y方向误差

图 10.10　单目视觉位姿测量误差分析

线条为单目视觉所测结果，黑色线条为维康系统所测掘进机器人位姿，可得单目视觉所测掘进机器人航向角、位移，基本与实际值吻合。

图 10.10b、d、f 分别为单目视觉在几个关键位置点所测掘进机器人航向角误差、x 方向误差、y 方向误差，其中航向角误差在±1.3°以内，x 方向误差在±50mm 内，y 方向误差在±60mm 之内，表明单独的单目视觉里程计可实现误差较小的位姿估计。

10.3 基于 RGB-D 的非合作标靶定位技术

RGB-D 相机结合彩色图像和深度信息，提供三维视觉解决方案。RGB-D 相机分成结构光法和飞行时间（ToF）法两类，广泛应用于人脸识别、AR、三维重建等领域。结构光法是为了解决双目匹配问题产生的，利用红外光解决对环境光照敏感问题，不依赖光照和纹理，夜晚也可以用，代表产品有 Kinect v1、Iphone X。在 2m 距离时，其空间分辨率是 3mm，深度上的分辨率是 1cm。飞行时间法通过探测飞行时间来计算被测物体至相机的距离，代表产品有 Kinect v2、Phab 2 Pro。其测量精度不会随着测量距离的增大而降低，抗干扰能力比较强，适合测量距离要求比较远的场合，如无人驾驶、AR 等；缺点是深色、透明物体和动态场景对其性能有影响。

10.3.1 技术方案

搭建基于 ORB 特征的视觉里程计采集实时环境图像，提取图像中的特征点并筛选其中的关键帧，构建位姿求解模型实时获取掘进机位姿信息，具体流程框图如图 10.11 所示。

10.3.2 技术实现

利用深度相机采集实时环境图像，基于改进 ORB 算法对采集信息中的特征进行快速高效提取，完成特征匹配后对局部位姿进行计算，将数据后端优化后，实时获取掘进机位姿信息。

1. 相机投影模型

建立世界坐标系 $O_wX_wY_wZ_w$，单位为 mm；建立相机坐标系 $O_cX_cY_cZ_c$，单位为 mm，以光心 O_c 为坐标系的原点，X_c 方向和 Y_c 方向与相机像素排列的水平和竖直方向保持一致，Z_c 方向垂直于相机的镜面；建立图像坐标系 $O_pX_pY_p$，光心为原点，X_p 方向和 Y_p 方向与相机像素排列的水平和竖直方向保持一致，单位为 mm；建立像素坐标系 $O_eX_eY_e$，图像的左上角为原点，像素排列的水平和竖直两个方向为 X_e 和 Y_e 方向，单位为 pixel。其中，图像坐标系的原点在像素坐标系的坐标为 $X_{e0}Y_{e0}$。简化的针孔相机模型如图 10.12 所示。

已知某点 P 在世界坐标系下坐标为（X_w，Y_w，Z_w），利用刚体变换对坐标进

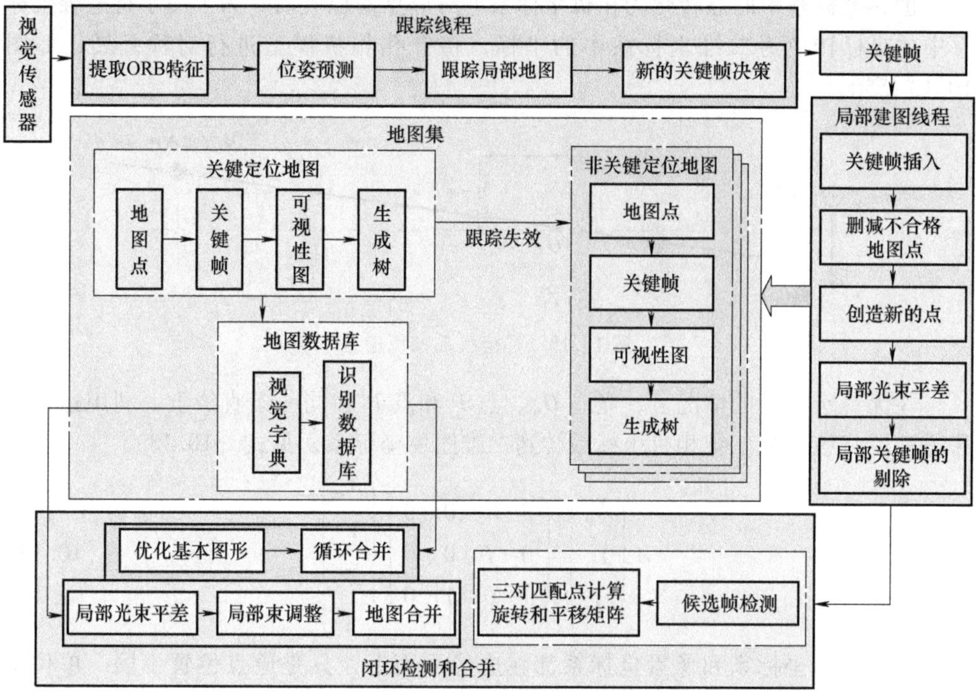

图 10.11　基于 ORB 特征的视觉里程计的位姿测量方法流程框图

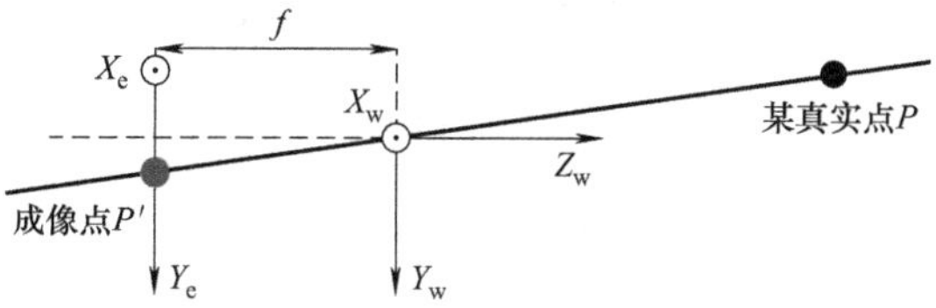

图 10.12　简化的针孔相机模型

行转换便可得到该点在相机坐标系中的坐标，见式（10.16）

$$\begin{pmatrix} X_c \\ Y_c \\ Z_c \end{pmatrix} = \boldsymbol{R} \begin{pmatrix} X_w \\ Y_w \\ Z_w \end{pmatrix} + \boldsymbol{T} \tag{10.16}$$

式中，$\boldsymbol{R}$ 为旋转矩阵，$\boldsymbol{T}$ 为平移矩阵。

整理后得

$$\begin{pmatrix} X_c \\ Y_c \\ Z_c \\ 1 \end{pmatrix} = \begin{pmatrix} \boldsymbol{R}_{3\times3} & \boldsymbol{T}_{3\times1} \\ 0 & 1 \end{pmatrix} \begin{pmatrix} X_w \\ Y_w \\ Z_w \\ 1 \end{pmatrix} \tag{10.17}$$

世界坐标系中的点转化为相机坐标系下对应点的位置后，为了便于将三维坐标系中的坐标转换为二维坐标系中的坐标，将针孔相机模型进行对称翻转，如图10.13所示。

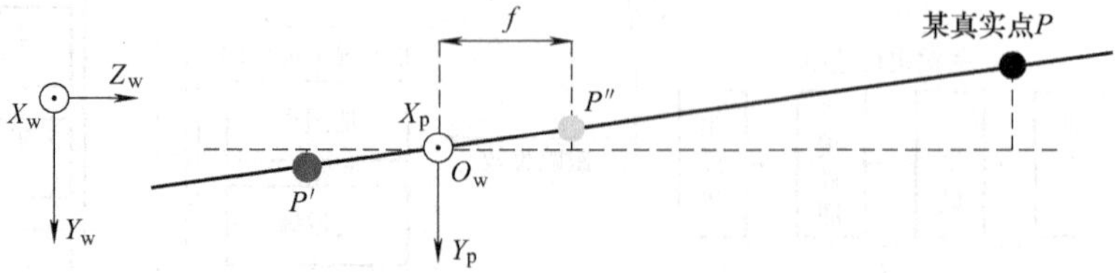

图 10.13　等价针孔相机模型

在无镜头畸变的情况下，光心 O_w、点 P 和点 P''在同一条直线上，利用透视投影方法，将该点从三维相机坐标系转到二维图像坐标系，见式（10.18）

$$Z_c\begin{pmatrix}X_p\\Y_p\\1\end{pmatrix}=\begin{pmatrix}f&0&0&0\\0&f&0&0\\0&0&1&0\end{pmatrix}\begin{pmatrix}X_c\\Y_c\\Z_c\\1\end{pmatrix}\tag{10.18}$$

由于图像坐标系和像素坐标系都在成像平面上，只是原点位置不同，单位不同，可利用仿射变换将该点在图像坐标系上的坐标转换为在像素坐标系上的坐标。图像坐标系中，单个像素在水平和垂直方向的尺寸为 l_x 和 l_y，单位为 mm，即 1pixel$=l_x$mm。像素坐标水平方向和竖直方向的表达如下

$$\begin{cases}X_e=\dfrac{X_p}{l_x}+X_{e0}\\Y_e=\dfrac{Y_p}{l_x}+Y_{e0}\end{cases}\tag{10.19}$$

将式（10.17）、式（10.18）和式（10.19）联合即可得到如下公式

$$Z_c\begin{pmatrix}X_e\\Y_e\\1\end{pmatrix}=\begin{pmatrix}\dfrac{1}{l_x}&0&X_{e0}\\0&\dfrac{1}{l_y}&Y_{e0}\\0&0&1\end{pmatrix}\begin{pmatrix}f&0&0&0\\0&f&0&0\\0&0&1&0\end{pmatrix}\begin{pmatrix}\boldsymbol{R}_{3\times3}&\boldsymbol{T}_{3\times1}\\0&1\end{pmatrix}\begin{pmatrix}X_w\\Y_w\\Z_w\\1\end{pmatrix}$$

$$=\begin{pmatrix}f_x&0&X_{e0}&0\\0&f_y&Y_{e0}&0\\0&0&1&0\end{pmatrix}\begin{pmatrix}\boldsymbol{R}_{3\times3}&\boldsymbol{T}_{3\times1}\\0&1\end{pmatrix}\begin{pmatrix}X_w\\Y_w\\Z_w\\1\end{pmatrix}\tag{10.20}$$

2. 相机测距模型

微软 Kinect 搭载体感技术的产品较多。相较于 V1，二代产品在图像的精度和

测量距离方面有了较大的提高，其部分参数见表 10.1。

表 10.1　Kinect V1 和 V2 配置比较

参数		V1	V2
颜色	分辨率	640×480	1920×1080
	每秒传输帧数	30	30
深度	分辨率	320×240	512×242
	每秒传输帧数	30	30

Kinect V2 传感器硬件主要由彩色相机、红外相机和红外发射器等组成，其中彩色相机可以直接观测到，红外相机和红外发射器则隐藏在内部，具体外观如图 10.14 所示。彩色相机用于拍摄视角范围内的彩色视频图像；红外发射器主动发射红外线，当红外线照射到物体发生漫反射时，会形成随机的反射斑点，进而被红外摄像头读取；红外相机通过非分析环境中的红外光建立在测量范围内的深度图像。

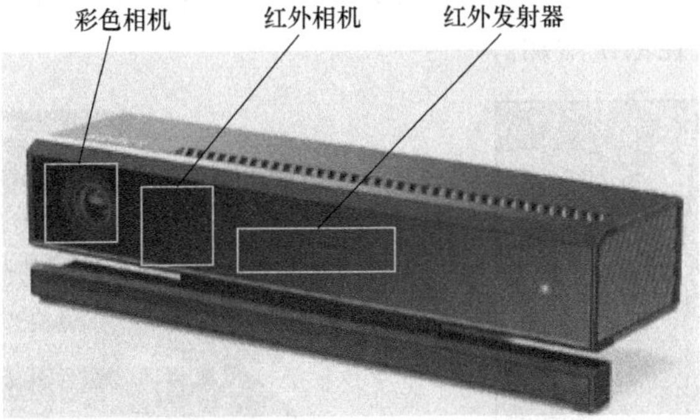

图 10.14　Kinect V2 相机外观

深度图像是利用从图像传感器到被测物体表面各个点的距离作为像素值的图像，可以直接反映三维物体的几何形状。深度相机的测量原理如图 10.15 所示，图中现实中的点到相机所在的垂直平面（*XY* 平面）的距离称为该点的深度值。深度相机的局部坐标系以相机位置为原点，相机所朝方向为 *Z* 轴，相机垂直平面的两根轴为 *X*、*Y* 轴。利用相机的焦距及彩色图像到相机位置的距离等数据，使用简单的几何公式便得到实点在相机的局部坐标系中的三维坐标。

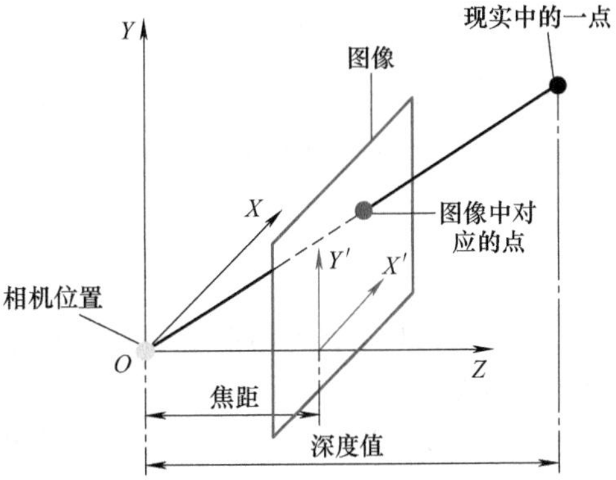

图 10.15　深度相机的测量原理

3. 基于改进 ORB 特征的配准方法

选取 ORB 算法作为前端的特征点提取方法，通过改进分段加速检测特征方法（Features From Accelerated Segment Test，FAST），使其在速度、稳定性和检测能力方面有所提高。如图 10.16 所示，FAST 算法选择一个像素点作为检测中心并假设具体灰度值，设定一个阈值，然后以 p 点为中心，按照顺时针从 12 点开始，半径为 3 个像素点，框选圆形区域。对于每个像素点，计算其与中心点的灰度值差值。如果存在若干连续像素点都超过阈值或低于阈值，则认为该点为角点。重复以上过程，对每个像素点依次检测，最终得到所有角点。

由于 FAST 特征缺乏尺度不变性和旋转不变性，ORB 算法通过构建图像金字塔解决缺乏尺度不变性的问题。对于一幅图像，不同的观察地点观察到的图片效果是不同的，观察地点距离图像较近，则图像相对清晰；距离较远时，图像相对模糊。以原始图像作为金字塔底层图像，即第 0 层图像，由底层图像向上构建图像金字塔，构建图像金字塔的具体步骤如下：首先对初始图像进行高斯滤波，然后按照缩放尺度对下一层图像进行缩放。如图 10.17 所示，构建出 8 层图像金字塔，随着层数的增加，其尺度在依次增加。

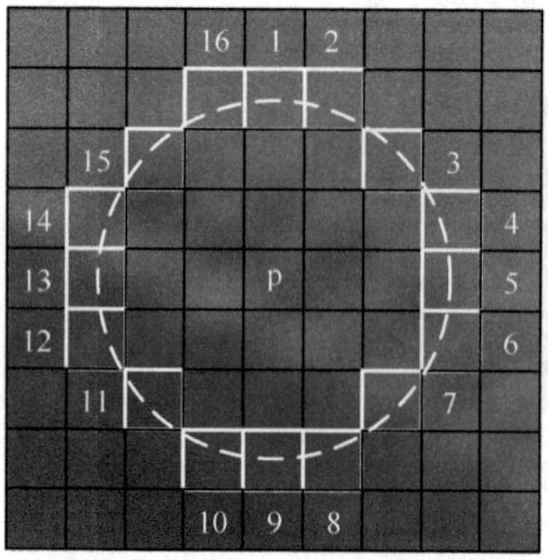

图 10.16　Fast 特征点提取

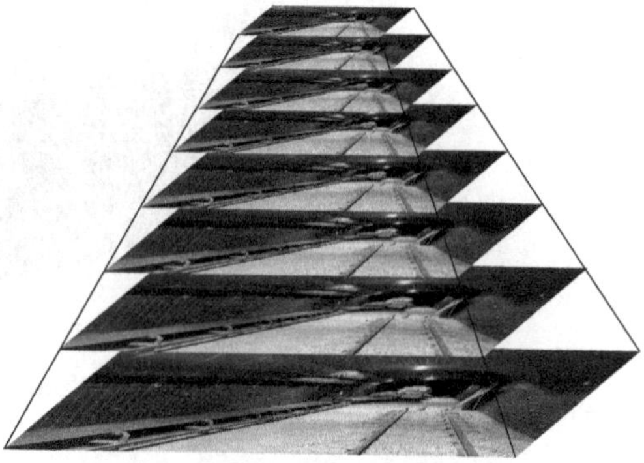

图 10.17　图像金字塔示意图

OFAST 算法中使用灰度质心法解决旋转不变性问题。该方法具体过程如下：首先图像像素点（x，y）处的灰度值用 I（x，y）表示，特征点图像像素的矩表示为

$$m_{pq}=\sum_{x,y}x^p y^q I(x,y) \tag{10.21}$$

式中，$p,q=\{0,1\}$，p 为图像中的某一像素点；m 为图像块的矩；在半径为 r 的圆形范围内采集像素点，所以 x、y 的取值范围为 $x,y\in[-r,r]$。

通过式（10.21）计算得到的矩，得出图像块的质心为

$$C=\left(\frac{m_{10}}{m_{00}},\frac{m_{01}}{m_{00}}\right) \tag{10.22}$$

定义 O 为连接图像块的几何中心，进而得到图像块从中心 O 到质心 C 的矢量

$\overrightarrow{OC}$，可得图像块的方向

$$\theta = a\tan2(m_{01}, m_{10}) \tag{10.23}$$

在实验中采集煤矿主体实验室某处的模拟巷道照片对不同特征提取方法进行对比分析，图片像素为960×540，提取特征点的数目都为500，结果如图10.18所示。

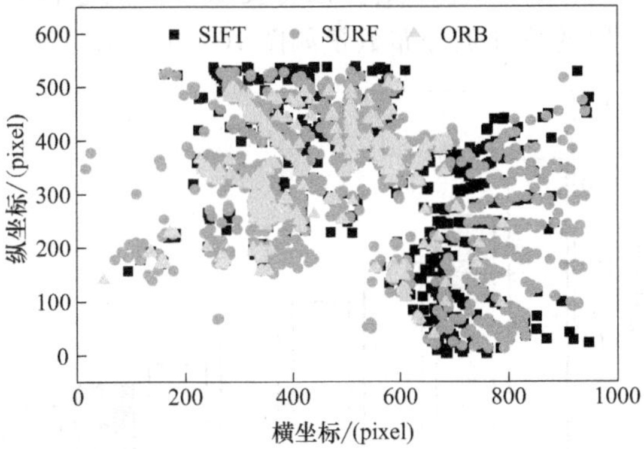

图10.18　三种算法特征分布对比

从图10.18可以看出，三种算法提取的特征点具有不同的分布，相同特征点数目情况下，采用ORB算法得到的特征点在图片中的分布程度最大，其次是SURF算法，最后是SIFT算法。将特征点结合具体场景图片进行查看，结果如图10.19所示。

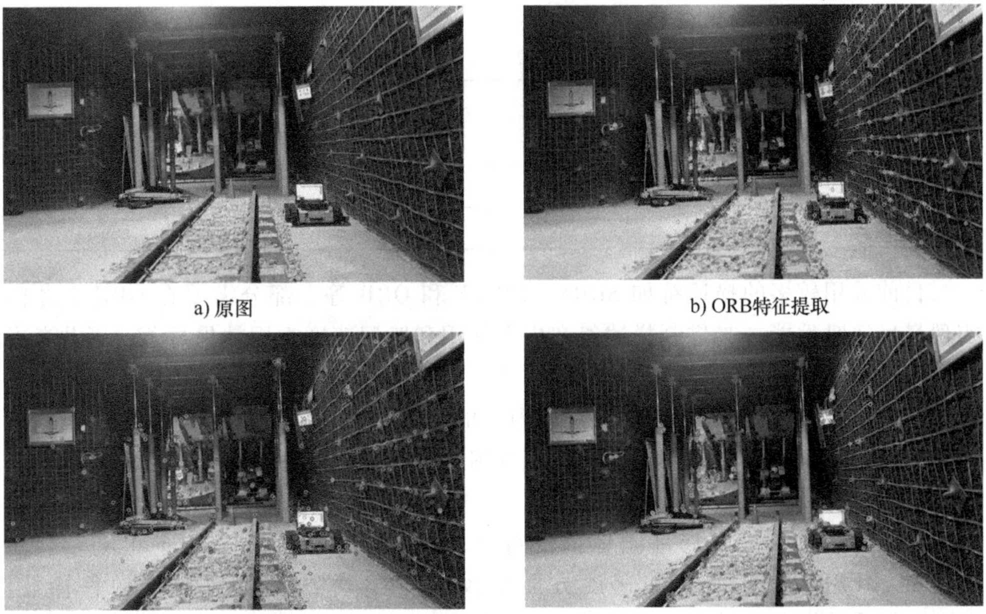

a) 原图　b) ORB特征提取

c) SURF特征提取　d) SIFT特征提取

图10.19　不同特征提取算法结果

特征提取时，首先将原图像灰度化，以减少受到光照的影响同时加快提取速度。从图 10.19 可以看出，利用 ORB 算法提取的特征点多数集中在煤壁的锚网上且被提取特征的物体距离相机较近，利用 SURF 算法提取的特征点分布较为散乱，利用 SIFT 算法提取的特征点较为集中且大多集中在距离相机较远的物体上。

使用 ORB 算法，利用 8 层金字塔算法将提取特征点进行分层，相同总数目的特征点具体层级和每层的特征点分布数量如图 10.20 所示。

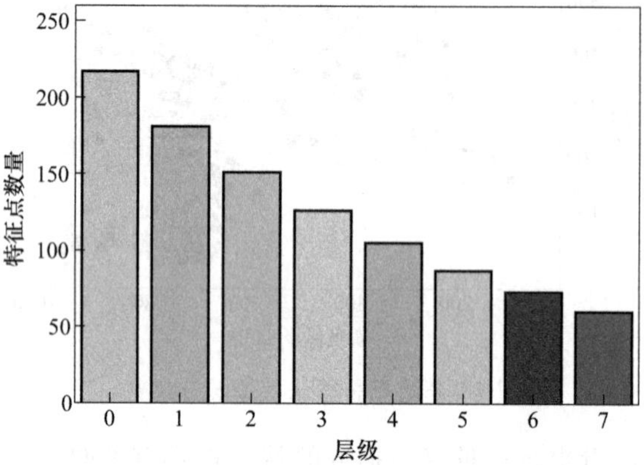

图 10.20　金字塔不同层级对应的特征点数量

从表 10.2 中可以看出，使用 ORB 算法计算单帧图像花费的平均检测时间远远低于 SURF 和 SIFT 算法。考虑到安装在掘进机上，应用场景为移动设备的实时检测，使用 ORB 算法较为合适。

表 10.2　三种特征点提取的耗时对比

特征提取算法	单帧图像平均检测时间/ms
SIFT	1442
SURF	757
ORB	587

目前采用较多的描述符如 SURF、BRIEF 和 ORB 等，部分需要在 GPU 上才能实现最优实时性能，二进制描述符在内存使用和匹配速度方面效果显著，因此考虑使用二进制描述符方法加快计算。较快的二进制方法如 BRIEF 和 ORB 使用基于图像像素对比的特征。ORB 描述符是 BRIEF 的扩展，考虑了检测到的局部特征的不同方向，使用具有固定子窗口大小的积分图像进行平滑处理，这些方法的缺点是以精度换取速度。

增强的高效二进制局部图像描述符（Boosted Efficient Binary Local Image Descriptor，BEBLID）在精度和速度方面相较于 ORB 方法都具有更强的鲁棒性。BRIEF 算法使用 9×9 的平滑卷积核，然后比较 512 个随机定位的像素值对，像素离图案中心距离越远。

为了增强二进制描述符保持速度优势的同时，具有媲美浮点型描述符的鲁棒性和区分型，采用增强的高效局部图像描述符算法（Boosted Efficient Local Image Descriptor，BELID）在 Brown 数据集上进行训练。

首先假设 $\{(x_i,y_i,l_i)\}_{i=1}^{N}$ 是由成对的图像块，标记 $l_i\in(-1,\ 1)$ 组成的训练集，其中 $l_i=1$ 表示两个补丁具有相同的显著图像结构，$l_i=-1$ 表示其不同。采用自适应增强算法（Adaptive Boosting，Adaboost）将函数的损失降到最低，表达式如下

$$\ell_{\mathrm{BELID}}=\sum_{i=1}^{N}\exp\left\{-\gamma l_i\underbrace{\sum_{k=1}^{K}\alpha_k h_k(x_i)h_k(y_i)}_{g_s(x_i,y_i)}\right\} \tag{10.24}$$

式中，γ 是学习率参数；$h_k(z)$ 恒等于 $h_k(z;\ f,\ T)$ 并对应于集合 g_s 中第 k 个 WL（Weak learner，弱学习器）与权重 α_k 的组合，WL 取决于特征提取函数 f：$\aleph\rightarrow R$ 和阈值 T。

利用 T 和 $f(x)$ 判断 WL 的值，公式如下

$$h(x;f,T)=\begin{cases}+1, f(x)\leqslant T\\ -1, f(x)>T\end{cases} \tag{10.25}$$

该图像块的描述符可以表示为

$$D(x)=A^{\frac{1}{2}}h(x)=(\sqrt{\alpha_1}h_1(x),\cdots,\sqrt{\alpha_k}h_k(x))^{\mathrm{T}} \tag{10.26}$$

式中，$A=\mathrm{diag}(\alpha_1,\cdots,\alpha_k)$，$\alpha_i$ 是第 i 个 WL 的 Adaboost 权重。

BEBLID 效率提高的关键是 $f(x)$ 的选择，其表达式如下

$$f(x;p_1,p_2,s)=\frac{1}{s^2}\left(\sum_{q\in R(p_1,s)}\boldsymbol{I}(q)-\sum_{r\in R(p_2,s)}\boldsymbol{I}(r)\right) \tag{10.27}$$

式中，$\boldsymbol{I}(t)$ 是像素 t 处的灰度值；$R(p,\ s)$ 是以像素 p 为中心的正方形方框，大小为 s；f 用来计算 $R(p_1,\ s)$ 和 $R(p_2,\ s)$ 中像素的平均灰度值之间的差值。

图 10.21 中的实线矩形框和虚线矩形框分别表示 $R(p_2,\ s)$ 和 $R(p_1,\ s)$。在每次 Adaboost 迭代中，首先固定数量 N_p 的像素对（p_1，p_2），将所有方形区域尺寸都为 s，然后寻找最佳 WL。

优化损失函数以获取二进制描述符

$$L_{\mathrm{BEBLID}}=\sum_{i=1}^{N}\exp\left(-\gamma l_i\sum_{k=1}^{K}h_k(x)h_k(y)\right) \tag{10.28}$$

式中，γ 是通用 WLs 的权重，γ 决定了所选 WLs 的数量。

为了获取 0 和 1 的输出，将 -1 输出表示为 0，将 +1 输出表示为 1。对式（10.28）进行优化学习，最终筛选出 M 个弱学习器成为生成描述子的采集模板。

具体提取流程如图 10.21 所示。首先以像素面积 32 规划一个正方形的领域 x，图中虚线和实线为一对采样模板，在一对采样模板中基于机器学习进行采样，得出

同尺寸下的像素平均值之差 $f_k(x)$，然后对结果和设定的阈值 T_m 进行判断生成二值化数据，最终产生具有对该区域极强描述性的二进制描述符 $D(x)$。实验验证，当弱学习器 M 为 512 时最终结果最佳，即 $D(x)$ 为 64 维。

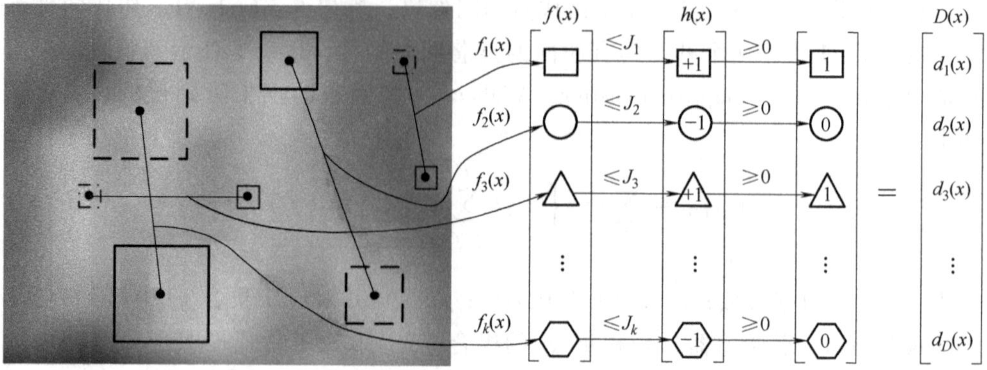

图 10.21　BEBLID 描述符工作流程

使用不同类型的描述符对同种图像进行描述，用符号 f 表示描述符为浮点型，用符号 b 表示描述符类型为二进制，其结果见表 10.3。实验平台硬件 CPU 为 Intel Core i5-5400。

表 10.3　平台测试的各种描述符对同种图像的平均描述时间

描述符类型	描述符大小	耗费时间/ms
SIFT	128f	16.29
ORB	256b	2.45
BRISK	512b	2.92
BEBLID	256b	2.11

从表 10.3 中可以看出，SIFT 算法描述特征点消耗的时间最多，ORB、BRISK、BEBLID 这三种算法描述特征点消耗的时间较为接近，其中 BEBLID 算法消耗的时间最少，是较为有效的二进制描述方法，比目前流行的 ORB 描述符更快。

特征匹配的原理是根据不同特征点的特征矢量进行相似度计算，找到最相似的匹配对。具体来说，对于一个给定的特征点，计算它与其他图像中所有特征点的相似度分值，然后找到分值最高的匹配点作为它的匹配。相似度的计算可以采用欧氏距离、汉明距离、余弦相似度等方式。图像的特征点的匹配有三个步骤，如图 10.22 所示。

BEBLID 采用二进制对特征描述子集，对于每一个特征点都计算该点和其余特征点的相似度分值，并选择分值最高的匹配点作为该点的匹配，具体的，如果匹配点之间的汉明距离越小，则有较大概率为同一个点。

假设两幅图像的特征点用集合描述如下

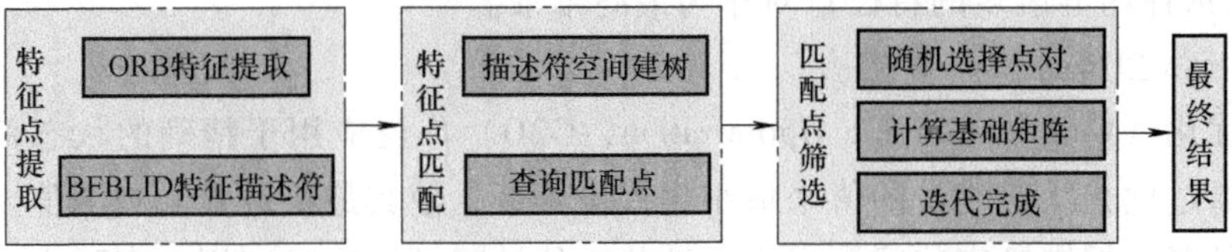

图 10.22　特征配准过程

$$X=\{x_i \mid i=1,2,\cdots,m\} \tag{10.29}$$

$$Y=\{y_i \mid i=1,2,\cdots,n\} \tag{10.30}$$

则对应的描述子集合为

$$M_x=\{m_i \mid i=1,2,\cdots,m\} \tag{10.31}$$

$$N_y=\{n_j \mid j=1,2,\cdots,n\} \tag{10.32}$$

汉明距离用于度量两个相同长度字符串的差异性，其计算方法是将两个字符串逐位比较，统计它们在相应位置上不同的位数。汉明距离的计算公式为

$$d(m_i,n_j)=\sum_{k=1}^{l} m_i(k)\oplus n_j(k) \tag{10.33}$$

式中，m_i 为特征点 x_i 描述符；n_j 为特征点 y_j 的描述符；l 表示描述符的长度；$\oplus$ 表示数学运算符号异或。

快速最近邻算法（Fast Library for Approximation Nearest Neighbors，FLANN）常用于实现特征匹配中的最近邻搜索，主要作用是在描述符中寻找最近邻的匹配点。通常步骤为：

1）建立描述符空间树。将描述符空间中的所有特征点的描述符构建为树，以此提高匹配效率。

2）查询匹配点。对于每个查询描述符，FLANN 都在树中进行搜索，以找到其在描述符空间中的最近邻点。

3）匹配点筛选。根据匹配点的汉明距离进行筛选，去除一些错误的匹配点。

总之，FLANN 可以在描述符空间中寻找最近邻的匹配点，从而为特征匹配提供高效的搜索方法。

随机抽样一致性（Random Sample Consensus，RANSAC）常用于估计参数和剔除离群值的迭代，在特征匹配中可以用来提出错误的匹配点，进而提高准确性。在特征匹配过程中该算法步骤如下：

1）从特征点对中随机选择一小组点对，计算对应的基础矩阵。

2）使用该基础矩阵，判断所有的特征点对是否符合这个模型，即在误差允许范围内是否满足基础矩阵的要求。

3）将所有符合条件的特征点对归入内群，否则归入外群。

4）重复执行上述三个步骤，直至达到一定的迭代次数或者满足特定条件为止。

5）选择内群最多的特征点对作为最终结果。

4. 视觉里程计位姿优化

图优化（General Graphic Optimization，G2O）广泛应用于精确的状态估计，其目标是通过优化状态变量的值来最小化代价函数，使其最接近实际观测值。

将悬臂式掘进机定位问题视为一种状态估计问题，通过利用含有噪声的相机数据来估算相机姿态和位置等状态变量。假定 x_i 表示第 i 时刻的未知数，如当前相机姿态参数和路标点信息，那么运动方程和观测方程如下

$$\begin{cases} x_k = f(x_{k-1}, u_k) + w_k \\ z_k = h(x_k) + v_k \end{cases} \tag{10.34}$$

式中，u_k 为 k 时刻运动传感器读数；z_k 表示观测数据；w_k 为传感器噪声；v_k 为观测噪声。

假设噪声服从零均值的高斯分布，视觉里程计通常仅有图像观测数据 z，因此视觉里程计中的状态估计可以建立在已知图像观测 z 的情况下，求解状态变量 x 的条件概率分布 $P(x|z)$，符合贝叶斯法则，那么

$$P(x|z) = \frac{P(z|x)P(x)}{P(z)} \propto P(z|x)P(x) \tag{10.35}$$

后验概率最大化（Maximize a Posterior，MAP）方法通常求解状态估计问题，不考虑先验知识 $P(x)$ 的情况下，此问题可以转化为最大似然估计（Maximize Likelihood Estimation，MLE）问题，即

$$x^*_{\mathrm{MLE}} = \arg\max P(z|x) \tag{10.36}$$

为了求解最大似然估计问题，可以采用负对数最小化方法，将问题转换为最小二乘问题进行求解。常用方法是引入李代数（Lie Algebra）对相机位姿数据进行局部优化，计算无约束最小二乘，将图像中的特征点的像素坐标矢量 $(u_s, v_s)^{\mathrm{T}}$ 表示对实际三维点 p 的观测，观测误差 e 表达式为

$$e = z - h(\xi, p) \tag{10.37}$$

式中，ξ 为相机外参；$h(\xi, p)$ 为观测函数。

如果在相机位姿 ξ_i 处观测到三维点 p_j，则对应特征的二维坐标记为 z_{ij}，然后将所有观测误差加入代价函数，则总代价函数为

$$\frac{1}{2}\sum_{i=1}^{m}\sum_{j=1}^{n} \| e_{ij} \|^2 = \frac{1}{2}\sum_{i=1}^{m}\sum_{j=1}^{n} \| z_{ij} - h(\xi_i, p_j) \|^2 \tag{10.38}$$

直接求解该非线性问题较为复杂，可以将其转化为同时对相机位姿和地图三维坐标信息点进行计算，该过程称为光束法平差（Bundle Adjustment，BA）。

BA 优化问题目前大多采用图优化模型解决，本质是将非线性优化问题构建为一个图，图中的顶点为优化变量，边为误差项。如图 10.23 所示，图中的节点由相机位姿和三维特征点组成，边则是由观测模型和运动模型构成。

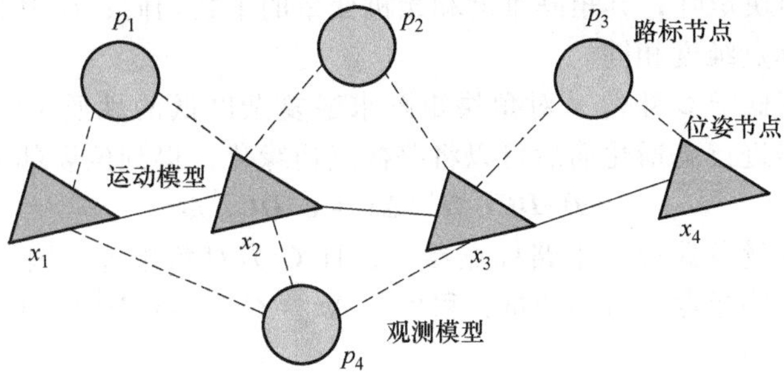

图 10.23　图优化模型

5. BA 求解

设定初始值进行 BA 求解，首先定义相机位姿和三维点为自变量参数

$$\boldsymbol{x}=(\xi_1,\cdots,\xi_m,p_1,\cdots,p_n)^{\mathrm{T}} \tag{10.39}$$

当自变量产生一个增量 $\Delta\boldsymbol{x}$ 时，对函数进行一阶泰勒展开

$$\frac{1}{2}\|f(\boldsymbol{x}+\Delta\boldsymbol{x})\| \approx \frac{1}{2}\sum_{i=1}^{m}\sum_{j=1}^{n}\|e_{ij}+F_{ij}\Delta\xi_i+E_{ij}\Delta p_j\|^2=\frac{1}{2}\|e+F\Delta x_{\mathrm{c}}+E\Delta x_{\mathrm{p}}\| \tag{10.40}$$

式中，F_{ij} 为代价函数对相机位姿 ξ_i 的偏导数；E_{ij} 为代价函数对地图点位置 p_j 的偏导数；$x_{\mathrm{c}}=(\xi_1,\cdots,\xi_m)^{\mathrm{T}}$ 为相机位姿；$x_{\mathrm{p}}=(p_1,\cdots,p_n)^{\mathrm{T}}$ 为地图点变量。

目前常用高斯牛顿方法（Gauss-Newton，G-N）解决最小二乘问题，将问题转化求解增量方程

$$\boldsymbol{H}\Delta\boldsymbol{x}=\boldsymbol{g}=-J(\boldsymbol{x})^{\mathrm{T}}f(\boldsymbol{x}) \tag{10.41}$$

式中，$\boldsymbol{H}$ 为 $\boldsymbol{J}^{\mathrm{T}}\boldsymbol{J}$ 的形式。其雅克比矩阵表示为

$$\boldsymbol{J}=(\boldsymbol{F},\boldsymbol{E}) \tag{10.42}$$

$\boldsymbol{H}$ 表示为

$$\boldsymbol{H}=\boldsymbol{J}^{\mathrm{T}}\boldsymbol{J}=\begin{pmatrix}\boldsymbol{F}^{\mathrm{T}}\boldsymbol{F} & \boldsymbol{F}^{\mathrm{T}}\boldsymbol{E}\\ \boldsymbol{E}^{\mathrm{T}}\boldsymbol{F} & \boldsymbol{E}^{\mathrm{T}}\boldsymbol{E}\end{pmatrix} \tag{10.43}$$

直接求解式（10.43）较为复杂，直接求解的计算成本较高，因此引入 Hessian 稀疏矩阵计算，用稀疏矩阵数据结构来存储 Hessian 矩阵，以节省内存和计算时间。

对投影误差进行分析，某个时刻的误差 e_{ij} 仅和相机位姿 ξ_i 和地图点 p_j 有关，因此对误差项进行求导后除了在相机位姿 ξ_i 和地图点 p_j 处有值外，其余时刻值都为零。为了进一步加速矩阵求解，将矩阵 $\boldsymbol{H}$ 进行分解，分解后的式（10.43）表示为

$$\begin{pmatrix}\boldsymbol{B} & \boldsymbol{D}\\ \boldsymbol{D}^{\mathrm{T}} & \boldsymbol{C}\end{pmatrix}\begin{pmatrix}\Delta\boldsymbol{x}_{\mathrm{c}}\\ \Delta\boldsymbol{x}_{\mathrm{p}}\end{pmatrix}=\begin{pmatrix}\boldsymbol{v}\\ \boldsymbol{\omega}\end{pmatrix} \tag{10.44}$$

式中，$\boldsymbol{B}$ 为对角块矩阵，其矩阵维度和相机变量的个数相同；$\boldsymbol{C}$ 为对角块矩阵，其矩阵维度和路标点维度相同。

$\boldsymbol{B}$ 矩阵维度低于 $\boldsymbol{C}$ 矩阵，对角块矩阵求逆复杂度低的性质可以加速增量方程的计算，对方程进行高斯化简后可以将路标点边缘化，得到位姿部分的增量方程

$$(\boldsymbol{B}-\boldsymbol{D}\boldsymbol{C}^{-1}\boldsymbol{D}^{\mathrm{T}})\Delta\boldsymbol{x}_{\mathrm{c}}=\boldsymbol{v}-\boldsymbol{D}\boldsymbol{C}^{-1}\boldsymbol{\omega} \tag{10.45}$$

由于相机变量参数远小于路标点参数，且 $\boldsymbol{C}$ 为对角矩阵，因此上述增量方程可以快速求解，路标点变量的增量方程可由 $\Delta\boldsymbol{x}_{\mathrm{p}}=\boldsymbol{C}^{-1}$（$\boldsymbol{\omega}-\boldsymbol{D}^{\mathrm{T}}\Delta\boldsymbol{x}_{\mathrm{c}}$）得到。

6. 位姿图优化

运动过程中的相机位姿估计存在较大噪声，为了优化估计值，提高相机运动轨迹的精度和鲁棒性，采用位姿图优化方法对噪声进行消除。

尽管 BA 优化理论上可以获得较优值，但是随着系统运行时间的增加，全局优化将消耗系统大量算例，并不适用于实时位姿更新。为了增强系统的实时性，忽略对路标点的优化，转而将其固定，作为相机位姿的优化约束。采用位姿图优化既可以提高计算效率，又能确保系统的实时性。

位姿图优化的优化变量为相机位姿 $\{\boldsymbol{\xi}_1, \cdots, \boldsymbol{\xi}_i, \cdots, \boldsymbol{\xi}_m\}$，对于相机位姿 $\boldsymbol{\xi}_i$ 和 $\boldsymbol{\xi}_j$，它们之间的相对运动 $\Delta\boldsymbol{\xi}_{ij}$ 可以表示为

$$\Delta\boldsymbol{\xi}_{ij}=\ln(\exp((-\boldsymbol{\xi}_i)^{\wedge}))\exp((\boldsymbol{\xi}_j^{\wedge}))^{\vee} \tag{10.46}$$

式中，运算符号“∨”为反对称矩阵对应的矢量。

由于实际观测存在误差，则可以构建误差项

$$\boldsymbol{e}_{ij}=\ln(\exp((-\boldsymbol{\xi}_{ij})^{\wedge})\exp((-\boldsymbol{\xi}_i)^{\wedge})\exp(\boldsymbol{\xi}_j^{\wedge}))^{\vee} \tag{10.47}$$

详细推导参考文献［201］，最小化误差的位姿图优化总体目标函数可以表示为

$$\min_{\boldsymbol{\xi}}\frac{1}{2}\sum_{i,j\in\varepsilon}\boldsymbol{e}_{ij}^{\mathrm{T}}\Sigma_{ij}^{-1}\boldsymbol{e}_{ij} \tag{10.48}$$

式中，ε 为所有位姿边的集合。

10.3.3 实验验证

为了评估本章算法的性能优劣，选用 EuRoC MAV（European Robotics Challenge Micro Aerial Vehicle）公开数据集进行仿真实验。TUM RGB-D 数据集利用六旋翼直升机提供了一系列室内场景实际图片和对应的轨迹数据，为视觉里程计的定位性能提高了基础。

该数据集中主要包含两种场景的数据，一类是在 ETH 大厅中，是一个存放有机器的室内环境；另一类是配置有维肯动作捕捉系统（Vicon Tracking System）的室内环境。图像序列由 MT9V034 型号相机以 20Hz 的速率采集，包含 RGB 图像，姿态信息由 ADIS16448 型惯导以 200Hz 速率采集。直升机上安装有棱镜和用于维肯动作捕捉系统的反射标志，其位置真实值由莱卡全站仪记录，6D 姿态真实值由维肯动作捕捉系统获取。

选择 ETH 大厅动态场景序列来验证本章提出算法的性能，其图像系列有

MH01、MH02、MH03、MH04 和 MH05 五大类，部分图片如图 10.24 所示。

图 10.24　EuRoC MAV 数据集

为了评价分析实验结果，采用 Evo 工具进行评测，它可以根据时间戳将轨迹进行对齐，同时可以将不同尺度的轨迹按照指定的标准轨迹进行拉伸对齐，并可以算出绝对轨迹误差（Absolute Pose Error，APE）等评定参数，用于评估算法的性能。APE 用于评价轨迹的整体一致性，衡量真实值和计算值之间的误差绝对值，一般采用均方根误差（RMSE）来评判轨迹优劣。

假设相机真实轨迹为：$X=\{x_1,x_2,\cdots,x_n\}$，估计轨迹为：$\hat{X}=\{\hat{x}_1,\hat{x}_2,\cdots,\hat{x}_n\}$，则 RMSE 的计算方式如下式

$$\mathrm{APE}_{\mathrm{RMSE}}^{i}=\sqrt{\frac{1}{n}\sum_{i}^{n}(x_i-\hat{x}_i)^2} \tag{10.49}$$

测试时，上述基于视觉里程计的定位方法离线在 EuRoC MAV 数据集中的 MH01 系列上运行，终端输入命令后，启动离线程序。

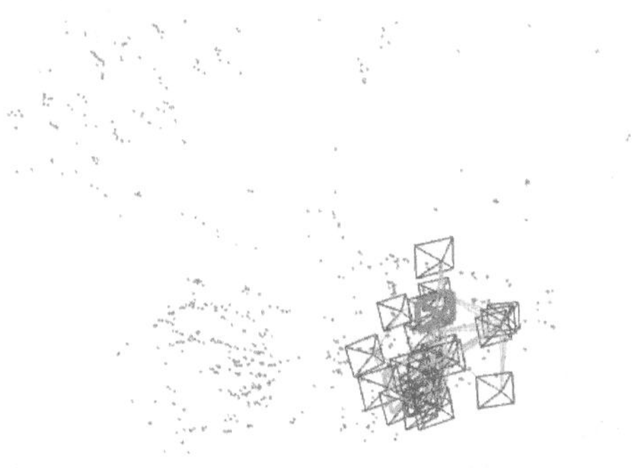

图 10.25　MH01 图像序列地图

结果如图 10.25 所示，其中蓝色方块表示视觉里程计计算所有帧图像中的关键帧，红色方块表示当前时刻相机的位置，红色点表示提取的特征点中成为局部地图中的地图点，黑色点表示全局地图中的地图点，绿线表示关键帧表述的相机运动的轨迹。图 10.26 中，标记处的点为利用视觉算法提取出的特征点，显

示在算法运行初期可以正常提取特征点进行位姿计算。

图 10.26　MH01 图像序列提取特征点

图 10.27 表示绝对轨迹误差信息，图中横坐标表示算法在数据集运行时间，纵坐标表示绝对轨迹误差，从绝对轨迹误差、均方根误差、误差中位数、平均误差和标准差五个方面客观评判该算法效果，其中 rmse 表示均方根误差，median 表示误差中位数，mean 表示平均误差，std 表示标准差，std 覆盖范围是［mean−std，mean+std］，反映了数值间的离散程度，均方根误差方面表明该方法整体误差在 38mm 以内，该方法的误差中位数为 26mm，平均误差为 29mm，绝对轨迹误差在中部有部分突变，误差达到最大值为 202mm，数据整体标准差波动范围在 50mm 以内。

图 10.28 表示轨迹直观误差信息，图中横坐标表示 x 方向距离和 y 方向距离，纵坐标表示 z 方向距离。其中右侧状态表示轨迹的误差，针对整个轨迹使用颜色表示偏差的大小，轨迹颜色越红表示误差越大，轨迹颜色越蓝表示误差越小。可以看出，估计的轨迹和真实轨迹之间整体相差较小，大部分误差都为蓝色。

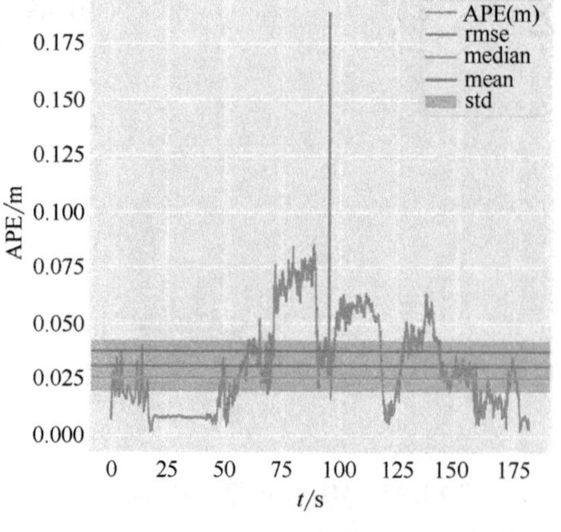

图 10.27　绝对轨迹误差对比

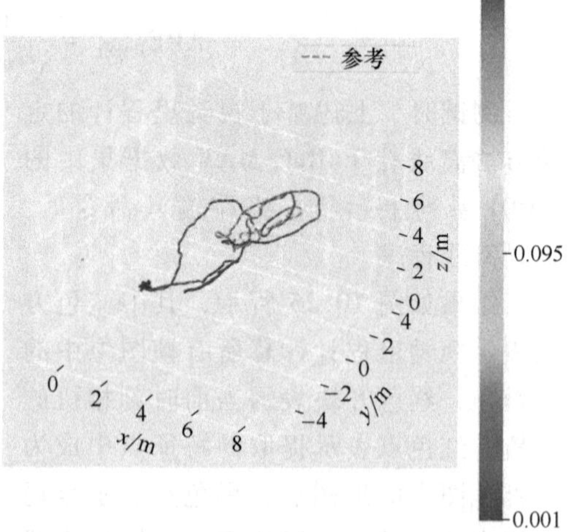

图 10.28　轨迹误差对比

10.4　本章小结

本章主要介绍了非合作标靶视觉动态定位技术，通过一般的 SLAM 技术框架，结合煤矿井下的实际情况，总结出了其实现的基本框架，并分别介绍了基于单目视觉的非合作标靶定位技术、基于 RGBD 的非合作标靶定位技术的相关工作。本书在非合作标靶视觉动态定位方面的研究仅仅只是一个开始，还需进一步深入研究与应用。

参考文献

[1] 王国法，王虹，任怀伟，等. 智慧煤矿 2025 情景目标和发展路径 [J]. 煤炭学报，2018，43 (2)：295-305.

[2] 王虹，王步康，张小峰，等. 煤矿智能快掘关键技术与工程实践 [J]. 煤炭学报，2021，46 (7)：2068-2083.

[3] 杨健健，张强，王超，等. 煤矿掘进机的机器人化研究现状与发展 [J]. 煤炭学报，2020，45 (8)：2995-3005.

[4] YANG W J, ZHANG X H, MA H W, et al. Geometrically-driven underground camera modeling and calibration with coplanarity constraints for boom-type road header [J]. IEEE Transactions on Industrial Electronics, 2021, 68 (9): 8919-8929.

[5] YANG W J, ZHANG X H, MA H W, et al. Non-central refractive camera calibration using co-planarity constraints for a photo grammetric system with an optical sphere cover [J]. Optics and Lasers in Engineering, 2021, 139: 106487.

[6] YANG W J, ZHANG X H, MA H W, et al. Laser beams-based localization methods for boom-type roadheader using underground camera non-uniform blur model [J]. IEEE Access, 2020, 8: 190327-190341.

[7] 陶云飞，宗凯，张敏骏，等. 基于 iGPS 的掘进机单站多点分时机身位姿测量方法 [J]. 煤炭学报，2015，40 (11)：2611-2616.

[8] 陶云飞，杨健健，李嘉赓，等. 基于惯性导航技术的掘进机位姿测量系统研究 [J]. 煤炭技术，2017，36 (1)：235-237.

[9] 符世琛，李一鸣，杨健健，等. 基于超宽带技术的掘进机自主定位定向方法研究 [J]. 煤炭学报，2015，40 (11)：2603-2610.

[10] 吴淼，贾文浩，华伟，等. 基于空间交汇测量技术的悬臂式掘进机位姿自主测量方法 [J]. 煤炭学报，2015，40 (11)：2596-2602.

[11] 张旭辉，杨文娟，薛旭升，等. 煤矿远程智能掘进面临的挑战与研究进展 [J]. 煤炭学报，2022，47 (1)：579-597.

[12] 杨文娟，张旭辉，马宏伟，等. 悬臂式掘进机机身及截割头位姿视觉测量系统研究 [J]. 煤炭科学技术，2019，47 (6)：50-57.

[13] 雷孟宇，张旭辉，杨文娟，等. 煤矿掘进装备视觉位姿检测与控制研究现状与趋势 [J/OL]. 煤炭学报，2021，46 (52)：1135-1148.

[14] 张旭辉，刘博兴，张超，等. 掘进机全站仪与捷联惯导组合定位方法 [J]. 工矿自动化，2020，46 (9)：1-7.

[15] 吴淼，沈阳，吉晓冬，等. 悬臂式掘进机行走轨迹及偏差感知方法 [J]. 煤炭学报，2021，46 (7)：2046-2056.

[16] 张旭辉，周创，张超，等. 基于视觉测量的快速掘进机器人纠偏控制研究 [J]. 工矿自动化，2020，46 (9)：21-26.

[17] 张旭辉，赵建勋，张超. 悬臂式掘进机视觉伺服截割控制系统研究 [J/OL]. 煤炭科学技术，2022，50 (2)：263-270.

[18] 杨文娟，张旭辉，张超，等．悬臂式掘进机器人巷道成形智能截割控制系统研究［J］．工矿自动化，2019，45（9）：40-46.

[19] 刘晓阳，刘毅．改进的脉冲耦合神经网络矿工图像增强方法［J］．煤炭学报，2011，36（S1）：207-210.

[20] 王洪栋，郭伟东，朱美强，等．一种煤矿井下低照度图像增强算法［J］．工矿自动化，2019，45（11）：81-85.

[21] 蔡利梅，钱建生，赵杰，等．基于模糊理论的煤矿井下图像增强算法［J］．煤炭科学技术，2009，37（8）：94-96.

[22] 智宁，毛善君，李梅．基于照度调整的矿井非均匀照度视频图像增强算法［J］．煤炭学报，2017，42（8）：2190-2197.

[23] 樊占文，刘波．基于改进的 Retinex 低照度图像自适应增强技术研究［J］．工矿自动化，2021，47（S1）：126-130.

[24] 冯卫兵，胡俊梅，曹根牛．基于改进的简化脉冲耦合神经网络的煤矿井下图像去噪方法［J］．工矿自动化，2014，40（5）：54-58.

[25] DAI L, QI P, LU H, et al. Image enhancement method in underground coal mines based on an improved particle swarm optimization algorithm［J］. Applied Sciences, 2023, 13（5）: 3254.

[26] 付燕，李瑶，严斌斌．一种煤矿井下视频图像增强算法［J］．工矿自动化，2018，44（7）：80-83.

[27] 洪炎，朱丹萍，龚平顺．基于 TopHat 加权引导滤波的 Retinex 矿井图像增强算法［J］．工矿自动化，2022，48（8）：43-49.

[28] 张英俊，雷耀花，潘理虎．基于暗原色先验的煤矿井下图像增强技术［J］．工矿自动化，2015，41（3）：80-83.

[29] 张立亚，郝博南，孟庆勇，等．基于 HSV 空间改进融合 Retinex 算法的井下图像增强方法［J］．煤炭学报，2020，45（S1）：532-540.

[30] 田子建，王满利，吴君，等．基于双域分解的矿井下图像增强算法［J］．光子学报，2019，48（5）：107-119.

[31] REID D C, HAINSWORTH D W. Mining machine and method［R］. US Patent: Australian Patent PQ7131, 2006.

[32] EINICKE G A, RALSTON J C, HARGRAVE C O, et al. Longwall mining automation: An application of minimum-variance smoothing［J］. IEEE Control Systems Magazine, 2008, 28（6）: 28-37.

[33] MOHSEN A, EBRAHIM T. Autonomous control and navigation of a lab-scale underground mining haul truck using LiDAR sensor and triangulation - feasibility study［C］// 2016 IEEE Industry Applications Society Annual Meeting, 1-6.

[34] KHONZI H, FRANCOIS D P. Implementation of an autonomous underground localization system［C］//Robotics and Mechatronics Conference, 2013: 1-34.

[35] MIROTA D J, ISHII M, HAGER G D. Vision-based navigation in image-guided interventions［J］. Annual Review of Biomedical Engineering, 2011, 13（13）: 297-319.

[36] STEELE J, GANESH C, KLEVE A. Control and scale model simulation of sensor-guided LHD

mining machines [J]. IEEE Trans. Ind. Appl., 1999, 29 (6): 1232-1239.
[37] 葛世荣，苏忠水，李昂，等. 基于地理信息系统（GIS）的采煤机定位定姿技术研究 [J]. 煤炭学报，2015，40（11）：2503-2508.
[38] 马宏伟，王岩，杨林. 煤矿井下移动机器人深度视觉自主导航研究 [J]. 煤炭学报，2020，45（6）：2193-2206.
[39] 郝尚清，王世博，谢贵君，等. 长壁综采工作面采煤机定位定姿技术研究 [J]. 工矿自动化，2014，40（6）：21-25.
[40] 樊启高，李威，王禹桥，等. 一种采用捷联惯导的采煤机动态定位方法 [J]. 煤炭学报，2011，36（10）：1758-1761.
[41] 朱信平，李睿，高娟，等. 基于全站仪的掘进机机身位姿参数测量方法 [J]. 煤炭工程，2011（6）：113-115.
[42] 杨海，李威，罗成名，等. 基于捷联惯导的采煤机定位定姿技术实验研究 [J]. 煤炭学报，2014，39（12）：2550-2556.
[43] 罗成名. 链式传感网中煤矿井下移动装备位姿感知理论及技术研究 [D]. 徐州：中国矿业大学，2014.
[44] 张斌，方新秋，邹永洺，等. 基于陀螺仪和里程计的无人工作面采煤机自主定位系统 [J]. 矿山机械，2010（9）：10-13.
[45] 田原. 基于机器视觉的掘进机空间位姿检测技术研究 [J]. 矿山机械，2013，41（2）：27-30.
[46] BAIDEN G. Multiple LHD teleoperation and guidance at Inco Limited [J]. Process of the International Mining Congress, 1993.
[47] BAIDEN G. LHD teleoperation and guidance proven productivity improvement tools [J]. CIM Bulletin 87, 47-51, 1994.
[48] GUGG C, OLEARY P. Robust machine vision based displacement analysis for tunnel boring machines [C] // IEEE International Instrumentation and Measurement Technology Conference. IEEE, 2015: 875-880.
[49] 杜雨馨，刘停，童敏明，等. 基于机器视觉的悬臂式掘进机机身位姿检测系统 [J]. 煤炭学报，2016，41（11）：2897-2906.
[50] 吴淼，贾文浩，华伟，等. 基于空间交汇测量技术的悬臂式掘进机位姿自主测量方法 [J]. 煤炭学报，2015，40（11）：2596-2602.
[51] 齐宏亮. 悬臂式掘进机器人位姿测控系统研究 [D]. 阜新：辽宁工程技术大学，2011：20-25.
[52] 张旭辉，张超，杨文娟，等. 悬臂式掘进机可视化辅助截割系统研制 [J]. 煤炭科学技术，2018，46（12）：21-26.
[53] 张旭辉，赵建勋，杨文娟，等. 悬臂式掘进机视觉导航与定向掘进控制技术研究 [J]. 煤炭学报，2021，46（7）：2186-2196.
[54] 张旭辉，王冬曼，杨文娟. 基于视觉测量的液压支架位姿检测方法 [J]. 工矿自动化，2019，45（3）：56-60.
[55] 杨文娟，张旭辉，马宏伟，等. 悬臂式掘进机机身及截割头位姿视觉测量系统研究 [J].

煤炭科学技术，2019，47（6）：50-57.

[56] YANG W J, ZHANG X H, MA H W, et al. Infrared LEDs-based pose estimation with underground camera model for boom-type roadheader in coal mining [J]. IEEE ACCESS, 2019, 7: 33698-33712,.

[57] YANG W J, ZHANG X H, MA H W, et al. Laser beams-based localization methods for boom-type roadheader using underground camera non-uniform blur model [J]. IEEE ACCESS.

[58] MICHELS J, SAXENA A, NG A Y. High speed obstacle avoidance using monocular vision and reinforcement learning [C] //Proceedings of the 22nd International Conference on Machine Learning. ACM, 2005: 593-600.

[59] ROYER E, LHUILLIER M, DHOME M, et al. Monocular vision for mobile robot localization and autonomous navigation [J]. International Journal of Computer Vision, 2007, 74 (3): 237-260.

[60] FORSTER C, FAESSLER M, FONTANA F, et al. Continuous on-board monocular-vision-based elevation mapping applied to autonomous landing of micro aerial vehicles [C] //Robotics and Automation (ICRA), 2015 IEEE International Conference on. IEEE, 2015: 111-118.

[61] DEY D, SHANKAR K S, ZENG S, et al. Vision and learning for deliberative monocular cluttered flight [C] //Field and Service Robotics. Springer, Cham, 2016: 391-409.

[62] FAESSLER M, FONTANA F, FORSTER C, et al. Automatic re-initialization and failure recovery for aggressive flight with a monocular vision-based quadrotor [C] //Robotics and Automation (ICRA), 2015 IEEE International Conference on. IEEE, 2015: 1722-1729.

[63] LOIANNO G, KUMAR V. Cooperative transportation using small quadrotors using monocular vision and inertial sensing [J]. IEEE Robotics and Automation Letters, 2018, 3 (2): 680-687.

[64] MILELLA A, REINA G, UNDERWOOD J. A Self-learning framework for statistical ground classification using radar and monocular vision [J]. Journal of Field Robotics, 2015, 32 (1): 20-41.

[65] Liu L, Mei T, Niu R, et al. RBF-based monocular vision navigation for small vehicles in narrow space below maize canopy [J]. Applied Sciences, 2016, 6 (6): 182.

[66] MERCADO D A, CASTILLO P, LOZANO R. Quadrotor's trajectory tracking control using monocular vision navigation [C] //Unmanned Aircraft Systems (ICUAS), 2015 International Conference on. IEEE, 2015: 844-850.

[67] YANG S, SCHERER S A, SCHAUWECKER K, et al. Autonomous landing of MAVs on an arbitrarily textured landing site using onboard monocular vision [J]. Journal of Intelligent & Robotic Systems, 2014, 74 (1-2): 27-43.

[68] KENDALL A G, SALVAPANTULA N N, STOL K A. On-board object tracking control of a quadcopter with monocular vision [C] //Unmanned Aircraft Systems (ICUAS), 2014 International Conference on. IEEE, 2014: 404-411.

[69] PINIÉS P, PAZ L M, NEWMAN P. Dense and swift mapping with monocular vision [C] //Field and Service Robotics. Springer, Cham, 2016: 157-172.

[70] CHOI H, KIM Y. UAV guidance using a monocular-vision sensor for aerial target tracking [J].

Control Engineering Practice, 2014, 22: 10-19.

[71] 郑伟. 基于视觉的微小型四旋翼飞行机器人位姿估计与导航研究 [D]. 合肥：中国科学技术大学，2014.

[72] 王伟兴. 刚体位姿参数单目视觉测量系统研究 [D]. 哈尔滨：哈尔滨工业大学，2013.

[73] 解邦福. 基于单目视觉的刚体位姿测量系统研究 [D]. 哈尔滨：哈尔滨工业大学，2009.

[74] 冯春. 基于单目视觉的目标识别与定位研究 [D]. 南京：南京航空航天大学，2013.

[75] 袁金钊. 基于道路标识牌的单目相机车辆位姿估计 [D]. 济南：山东大学，2017.

[76] 李鑫. 基于视觉的位姿估计与点目标运动测量方法研究 [D]. 长沙：国防科学技术大学，2015.

[77] 宋昱慧. 基于单目视觉的四旋翼无人机位姿估计与控制 [D]. 哈尔滨：哈尔滨工业大学，2016.

[78] 吕耀宇，顾营迎，高瞻宇，等. 空间协同位姿单目视觉测量系统设计与实验 [J]. 激光与光电子学进展，2017，54 (12)：332-345.

[79] 解耘宇. 基于扩展卡尔曼滤波的单目视觉轨迹跟踪方法的研究 [D]. 北京：华北电力大学（北京），2017.

[80] 桂阳. 基于机载视觉的无人机自主着舰引导关键技术研究 [D]. 长沙：国防科学技术大学，2013.

[81] 张泽，段广仁，孙勇. 基于对偶四元数的交会对接相对位姿测量算法 [J]. 上海交通大学学报，2011，45 (3)：398-402.

[82] 赵连军. 基于目标特征的单目视觉位置姿态测量技术研究 [D]. 成都：中国科学院研究生院（光电技术研究所），2014.

[83] 张跃强. 基于直线特征的空间非合作目标位姿视觉测量方法研究 [D]. 长沙：国防科学技术大学，2016.

[84] 赵汝进，张启衡，左颢睿，等. 一种基于直线特征的单目视觉位姿测量方法 [J]. 光电子·激光，2010，21 (6)：894-897.

[85] 刘昶，朱枫，欧锦军. 基于三条相互垂直直线的单目位姿估计 [J]. 模式识别与人工智能，2012，25 (5)：737-744.

[86] 张振杰，郝向阳，程传奇，等. 基于共面直线迭代加权最小二乘的相机位姿估计 [J]. 光学精密工程，2016，24 (5)：1168-1175.

[87] FISCHLER M A, BOLLES R C. Random sample consensus: A paradigm for model fitting with applications to image analysis and automated cartography [J]. Commun. ACM, 1981, 24 (6): 381-395.

[88] DHOME M, RICHETIC M, LAPRESTE J T, et al. Determination of the attitude of 3D objects from a single perspective view [J]. IEEE Trans. Pattern Anal. Machine Intell., 1989, 11 (12): 1266-1278.

[89] CHEN H. Pose determination from line to plane correspondences: Existence solution and closed form solutions [J]. IEEE Trans. Pattern Anal. Machine Intell., 1999, 13 (6): 530-541.

[90] HORAUD R, CONIO B, LEBOULLCUX O et al. An analytic solution for the perspective 4-point

problem [J]. Computer Vision Graphics and image processing, 1989, 47 (1): 33-44.

[91] MA S D. Conics-based stereo, motion estimation, and pose determination [J]. International Journal of Computer Vision, 1993, 10 (1): 82-98.

[92] QUAN L. Conic reconstruction and correspondence from two views [J]. IEEE Transactions on Pattern Analysis and Machine Intelligence, 1996, 18 (2): 151-160.

[93] 杨长江，孙凤梅，胡占义. 基于平面二次曲线的摄像机标定 [J]. 计算机学报，2000, 23 (5): 541-547.

[94] 杨长江，孙凤梅，胡占义. 基于二次曲线的纯旋转摄像机自标定 [J]. 自动化学报，2001, 27 (3): 310-317.

[95] TIAN J, CHEN G Q, YANG Y, et al. Application and testing of a vertical angle control for a boom-type road header [J]. Mining Science and Technology, 2010, 20 (1): 152-158.

[96] KANELLAKIS C, NIKOLAKOPOULOS G. Evaluation of visual localization systems in underground mining [C] // 24th Mediterranean Conference on Control and Automation (MED), 2016: 539-544.

[97] 周玲玲，董海波，杜雨馨. 基于双激光标靶图像识别的掘进机位姿检测方法 [J]. 激光与光电子学进展，2017, 54 (4): 186-192.

[98] 程新景. 煤矿救援机器人地图构建与路径规划研究 [D]. 徐州：中国矿业大学，2016.

[99] 李猛钢. 煤矿救援机器人导航系统研究 [D]. 徐州：中国矿业大学，2017.

[100] 董海波，周玲玲，王朝艳，等. 悬臂式掘进机巷道位姿监测系统设计 [J]. 测控技术，2017, 36 (7): 1-4.

[101] WANG R, WANG S, WANG Y, et al. Vision-based autonomous hovering for the biomimetic underwater robot-robcutt-II [J]. IEEE Transactions on Industrial Electronics, 2019, 66 (11): 8578-8588.

[102] ZHANG Y, HUANG P, SONG K, et al. An angles-only navigation and control scheme for noncooperative rendezvous operations [J]. IEEE Transactions on Industrial Electronics, 2019, 66 (11): 8618-8627.

[103] LUO C, YU L J, REN P. A vision-aided approach to perching a bioinspired unmanned aerial vehicle [J]. IEEE Transactions on Industrial Electronics, 2017, (99): 1-1.

[104] RICOLFE-VIALA C, SANCHEZ-SALMERON A J. Camera calibration under optimal conditions [J]. Opt. Express, 2011, 19 (11): 10769-10775.

[105] TSAI R Y. A versatile camera calibration technique for high-accuracy 3D machine vision metrology using off the-shelf TV cameras and lenses [J]. IEEE Trans. Robot. Autom. 1987, 3 (4): 323-344.

[106] KIM J S, KIM H W, KWEON I S. A camera calibration method using concentric circles for vision applications [C] //The 5th Asian Conference on Computer Vision, 2002: 515-520.

[107] ZHANG Z Y. A flexible new technique for camera calibration [J]. IEEE T. Pattern Anal. 2000, 22 (11): 1330-1334.

[108] ZHANG Z. Flexible camera calibration by viewing a plane from unknown orientations [C] // Proceedings of the Seventh IEEE International Conference on Computer Vision, IEEE, 1999:

666-673.

[109] KRUPPA E. Zur ermittlung eines objektes aus zwei perspektiven mit innerer orientierung [Z]. Hölder, 1913.

[110] HARTLEY R I. Euclidean reconstruction from uncalibrated views [J]. Applications of Int. J. Comput. Vis. Springer, 1994: 235-256.

[111] MAYBANK S J , FAUGERAS O D. A theory of self-calibration of a moving camera [C] //International Journal of Computer Vision, 1992, 8 (2): 123-151.

[112] LUONG Q T, FAUGERAS O D. Self-calibration of a camera using multiple images [C] // Proceedings of the 11th IAPR International Conference on Pattern Recognition, Vol. I, Conference A: Computer Vision and Applications (IEEE, 1992): 9-12.

[113] FAUGERAS O D, LUONG Q T, MAYBANK S J. Camera self-calibration: Theory and experiments [C] //Computer Vision ECCV (Springer, 1992): 321-334.

[114] FAUGERAS O D. What can be seen in three dimensions with an uncalibrated stereo rig? [C] //Computer Vision ECCV'92 (Springer, 1992): 563-578.

[115] LUONG Q T, FAUGERAS O D. The fundamental matrix: Theory, algorithms, and stability analysis [J]. Int. J. Comput. Vis. 1996, 17 (1), 43-75.

[116] SVOBODA T, MARTINEC D, PAJDLA T. A convenient multicamera self-calibration for virtual environments [J]. Presence-Teleop, Virt. 2005, 14 (4): 407-422.

[117] HÖDLMOSER M, KAMPEL M. Multiple camera self-calibration and 3D reconstruction using pedestrians [J]. Advances in Visual Computing (Springer, 2010): 1-10.

[118] YILMAZTÜRK F. Full-automatic self-calibration of color digital cameras using color targets [J]. Opt. Express, 2011, 19 (19): 18164-18174.

[119] BASU A. Active calibration: Alternative strategy and analysis [C] //Proceedings of IEEE Conference on Computer Vision and Pattern Recognition, 1993: 495-500.

[120] 雷成，吴福朝，胡占义. 一种新的基于主动视觉系统的摄像机自标定方法 [J]. 计算机学报，2000，23 (11)，1130-1139.

[121] 李华，吴福朝，胡占义. 一种新的线性摄像机自标定方法 [J]. 计算机学报，2000，23 (11): 1121-1129.

[122] BENALLAL M, MEUNIER J. Camera calibration with simple geometry [C] // Processing of 2003 International Conference on Image and Signal, 2003.

[123] CARVALHO P C P, SZENBERG F, GATTASS M. Image-based modeling using a two-step camera calibration method [C] //Proceedings of International Symposium on Computer Graphics, Image Processing and Vision, 1998: 388-395.

[124] WU Y H, ZHU H J, HU Z Y, et al. Camera calibration from the quasi-affine invariance of two parallel circles [C] //The 8th European Conference on Computer Vision (ECCV), 2004: 190-202.

[125] WU Y H, HU Z Y. The invariant representations of a quadric cone and a twisted cubic [J]. IEEE Transaction on Pattern Analysis and Machine Intelligence, 2003, 25 (10): 1329-1332.

[126] YANG A Y, HONG W, MA Y. Structure and pose from single images of symmetric objects with

applications to robot navigation [C] //Proceedings of IEEE International Conference on Robotics & Automation, Taipei, 2003: 1013-1020.

[127] MAYBANK S J, FAUGERAS O D. A theory of self-calibration of a moving camera [J]. Int. J. Comput. Vis. 1992, 8 (2), 123-151.

[128] DU F, BRADY M. Self-calibration of the intrinsic parameters of cameras for active vision systems [C] //Proceedings of the IEEE Computer Society Conference on Computer Vision and Pattern Recognition (IEEE, 1993): 477-482.

[129] MA S D. A self-calibration technique for active vision systems [J]. IEEE Trans. Robot. Autom. 1996, 12 (1): 114-120.

[130] GROSSBERG M D, NAYAR S K. The raxel imaging model and ray based calibration [J]. Int. J. Comp. Vision, 2005, 61: 119-137.

[131] RAMALINGAM S, STURM P, LODHA S. Towards complete generic camera calibration [C]. //Proc. IEEE CVPR, 2005, 1: 1093-1098.

[132] PELEG S, BEN-EZRA M, PRITCH Y. Omnistereo: Panoramic stereo imaging [J]. IEEE Trans. PAMI, 2001, 23: 279-290.

[133] SWAMINATHAN R, GROSSBERG M D, NAYAR S K. Non single view point catadioptric cameras: Geometry and analysis [J]. Int. J. Comp. Vision, 2006, 66: 211-229.

[134] AGRAWAL A, RAMALINGAM S, TAGUCHI Y, et al. A theory of multi-layer flat refractive geometry [C] //2012 IEEE Conference on Computer Vision and Pattern Recognition, Providence, RI, 2012, 3346-3353.

[135] TSAI R Y. An efficient and accurate camera calibration technique for 3D machine vision [C] // Proc. ieee Conf. on Computer Vision & Pattern Recognition, 1986: 364-374.

[136] ZHANG Z. A flexible new technique for camera calibration [J]. Pattern Anal. Mach. Intell. IEEE Trans. 2000, 22 (11): 1330-1334.

[137] STEGER C, ULRICH M, WIEDEMANN C. Machine vision algorithms and applications [M]. Weinheim: Wiley-VCH, 2008.

[138] HARTLEY R I, ZISSERMAN A. Multiple view geometry in computer vision [M]. Cambridge: Cambridge University Press, 2000.

[139] CHEN Z, WONG K Y K, MATSUSHITA Y, et al. Self-calibrating depth from refraction [C] // ICCV, 2011.

[140] STEGER E, KUTULAKOS K. A theory of refractive and specular 3D shape by light-path triangulation [C] // IJCV, 2008, 76 (1): 13-29.

[141] ALTERMAN M, SCHECHNER Y Y, PERONA P, et al. Detecting motion through dynamic refraction [J]. IEEE TPAMI, 2013, 35 (1): 245-251.

[142] KANG L, WU L, YANG Y H. Two-view underwater structure and motion for cameras under flat refractive interfaces [C]. //Proc. of ECCV, 2012, 303-316.

[143] SHORTIS M R, HARVEY E S. Design and calibration of an underwater stereo-video system for the monitoring of marine fauna populations [J]. International Archives Photogrammetry and Remote Sensing, 1998, 32 (5): 792-799.

[144] SHORTIS M R, SEAGER J W, WILLIAMS A, et al. A towed body stereo-video system for deep water benthic habitat surveys [C] // GRÜN A, KAHMEN H. Proc. Eighth Conference on Optical 3D Measurement Techniques, ETH Zurich, Switzerland, 2, 2007: 150-157.

[145] DRAP P, SEINTURIER J, SCARADOZZI D, et al. Photogrammetry for virtual exploration of underwater archeological sites [C] //Proc. XXIth CIPA International Symposium, Athens, Greece, 2007: 1-6.

[146] KWON Y H, CASEBOLT J B. Effects of light refraction on the accuracy of camera calibration and reconstruction in underwater motion analysis [J]. Sports Biomechanics, 2006, 5, 315-340.

[147] TREIBITZ T, SCHECHNER Y Y, SINGH H. Flat refractive geometry [C] // CVPR, 2008.

[148] MAAS H G. New developments in multimedia photogrammetry [J]. GRÜN A, KAHMEN H. Optical 3D Measurement Techniques III. 1995.

[149] CHANG Y J, CHEN T. Multi-view 3D reconstruction for scenes under the refractive plane with known vertical direction [C] // ICCV, 2011.

[150] WICHMANN V K. GILI T, SAGI F, Photogrammetric modeling of underwater environments [J]. ISPRS Journal of Photogrammetry and Remote Sensing, 2010, 65 (5), 433-444.

[151] GILI T, SAGI F. Photogrammetric modeling of the relative orientation in underwater environments [J]. ISPRS Journal of Photogrammetry and Remote Sensing, 2013, 86: 150-156.

[152] JORDT-SEDLAZECK A, KOCH R. Refractive structure-from-motion on underwater images [J]. ICCV, 2013: 57-64,

[153] CHEN X D, YANG Y H. Two-view camera housing parameters calibration for multi-layer flat refractive interface [C] //2014 IEEE Conference on Computer Vision and Pattern Recognition (CVPR), June 2014.

[154] TARDIF J P, STURM P, TRUDEAU M, et al. Calibration of cameras with radially symmetric distortion [J]. PAMI, 2009, 31 (9): 1552-1566.

[155] NISTÉR D. An efficient solution to the five-point relative pose problem [J]. PAMI, 2004 26 (6): 756-770.

[156] 叶承羲. 基于空间不变假设的快速鲁棒图像去模糊 [D]. 杭州：浙江大学，2010.

[157] 陈晓钢. 基于统计分析的图像去模糊与图像去噪新方法研究 [D]. 上海：上海交通大学，2013.

[158] CHO T S, PARIS S, HORN B K P, et al. Blur kernel estimation using the radon transform [C] //IEEE Conf. Computer Vision and Pattern Recognition. Providence, RI: IEEE, 201: 241-248.

[159] HU Z, YANG M H. Good regions to deblur [C] //European Conf. Computer Vision. Berlin, Heidelberg: Springer Berlin Heidelberg, 2012: 59-72.

[160] CHAN T F, WONG C K. Total variation blind deconvolution [J]. IEEE Trans. Image Process., 1998, 7 (3): 370-375.

[161] SHAN Q, JIA J, AGARWALA A. High-quality motion deblurring from a single image [C] // ACM Trans. Graph. Singapore: Assoc Computing Machinery, 2008, 27.

[162] FERGUS R, SINGH B, HERTZMANN A, et al. Removing camera shake from a single photograph [J]. ACM Trans. Graph., 2006, 25 (3): 78-794.

[163] MISKIN J, MAC K D J. Ensemble learning for blind image separation and deconvolution [C] //Persp. Neural Comp. Univ. Edinburgh, Scotland: Springer New York, 2000: 123-141.

[164] LEVIN A, WEISS Y, DURAND F, et al. Understanding and evaluating blind deconvolution algorithms [C] //IEEE Conf. Computer Vision and Pattern Recognition. MiamiBeach, FL, USA: IEEE, 2009: 1964-1971.

[165] LEVIN A, WEISS Y, DURAND F, et al. Understanding blind deconvolution algorithms [J]. IEEE Trans. Pattern Analysis and Machine Intelligence, 2011, 33 (12): 2354-2367.

[166] 李海波，邵文泽．图像盲去模糊综述：从变分方法到深度模型以及延伸讨论 [J]．南京邮电大学学报（自然科学版），2020 (5): 1-11.

[167] 刘宇航．若干基于变分贝叶斯的正则化理论和方法 [D]．武汉：武汉大学，2019.

[168] RAV-ACHA A, PELEG S. Two motion-blurred images are better than one [J]. Pattern Recognit. Lett., 2005, 26 (3): 311-317.

[169] 邓红．非均匀模糊图像复原方法研究 [D]．哈尔滨：哈尔滨工业大学，2016.

[170] 任冬伟．面向盲反卷积的模糊核估计与图像复原方法研究 [D]．哈尔滨：哈尔滨工业大学，2017.

[171] 郝建坤，黄玮，刘军，等．空间变化 PSF 非盲去卷积图像复原法综述 [J]．中国光学，2016, 9 (1): 41-50.

[172] 黄彦宁，李伟红，崔金凯，等．强边缘提取网络用于非均匀运动模糊图像盲复原 [J]．自动化学报，2021, 47 (11): 2637-2653.

[173] 戴蓉．基于参数模糊变换的非均匀照度图像增强算法 [J]．微电子学与计算机，2019, 36 (12): 53-57.

[174] JI H, WANG K. A two-stage approach to blind spatially-varying motion deblurring [C] // IEEE Conf. Computer Vision and Pattern Recognition. Providence, RI: IEEE, 2012: 73-80.

[175] CAO X, REN W, ZUO W, et al. Scene text deblurring using text-specific multiscale dictionaries [J]. IEEE Trans. Image Process., 2015, 24 (4): 1302-1314.

[176] TAI Y W, TAN P, BROWN M S. Richardson-lucy deblurring for scenes under a projective motion path [J]. IEEE Trans. Pattern Analysis and Machine Intelligence, 2011, 33 (8): 1603-1618.

[177] WHYTE O, SIVIC J, ZISSERMAN A, et al. Non-uniform deblurring for shaken images [J]. Int. J. Computer Vision, 2012, 98 (2): 168-186.

[178] WHYTE O, SIVIC J, ZISSERMAN A, et al. Non-uniform deblurring for shaken images [C] // IEEE Conf. Computer Vision and Pattern Recognition. San Francisco, USA: IEEE, 2010: 491-498.

[179] GUPTA A, JOSHI N, ZITNICK C L, et al. Single image deblurring using motion density func-

tions [C] //European Conf. Computer Vision. Heraklion, Greece: SpringerVerlag Berlin, 2010: 171-184.

[180] HIRSCH M, SCHULER C J, HARMELING S, et al. Fast removal of non-uniform camera shake [C] //IEEE Int. Conf. Computer Vision. Barcelona, Spain: IEEE, 2011: 463-470.

[181] MCCLOSEKEY S, DING Y, YU J. Design and estimation of coded exposure point spread functions [J]. IEEE Trans. Pattern Anal. Mach. Intell., 2012, 34 (10): 2071-2077.

[182] MCCLOSEKEY S. European Conf. Computer Vision [M]. Heraklion: Spriner-Verlag Berlin, 2010: 309-322.

[183] LEVIN A, FERGUS R, DURAND F, et al. Image and depth from a conventional camera with a coded aperture [J]. ACM Trans. Graph., 2007, 26 (3): 70.

[184] JOSHI N, KANG S B, ZITNICK C L, et al. Image deblurring using inertial measurement sensors [J]. ACM Trans. Graph., 2010, 29 (4): 30-39.

[185] TAI Y W, DU H, BROWN M S, et al. Correction of spatially varying image and video motion blur using a hybrid camera [J]. IEEE Trans. Pattern Analysis and Machine Intelligence, 2010, 32 (6): 1012-1028.

[186] TAI Y W, KONG N, LIN S, et al. Coded exposure imaging for projective motion deblurring [C] //IEEE Conf. Computer Vision and Pattern Recognition. San Francisco, CA: IEEE, 2010: 2408-2415.

[187] HU Z, YANG M H. Fast non-uniform deblurring using constrained camera pose subspace [C] //British Machine Vision Conference. Guildford, UK: BMVA Press, 2012.

[188] 徐大宏. 基于正则化方法的图像复原算法研究 [D]. 长沙：国防科学技术大学，2009.

[189] 卢庆博. 基于稀疏特性的图像恢复和质量评价研究 [D]. 合肥：中国科学技术大学，2016.

[190] TIKHONOV A N. Solution of incorrectly formulated problems and regularizationmethod [J]. Soviet Math Dokl, 1962, 3: 1035-1038.

[191] RUDIN L, OSHER S, FATEMI E. Nonlinear total variation based noise removal algorithms [J]. Physica D: Nonlinear Phenomena, 1992, 60 (1-4): 259-268.

[192] WAINWRIGHT M, SIMONCELLI E. Scale mixtures of Gaussians and the statistics of natural images [C]. IEEE Conf. Computer Vision and Pattern Recognition. CO: MIT Press, 2000: 855-861.

[193] 张炳旺. 基于自适应超拉普拉斯先验的图像去模糊 [D]. 大连：大连理工大学，2018.

[194] DONG W, ZHANG L, SHI G, et al. Image deblurring and super-resolution by adaptive sparse domain selection and adaptive regularization [J]. IEEE Trans. Image Process., 2011, 20 (7): 1838-1857.

[195] 何宜宝，毕笃彦. 基于广义拉普拉斯分布的图像压缩感知重构 [J]. 长沙：中南大学学报，2013 (8): 197-199.

[196] 王超. 视频监控中的运动模糊图像复原方法研究 [D]. 合肥：合肥工业大学，2015.

[197] DABOV K, FOI A, KATKOVNIK V, et al. Image denoising by sparse 3D transform domain

collaborative filtering [J]. IEEE Trans. Image Process., 2007, 16 (8): 2080-2095.

[198] KATKOVNIK V, FOI A, EGIAZARIAN K, et al. From local kernel to nonlocal multiple model image denoising [J]. Int. J. Comput. Vis., 2010, 86 (1): 1-32.

[199] DONG W, ZHANG L, SHI G, et al. Nonlocally centralized sparse representation for image restoration [J]. IEEE Trans. Image Process., 2013, 22 (4): 1618-1628.

[200] WANG S, LIU Z W, DONG W S, et al. Total variation based image deblurring with nonlocal self-similarity constraint [J]. Electron. Lett., 2011, 47 (16): 916-918.

[201] 高翔，张涛，刘毅. 视觉 SLAM 十四讲 [M]. 北京：电子工业出版社，2017.